Aufgaben und Lösungen zur Höheren Mathematik 2

Klaus Höllig · Jörg Hörner

Aufgaben und Lösungen zur Höheren Mathematik 2

4. Auflage

 Springer Spektrum

Klaus Höllig
Universität Stuttgart
Stuttgart, Deutschland

Jörg Hörner
Fachbereich Mathematik
Universität Stuttgart
Stuttgart, Deutschland

ISBN 978-3-662-67511-3   ISBN 978-3-662-67512-0   (eBook)
https://doi.org/10.1007/978-3-662-67512-0

Die Deutsche Nationalbibliothek verzeichnet diese Publikation in der Deutschen Nationalbibliografie; detaillierte bibliografische Daten sind im Internet über http://dnb.d-nb.de abrufbar.

Planung/Lektorat: Andreas Rüdinger
Springer Spektrum ist ein Imprint der eingetragenen Gesellschaft Springer-Verlag GmbH, DE und ist ein Teil von Springer Nature.
Die Anschrift der Gesellschaft ist: Heidelberger Platz 3, 14197 Berlin, Germany

Vorwort

Studierende der Ingenieur- und Naturwissenschaften haben bereits zu Beginn ihres Studiums ein sehr umfangreiches Mathematikprogramm zu absolvieren. Die *Höhere Mathematik*, die für die einzelnen Fachgebiete in den ersten drei Semestern gelesen wird, umfasst im Allgemeinen die Gebiete

- Vektorrechnung und Lineare Algebra,
- Analysis von Funktionen einer und mehrerer Veränderlicher,
- Differentialgleichungen,
- Vektoranalysis,
- Komplexe Analysis.

Dieser Unterrichtsstoff aus unterschiedlichen Bereichen der Mathematik stellt hohe Anforderungen an die Studierenden. Aufgrund der knapp bemessenen Zeit für die Mathematik-Vorlesungen haben wir deshalb begleitend zu unseren Lehrveranstaltungen umfangreiche zusätzliche Übungs- und Lehrmaterialien bereitgestellt, die inzwischen teilweise bundesweit genutzt werden. Als Bestandteil dieser Angebote enthält das Buch *Aufgaben und Lösungen zur Höheren Mathematik*[1] eine umfassende Sammlung von Aufgaben, die üblicherweise in Übungen oder Klausuren gestellt werden. Studierenden wird durch die exemplarischen Musterlösungen die Bearbeitung von Übungsaufgaben wesentlich erleichtert. Für alle typischen Fragestellungen werden in dem Buch die anzuwendenden Lösungstechniken illustriert. Des Weiteren sind die gelösten Aufgaben zur Vorbereitung auf Prüfungen und zur Wiederholung geeignet.

Die Aufgabensammlung wird durch das Angebot von *Mathematik-Online* auf der Web-Seite

https://mo.mathematik.uni-stuttgart.de

ergänzt. Im Lexikon von *Mathematik-Online* werden relevante Definitionen und Sätze detailliert erläutert. Dort finden sich auch Beispiele für die verwendeten Methoden. Darüber hinaus existieren für viele Aufgaben des Buches bereits Varianten mit interaktiver Lösungskontrolle, mit denen Studierende ihre Beherrschung der Lösungstechniken testen können.

Auch im Nebenfach soll das Mathematik-Studium Freude bereiten! Ein besonderer Anreiz ist der „sportliche Aspekt" mathematischer Probleme, die nicht durch unmittelbare Anwendung von Standardtechniken gelöst werden können. Das Buch enthält auch einige solcher Aufgaben, die wir teilweise in kleinen Wettbewerben

---

[1] seit der zweiten Auflage gegliedert in drei Bände

parallel zu Vorlesungen („Die am schnellsten per E-Mail eingesendete korrekte Lösung gewinnt ..."") verwendet haben. Einige dieser Aufgaben werden ebenfalls als *Aufgaben der Woche* auf der oben erwähnten Web-Seite veröffentlicht (Anklicken des Logos von *Mathematik-Online*).

Die Aufgabensammlung des Buches basiert teilweise auf Vorlesungen zur *Höheren Mathematik* für Elektrotechniker, Kybernetiker, Mechatroniker und Physiker des ersten Autors. Beim letzten Zyklus, der im Wintersemester 2012/2013 begann, haben Dr. Andreas Keller[2] und Dr. Esfandiar Nava Yazdani bei Übungen und Vortragsübungen mitgewirkt. Beide Mitarbeiter haben eine Reihe von Aufgaben und Lösungen zu dem Buch beigetragen.

Die Arbeit an *Mathematik-Online* und an *Aufgaben und Lösungen zur Höheren Mathematik* hat uns nicht nur viel Freude bereitet, sondern auch die Durchführung unserer Lehrveranstaltungen für Ingenieure und Naturwissenschaftler erheblich erleichtert. In den nachfolgenden *Hinweisen für Dozenten* geben wir einige Anregungen, wie das Buch in Verbindung mit den im Internet bereitgestellten Materialien optimal genutzt werden kann. Um die Verwendung der verschiedenen Angebote noch effektiver zu gestalten, werden wir weiterhin unsere Projekte in der Lehre unter Einbeziehung neuer Medien mit großem Engagement verfolgen. Wir bedanken uns dabei herzlich für die Unterstützung des Landes Baden-Württemberg und der Universität Stuttgart, die maßgeblich zum Erfolg unserer Internet-Angebote beigetragen hat. Herrn Dr. Andreas Rüdinger vom Springer-Verlag danken wir für seine Initiative, unsere Online-Angebote durch ein Lehrbuch zu ergänzen, und für die ausgezeichnete Betreuung in allen Phasen dieses Projektes gemeinsam mit seinem Team.

Stuttgart, Dezember 2016
Klaus Höllig und Jörg Hörner

---

[2]seit 2017 Professor an der Hochschule für angewandte Wissenschaften in Würzburg

Vorwort zur zweiten Auflage

Die zweite Auflage ist mit mehr als 100 zusätzlichen Aufgaben umfangreicher. Deshalb erschien eine Aufteilung in drei Bände, die sich an einem üblichen dreisemestrigen Vorlesungszyklus orientiert, sinnvoll. Dieser zweite Band behandelt die Themen

- Lineare Algebra,
- Differentialrechnung in mehreren Veränderlichen,
- Mehrdimensionale Integration,
- Anwendungen mathematischer Software.

Mathematische Grundlagen, Vektorrechung, Differentialrechnung und Integralrechnung sowie Differentialgleichungen, Vektoranalysis, Fourier-Analysis und komplexe Analyis sind Gegenstand der Bände eins und drei.

Mit den zusätzlichen Aufgaben möchten wir Dozenten eine größere Auswahlmöglichkeit geben, insbesondere auch mehr Flexibilität, um gegebenenfalls den Schwierigkeitsgrad zu variieren. Studierende sollen für die meisten typischen Klausur- und Übungsaufgaben ein ähnliches Beispiel finden. Schreiben Sie uns (`AuLzHM@gmail.com`), wenn Sie einen Aufgabentyp vermissen! Weitere zusätzliche Aufgaben mit Lösungen werden wir dann zunächst im Internet, begleitend zu unseren Büchern, bereitstellen.

Neu in der zweiten Auflage sind Aufgaben, die mit Hilfe von MATLAB® [3] und Maple™ [4] gelöst werden sollen. Diese Aufgaben wurden bewusst sehr elementar konzipiert, um

- Studierende auch ohne Programmierkenntnisse mit numerischer und symbolischer Software vertraut zu machen

und

- Dozenten die Einbeziehung mathematischer Software in ihre Vorlesungen ohne nennenswerten Mehraufwand zu ermöglichen.

Die Programmieraufgaben sind auf die theoretischen Aufgaben abgestimmt, insbesondere um Lösungen zu verifizieren und um bestimmte Aspekte von Problemstellungen zu illustrieren.

Zu einigen Themen stehen auf der Web-Seite

$$\text{https://pnp.mathematik.uni-stuttgart.de/imng/TCM/}$$

---

[3]MATLAB® is a registered trademark of The MathWorks, Inc.
[4]Maple™ is a trademark of Waterloo Maple, Inc.

MATLAB® -Demos zur Verfügung, die Methoden und Lehrsätze veranschaulichen und mit den Aufgaben verlinkt sind.

Wie bereits bei der Vorbereitung der ersten Auflage haben wir ausgezeichnet mit Herrn Dr. Andreas Rüdinger, dem für Springer Spektrum verantwortlichen Editorial Director, und der Projekt-Managerin, Frau Janina Krieger, die uns bei der Neuauflage bei allen technischen und gestalterischen Fragen betreut hat, zusammengearbeitet. Insbesondere wurden alle unsere Anregungen und Wünsche sehr wohlwollend und effektiv unterstützt. Dafür bedanken wir uns herzlich und freuen uns darauf, in Abstimmung mit dem Springer-Verlag auch die begleitenden Internetangebote zu *Aufgaben und Lösungen zur Höheren Mathematik* weiterzuentwickeln.

Stuttgart, Dezember 2018
Klaus Höllig und Jörg Hörner

Vorwort zur dritten Auflage

Es hat den Autoren viel Freude bereitet, Ergänzungen an dem kombinierten Buch- und Internetprojekt vorzunehmen. Dabei waren die Anregungen und die Unterstützung von Herrn Dr. Andreas Rüdinger und Frau Iris Ruhmann sehr willkommen und hilfreich. Während der Produktionsphase der Neuauflage hat uns Frau Anja Groth ausgezeichnet betreut. Wir danken diesem Team des Springer-Verlags herzlich dafür. Darüber hinaus möchten wir Elisabeth Höllig für ihre Mitwirkung bei einem „nicht-mathematischen" Korrekturlesen des neuen Materials danken.

In der Neuauflage haben wir die Aufgabensammlung durch eine stichwortartige Formelsammlung ergänzt. Die Formulierungen enthalten gerade soviel Detail, wie Studierende benötigen sollten, um sich an die für die Aufgaben relevanten mathematischen Sachverhalte zu erinnern. Diese kompakte Form der Darstellung erleichtert ebenfalls eine Klausurvorbereitung, bei der man in der elektronischen Version des Bandes via Links auf ausführliche Beschreibungen im Internet zurückgreifen kann. Die Neuauflage enthält wiederum weitere zusätzliche Aufgaben, um möglichst jeden Standardaufgabentyp zu berücksichtigen. Wie bisher haben wir Wert darauf gelegt, dass die überwiegende Zahl der Aufgaben „varianten-geeignet" ist, d.h. sich gut für die Abfolge „Vorlesungsbeispiel → Übung → Klausur" eignet.

Wir freuen uns, wenn „Aufgaben und Lösungen zur Höheren Mathematik" gerade in der aktuell schwierigen Situation einen Beitrag zur Erleichterung der Lehre und einem erfolgreichen Studium leisten kann.

Stuttgart, März 2021
Klaus Höllig und Jörg Hörner

Vorwort zur vierten Auflage

Um uns zu wiederholen: Unser Buchprojekt wurde weiterhin durch Dr. Andreas Rüdinger, dem verantwortlichen Editorial Director von Springer Spektrum, ausgezeichnet betreut - herzlichen Dank dafür! Wir danken ebenfalls Elisabeth Höllig für ein „nicht-mathematisches" Korrekturlesen des umfangreichen zusätzlichen Materials für die vierte Auflage.

Neu sind Tests mit detaillierten Lösungshilfen am Ende der Kapitel. Insgesamt enthalten diese Tests über 100 zusätzliche Aufgaben. Diese Aufgaben stehen auch als *elektronische Zusatzmaterialien* (ESM) zur Verfügung. Damit haben Studierende die Möglichkeit, Ergebnisse zu den Aufgaben interaktiv zu überprüfen. Darüber hinaus wurden eine Reihe weiterer Aufgaben ergänzt, insbesondere zu Anwendungen von MATLAB® und Maple™ .

Stuttgart, März 2023

Klaus Höllig und Jörg Hörner

Hinweise für Dozenten

Die drei Bände von *Aufgaben und Lösungen zur Höheren Mathematik* umfassen die folgenden Komponenten:

- Aufgaben mit detaillierten Lösungsskizzen,
- Tests mit Lösungshinweisen und Lösungskontrolle,
- eine stichwortartige Formelsammlung,
- Vortragsfolien mit Beschreibungen von Definitionen und Lehrsätzen als ergänzendes, im E-Book verlinktes Internetmaterial.

Aufgaben   Die Aufgaben sind für Studierende eine Hilfe bei der Bearbeitung von Übungsaufgaben und zur Vorbereitung auf Prüfungen. Die Lösungen sind stichwortartig beschrieben, in einer Form, wie sie bei Klausuren gefordert oder bei Handouts verwendet wird. Damit sind sie ebenfalls als Beamer-Präsentationen geeignet und wurden entsprechend aufbereitet. Diese Präsentationsfolien stehen als Zusatzmaterialien für Dozenten ($\rightarrow$ *sn.pub/lecturer-material*) zur Verfügung. Über einen Index können Dozenten eine Auswahl treffen und die Aufgaben als Beispiele in ihre Vorlesungen integrieren oder in Vortragsübungen verwenden.

Vortragsfolien   Die Aufgabenfolien enthalten Links auf die Vortragsfolien zu relevanten Definitionen und Lehrsätzen. Ein Dozent kann damit zunächst wichtige Begriffe und Methoden wiederholen, bevor er mit der Präsentation einer Musterlösung beginnt. Die vollständige Sammlung *Vortragsfolien zur Höheren Mathematik* ist über einen Index auf der Web-Seite

http://vhm.mathematik.uni-stuttgart.de

verfügbar. Sie kann nicht nur in Verbindung mit dem Buch genutzt werden, sondern auch um Beamer-Präsentationen für Vorlesungen zusammenzustellen und Handouts für Studierende zu generieren.

Tests   Mit den Tests am Ende der einzelnen Kapitel können Studierende ihre Beherrschung der erlernten Techniken überprüfen. Die Testaufgaben sind zumeist Varianten der Aufgaben des jeweiligen Kapitels. Sie stehen ebenfalls als *elektronische Zusatzmaterialien* (ESM) zur Verfügung. Studierende können mit Hilfe interaktiver PDF-Dateien ihre Ergebnisse der Testaufgaben überprüfen. Bei Fehlern kann eine Lösung noch einmal kontrolliert werden, gegebenenfalls mit Hilfe der Lösungshinweise.

Formelsammlung   Die Formelsammlung dient Studierenden zum bequemen Nachschlagen von Definitionen und Sätzen, die bei den Lösungen der Aufgaben verwendet werden. Die Beschreibungen haben den Stil von „Merkblättern", wie man sie sich gegebenenfalls für Klausuren zusammenstellen würde. Die Formulierungen enthalten gerade soviel Detail, wie genügen sollte, um sich an die genauen mathematischen Sachverhalte zu erinnern.

Nutzt man alle in Verbindung mit den drei Bänden des Buches *Aufgaben und Lösungen zur Höheren Mathematik* angebotenen Ressourcen, so reduziert sich der Aufwand für die Vorbereitung von Lehrveranstaltungen zur *Höheren Mathematik* erheblich:

■ Beamer-Präsentationen für die Vorlesungen können aus den *Vortragsfolien zur Höheren Mathematik* ausgewählt werden.

■ Mit den Folien lassen sich Handouts für Studierende zur Wiederholung und Nachbereitung des Unterrichtsstoffes generieren.

■ Vortragsübungen können mit Hilfe der im Dozenten-Bereich zur Verfügung stehenden Aufgabenfolien gehalten werden.

■ Mit der Verwendung von Varianten zu den Aufgaben des Buches in den Gruppenübungen wird durch die publizierten Musterlösungen die Bearbeitung von Übungsblättern erleichtert.

■ Tests mit interaktiver Lösungskontrolle bieten Studierenden eine optimale Vorbereitung auf Klausuren in Übungen und Prüfungen.

In der Vergangenheit haben wir bereits sehr von unseren Lehrmaterialien, die über einen Zeitraum von mehr als zwanzig Jahren entwickelt wurden, profitiert. Wir hoffen, dass andere Dozenten einen ähnlichen Nutzen aus den Angeboten für die *Höhere Mathematik* ziehen werden und dadurch viel redundanten Vorbereitungsaufwand vermeiden können.

Hinweise für Studierende

Wie lernt man am effektivsten? Wie bereitet man sich optimal auf Klausuren vor? Jeder wird eine etwas andere Strategie verfolgen. Ein Prinzip ist jedoch, etwas humorvoll formuliert, unstrittig:

$$\textbf{Prüfungsnote} \times \textbf{Vorbereitungszeit} \quad \rightarrow \quad \min{}^{5}.$$

Die eigene Studienzeit, obwohl lange zurückliegend, noch in guter Erinnerung, möchten die Autoren folgende Empfehlungen geben, wie man „Aufgaben und Lösungen zur Höheren Mathematik" am besten nutzen kann.

Zu einem Thema sollte man sich zunächst den entsprechenen Abschnitt in der Formelsammlung ansehen. So kann man entscheiden, ob man eventuell einige Definitionen, Methoden und Lehrsätze wiederholen möchte. Beim anschließenden Lesen der Aufgaben haben natürlich solche Aufgaben Priorität, die man als schwierig empfindet und nicht selbst auf Anhieb lösen kann. Sind verwendete Techniken noch etwas unklar, bieten die in den Verweisen verlinkten Vortragsfolien eine Möglichkeit zur Nacharbeitung des relevanten Vorlesungsstoffs. Der komplette Foliensatz zu einem Thema lässt sich als Handout ausdrucken (Download von der Web-Seite http://vhm.mathematik.uni-stuttgart.de), wenn man nicht immer nur vor dem Bildschirm arbeiten möchte. Zum Abschluss der Vorbereitung ist es sinnvoll, mit Hilfe der Tests am Ende der Kapitel zu prüfen, ob man die typischen für das jeweilige Thema relevanten Fragestellungen gut beherrscht. Idealerweise sollte man dabei **nicht** die Lösungshinweise zu Hilfe nehmen. Die Tests stehen ebenfalls als *Electronic Supplementary Material* (ESM) zur Verfügung mit der Möglichkeit, die berechneten Ergebnisse interaktiv zu überprüfen.

Mit insgesamt über 1000 Aufgaben haben wir versucht, in den drei Bänden von *Aufgaben und Lösungen zur Höheren Mathematik* alle relevanten Prüfungsthemen abzudecken. Sie vermissen dennoch einen Aufgabentyp → schreiben Sie uns (AuLzHM@gmail.com)!

Auch beim intensiven Lernen muss die Freude an dem Studienfach und der sportliche Aspekt des Problemlösens nicht zu kurz kommen. Die (ziemlich schwierigen) Sternaufgaben sind dafür gedacht, etwas Faszination für die Mathematik zu wecken. Damit wünschen die Autoren viel Erfolg im Studium und dass ihr Buch dabei hilft, einen möglichst niedrigen Wert des oben erwähnten Produktes zu erzielen!

---

[5]Natürlich unter der Nebenbedingung „Prüfung bestanden!"; der „Arthur Fischer Preis" wurde am Fachbereich Physik der Universität Stuttgart auf der Basis einer ähnlichen Zielfunktion vergeben (M.Sc. Note × Gesamtstudienzeit).

Inhaltsverzeichnis

Einleitung

Grundlage für die Aufgaben der drei Bände von *Aufgaben und Lösungen zur Höheren Mathematik* bildet der Stoff, der üblicherweise Bestandteil der Mathematik-Grundvorlesungen in den Natur- und Ingenieurwissenschaften ist. Die Reihenfolge der Themen entspricht einem typischen dreisemestrigen Vorlesungszyklus *Höhere Mathematik* für Fachrichtungen, die ein umfassendes Mathematikangebot benötigen:

- Band 1: Mathematische Grundlagen, Vektorrechnung, Differentialrechnung, Integralrechnung, Anwendungen mathematischer Software,
- **Band 2:** Lineare Algebra, Differentialrechnung in mehreren Veränderlichen, mehrdimensionale Integration, Anwendungen mathematischer Software,
- Band 3: Vektoranalysis, Differentialgleichungen, Fourier-Analysis, komplexe Analysis, Anwendungen mathematischer Software.

Die Lineare Algebra beinhaltet die Vektorrechung in allgemeinerem Kontext und kann auch vor der Analysis einer Veränderlichen unterrichtet werden. Bei der oben gewählten Themenfolge wird eine kurze Einführung in das Rechnen mit Vektoren in der Ebene und im Raum vorgezogen, um möglichst früh wesentliche Hilfsmittel bereitzustellen. Die Themen des dritten Bandes sind weitgehend unabhängig voneinander; ihre Reihenfolge richtet sich nach den Prioritäten der involvierten Fachrichtungen.

Aufgaben

Der überwiegende Teil der Aufgabensammlung besteht aus Standardaufgaben, d.h. Aufgaben, die durch unmittelbare Anwendung der in Vorlesungen behandelten Lehrsätze und Techniken gelöst werden können. Solche Aufgaben werden teilweise in fast identischer Form in vielen Varianten sowohl in Übungen als auch in Prüfungsklausuren gestellt und sind daher für Studierende besonders wichtig. Die folgende Aufgabe aus der Linearen Algebra ist ein typisches Beispiel.

5.15 Inverse einer symmetrischen 3×3-Matrix

Bestimmen Sie mit der Cramerschen Regel die Inverse der Matrix

$$\begin{pmatrix} 0 & 1 & 0 \\ 1 & 2 & 3 \\ 0 & 3 & 2 \end{pmatrix}.$$

Verweise: Inverse Matrix, Cramersche Regel, Entwicklung von Determinanten

---

© Springer-Verlag GmbH Deutschland, ein Teil von Springer Nature 2023
K. Höllig und J. Hörner, *Aufgaben und Lösungen zur Höheren Mathematik 2*,
https://doi.org/10.1007/978-3-662-67512-0_1

Verweise

Die Verweise beziehen sich auf die *Vortragsfolien zur Höheren Mathematik* , die
in der elektronischen Version des Bandes direkt verlinkt sind. In dieser Sammlung
von Beamer-Präsentationen werden relevante Begriffe bzw. Sätze beschrieben und
mit Beispielen veranschaulicht. Studierende können damit zunächst die benötigten
mathematischen Grundlagen anhand der entsprechenden Vortragsfolien nochmals
wiederholen. Beispielsweise führt der zweite Verweis, „Cramersche Regel", bei oben
stehender Aufgabe auf eine PDF-Datei, die mit folgender Seite beginnt.

Cramersche Regel

Für ein quadratisches lineares Gleichungssystem $Ax = b$ ist

$$x_i \det A = \det(a_1, \ldots, a_{i-1}, b, a_{i+1}, \ldots, a_n),$$

wobei a_j die Spalten der Koeffizientenmatrix A bezeichnen.

Ist $\det A \neq 0$, so existiert eine eindeutige Lösung $x = A^{-1}b$ für beliebiges b
und die Inverse $C = A^{-1}$ kann durch

$$c_{i,j} = \frac{\det(a_1, \ldots, a_{i-1}, e_j, a_{i+1}, \ldots, a_n)}{\det A}$$

bestimmt werden, wobei e_j der j-te Einheitsvektor ist.

Die Seite beschreibt, wie man mit Hilfe der Cramerschen Regel die Inverse einer
Matrix bestimmt, also die Lösung der Aufgabe erhalten kann. Auf den darauf folgenden Seiten wird die Anwendung der Methode anhand eines Beispiels erläutert
und damit auf die Aufgabenlösung hingeführt.

Die über die Web-Seite

http://vhm.mathematik.uni-stuttgart.de

verfügbare Sammlung deckt das gesamte Themenspektrum der *Höheren Mathematik* ab und kann auch begleitend zu Vorlesungen verwendet werden.

Sternaufgaben

Die Aufgabensammlung enthält auch einige Aufgaben, deren Lösung eine Reihe von nicht naheliegenden Ideen erfordert. Solche Aufgaben sind mit einem Stern gekennzeichnet. Sie können in Vorlesungen als Beispiele verwendet werden und dienen in Übungen als Anreiz, um Faszination für Mathematik zu wecken. Auch Studierenden, die Mathematik nur als „Nebenfach" hören, soll das Erlernen mathematischer Techniken Freude bereiten und nicht nur als „lästiges Muss" empfunden werden. Ein Beispiel ist die folgende Aufgabe zur Minimierung einer Zielfunktion unter einer Nebenbedingung.

15.13 US-Mailbox ⋆

Die abgebildete Mailbox besteht aus einem Quader und einem Halbzylinder und ist doppelt so lang wie breit. Bestimmen Sie den Radius r des Zylinders und die Höhe h des Quaders, so dass die Oberfläche bei einem vorgegebenen Volumen von $36000\,\text{cm}^3$ minimal wird (Material sparende Konstruktion).

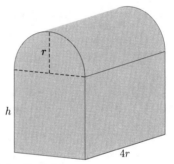

Verweise: Lagrange-Multiplikatoren, Extrema multivariater Funktionen

Auch bei diesen Aufgaben sind ggf. Verweise zu Themen aus den *Vortragsfolien zur Höheren Mathematik* vorhanden, die für die Lösung hilfreich sein können.

Lösungen

Die Lösungen zu den Aufgaben des Buches sind stichwortartig formuliert, in einer Form, wie sie etwa in Klausuren verlangt wird oder zur Generierung von Folien geeignet ist. Der stichwortartige Stil beschränkt sich auf das mathematisch Wesentliche und macht die Argumentation übersichtlich und leicht verständlich. Typische Beispiele sind Formulierungen wie

      Umformung   ⇝   ...,

      Lineare Unabhängigkeit   ⟹   ...,

die anstelle der entsprechenden vollständigen Sätze

      „Durch Umformung erhält man ...",

      „Aus der linearen Unabhängigkeit folgt ..."

treten. Die gewählte Darstellungsform der Lösungen ist ebenfalls für Beamer-Präsentationen geeignet, wie nachfolgend näher erläutert ist.

Mathematische Software

Ein Kapitel des Bandes enthält Aufgaben, die mit MATLAB® und Maple™ gelöst werden sollen. Ohne dass nennenswerte Programmierkenntnisse vorausgesetzt

werden, können Studierende anhand sehr elementarer Problemstellungen mit nume-
rischer und symbolischer Software vertraut werden. Es ist faszinierend, was heutige
Computer-Programme leisten und wie komfortabel sie zu handhaben sind.
Zu einigen Themen stehen auf der Web-Seite

$$\text{https://pnp.mathematik.uni-stuttgart.de/imng/TCM/}$$

MATLAB® -Demos zur Verfügung. Beispielsweise zeigt die folgende Abbildung die
Benutzeroberfläche eines Demos zur Minimierung von Funktionen mit dem Verfahren des steilsten Abstiegs.

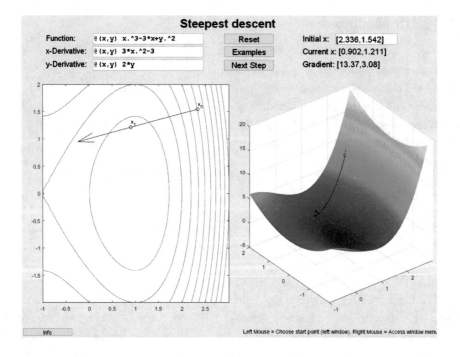

Durch Variieren der Parameter kann das Verhalten des Verfahrens illustriert werden, insbesondere der geometrische Zusammenhang zwischen Suchrichtungen und
Niveaulinien.

Tests

Mit den Tests am Ende der einzelnen Kapitel können Studierende ihre Beherrschung
der erlernten Techniken überprüfen. Die Testaufgaben sind zumeist Varianten der
Aufgaben des jeweiligen Kapitels, so dass das Lösen eigentlich keine Probleme bereiten sollte. Man kann jedoch gegebenenfalls die anschließenden Lösungshinweise
bei der Bearbeitung zu Hilfe nehmen.

Interaktive Versionen der Tests sind als elektronische Zusatzmaterialien (ESM) verlinkt. Bei diesen PDF-Dateien lassen sich die berechneten Ergebnisse eintragen, und
man erhält unmittelbar eine Rückmeldung, ob die Lösungen korrekt sind.

Präsentationsfolien

Begleitend zum Buch sind die Aufgaben und Lösungen ebenfalls als Beamer-Präsentationen formatiert. Diese Präsentationsfolien stehen Dozenten als Zusatzmaterialien zur Verfügung (→ *sn.pub/lecturer-material*). Über einen Index lässt sich eine Auswahl treffen, und die Aufgaben können als Beispiele in Vorlesungen integriert oder in Vortragsübungen verwendet werden. Das Layout dieser Präsentationsfolien wird anhand eines Beispiels zur Volumenbestimmung von Rotationskörpern illustriert.

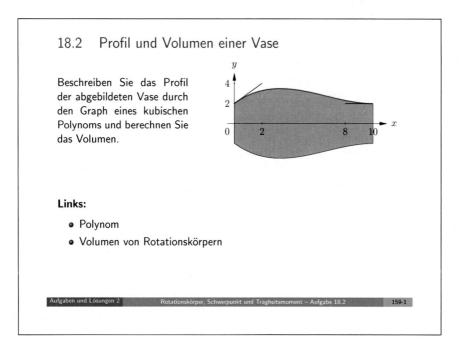

Die Links entsprechen den Verweisen in der Buch-Version der Aufgaben. Durch Anklicken kann unmittelbar auf die entsprechenden Inhalte der *Vortragsfolien zur Höheren Mathematik* zugegriffen werden.

Formelsammlung

Die zur Lösung der Aufgaben benötigten Definitionen, Sätze und Formeln sind stichwortartig entsprechend den einzelnen Themen im letzten Teil des Buches zusammengestellt. Die Beschreibungen haben den Stil von „Merkblättern", die man[6] in eine Klausur mitnehmen könnte. Die Formulierungen enthalten gerade soviel Detail, wie genügen sollte, um sich an die genauen mathematischen Sachverhalte zu erinnern. Ist dies bei der Vorbereitung für eine Klausur nicht ausreichend, so kann

---

[6]wenn der Dozent die Verwendung solcher Hilfsmittel erlaubt ...

man im E-Book über einen Link auf eine ausführliche Erläuterung mit Beispielen zugreifen. Ein „Durchblättern" der als „Gedächtnisstützen" gedachten, sehr kompakt gehaltenen Formulierungen ist somit ein guter Test, welche Sachverhalte man sich noch einmal genauer ansehen sollte.

Aufgabenvarianten

Es ist geplant, die Aufgabensammlung durch Varianten zu ergänzen, die teilweise mit Hilfe geeigneter Computer-Programme erzeugt werden. Die Aufgabe 5.15 ist ein typisches Beispiel. Mit zufällig gewählten nicht allzu großen ganzen Zahlen werden Matrizen generiert, deren Determinanten und Unterdeterminanten unter einer vorgebbaren Schranke liegen. Diese Aufgabenvarianten können in Übungen und Tests verwendet werden, die Aufgaben in den Bänden des Buches sind dann als vorbereitende Beispiele geeignet. Die Erstellung von in dieser Weise auf die Aufgabensammlung abgestimmten Übungsblättern reduziert sich somit im Wesentlichen auf die Auswahl von Aufgaben- und Variantennummern.

Aufgabenvorschläge

Schreiben Sie uns, wenn Sie einen Aufgabentyp vermissen (`AuLzHM@gmail.com`). Für zum Standard-Übungs- bzw. Prüfungsstoff passende Vorschläge, die insbesondere auch für Varianten geeignet sind, werden wir eine entsprechende Aufgabe mit Lösung konzipieren und zur Verfügung stellen.

Notation

In den Aufgaben und Lösungen wird die Notation von *Mathematik-Online* verwendet (siehe `https://mo.mathematik.uni-stuttgart.de/notationen/`). Dabei wurde ein Kompromiss zwischen formaler Präzision und einfacher Verständlichkeit gewählt. Exemplarisch illustriert dies das folgende Beispiel:

$$K : x^2 + y^2 + z^2 < R^2 \ .$$

Die gewählte Beschreibung einer Kugel ist leichter lesbar als die formalere Notation

$$K = \{(x, y, z) \in \mathbb{R}^3 : x^2 + y^2 + z^2 < R^2\} \ .$$

Dies ist insbesondere dann der Fall, wenn die Bedeutung aus dem Kontext klar ersichtlich ist, etwa in der Formulierung

„Integrieren Sie die Funktion f über die Kugel ...".

Literatur

Zur *Höheren Mathematik* existieren bereits zahlreiche Lehrbücher; die bekanntesten deutschsprachigen Titel sind in der Literaturliste am Ende des Buches angegeben. Einige dieser Lehrbücher enthalten ebenfalls Aufgaben, teilweise auch mit Lösungen. Naturgemäß bestehen gerade bei Standardaufgaben große Überschneidungen, bis hin zu identischen Formulierungen wie beispielsweise „Bestimmen Sie die Inverse der Matrix ...". Ein wesentlicher neuer Aspekt des Buches ist zum Einen die enge

Abstimmung auf ein umfangreiches Internet-Angebot mit den damit verbundenen Vorteilen für Studierende und Dozenten. Zum Anderen haben wir die Mehrzahl der Aufgaben so konzipiert, dass sie sich für computer-generierte Varianten eignen und damit sehr effektiv im Übungsbetrieb eingesetzt werden können.

Teil I

Lineare Algebra

1 Gruppen und Körper

Übersicht

© Springer-Verlag GmbH Deutschland, ein Teil von Springer Nature 2023
K. Höllig und J. Hörner, *Aufgaben und Lösungen zur Höheren Mathematik 2*,
https://doi.org/10.1007/978-3-662-67512-0_2

1.1 Gruppe der linearen Funktionen

Zeigen Sie, dass die linearen Funktionen

$$x \mapsto ax + b, \quad a \neq 0,$$

eine Gruppe bzgl. der Hintereinanderschaltung $\circ$ bilden. Warum ist die Bedingung an a notwendig? Ist die Gruppe kommutativ?

Verweise: Gruppe

Lösungsskizze

Überprüfung der Gruppeneigenschaften

(i) Assoziativität: $(f_1 \circ f_2) \circ f_3 = f_1 \circ (f_2 \circ f_3)$
erfüllt, da

$$f_{1,2} = f_1 \circ f_2 \ : \ x \mapsto a_1(a_2 x + b_2) + b_1 = (a_1 a_2)x + (a_1 b_2 + b_1)$$
$$f_{1,2} \circ f_3 \ : \ x \mapsto (a_1 a_2)(a_3 x + b_3) + (a_1 b_2 + b_1) =$$
$$(a_1 a_2 a_3)x + (a_1 a_2 b_3 + a_1 b_2 + b_1)$$

und

$$f_{2,3} = f_2 \circ f_3 \ : \ x \mapsto a_2(a_3 x + b_3) + b_2 = (a_2 a_3)x + (a_2 b_3 + b_2)$$
$$f_1 \circ f_{2,3} \ : \ x \mapsto a_1(a_2 a_3 x + a_2 b_3 + b_2) + b_1 =$$
$$(a_1 a_2 a_3)x + (a_1 a_2 b_3 + a_1 b_2 + b_1)$$

d.h. $f_{1,2} \circ f_3 = f_1 \circ f_{2,3}$

(ii) Neutrales Element: $\exists! \, f_\star : \quad f_\star \circ f = f \circ f_\star = f$
Ansatz $f_\star : x \mapsto \tilde{a}x + \tilde{b} \quad \rightsquigarrow$

$$f_\star \circ f = f \quad \Leftrightarrow \quad \tilde{a}(ax + b) + \tilde{b} = ax + b$$

d.h. $\tilde{a} = 1$, $\tilde{b} = 0$ und $f_\star : x \mapsto x$ (offensichtlich ebenfalls rechts-neutral)

(iii) Inverses Element: $\exists! \, f^{-1} : \quad f^{-1} \circ f = f \circ f^{-1} = f_\star$
Ansatz $f^{-1} : x \mapsto \tilde{a}x + \tilde{b} \quad \rightsquigarrow$

$$f^{-1} \circ f = f_\star \quad \Leftrightarrow \quad \tilde{a}(ax + b) + \tilde{b} = x$$

d.h. $\tilde{a} = 1/a$, $\tilde{b} = -b/a$ (Notwendigkeit von $a \neq 0$)
f^{-1} ebenfalls rechte Inverse:

$$f \circ f^{-1} = a(\tilde{a}x + \tilde{b}) + b = aa^{-1}x + a(-b/a) + b = x$$

(iv) Kommutativität:
nicht gegeben, $f_1 \circ f_2 \neq f_2 \circ f_1$ z.B. für

$$f_1 : x \mapsto 2x, \quad f_2 : x \mapsto x + 1$$

$f_1 \circ f_2 : x \mapsto 2(x + 1) = 2x + 2$
$f_2 \circ f_1 : x \mapsto (2x) + 1 = 2x + 1$

1.2 Untergruppen der Kongruenzabbildungen eines Quadrates

Eine Kongruenzabbildung eines Quadrates kann mit einer Permutation der Ecken A, B, C, D (entgegen dem Uhrzeigersinn angeordnet) identifiziert werden. Beispielsweise repräsentiert

$$BCDA:\ A \mapsto B,\ B \mapsto C,\ C \mapsto D,\ D \mapsto A$$

eine Drehung um 90°. Geben Sie alle Elemente der Gruppe dieser Kongruenzabbildungen an sowie die Elemente der acht (nicht-trivialen) Untergruppen.

Verweise: Untergruppe

Lösungsskizze

(i) Kongruenzabbildungen:
festgelegt durch das Bild der Kante $\overline{AB}$, d.h. nach Wahl des Bildes von A (4 Möglichkeiten) jeweils zwei verbleibende Möglichkeiten für die Nachbarecke

$ABCD$: Identität, $ADCB$: Spiegelung an der Diagonale $\overline{AC}$

$BCDA$: Drehung um 90°, $BADC$: Spiegelung an der Achse $\parallel \overline{AD}$

$CDAB$: Drehung um 180°, $CBAD$: Spiegelung an der Diagonale $\overline{BD}$

$DABC$: Drehung um 270°, $DCBA$: Spiegelung an der Achse $\parallel \overline{AB}$

(ii) Untergruppen:
Kriterium: $g, h \in U \implies g^{-1} \in U,\ g \circ h \in U \quad \leadsto$

- Drehungen $\{ABCD, BCDA, CDAB, DABC\}$
- Identität und Drehung um 180° $\{ABCD, CDAB\}$
- Identität und Diagonalspiegelung $\{ABCD, ADCB\}$
- Identität und Diagonalspiegelung $\{ABCD, CBAD\}$
- Identität und Achsenspiegelung $\{ABCD, BADC\}$
- Identität und Achsenspiegelung $\{ABCD, DCBA\}$

zwei weitere Untergruppen (geometrisch weniger offensichtlich), generiert durch die beiden Diagonal- bzw. Achsenspiegelungen

- $\{ABCD, CDAB, ADCB, CBAD\}$
- $\{ABCD, CDAB, BADC, DCBA\}$

Nachweis des Untergruppenkriteriums durch Bildung der Verknüpfungsmatrizen, z.B.

$\circ$	$ABCD$	$CDAB$	$ADCB$	$CBAD$
$ABCD$	$ABCD$	$CDAB$	$ADCB$	$CBAD$
$CDAB$	$CDAB$	$ABCD$	$CBAD$	$ADCB$
$ADCB$	$ADCB$	$CBAD$	$ABCD$	$CDAB$
$CBAD$	$CBAD$	$ADCB$	$CDAB$	$ABCD$

1.3 Untergruppe generiert durch eine Permutation

Bestimmen Sie die kleinste Untergruppe der Permutationen von $\{1, 2, 3, 4, 5\}$, die die (in zyklischer Schreibweise angegebene) Permutation $(123)(45)$ enthält.

Verweise: Untergruppe, Permutationen

Lösungsskizze

Konstruktion der Untergruppe U mit Hilfe des Untergruppenkriteriums

$$g, h \in U \quad \Longrightarrow \quad g^{-1} \in U, g \circ h \in U$$

- beginne mit der identischen Permutation $g_0 = (1)(2)(3)(4)(5)$ und der Permutation $g_1 = (123)(45)$
- bilde die Inversen sowie alle möglichen Verknüpfungen und füge entstehende neue Permutationen hinzu
- wiederhole den Prozess bis keine neuen Permutationen mehr generiert werden

Schritt 1:

bilde die Inverse

$$g_1^{-1} = (132)(45) =: g_2$$

bilde die Verknüpfungen

$$g_1 \circ g_1 = (132)(4)(5) =: g_3, \quad g_2 \circ g_2 = (123)(4)(5) =: g_4$$

(nicht zu berücksichtigen: $g_0 \circ g_k = g_k \circ g_0 = g_k$ und $g_1 \circ g_1^{-1} = g_1^{-1} \circ g_1 = g_0$)

Schritt 2:

bilde die Inversen der neu generierten Permutationen

$$g_3^{-1} = (123)(4)(5), \quad g_4^{-1} = (132)(4)(5)$$

bereits vorhanden: $g_3^{-1} = g_4$, $g_4^{-1} = g_3$

bilde die Verknüpfungen

$$g_1 \circ g_3 = (1)(2)(3)(45) =: g_5, \quad \dots$$

keine neuen Permutationen durch weitere Inversenbildung und Verknüpfungen, wie aus der Verknüpfungsmatrix $a_{j,k} = g_j \circ g_k$ ersichtlich

$\circ$	g_0	g_1	g_2	g_3	g_4	g_5
g_0	g_0	g_1	g_2	g_3	g_4	g_5
g_1	g_1	g_3	g_0	g_5	g_2	g_4
g_2	g_2	g_0	g_4	g_1	g_5	g_3
g_3	g_3	g_5	g_1	g_4	g_0	g_2
g_4	g_4	g_2	g_5	g_0	g_3	g_1
g_5	g_5	g_4	g_3	g_2	g_1	g_0

1.4 Rechnen mit Permutationen in Zyklenschreibweise

Geben Sie die Permutationen

$$p = \begin{pmatrix} 1 & 2 & 3 & 4 & 5 & 6 \\ 3 & 1 & 2 & 6 & 5 & 4 \end{pmatrix}, \quad q = \begin{pmatrix} 1 & 2 & 3 & 4 & 5 & 6 \\ 4 & 3 & 5 & 6 & 1 & 2 \end{pmatrix}$$

in Zyklenschreibweise an und bestimmen Sie

$$p^{-1}, q^{-1}, p \circ q, q \circ p.$$

Verweise: Permutationen

Lösungsskizze

(i) Zyklenschreibweise:

Abbildung zu p: $1 \mapsto 3$, $2 \mapsto 1$, $3 \mapsto 2$, $4 \mapsto 6$, $5 \mapsto 5$, $6 \mapsto 4$

bzw. in Kurzform p : $1 \mapsto 3 \mapsto 2 \mapsto 1$, $\quad 4 \mapsto 6 \mapsto 4$, $\quad 5 \mapsto 5$

⤳ Zyklenschreibweise

$$p = (132)(46)(5)$$

analog $q = (146235)$, d.h. q : $1 \mapsto 4 \mapsto 6 \mapsto 2 \mapsto 3 \mapsto 5 \mapsto 1$

(ii) Inverse:

Umkehrung der Abbildung zu p (separat für jeden Zyklus möglich)

$$1 \mapsto 3 \mapsto 2 \mapsto 1 \; \rightsquigarrow \; 1 \mapsto 2 \mapsto 3 \mapsto 1$$
$$4 \mapsto 6 \mapsto 4 \; \rightsquigarrow \; 4 \mapsto 6 \mapsto 4$$
$$5 \mapsto 5 \; \rightsquigarrow \; 5 \mapsto 5$$

d.h. $p^{-1} = (123)(46)(5)$

analog $q^{-1} = (532641) = (153264)$ (Darstellung invariant unter zyklischer Verschiebung, Beginn mit 1 üblich)

(iii) Verknüpfungen:

$$q(1) = 4, \; p(4) = 6 \implies (p \circ q)(1) = 6$$
$$q(6) = 2, \; p(2) = 1 \implies (p \circ q)(6) = 1$$
$$q(2) = 3, \; p(3) = 2 \implies (p \circ q)(2) = 2$$
$$q(3) = 5, \; p(5) = 5 \implies (p \circ q)(3) = 5$$

$$\cdots$$

d.h. $p \circ q$: $1 \mapsto 6 \mapsto 1$, $\quad 2 \mapsto 2$, $\quad 3 \mapsto 5 \mapsto 3$, $\quad 4 \mapsto 4$

⤳ Zyklendarstellung

$$p \circ q = (16)(2)(35)(4)$$

analog: $q \circ p = (15)(24)(3)(6)$

1.5 Zyklendarstellung, Vorzeichen und Hintereinanderschaltung von Permutationen

Bestimmen Sie für die Permutation

$$\pi = \begin{pmatrix} 1 & 2 & 3 & 4 & 5 & 6 & 7 \\ 4 & 7 & 6 & 2 & 3 & 5 & 1 \end{pmatrix}$$

die Zyklendarstellung sowie $\sigma(\pi)$, $\pi \circ \pi$ und π^{-1}.

Verweise: Permutationen

Lösungsskizze

(i) Zyklendarstellung:

$$1 \to 4 \to 2 \to 7 \to 1, \quad 3 \to 6 \to 5 \to 3$$

$\implies \quad \pi = (1\,4\,2\,7)\,(3\,6\,5)$ (4- und 3-Zykel)

(ii) Vorzeichen $\sigma(\pi)$:

Anzahl der Vertauschungen

$4762351 \to 1762354 \to 1267354 \to 1237654 \to 1234657$
$\to 1234567$

$\implies \quad \sigma(\pi) = (-1)^5 = -1$

alternativ: Anzahl Vertauschungen $\hat{=}$ Summe der jeweils um 1 verminderten Zyklenlängen, d.h. $5 = (4-1) + (3-1)$

(iii) Komposition $\pi \circ \pi$:

$$\begin{aligned} \pi(\pi(1)) &= \pi(4) = 2 \\ \pi(\pi(2)) &= \pi(7) = 1 \\ \pi(\pi(3)) &= \pi(6) = 5 \end{aligned} \quad \implies \quad \pi \circ \pi = \begin{pmatrix} 1 & 2 & 3 & 4 & 5 & 6 & 7 \\ 2 & 1 & 5 & 7 & 6 & 3 & 4 \end{pmatrix}$$

$\ldots$

alternativ: je ein Element in der Zyklendarstellung überspringen

$\pi = (1\,4\,2\,7)\,(3\,6\,5) \quad \implies \quad \pi \circ \pi = (1\,2)\,(4\,7)\,(3\,5\,6)$

(iv) Inverse π^{-1}:

Vertauschung der Zeilen in der Darstellung von π und Sortierung $\rightsquigarrow$

$$\pi^{-1} = \begin{pmatrix} 1 & 2 & 3 & 4 & 5 & 6 & 7 \\ 7 & 4 & 5 & 1 & 6 & 3 & 2 \end{pmatrix}$$

alternativ: Invertierung der Zyklen

$$\pi = (1\,4\,2\,7)\,(3\,6\,5) \quad \implies \quad \pi^{-1} = (1\,7\,2\,4)\,(3\,5\,6)$$

1.6 Mathematik-Online Schiebepuzzle ⋆

[1]

Ein Schiebepuzzle besteht aus 24 Teilen in einem Gehäuse mit 5×5 Feldern, von denen eines frei bleibt. Benachbarte Teile können senkrecht oder waagrecht in das freie Feld verschoben werden.

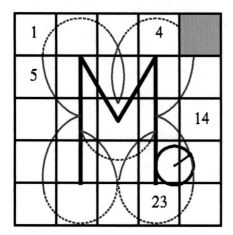 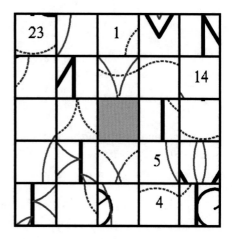

Zur eindeutigen Kennzeichnung werden die Puzzleteile in der links gezeigten Ausgangskonfiguration in der obersten Zeile beginnend von links nach rechts durchnummeriert, und die Nummerierung wird in den darauffolgenden Zeilen fortgesetzt. Bei dem rechts gezeigten durchmischten Puzzle werden die Nummern der Teile nach dem gleichen Schema wieder abgelesen, und man erhält so die zugehörige Permutation

$$\pi = \begin{pmatrix} 1\ 2\ 3\ 4\ 5\ 6\ 7\ 8\ 9\ 10\ 11\ 12\ 13\ 14\ 15\ 16\ 17\ 18\ 19\ 20\ 21\ 22\ 23\ 24 \\ 23\quad 1\qquad\quad 14\qquad\qquad\qquad 5\qquad\qquad\quad 4 \end{pmatrix}$$

Vervollständigen Sie die Permutation und bestimmen Sie die Zyklendarstellung sowie das Vorzeichen. Identifizieren Sie die Schiebeoperationen mit speziellen Permutationen und entscheiden Sie, ob das rechte Schiebepuzzle lösbar ist, d.h. ob es mit einer Folge von Verschiebungen in die Ausgangskonfiguration überführt werden kann.

Verweise: Permutationen

Lösungsskizze

(i) Vervollständigung der Permutation:
Nummerierung der Puzzleteile in der links abgebildeten Ausgangskonfiguration

$$\text{Zeile } 1: 1 - 4, \quad \text{Zeile } 2: 5 - 9, \quad \text{Zeile } 3: 10 - 14, \quad \ldots$$

---

[1]konzipiert von Dr. Joachim Wipper

Identifizierung der entsprechenden Puzzleteile in der rechten Konfiguration

Zeile 1 : $23, 9, 1, 12, 6$,   Zeile 2 : $24, 8, 17, 2, 14$,   Zeile 3 : $10, 22, 16, 21$,   ...

⤳   Permutation

$$\pi = \begin{pmatrix} 1 \; 2 \; 3 \; 4 \; 5 \; 6 \; 7 \; 8 \; 9 \; 10 \; 11 \; 12 \; 13 \; 14 \; 15 \; 16 \; 17 \; 18 \; 19 \; 20 \; 21 \; 22 \; 23 \; 24 \\ 23 \; 9 \; 1 \; 12 \; 6 \; 24 \; 8 \; 17 \; 2 \; 14 \; 10 \; 22 \; 16 \; 21 \; 15 \; 11 \; 3 \; 5 \; 7 \; 13 \; 20 \; 19 \; 4 \; 18 \end{pmatrix}$$

(ii) Zyklendarstellung:

$1 \mapsto 23 \mapsto 4 \mapsto 12 \mapsto 22 \mapsto 19 \mapsto 7 \mapsto 8 \mapsto 17 \mapsto 3 \mapsto 1, \quad 2 \mapsto 9 \mapsto 2, \quad \ldots \quad \Longrightarrow$

$$\pi = (1\ 23\ 4\ 12\ 22\ 19\ 7\ 8\ 17\ 3)\,(2\ 9)\,(5\ 6\ 24\ 18)\,(10\ 14\ 21\ 20\ 13\ 16\ 11)\,(15)$$

(iii) Vorzeichen der Permutation für das durchmischte Puzzle:
benutze: $\sigma(\tau) = (-1)^{\ell-1}$ für einen ℓ-Zyklus τ
Zyklendarstellung von π und Multiplikativität von σ $\Longrightarrow$

$$\begin{aligned} \sigma(\pi) &= (-1)^{10-1} \cdot (-1)^{2-1} \cdot (-1)^{4-1} \cdot (-1)^{7-1} \cdot (-1)^{1-1} \\ &= (-1)^9 \cdot (-1)^1 \cdot (-1)^3 \cdot (-1)^6 \cdot (-1)^0 = (-1)^{19} = -1 \end{aligned}$$

(iv) Permutationen der Schiebe-Operationen:

■ Waagrechte Verschiebung:
keine Änderung der Reihenfolge $\rightarrow$ identische Permutation
■ Senkrechte Verschiebung:
zyklische Änderung von 5 Positionen, z.B. bei Vertauschung des freien Feldes in der rechten Abbildung mit dem darüber liegenden Feld 17

$\ldots 8\ 17\ 2\ 14\ 10\ 22\ 16 \ldots \quad \rightarrow \quad \ldots 8\ 2\ 14\ 10\ 22\ 17\ 16 \ldots$,

d.h. $17 \mapsto 2 \mapsto 14 \mapsto 10 \mapsto 22 \mapsto 17 \;\widehat{=}\; 5$-Zyklus $(17\ 2\ 14\ 10\ 22)$
analog: Vertauschung mit dem darunter liegenden Feld $3 \;\widehat{=}\; 5$-Zyklus $(3\ 11\ 15\ 21\ 16)$

(v) Unlösbarkeit des Schiebepuzzles:
Paritätsargument basierend auf dem Vorzeichen σ von Permuationen
$\sigma(\tau) = (-1)^{5-1} = 1$ für einen 5-Zyklus τ $\Longrightarrow$ keine Vorzeichenänderung bei Verschiebungen
$\sigma(\pi) = -1$ für die Permutation des durchmischten Puzzles π und $\sigma(\pi_\star) = 1$ für die Ausgangskonfiguration $\pi_\star = (1)\,(2)\,\ldots\,(24)$ $\Longrightarrow$ π mit keiner Verschiebungsfolge in $\pi_\star$ überführbar

1.7 Verknüpfungstabelle einer Permutationsgruppe

Geben Sie die Verknüpfungstabelle für die Gruppe

$$S_3 = \{(1),\ (1\,2),\ (1\,3),\ (2\,3),\ (1\,2\,3),\ (1\,3\,2)\}$$

der Permutationen (dargestellt in Zyklenschreibweise) von 3 Elementen an. Ist die Gruppe kommutativ?

Verweise: Permutationen, Gruppe

Lösungsskizze

(i) einige Verknüpfungen:

- $\pi = (12) \circ (13)$:

$$1 \overset{(13)}{\mapsto} 3 \overset{(12)}{\mapsto} 3,\ 2 \mapsto 2 \mapsto 1,\ 3 \mapsto 1 \mapsto 2$$

$\implies \quad \pi = (132)$

- $\pi = (123) \circ (12)$:

$$1 \overset{(12)}{\mapsto} 2 \overset{(123)}{\mapsto} 3,\ 2 \mapsto 1 \mapsto 2,\ 3 \mapsto 3 \mapsto 1$$

$\implies \quad \pi = (13)$

- $\pi = (132) \circ (132)$:

$$1 \overset{(132)}{\mapsto} 3 \overset{(132)}{\mapsto} 2,\ 2 \mapsto 1 \mapsto 3,\ 3 \mapsto 2 \mapsto 1$$

$\implies \quad \pi = (123)$

(ii) Verknüpfungstabelle:

$\circ$	(1)	(12)	(13)	(23)	(123)	(132)
(1)	(1)	(12)	(13)	(23)	(123)	(132)
(12)	(12)	(1)	(132)	(123)	(23)	(13)
(13)	(13)	(123)	(1)	(132)	(12)	(23)
(23)	(23)	(132)	(123)	(1)	(13)	(12)
(123)	(123)	(13)	(23)	(12)	(132)	(1)
(132)	(132)	(23)	(12)	(13)	(1)	(123)

nicht symmetrisch $\implies$ keine kommutative Gruppe

z.B., für $\pi_4 = (23)$, $\pi_6 = (132)$

$$(\pi_4 \circ \pi_6)(1) = \pi_4(\pi_6(1)) = \pi_4(3) = 2$$
$$(\pi_6 \circ \pi_4)(1) = \pi_6(\pi_4(1)) = \pi_6(1) = 3$$

$\implies \quad \pi_4 \circ \pi_6 \neq \pi_6 \circ \pi_4$

1.8   Gleichungssystem mit zwei Unbekannten über einem Primkörper

Lösen Sie das Gleichungssystem

$$6x + 5y = 2 \bmod 7$$
$$4x + 3y = 1 \bmod 7$$

in dem Primkörper $\mathbb{Z}_7$.

Verweise: Primkörper

Lösungsskizze

Moduloarithmetik für ganze Zahlen:

$$m \diamond n = \ell \bmod p \quad \Leftrightarrow \quad \ell - m \diamond n = kp \, \text{mit} \, k \in \mathbb{Z}$$

für $\diamond \in \{+, -, \cdot, /\}$

⤳   Wahl eines Repräsentanten in $\{0, 1, \ldots, 6\}$

(i) Auflösen der ersten Gleichung nach x:

Inverse zu 6 in $\mathbb{Z}_7$

$$6 \cdot 6 = 36 = 1 \bmod 7 \quad \Longrightarrow \quad 1/6 = 6 \bmod 7$$

Division der ersten Gleichung durch 6 ($\widehat{=}$ Multiplikation mit 6)   ⤳

$$x + 30y = 12 \bmod 7 \quad \Leftrightarrow \quad x + 2y = 5 \bmod 7$$

$$\Leftrightarrow \quad x = 5 - 2y = 5 + 5y \bmod 7$$

(ii) Einsetzen in die zweite Gleichung und Auflösen:

$$4(5 + 5y) + 3y = 1 \bmod 7 \quad \Leftrightarrow \quad 6 + 6y + 3y = 1 \bmod 7$$

$$\Leftrightarrow \quad 2y = 1 - 6 = 2 \bmod 7 \, \text{bzw.} \, y = 1 \bmod 7$$

Einsetzen in den Ausdruck für x ⤳

$$x = 5 - 2 \cdot 1 = 3 \bmod 7$$

Probe

Einsetzen der Lösung $x = 3 \bmod 7$, $y = 1 \bmod 7$ ⤳

$$6 \cdot 3 + 5 \cdot 1 = 23 = 2 \bmod 7 \quad \checkmark$$
$$4 \cdot 3 + 3 \cdot 1 = 15 = 1 \bmod 7 \quad \checkmark$$

1.9   Identitäten in Modulo-Arithmetik

Beweisen Sie

$$\text{a)} \quad z^p = z \bmod p \qquad \text{b)}^2 \quad (x+y)^p = x^p + y^p \bmod p$$

für jede Primzahl p und $x, y, z \in \mathbb{N}_0$

Verweise: Primkörper, Binomische Formel, Vollständige Induktion

Lösungsskizze

a) Beweis mit vollständiger Induktion:

■ Induktionsanfang
$z = 0$: $0^p = 0$ ✓, $z = 1$: $1^p = 1$ ✓

■ Induktionsschritt $z \to z+1$
Binomische Formel und Induktionsvoraussetzung ($z^p = z \bmod p$) $\Longrightarrow$

$$(z+1)^p = z^p + \left[\sum_{k=1}^{p-1} \binom{p}{k} z^{p-k} 1^k \right] + 1^p = z + [\ldots] + 1 \bmod p$$

$[\ldots] = 0 \bmod p$, da

$$\mathbb{N} \ni \binom{p}{k} = \frac{p \cdot (p-1) \cdots 1}{k \cdot (k-1) \cdots 1}$$

durch p teilbar ist (Die Primzahlzerlegung des Nenners enthält wegen $k < p$ keinen Faktor p) und somit $\binom{p}{k} = 0 \bmod p$

b) Beweis durch zweimaliges Anwenden der Identität a):

$$(x+y)^p \underset{z=x+y}{=} x + y \bmod p \underset{z=x,z=y}{=} x^p + y^p \bmod p$$

Alternative Lösung
Binomische Formel $\Longrightarrow$

$$(x+y)^p = x^p + \left[\sum_{k=1}^{p-1} \binom{p}{k} x^{p-k} y^k \right] + y^p$$

und $[\ldots] = 0 \bmod p$ analog zu a), denn $\binom{p}{k} = 0 \bmod p$ $\Longrightarrow$ $\binom{p}{k} q = 0 \bmod p$ für jeden Faktor q

---

^{2}Eine natürlich im Allgemeinen (p keine Primzahl, keine Modulo-Arithmetik) falsche Identität, die gelegentlich mit etwas Ironie als „Freshman's Dream" bezeichnet wird

1.10   Turniertabellen und Primkörper   ★

Entwerfen Sie eine Paarungstabelle für ein Turnier mit 9 Mannschaften, das an 4
Terminen jeweils in 3 Städten ausgetragen werden soll. Es spielt „jeder gegen jeden",
d.h. an einem Termin tragen in jeder der Städte jeweils 3 Mannschaften ihre 3 Spiele
aus.

Verweise: Primkörper

Lösungsskizze

Identifizierung der Mannschaften mit den Tupeln in der Primkörperebene $E =
\mathbb{Z}_3 \times \mathbb{Z}_3 = \{0,1,2\} \times \{0,1,2\}$:

$$\{ \quad \underbrace{0,1,\ldots,8}_{\text{Mannschaftsnummern}} \quad \} \ni m \quad \longleftrightarrow \quad (j,k) \in E, \quad m = j + 3k$$

An einem Termin entsprechen die Gruppen in den 3 Städten den Punkten in 3
parallelen Geraden in E.

- Termin 1 (waagerechte Geraden): Die Mannschaften mit Nummern $m \widehat{=} (j,n)$,
  $j = 0,1,2$, spielen in Stadt n, d.h. die Gruppen sind

$$\{(0,0),(1,0),(2,0)\}, \; \{(0,1),(1,1),(2,1)\}, \; \{(0,2),(1,2),(2,2)\}$$

- Termin 2 (senkrechte Geraden): (n,k), $k = 0,1,2 \to$ Stadt n
- Termin 3 (Geraden mit Steigung **1**): $(j, \mathbf{1} \cdot j + n \bmod 3)$, $j = 0,1,2$
- Termin 4 (Geraden mit Steigung **2**): $(j, \mathbf{2} \cdot j + n \bmod 3)$, $j = 0,1,2$

Da zwei parallele Geraden disjunkt sind und zwei nicht-parallele Geraden genau
einen Punkt gemeinsam haben, ist sichergestellt, dass an jedem Termin alle Mannschaften spielen und alle der 4×3 Gruppen höchstens eine Mannschaft gemeinsam
haben[3]; also keine Paarung doppelt auftritt.

Umwandlung von (j,k) in die Mannschaftsnummern $m \in \{0,1,\ldots,8\}$ ⤳

	Termin 1	Termin 2	Termin 3	Termin 4
Stadt 0	0 1 2	0 3 6	0 4 8	0 7 5
Stadt 1	3 4 5	1 4 7	3 7 2	3 1 8
Stadt 2	6 7 8	2 5 8	6 1 5	6 4 2

Beispielsweise berechnen sich die Mannschaftsnummern 6 1 5 für Stadt 2 zum Termin 3 gemäß $m = j + 3(\underbrace{\mathbf{1} \cdot j + 2}_{k} \bmod 3)$, $j = 0,1,2$

---

[3]vgl. K. Höllig: *Approximationszahlen von Sobolev-Einbettungen*, Dissertation, Bonn 1979,
Lemma 2, für das allgemeinere Problem, möglichst viele m-elementige Teilmengen $A_i \subset
\{1,\ldots,n\}$ zu konstruieren mit $|A_j \cap A_k| < \ell \; \forall j,k$ ($n = 9$, $m = 3$, $\ell = 2$ in der Aufgabe)

1.11 Größter gemeinsamer Teiler von zwei Polynomen

Bestimmen Sie den ggT der Polynome

$$p_1(x) = x^3 - 8x - 3, \quad p_2(x) = x^3 - 2x^2 - 9.$$

Verweise: Polynomdivision

Lösungsskizze

Anwenden des Euklidischen Algorithmus, d.h. Bestimmen von Polynomen $p_3, p_4, \ldots$
mit sukzessiver Polynomdivsion,

$$p_{k-1} = q_k p_k + p_{k+1} \quad \Longleftrightarrow \quad p_{k-1}/p_k = q_k \quad \text{Rest}\, p_{k+1}, \quad k = 2, 3, \ldots,$$

bis zum Abbruch der Kette mit $p_K = 0$
$\rightsquigarrow$ ggT p_{K-1}

- $k = 2$:

$$p_1(x)/p_2(x) = q_2(x) = 1 \quad \text{Rest}\, p_3(x) = p_1(x) - p_2(x) = 2x^2 - 8x + 6$$

- $k = 3$:

$$
\begin{array}{llll}
(\; x^3 & -2x^2 & +0x & -9 \;) : (\; 2x^2 - 8x + 6 \;) = q_3(x) = \dfrac{1}{2}x + 1 \\
\underline{x^3} & \underline{-4x^2} & \underline{+3x} \\
& 2x^2 & -3x & -9 \\
& \underline{2x^2} & \underline{-8x} & \underline{+6} \\
& & 5x & -15 \quad = \quad p_4(x)
\end{array}
$$

- $k = 4$:

$$
\begin{array}{lll}
(\; 2x^2 & -8x & +6 \;) : (\; 5x - 15 \;) = q_4(x) = \dfrac{2}{5}x - \dfrac{2}{5} \\
\underline{2x^2} & \underline{-6x} \\
& -2x & +6 \\
& \underline{-2x} & \underline{+6} \\
& & 0 \quad = \quad p_5(x)
\end{array}
$$

$\Longrightarrow \quad K = 5$ und ggT $= p_4(x) = 5x - 15$

Rückwärtseinsetzen $\rightsquigarrow$

$$p_2 = (q_3 q_4 + 1)p_4, \quad p_1 = (q_2(q_3 q_4 + 1) + q_4)p_4$$

Überprüfen durch Auswerten von p_1 und p_2 an der Nullstelle $x_* = 15/5 = 3$ des
ggT p_4 (gemeinsame Nullstelle von p_1 und p_2)

$$p_1(3) = 3^3 - 8 \cdot 3 - 3 = 0, \quad p_2(3) = 27 - 18 - 9 = 0 \quad \checkmark$$

1.12   Chinesischer Restsatz für drei Kongruenzen $\star$

Bestimmen Sie die kleinste gemeinsame Lösung $x \in \mathbb{N}_0$ der Kongruenzen

$$x = 1 \bmod 2, \quad x = 4 \bmod 5, \quad x = 3 \bmod 7.$$

Verweise: Primkörper, Chinesischer Restsatz

Lösungsskizze

$2, 5, 7$ paarweise teilerfremd, Chinesischer Restsatz $\quad \Longrightarrow$

$\exists! \, x \in \{0, \ldots 2 \cdot 5 \cdot 7 - 1\}$ mit der Darstellung

$$x = 1 \cdot \frac{70}{2} \left(\frac{1}{35} \bmod 2 \right) + 4 \cdot \frac{70}{5} \left(\frac{1}{14} \bmod 5 \right) + 3 \cdot \frac{70}{7} \left(\frac{1}{10} \bmod 7 \right) \bmod 70$$

Berechnung der Kehrwerte

$$
\begin{aligned}
1/35 &= 1/1 = 1 &&\bmod 2 \\
1/14 &= 1/4 = 4 &&\bmod 5 \\
1/10 &= 1/3 = 5 &&\bmod 7
\end{aligned}
$$

$(1 \cdot 1 = 1 \bmod 2, \ 4 \cdot 4 = 1 \bmod 5, \ 3 \cdot 5 = 1 \bmod 7)$

Einsetzen in die Darstellung von $x \quad \leadsto$

$$
\begin{aligned}
x &= 1 \cdot 35 \cdot 1 + 4 \cdot 14 \cdot 4 + 3 \cdot 10 \cdot 5 \\
&= 35 + 224 + 150 = 35 + 14 + 10 = 59 \quad \bmod 70
\end{aligned}
$$

Alternative Lösung

Auflösen der Gleichungen

$$x = 1 + 2r, \quad x = 4 + 5s, \quad x = 3 + 7t$$

mit $r, s, t \in \mathbb{Z}$ durch sukzessives Einsetzen

Gleichsetzen der ersten beiden Kongruenzen $\quad \leadsto$

$$2r = (4 - 1) + 5s \quad \Leftrightarrow \quad r = \frac{3}{2} + \frac{5s}{2} = \frac{3}{2} + \frac{5}{2} + 5 \frac{s-1}{2} = 4 + 5u,$$

mit $u \in \mathbb{Z}$, da $5(s-1)/2 \in \mathbb{Z} \quad \Longrightarrow \quad 2$ teilt $(s-1)$ (Primfaktorzerlegung)

Einsetzen in die erste Kongruenz und Gleichsetzen mit der dritten Kongruenz $\quad \leadsto$

$$1 + 2(4 + 5u) = 3 + 7t \quad \Leftrightarrow \quad u = \frac{-6}{10} + \frac{7t}{10} = \frac{-6}{10} + \frac{56}{10} + 7 \frac{t-8}{10} = 5 + 7v,$$

mit $v \in \mathbb{Z}$, da $u \in \mathbb{Z}$

Einsetzen in die erste Kongruenz $\quad \leadsto \quad$ allgemeine Lösung

$$x = 1 + 2(4 + 5(5 + 7v)) = 59 + 70v, \quad v \in \mathbb{Z}$$

2 Vektorräume, Skalarprodukte und Basen

Übersicht

© Springer-Verlag GmbH Deutschland, ein Teil von Springer Nature 2023
K. Höllig und J. Hörner, *Aufgaben und Lösungen zur Höheren Mathematik 2*,
https://doi.org/10.1007/978-3-662-67512-0_3

2.1   Unterräume des Vektorraums der Polynome

Untersuchen Sie, ob durch die folgenden Einschränkungen Unterräume des $\mathbb{R}$-Vektorraums $\mathbb{P}_n$ der Polynome $p(x) = a_0 + a_1 x + \cdots + a_n x^n$ vom Grad $\leq n$ definiert werden:

a) Grad $p = n$ b) $a_k \in \mathbb{Z}$ c) $p(1) = 0$

d) $p(0) = 1$ e) p gerade   f) $(1 + x^2)$ teilt p

Verweise: Vektorraum, Unterraum

Lösungsskizze

Unterraumkriterium: $p, q \in U \subseteq \mathbb{P}_n$, $s \in \mathbb{R}$ $\implies$ $p + q, sp \in U$

a)   Grad $p = n$:

kein Unterraum

$$p(x) = x^n + 1, \; q(x) = -x^n \implies \text{Grad } p + q = 0 \neq n, \text{ d.h. } p + q \notin U$$

b) $a_k \in \mathbb{Z}$:

kein Unterraum

$$p(x) = 2x, \; s = \pi \implies \text{Koeffizient } a_1 = 2\pi \text{ von } sp \notin \mathbb{Z}, \text{ d.h. } sp \notin U$$

c) $p(1) = a_0 + \cdots + a_n = \sum\limits_{k=0}^{n} a_k = 0$:

Unterraum; für Koeffizienten a_k, b_k von Polynomen p, q gilt

$$\sum_{k=0}^{n} a_k = 0, \; \sum_{k=0}^{n} b_k = 0 \implies \sum_{k=0}^{n} (a_k + b_k) = 0$$

$$s \in \mathbb{R}, \; \sum_{k=0}^{n} a_k = 0 \implies \sum_{k=0}^{n} s a_k = 0$$

d) $p(0) = a_0 = 1$:

kein Unterraum

$$a_0 = 1, \; b_0 = 1 \implies (a_0 + b_0) = 2, \text{ d.h. } p + q \notin U$$

e) p gerade $\Leftrightarrow$ $p(x) = p(-x)$:

Unterraum

$$p(x) = p(-x), \; q(x) = q(-x) \implies (p + q)(x) = (p + q)(-x)$$
$$p(x) = p(-x), \; s \in \mathbb{R} \implies (sp)(x) = (sp)(-x)$$

f) $(1 + x^2)$ teilt p $\Leftrightarrow$ $p(x) = (1 + x^2)\tilde{p}(x)$:

Unterraum

$$\begin{aligned} p(x) &= (1 + x^2)\tilde{p}(x) \\ q(x) &= (1 + x^2)\tilde{q}(x) \end{aligned} \implies (p + q)(x) = (1 + x^2)(\tilde{p} + \tilde{q})(x)$$

$$p(x) = (1 + x^2)\tilde{p}(x), \; s \in \mathbb{R} \implies (sp)(x) = (1 + x^2)(s\tilde{p})(x)$$

2.2 Schnitt von Unterräumen

Bestimmen Sie den Durchschnitt der Unterräume

$$
U = \operatorname{span}\left\{ \begin{pmatrix} 1 \\ 1 \\ 0 \\ 0 \end{pmatrix}, \begin{pmatrix} -1 \\ 0 \\ -2 \\ 1 \end{pmatrix} \right\} \quad \text{und} \quad V = \operatorname{span}\left\{ \begin{pmatrix} 0 \\ 0 \\ 1 \\ 1 \end{pmatrix}, \begin{pmatrix} 1 \\ 2 \\ -1 \\ 2 \end{pmatrix} \right\}
$$

von $\mathbb{R}^4$.

Verweise: Unterraum, Linearkombination

Lösungsskizze

$w \in W = U \cap V \quad \Longleftrightarrow \quad \exists\, x_k, y_k \in \mathbb{R}$ mit

$$
U \ni x_1 u_1 + x_2 u_2 = w = y_1 v_1 + y_2 v_2 \in V
$$

und u_k, v_k den Basisvektoren von U bzw. V $\rightsquigarrow$ homogenes lineares Gleichungssystem für $z = (x_1, x_2, -y_1, -y_2)$:

$$
(u_1, u_2, v_1, v_2)z = \begin{pmatrix} 1 & -1 & 0 & 1 \\ 1 & 0 & 0 & 2 \\ 0 & -2 & 1 & -1 \\ 0 & 1 & 1 & 2 \end{pmatrix} \begin{pmatrix} z_1 \\ z_2 \\ z_3 \\ z_4 \end{pmatrix} = \begin{pmatrix} 0 \\ 0 \\ 0 \\ 0 \end{pmatrix}
$$

Bestimmung der allgemeinen Lösung durch Gauß-Umformungen der Systemmatrix auf Dreiecksform

$$
\rightarrow \begin{pmatrix} 1 & -1 & 0 & 1 \\ 0 & 1 & 0 & 1 \\ 0 & -2 & 1 & -1 \\ 0 & 1 & 1 & 2 \end{pmatrix} \rightarrow \begin{pmatrix} 1 & -1 & 0 & 1 \\ 0 & 1 & 0 & 1 \\ 0 & 0 & 1 & 1 \\ 0 & 0 & 1 & 1 \end{pmatrix} \rightarrow \begin{pmatrix} \boxed{1} & -1 & 0 & 1 \\ 0 & \boxed{1} & 0 & 1 \\ 0 & 0 & \boxed{1} & 1 \\ 0 & 0 & 0 & 0 \end{pmatrix}
$$

beliebige Wahl von $z_4 = t$ $\rightsquigarrow$ eindeutige Festlegung der Unbekannten zu den Pivot-Spalten mit eingerahmten Diagonalelementen: $z = (-2t, -t, -t, t) = t(-2, -1, -1, 1)$

entsprechende Linearkombinationen in W mit Koeffizienten $(x_1, x_2) = (-2, -1)$ für u_k und $(y_1, y_2) = -(-1, 1)$ für v_k

$$
w = t(-2u_1 - u_2) = t(v_1 - v_2) = t(-1, -2, 2, -1)^{\mathrm{t}},
$$

d.h. W ist ein Unterraum der Dimension 1 (Gerade) mit Basisvektor $(-1, -2, 2, -1)^{\mathrm{t}}$

2.3   Eigenschaften reeller Skalarprodukte

Welche der Eigenschaften eines reellen Skalarproduktes für Vektoren $x, y \in \mathbb{R}^2$ sind für die folgenden Ausdrücke $p(x, y)$ erfüllt?

$$\text{a) } (2|x_1| + x_2)(y_1 + 2|y_2|) \qquad \text{b) } 2x_1y_1 + x_1y_2 + x_2y_1 + 2x_2y_2$$

Verweise: Skalarprodukt

Lösungsskizze

a) $p(x, y) = (2|x_1| + x_2)(y_1 + 2|y_2|)$:

■ Positivität - Nein:

$$x = (0, -1)^{\text{t}} \quad \Longrightarrow \quad p(x, x) = (2|0| - 1)(0 + 2|-1|) = -2 < 0$$

■ Symmetrie - Nein:

$x = (1, 0)^{\text{t}}, \ y = (0, 1)^{\text{t}} \quad \Longrightarrow$

$$\begin{aligned} p(x, y) &= (2|1| + 0)(0 + 2|1|) = 4 \\ &\neq 1 = (2|0| + 1)(1 + 2|0|) = p(y, x) \end{aligned}$$

■ Linearität - Nein:

$s = -1, \ x = (1, 0)^{\text{t}} = y \quad \Longrightarrow$

$$\begin{aligned} p(sx, y) &= (2|-1| + 0)(1 + 2|0|) = 2 \\ &\neq -2 = (-1)(2|1| + 0)(1 + 2|0|) = sp(x, y) \end{aligned}$$

b) $p(x, y) = 2x_1y_1 + x_1y_2 + x_2y_1 + 2x_2y_2$:

■ Positivität - Ja:

$2ab \leq a^2 + b^2 \quad \Longrightarrow$

$$\begin{aligned} p(x, x) &\geq 2x_1^2 - (x_1^2 + x_2^2) + 2x_2^2 \\ &= x_1^2 + x_2^2 \geq 0 \end{aligned}$$

Null nur für $x_1 = x_2 = 0$

■ Symmetrie - Ja:

$$\begin{aligned} p(x, y) &= 2x_1y_1 + x_1y_2 + x_2y_1 + 2x_2y_2 \\ &= 2y_1x_1 + y_1x_2 + y_2x_1 + 2y_2x_2 = p(y, x) \end{aligned}$$

■ Linearität - Ja:

$$\begin{aligned} &p((sx + t\tilde{x}), y) \\ &= 2(sx_1 + t\tilde{x}_1)y_1 + (sx_1 + t\tilde{x}_1)y_2 + (sx_2 + t\tilde{x}_2)y_1 + 2(sx_2 + t\tilde{x}_2)y_2 \\ &= 2sx_1y_1 + sx_1y_2 + sx_2y_1 + 2sx_2y_2 + 2t\tilde{x}_1y_1 + t\tilde{x}_1y_2 + t\tilde{x}_2y_1 + 2t\tilde{x}_2y_2 \\ &= sp(x, y) + tp(\tilde{x}, y) \end{aligned}$$

⤳   alle Eigenschaften eines Skalarproduktes

2.4 Lineare Unabhängigkeit von Vektoren im $\mathbb{R}^4$

Prüfen Sie, ob die folgenden Vektoren linear unabhängig sind.

$\quad$ a) $\ u = (5,2,0,4),\ v = (5,4,5,3),\ w = (4,2,1,3)$

$\quad$ b) $\ u = (2,4,1,4),\ v = (0,4,5,1),\ w = (1,5,4,4)$

Verweise: Lineare Unabhängigkeit, Linearkombination

Lösungsskizze

Kriterium für lineare Unabhängigkeit:

$$\alpha u + \beta v + \gamma w = (0,0,0,0) \quad \Longrightarrow \quad \alpha = \beta = \gamma = 0$$

(nur triviale Darstellung des Null-Vektors; alle Koeffizienten null)

a) $\ u = (5,2,0,4),\ v = (5,4,5,3),\ w = (4,2,1,3)$:

Kriterium $\quad \leadsto \quad$ lineares Gleichungssystem

$\alpha u + \beta v + \gamma w = (0,0,0,0) \quad \Leftrightarrow$

$$
\begin{aligned}
5\alpha &+ 5\beta &+ 4\gamma &= 0 \\
2\alpha &+ 4\beta &+ 2\gamma &= 0 \\
&\ \ 5\beta &+ \ \gamma &= 0 \\
4\alpha &+ 3\beta &+ 3\gamma &= 0
\end{aligned}
$$

dritte Gleichung $\quad \Longrightarrow \quad \gamma = -5\beta$

Einsetzen in die vierte Gleichung $\quad \Longrightarrow \quad 4\alpha + 3\beta - 15\beta = 0$, bzw. $\alpha = 3\beta$

konsistent mit den ersten beiden Gleichungen:

$$15\beta + 5\beta - 20\beta = 0\ \checkmark, \quad 6\beta + 4\beta - 10\beta = 0\ \checkmark$$

$\Longrightarrow \quad u,\ v,\ w$ linear abhängig; z.B. ergibt $\beta = 1,\ \alpha = 3,\ \gamma = -5$

$$3u + v - 5w = 3(5,2,0,4) + (5,4,5,3) - 5(4,2,1,3) = (0,0,0,0)$$

b) $\ u = (2,4,1,4),\ v = (0,4,5,1),\ w = (1,5,4,4)$:

$\alpha u + \beta v + \gamma w = (0,0,0,0) \quad \Leftrightarrow$

$$
\begin{aligned}
2\alpha &&+ \ \gamma &= 0 \\
4\alpha &+ 4\beta &+ 5\gamma &= 0 \\
\ \alpha &+ 5\beta &+ 4\gamma &= 0 \\
4\alpha &+ \ \beta &+ 4\gamma &= 0
\end{aligned}
$$

erste Gleichung $\quad \Longrightarrow \quad \gamma = -2\alpha$

Einsetzen in die vierte Gleichung $\quad \Longrightarrow \quad \beta = -4\alpha - 4(-2\alpha) = 4\alpha$

Einsetzen in die zweite Gleichung $\quad \Longrightarrow \quad 4\alpha + 4(4\alpha) + 5(-2\alpha) = 0$, d.h. $\alpha = 0$

und somit ebenfalls $\beta = \gamma = 0$

$\Longrightarrow \quad u,\ v,\ w$ linear unabhängig

2.5   Lineare Unabhängigkeit und Basis im $\mathbb{R}^4$

Wählen Sie aus den Vektoren

$$(1,3,2,4),\ (1,-1,-4,2),\ (2,0,-5,5),\ (1,5,5,1)$$

eine maximale Anzahl linear unabhängiger Vektoren aus und ergänzen Sie diese zu einer Basis.

Verweise: Lineare Unabhängigkeit, Basis, Zeilenstufenform

Lösungsskizze

Anordnung der Vektoren als Zeilen einer Matrix

$$\begin{array}{rrrr|l} 1 & 3 & 2 & 4 & =: a \\ 1 & -1 & -4 & 2 & =: b \\ 2 & 0 & -5 & 5 & =: c \\ 1 & 5 & 5 & 1 & =: d \end{array}$$

Transformation auf Zeilenstufenform mit Gauß-Transformationen (Vielfache sowie Addition und Subtraktion von Zeilen)

- lineare Hülle (span) der Vektoren (Zeilen) invariant
- Elimination linear abhängiger Vektoren (Nullzeilen)

Schritt 1: $b' = b - a$, $c' = c - 2a$, $d' = d - a$ $\rightsquigarrow$

$$\begin{array}{rrrr|l} \boxed{1} & 3 & 2 & 4 & =: a \\ 0 & \boxed{-4} & -6 & -2 & =: b' \in \operatorname{span}\{a,b\} \\ 0 & -6 & -9 & -3 & =: c' \in \operatorname{span}\{a,c\} \\ 0 & 2 & 3 & -3 & =: d' \in \operatorname{span}\{a,d\} \end{array}$$

Schritt 2: $c'' = c' - (3/2)b'$, $d'' = d' + (1/2)b'$ $\rightsquigarrow$

$$\begin{array}{rrrr|l} \boxed{1} & 3 & 2 & 4 & =: a \\ 0 & \boxed{-4} & -6 & -2 & =: b' \\ 0 & 0 & 0 & 0 & =: c'' \\ 0 & 0 & 0 & \boxed{-4} & =: d'' \in \operatorname{span}\{b',d'\} \subset \operatorname{span}\{a,b,d\} \end{array}$$

Pivotzeilen 1,2,4 $\rightsquigarrow$ linear unabhängige Vektoren

$$a = (1,3,2,4),\ b = (1,-1,-4,2),\ d = (1,5,5,1)$$

Ergänzung zu einer Basis durch die Einheitsvektoren zu Spalten ohne Pivots, im betrachteten Fall Spalte 3, d.h.

$$e = (0,0,1,0)$$

ist mögliche Basisergänzung

Kontrolle: $\det(a,b,e,d) = 16 \neq 0$ ✓

2.6 Punkt im Dreieck als Konvexkombination

Stellen Sie $p = (3,4)^t$ als Konvexkombination der Ortsvektoren a_k der Eckpunkte des abgebildeten Dreiecks dar.

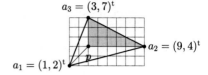

$a_3 = (3,7)^t$

$a_2 = (9,4)^t$

$a_1 = (1,2)^t$

Verweise: Konvexkombination, Cramersche Regel

Lösungsskizze

Eine Konvexkombination ist eine Linearkombination, deren nicht-negative Koeffizienten sich zu 1 summieren: $p = \sum_k s_k a_k$, $\sum_k \underbrace{s_k}_{\geq 0} = 1$.

Einsetzen $\rightsquigarrow$ lineares Gleichungssystem

$$s_1 \begin{pmatrix} 1 \\ 2 \end{pmatrix} + s_2 \begin{pmatrix} 9 \\ 4 \end{pmatrix} + s_3 \begin{pmatrix} 3 \\ 7 \end{pmatrix} = \begin{pmatrix} 3 \\ 4 \end{pmatrix} \quad \Longleftrightarrow \quad \begin{pmatrix} 1 & 9 & 3 \\ 2 & 4 & 7 \\ 1 & 1 & 1 \end{pmatrix} \begin{pmatrix} s_1 \\ s_2 \\ s_3 \end{pmatrix} = \begin{pmatrix} 3 \\ 4 \\ 1 \end{pmatrix}$$

$$s_1 + s_2 + s_3 = 1$$

Anwenden der Cramerschen Regel $\rightsquigarrow$ Berechnung von s_k als Quotient von Determinanten:

$$s_1 = \begin{vmatrix} 3 & 9 & 3 \\ 4 & 4 & 7 \\ 1 & 1 & 1 \end{vmatrix} \Big/ \begin{vmatrix} 1 & 9 & 3 \\ 2 & 4 & 7 \\ 1 & 1 & 1 \end{vmatrix} = \underbrace{\begin{vmatrix} 3 & 6 & 0 \\ 4 & 0 & 3 \\ 1 & 0 & 0 \end{vmatrix}}_{\det(a_2 - p, a_3 - p)} \Big/ \underbrace{\begin{vmatrix} 1 & 8 & 2 \\ 2 & 2 & 5 \\ 1 & 0 & 0 \end{vmatrix}}_{\det(a_2 - a_1, a_3 - a_1)} = \frac{18}{36} = \frac{1}{2},$$

wobei bei der Umformung des Quotienten zur Vereinfachung der Determinanten jeweils von der zweiten und dritten Spalte die erste Spalte abgezogen wurde, um dann nach der letzten Zeile zu entwickeln

Geometrische Interpretation

Da $|\det(v - u, w - u)|/2$ der Flächeninhalt des Dreiecks $\Delta(u, v, w)$ ist, mit u, v, w den Ortsvektoren der Eckpunkte, folgt

$$s_1 = \text{area} \underbrace{\Delta(p, a_2, a_3)}_{\text{grau}} / \text{ area } \Delta(a_1, a_2, a_3) = 9/18 = 1/2$$

Bestimmung der Flächeninhalte der beiden anderen mit p gebildeten Teildreiecke mit Hilfe der Skizze (jeweils Abziehen der Flächeninhalte rechtwinkliger Dreiecke von dem Flächeninhalt eines Rechtecks) $\rightsquigarrow$

$$s_2 = \frac{\text{area } \Delta(p, a_1, a_3)}{\text{area } \Delta(a_1, a_2, a_3)} = \frac{2 \cdot 5 - 5 - 2}{18} = \frac{3}{18} = \frac{1}{6}$$

$$s_3 = \frac{\text{area } \Delta(p, a_1, a_2)}{\text{area } \Delta(a_1, a_2, a_3)} = \frac{2 \cdot 8 - 8 - 2}{18} = \frac{6}{18} = \frac{1}{3}$$

2.7   Basis mit Parameter

Für welche Werte des Parameters s bilden die Vektoren

$$(1, 2, 0), \quad (0, 1, 2), \quad (3, s, 3)$$

eine Basis von $\mathbb{R}^3$? Stellen Sie den Vektor $(1, 2, 3)$ für $s = 0$ als Linearkombination bzgl. dieser Basis dar.

Verweise: Basis, Lineare Unabhängigkeit, Linearkombination

Lösungsskizze

(i) Basis:

richtige Anzahl 3 $\rightsquigarrow$ lineare Unabhängigkeit der Vektoren v_k zu zeigen, d.h.

$$\sum_{k=1}^{3} c_k v_k = 0 \quad \Longrightarrow \quad c_k = 0 \, \forall k$$

homogenes lineares Gleichungssystem für die Koeffizienten c_k

$$c_1(1, 2, 0) + c_2(0, 1, 2) + c_3(3, s, 3) = (0, 0, 0)$$

Lösung durch Elimination:

Vergleich der ersten und letzten Komponenten $\rightsquigarrow$

$$c_1 + 3c_3 = 0 \Leftrightarrow c_1 = -3c_3, \quad 2c_2 + 3c_3 = 0 \Leftrightarrow c_2 = -(3/2)c_3$$

Einsetzen in die zweite Komponente $\rightsquigarrow$

$$0 = 2(-3c_3) + (-(3/2)c_3) + c_3 s = (s - 15/2)c_3$$

triviale Lösung $c_3 = 0$ ($\Longrightarrow$ $c_2 = c_1 = 0$) genau dann, wenn $s \neq 15/2$

(ii) Basisdarstellung:

lineares Gleichungssystem für die Koeffizienten c_k

$$x = \sum_{k=1}^{3} c_k v_k$$

Darstellung von $x = (1, 2, 3)$ bzgl. $v_1 = (1, 2, 0)$, $v_2 = (0, 1, 2)$, $v_3 = (3, 0, 3)$ $\rightsquigarrow$

$$
\begin{aligned}
1 &= c_1 + 3c_3 \\
2 &= 2c_1 + c_2 \\
3 &= 2c_2 + 3c_3
\end{aligned}
$$

erste Gleichung $\Longrightarrow$ $c_1 = 1 - 3c_3$

zweite Gleichung $\Longrightarrow$ $c_2 = 2 - 2c_1 = 6c_3$

Einsetzen in die dritte Gleichung $\Longrightarrow$ $3 = 2(6c_3) + 3c_3 = 15c_3$, d.h.

$$c_3 = 1/5, \; c_1 = 2/5, \; c_2 = 6/5$$

2.8 Basis eines Polynomraums ⋆

Für welche $r \in \mathbb{R}$ bilden die Polynome

$$p_0(x) = 5x + x^3, \ p_1(x) = 7x - 3x^2, \ p_2(x) = rx + 6x^2, \ p_3(x) = 4 - 8x^2$$

eine Basis des Vektorraums der Polynome vom Grad ≤ 3? Bestimmen Sie für diese Parameter r die Basisdarstellung von $p(x) = 2x - x^3$.

Verweise: Basis, Lineare Unabhängigkeit, Linearkombination

Lösungsskizze

(i) Basis für $\mathbb{P}_3 = \{a_0 + a_1 x + a_2 x^2 + a_3 x^3 : a_k \in \mathbb{R}\}$:

Übereinstimmung der Anzahl der Polynome p_k mit der Dimension des Polynomraums ($\dim \mathbb{P}_3 = 4$) $\implies$

Die Polynome $p_0, \ldots, p_3$ bilden genau dann eine Basis für $\mathbb{P}_3$, wenn sie linear unabhängig sind.

Charakterisierung linearer Unabhängigkeit:

$$c_0 p_0 + \cdots + c_3 p_3 = 0 \implies c_0 = \cdots = c_3 = 0$$

Einsetzen $\rightsquigarrow$

$$\begin{aligned} 0 &= c_0(5x + x^3) + c_1(7x - 3x^2) + c_2(rx + 6x^2) + c_3(4 - 8x^2) \\ &= 4c_3 + (5c_0 + 7c_1 + rc_2)x + (-3c_1 + 6c_2 - 8c_3)x^2 + c_0 x^3 \end{aligned}$$

Vergleich der Koeffizienten der Monome $1, x, x^2, x^3$ $\rightsquigarrow$

$$0 = 4c_3, \ 0 = 5c_0 + 7c_1 + rc_2, \ 0 = -3c_1 + 6c_2 - 8c_3, \ 0 = c_0$$

Einsetzen von $c_3 = c_0 = 0$, $c_1 = 2c_2$ (Gleichung drei) in Gleichung zwei $\rightsquigarrow$

$$7 \cdot (2c_2) + rc_2 = (14 + r)c_2 = 0$$

triviale Lösung $c_2 = 0$ ($\implies c_1 = c_3 = c_4 = 0$, d.h. lineare Unabhängigkeit und damit Basis) genau dann, wenn $r \neq -14$ (sonst c_2 beliebig wählbar)

(ii) Basisdarstellung von p:

$$\begin{aligned} p(x) &= 0 + 2x + 0x^2 + (-1)x^3 \\ &= c_0(5x + x^3) + c_1(7x - 3x^2) + c_2(rx + 6x^2) + c_3(4 - 8x^2) \end{aligned}$$

Koffizientenvergleich $\rightsquigarrow$

$$\begin{aligned} 1: 0 &= 4c_3, & x: \ 2 &= 5c_0 + 7c_1 + rc_2 \\ x^2: 0 &= -3c_1 + 6c_2 - 8c_3, & x^3: -1 &= c_0 \end{aligned}$$

Einsetzen von $c_0 = -1, c_3 = 0, c_1 = 2c_2$ (Gleichung für x^2) in die Gleichung für x $\rightsquigarrow$

$2 = 5(-1) + 7(2c_2) + rc_2$ und somit die eindeutige Lösung (Basiskoeffizienten)

$$c_0 = -1, \ c_1 = \frac{14}{14 + r}, \ c_2 = \frac{7}{14 + r}, \ c_3 = 0, \quad r \neq -14$$

2.9 Ergänzung zu einer komplexen orthogonalen Basis und Koeffizientenbestimmung

Normieren Sie die Vektoren

$$u = (1 + \mathrm{i},\, 0,\, 1 - \mathrm{i}), \quad v = (1,\, 1 + \mathrm{i},\, \mathrm{i})$$

und ergänzen Sie sie zu einer orthonormalen Basis von $\mathbb{C}^3$. Bestimmen Sie die Basiskoeffizienten von $(2,\, \mathrm{i},\, 2)$.

Verweise: Basis, Orthogonale Basis, Skalarprodukt

Lösungsskizze

komplexes Skalarprodukt

$$\langle x,\, y \rangle = \sum_k x_k \bar{y}_k, \quad x, y \in \mathbb{C}^n, \; \overline{r + \mathrm{i}s} = r - \mathrm{i}s$$

(i) Normierung:

$$|u| = \sqrt{(1^2 + 1^2) + 0 + (1^2 + 1^2)} = 2, \qquad u^\circ = \tfrac{1}{2} u$$
$$|v| = \sqrt{(1^2 + 0^2) + (1^2 + 1^2) + (0^2 + 1^2)} = 2, \quad v^\circ = \tfrac{1}{2} v$$

(ii) Orthonormale Basis:

$\langle u, v \rangle = 0 \; \checkmark \quad \rightsquigarrow \quad$ Bestimmung von $w = (a,\, b,\, c) \neq (0,\, 0,\, 0)$ mit

$$w \perp u \quad \Leftrightarrow \quad a(1 - \mathrm{i}) + c(1 + \mathrm{i}) = 0$$
$$w \perp v \quad \Leftrightarrow \quad a + b(1 - \mathrm{i}) - c\mathrm{i} = 0$$

Wahl von $a = 1 \quad \rightsquigarrow \quad c = -(1 - \mathrm{i})/(1 + \mathrm{i}) = \mathrm{i}$ und $b = -2/(1 - \mathrm{i}) = -1 - \mathrm{i}$, d.h.

$$w = (1,\, -1 - \mathrm{i},\, \mathrm{i}), \quad |w| = \sqrt{(1^2 + 0^2) + (1^2 + 1^2) + (0^2 + 1^2)} = 2$$

Orthonormalbasis

$$u^\circ = (1 + \mathrm{i},\, 0,\, 1 - \mathrm{i})/2, \quad v^\circ = (1,\, 1 + \mathrm{i},\, \mathrm{i})/2, \quad w^\circ = (1,\, -1 - \mathrm{i},\, \mathrm{i})/2$$

(iii) Basiskoeffizienten:

Skalarprodukte mit darzustellendem Vektor $a = (2,\, \mathrm{i},\, 2)$

$$\langle a,\, u^\circ \rangle = 1 - \mathrm{i} + 0 + 1 + \mathrm{i} = 2$$
$$\langle a,\, v^\circ \rangle = 1 + \mathrm{i}(1 - \mathrm{i})/2 - \mathrm{i} = 3/2 - \mathrm{i}/2$$
$$\langle a,\, w^\circ \rangle = 1 + \mathrm{i}(-1 + \mathrm{i})/2 - \mathrm{i} = 1/2 - (3/2)\mathrm{i}$$

$\rightsquigarrow \quad$ Basisdarstellung

$$(2, \mathrm{i}, 2) = 2u^\circ + (3/2 - \mathrm{i}/2)v^\circ + (1/2 - 3\mathrm{i}/2)w^\circ$$

Test mit Hilfe der Quadratsumme der Koeffizienten (Satz des Pythagoras)

$$4 + 1 + 4 = |a|^2 = 4 + (9/4 + 1/4) + (1/4 + 9/4) \quad \checkmark$$

2.10 Orthogonale Basis einer Hyperebene und Projektion

Bestimmen Sie eine orthogonale Basis für die von den Vektoren

$$(1,2,2,0), \quad (1,4,0,1), \quad (4,5,2,3)$$

aufgespannte Hyperebene H in $\mathbb{R}^4$ sowie die Projektion des Vektors $(-1,0,5,1)$ auf H.

Verweise: Orthogonale Basis, Verfahren von Gram-Schmidt, Orthogonale Projektion

Lösungsskizze

(i) Orthogonale Basis:

Verfahren von Gram-Schmidt

$$u_k \leftarrow v_k = u_k - \sum_{\ell < k} \frac{\langle u_k, v_\ell \rangle}{\langle v_\ell, v_\ell \rangle} v_\ell$$

$u_1 = (1,2,2,0)$, $u_2 = (1,4,0,1)$, $u_3 = (4,5,2,3)$

$$
\begin{aligned}
v_1 &= u_1 = (1,2,2,0) \\
v_2 &= (1,4,0,1) - \frac{\langle (1,4,0,1),(1,2,2,0) \rangle}{\langle (1,2,2,0),(1,2,2,0) \rangle}(1,2,2,0) \\
&= (1,4,0,1) - \frac{1+8+0+0}{1+4+4+0} \cdot (1,2,2,0) = (0,2,-2,1) \\
v_3 &= (4,5,2,3) - \frac{\langle u_3, v_1 \rangle}{\langle v_1, v_1 \rangle}(1,2,2,0) - \frac{\langle u_3, v_2 \rangle}{\langle v_2, v_2 \rangle}(0,2,-2,1) \\
&= (4,5,2,3) - \frac{18}{9}(1,2,2,0) - \frac{9}{9}(0,2,-2,1) = (2,-1,0,2)
\end{aligned}
$$

(ii) Projektion:

Addition der Projektionen auf orthogonale Basis-Vektoren

$$x \mapsto \sum_k \frac{\langle x, v_k \rangle}{\langle v_k, v_k \rangle} v_k$$

$v_1 = (1,2,2,0)$, $v_2 = (0,2,-2,1)$, $v_3 = (2,-1,0,2)$ $\leadsto$

$$
\begin{aligned}
x = (-1,0,5,1) \mapsto P_H x &= \frac{9}{9}(1,2,2,0) + \frac{-9}{9}(0,2,-2,1) + \frac{0}{9}(2,-1,0,2) \\
&= (1,0,4,-1)
\end{aligned}
$$

Probe $w = x - P_H x = (-2,0,1,2)$ $\leadsto$

$$
\begin{aligned}
\langle w, v_1 \rangle &= -2 \cdot 1 + 0 \cdot 2 + 1 \cdot 2 + 2 \cdot 0 = 0 \\
\langle w, v_2 \rangle &= -2 \cdot 0 + 0 \cdot 2 - 1 \cdot 2 + 2 \cdot 1 = 0 \\
\langle w, v_3 \rangle &= -2 \cdot 2 - 0 \cdot 1 + 1 \cdot 0 + 2 \cdot 2 = 0
\end{aligned}
$$

$\implies$ $w \perp v_1, v_2, v_3$ $\checkmark$

2.11   Orthogonale Basis für einen Polynomraum

Konstruieren Sie eine orthogonale Basis für die Polynome vom Grad ≤ 2 bzgl. des Skalarprodukts

$$\langle f, g \rangle = \int_0^1 f(x)g(x)\,\mathrm{d}x\,.$$

Verweise: Verfahren von Gram-Schmidt

Lösungsskizze

Anwenden des Verfahrens von Gram-Schmidt auf die Basis $\{p_1, p_2, p_3\}$, $p_k(x) = x^{k-1}$ $\rightsquigarrow$ orthogonale Polynome

$$q_k = p_k - \sum_{\ell=1}^{k-1} \frac{\langle q_\ell, p_k \rangle}{\langle q_\ell, q_\ell \rangle}\, q_\ell, \quad k = 1, 2, 3$$

- $q_1 = p_1$, $q_1(x) = 1$
- $q_2 = p_2 - \dfrac{\langle q_1, p_2 \rangle}{\langle q_1, q_1 \rangle}\, q_1$

  $\langle q_1, p_2 \rangle = \int_0^1 1 \cdot x\,\mathrm{d}x = \frac{1}{2}$, $\langle q_1, q_1 \rangle = \int_0^1 1 \cdot 1\,\mathrm{d}x = 1$

  $\rightsquigarrow$ $q_2(x) = x - \frac{1}{2}$
- $q_3 = p_3 - \dfrac{\langle q_1, p_3 \rangle}{\langle q_1, q_1 \rangle}\, q_1 - \dfrac{\langle q_2, p_3 \rangle}{\langle q_2, q_2 \rangle}\, q_2$

  $\langle q_1, p_3 \rangle = \int_0^1 1 \cdot x^2\,\mathrm{d}x = \frac{1}{3}$

  $\langle q_2, p_3 \rangle = \int_0^1 (x - 1/2) \cdot x^2\,\mathrm{d}x = \frac{1}{12}$, $\langle q_2, q_2 \rangle = \int_0^1 (x - \frac{1}{2})(x - \frac{1}{2})\,\mathrm{d}x = \frac{1}{12}$

  $\rightsquigarrow$ $q_3(x) = x^2 - \frac{1}{3} \cdot 1 - 1 \cdot (x - \frac{1}{2}) = x^2 - x + \frac{1}{6}$

Alternative Lösung

Bestimmung der Basis-Polynome $q_2(x) = x - a$, $q_3(x) = x^2 - bx - c$ durch Lösen von linearen Gleichungssystemen basierend auf der Orthogonalität zu Polynomen niedrigeren Grades

- $q_2 \perp p_1$ $\Longrightarrow$

$$0 = \int_0^1 (x - a) \cdot 1\,\mathrm{d}x = \frac{1}{2} - a, \quad \text{d.h. } a = \frac{1}{2}$$

- $q_3 \perp p_1 \wedge q_3 \perp p_2$ $\Longrightarrow$

$$\begin{pmatrix} 0 \\ 0 \end{pmatrix} = \int_0^1 (x^2 - bx - c) \cdot \begin{pmatrix} 1 \\ x \end{pmatrix} \mathrm{d}x = \begin{pmatrix} \frac{1}{3} - \frac{1}{2}b - c \\ \frac{1}{4} - \frac{1}{3}b - \frac{1}{2}c \end{pmatrix},$$

d.h. $\frac{1}{3} = \frac{1}{2}b + c$, $\frac{1}{4} = \frac{1}{3}b + \frac{1}{2}c$ und folglich $b = 1$, $c = -\frac{1}{6}$

2.12 Basis zu einer Gramschen Matrix

Welche der beiden Matrizen

$$
\text{a)} \quad
\begin{pmatrix}
9 & 2 & -4 \\
2 & 2 & -3 \\
-4 & -3 & 4
\end{pmatrix}
\qquad
\text{b)} \quad
\begin{pmatrix}
4 & 2 & -4 \\
2 & 2 & -3 \\
-4 & -3 & 9
\end{pmatrix}
$$

ist eine Gramsche Matrix G, d.h. $g_{j,k} = u_j^{\mathrm{t}} u_k$ für eine Basis $\{u_1,\, u_2,\, u_3\}$? Geben Sie mögliche Basis-Vektoren an.

Verweise: Skalarprodukt, Cauchy-Schwarz-Ungleichung

Lösungsskizze

a) Keine Gramsche Matrix, da nicht konsistent mit der Cauchy-Schwarz-Ungleichung:

$$
3 = |g_{2,3}| = |u_2^{\mathrm{t}} u_3| \overset{!}{\leq} |u_2||u_3| = \sqrt{g_{2,2}}\sqrt{g_{3,3}} = \sqrt{2}\sqrt{4} < 3
$$

Widerspruch

allgemeines Kriterium:

$$
G \text{ Gramsche Matrix} \quad \Leftrightarrow \quad G = G^{\mathrm{t}} \text{ mit nur positiven Eigenwerten}
$$

b) Konstruktion einer Basis $\{u_1,\, u_2,\, u_3\}$:

Invarianz des Skalarprodukts unter orthogonalen Transformationen $\quad \Longrightarrow \quad$ wähle $u_1 \parallel (1,\, 0,\, 0)^{\mathrm{t}}$

$$
4 = g_{1,1} = u_1^{\mathrm{t}} u_1 \quad \Longrightarrow \quad u_1 = (\pm 2,\, 0,\, 0)^{\mathrm{t}} \quad (\text{wähle } +2)
$$

Drehung um die x_1-Achse $\quad \Longrightarrow \quad$ wähle $u_2 = (a,\, b,\, 0)^{\mathrm{t}}$ in der x_1/x_2-Ebene

$$
\begin{aligned}
2 &= g_{2,1} = u_2^{\mathrm{t}} u_1 = a \cdot 2 + b \cdot 0 \implies a = 1 \\
2 &= g_{2,2} = u_2^{\mathrm{t}} u_2 = 1^2 + b^2 \implies b = \pm 1 \quad (\text{wähle } +1)
\end{aligned}
$$

letzte Zeile von G $\quad \rightsquigarrow \quad$ Festlegung von $u_3 = (c,\, d,\, e)^{\mathrm{t}}$

$$
\begin{aligned}
-4 &= g_{3,1} = u_3^{\mathrm{t}} u_1 = c \cdot 2 + d \cdot 0 + e \cdot 0 \implies c = -2 \\
-3 &= g_{3,2} = u_3^{\mathrm{t}} u_2 = (-2) \cdot 1 + d \cdot 1 + e \cdot 0 \implies d = -1 \\
9 &= g_{3,3} = u_3^{\mathrm{t}} u_3 = (-2)^2 + (-1)^2 + e^2 \implies e = \pm 2 \quad (\text{wähle } +2)
\end{aligned}
$$

mögliche Basisvektoren

$$
(2,\, 0,\, 0)^{\mathrm{t}}, \quad (1,\, 1,\, 0)^{\mathrm{t}}, \quad (-2,\, -1,\, 2)^{\mathrm{t}}
$$

3 Lineare Abbildungen und Matrizen

Übersicht

© Springer-Verlag GmbH Deutschland, ein Teil von Springer Nature 2023
K. Höllig und J. Hörner, *Aufgaben und Lösungen zur Höheren Mathematik 2*,
https://doi.org/10.1007/978-3-662-67512-0_4

3.1 Linearität von Abbildungen

Untersuchen Sie, ob die folgenden Abbildungen $f : \mathbb{C}^2 \to \mathbb{C}$ linear sind:

$$\text{a)} \quad f(z) = 3z_1 + iz_2 \qquad \text{b)} \quad f(z) = \overline{z_1 - z_2}$$

$$\text{c)} \quad f(z) = i + 3z_1 \qquad \text{d)} \quad f(z) = |z_1|\, \exp(i \arg z_2)$$

mit $z = (z_1, z_2)$, $z_k \in \mathbb{C}$.

Verweise: Lineare Abbildung

Lösungsskizze

linear $\Leftrightarrow$ homogen und additiv, d.h.

$$f(c\,z) = cf(z), \quad f(z + \tilde{z}) = f(z) + f(\tilde{z})$$

a) $f(z) = 3z_1 + iz_2$:

■ homogen - Ja:

$$f(c\,z) = 3cz_1 + icz_2 = c(3z_1 + iz_2) = c\,f(z)$$

■ additiv - Ja:

$$f(z + \tilde{z}) = 3(z_1 + \tilde{z}_1) + i(z_2 + \tilde{z}_2)$$
$$= (3z_1 + iz_2) + (3\tilde{z}_1 + i\tilde{z}_2) = f(z) + f(\tilde{z})$$

b) $f(z) = \overline{z_1 - z_2}$:

■ homogen - Nein: $f(i(1,0)) = f((i,0)) = \overline{i - 0} = -i \neq i\,\overline{1} = i\,f((1,0))$
■ additiv - Ja: Konjugation und Addition vertauschen

c) $f(z) = i + 3z_1$:

■ homogen - Nein:

$$f(2(1,0)) = i + 3 \cdot 2 \neq 2(i + 3) = 2f((1,0))$$

■ additiv - Nein:

$$f((1,0) + (0,1)) = i + 3 \cdot 1 \neq (i + 3 \cdot 1) + (i + 3 \cdot 0) = f((1,0)) + f((0,1))$$

d) $f(z) = |z_1|\, \exp(i \arg z_2)$:

■ homogen - Ja:
$c = re^{i\varphi}$, $z_k = r_k e^{i\varphi_k}$ $\Longrightarrow$

$$f(c\,z) = f((rr_1 e^{i(\varphi+\varphi_1)}, rr_2 e^{i(\varphi+\varphi_2)})) = rr_1 e^{i(\varphi+\varphi_2)}$$
$$c\,f(z) = re^{i\varphi}\, r_1 e^{i\varphi_2}$$

■ additiv - Nein:

$$f((0,i) + (1,1)) = f((1, 1+i)) = 1 \cdot e^{i\pi/4}$$
$$f((0,i)) + f((1,1)) = 0 + 1 \cdot e^{i \cdot 0}$$

3.2 Matrixdarstellung einer linearen Abbildung

Bestimmen Sie die Matrix der linearen Abbildung

$$L : p \mapsto q = (1 - f)p'' + 3p, \quad f(x) = x^2$$

auf dem Vektorraum der Polynome vom Grad ≤ 3 bzgl. der Monombasis sowie die Matrix der inversen Abbildung.

Verweise: Lineare Abbildung, Matrix, Inverse Abbildung

Lösungsskizze

Matrix A einer linearen Abbildung $L : V \to W$

$$Lv_k = \sum_j a_{j,k} w_j, \quad v_k, w_j : \text{Basisvektoren von } V \text{ und } W$$

(i) Abbildung $p \mapsto q = Lp = (1 - f)p'' + 3p$, $f(x) = x^2$:
Monombasis $v_k(x) = x^k$, $k = 0, \ldots, 3$

$$(Lv_k)(x) = (1 - x^2)\, k(k - 1)x^{k-2} + 3x^k = k(k - 1)x^{k-2} + (3 - k(k - 1))x^k$$

$\rightsquigarrow \quad a_{k-2,k} = k(k - 1)$, $a_{k,k} = 3 - k(k - 1)$, d.h.

$$A = \begin{pmatrix} 3 & 0 & 2 & 0 \\ 0 & 3 & 0 & 6 \\ 0 & 0 & 1 & 0 \\ 0 & 0 & 0 & -3 \end{pmatrix}, \qquad \text{Indizierung beginnend mit } 0$$

(ii) Inverse Abbildung $L^{-1} : q \mapsto p$:
Ansatz mit unbestimmten Basis-Koeffizienten p_k, q_k von p und q

$$(1 - x^2)(2p_2 + 6p_3x) + 3(p_0 + p_1x + p_2x^2 + p_3x^3) = q_0 + q_1x + q_2x^2 + q_3x^3$$

Vergleich der Koeffizienten von 1, x, x^2, x^3 $\rightsquigarrow$

$$2p_2 + 3p_0 = q_0$$
$$6p_3 + 3p_1 = q_1$$
$$-2p_2 + 3p_2 = q_2$$
$$-6p_3 + 3p_3 = q_3$$

Auflösen $\rightsquigarrow$ $p_3 = -q_3/3$, $p_2 = q_2$, $p_1 = q_1/3 + 2q_3/3$, $p_0 = q_0/3 - 2q_2/3$ und

$$\begin{pmatrix} p_0 \\ p_1 \\ p_2 \\ p_3 \end{pmatrix} = \underbrace{\begin{pmatrix} 1/3 & 0 & -2/3 & 0 \\ 0 & 1/3 & 0 & 2/3 \\ 0 & 0 & 1 & 0 \\ 0 & 0 & 0 & -1/3 \end{pmatrix}}_{\text{Matrix von } L^{-1}} \begin{pmatrix} q_0 \\ q_1 \\ q_2 \\ q_3 \end{pmatrix}$$

3.3 3×2-Matrix zu Urbild-Bild-Paaren

Bestimmen Sie die Matrix, die die Vektoren $(1,3)^{\mathrm{t}}$ und $(2,4)^{\mathrm{t}}$ auf $(3,-2,1)^{\mathrm{t}}$ und $(4,-2,2)^{\mathrm{t}}$ abbildet.

Verweise: Matrix-Multiplikation, Inverse Matrix

Lösungsskizze

Matrix-Form der Aufgabenstellung

$$
A \underbrace{\begin{pmatrix} 1 \\ 3 \end{pmatrix}}_{x} = \underbrace{\begin{pmatrix} 3 \\ -2 \\ 1 \end{pmatrix}}_{u}, \; A \underbrace{\begin{pmatrix} 2 \\ 4 \end{pmatrix}}_{y} = \underbrace{\begin{pmatrix} 4 \\ -2 \\ 2 \end{pmatrix}}_{v} \quad \Longleftrightarrow \quad A \underbrace{(x,y)}_{2\times 2} = \underbrace{(u,v)}_{3\times 2}
$$

$\Longleftrightarrow \quad A = (u,v)\,(x,y)^{-1}$

Formel für die Inverse einer 2×2-Matrix,

$$
\begin{pmatrix} a & b \\ c & d \end{pmatrix}^{-1} = \frac{1}{ad-bc} \begin{pmatrix} d & -b \\ -c & a \end{pmatrix},
$$

und Einsetzen $\leadsto$

$$
A = \begin{pmatrix} 3 & 4 \\ -2 & -2 \\ 1 & 2 \end{pmatrix} \begin{pmatrix} 1 & 2 \\ 3 & 4 \end{pmatrix}^{-1} = \begin{pmatrix} 3 & 4 \\ -2 & -2 \\ 1 & 2 \end{pmatrix} (-1/2) \begin{pmatrix} 4 & -2 \\ -3 & 1 \end{pmatrix}
$$

$$
= \begin{pmatrix} 3 & 4 \\ -2 & -2 \\ 1 & 2 \end{pmatrix} \begin{pmatrix} -2 & 1 \\ 3/2 & -1/2 \end{pmatrix} = \begin{pmatrix} 0 & 1 \\ 1 & -1 \\ 1 & 0 \end{pmatrix}
$$

Alternative Lösung

Transponieren der Identität $A\,(x,y) = (u,v)$ $\leadsto$

$$
\begin{pmatrix} x^{\mathrm{t}} \\ y^{\mathrm{t}} \end{pmatrix} A^{\mathrm{t}} = \begin{pmatrix} u^{\mathrm{t}} \\ v^{\mathrm{t}} \end{pmatrix}, \; \text{d.h.} \begin{pmatrix} 1 & 3 \\ 2 & 4 \end{pmatrix} \begin{pmatrix} a_{1,1} & a_{2,1} & a_{3,1} \\ a_{1,2} & a_{2,2} & a_{3,2} \end{pmatrix} = \begin{pmatrix} 3 & -2 & 1 \\ 4 & -2 & 2 \end{pmatrix},
$$

ein lineares Gleichungssystem mit drei rechten Seiten (Spalten von $(u,v)^{\mathrm{t}}$) für die Unbekannten $(a_{k,1}, a_{k,2})^{\mathrm{t}}$, $k = 1,2,3$

MATLAB® -Lösung:

```
A =  [3 4; -2 -2; 1 2]/[1 2; 3 4]
```

3.4 Matrix der Projektion auf eine Ebene

Bestimmen Sie die Matrix der Projektion auf die von den Vektoren $(1,2,2)^t$ und $(5,-2,4)^t$ aufgespannte Ebene durch den Ursprung sowie die Matrix der Projektion auf das orthogonale Komplement.

Verweise: Orthogonale Projektion, Verfahren von Gram-Schmidt

Lösungsskizze

(i) Orthonormale Basis $\{u, v\}$ der Ebene:

Verfahren von Gram-Schmidt (ohne Normierung) $\rightsquigarrow$

$$
\begin{aligned}
u &= (1,2,2)^t \\
v &= (5,-2,4)^t - \frac{(5,-2,4)\,u}{u^t u}\,u \\
&= (5,-2,4)^t - \underbrace{\frac{5\cdot 1 - 2\cdot 2 + 4\cdot 2}{1^2 + 2^2 + 2^2}}_{=1}(1,2,2)^t = (4,-4,2)^t
\end{aligned}
$$

Normierung $\rightsquigarrow$ $u = (1,2,2)^t/3$, $v = (2,-2,1)^t/3$

(ii) Matrix der Projektion P:

Projektion eines Vektors x, $Px = (u^t x)\,u + (v^t x)\,v = (uu^t + vv^t)\,x$ $\rightsquigarrow$

$$
P_{\text{Matrix}} = uu^t + vv^t = \begin{pmatrix} \frac{1}{3} \\ \frac{2}{3} \\ \frac{2}{3} \end{pmatrix}\begin{pmatrix} \frac{1}{3} & \frac{2}{3} & \frac{2}{3} \end{pmatrix} + \begin{pmatrix} \frac{2}{3} \\ -\frac{2}{3} \\ \frac{1}{3} \end{pmatrix}\begin{pmatrix} \frac{2}{3} & -\frac{2}{3} & \frac{1}{3} \end{pmatrix}
$$

$$
= \frac{1}{9}\begin{pmatrix} 1 & 2 & 2 \\ 2 & 4 & 4 \\ 2 & 4 & 4 \end{pmatrix} + \frac{1}{9}\begin{pmatrix} 4 & -4 & 2 \\ -4 & 4 & -2 \\ 2 & -2 & 1 \end{pmatrix} = \frac{1}{9}\begin{pmatrix} 5 & -2 & 4 \\ -2 & 8 & 2 \\ 4 & 2 & 5 \end{pmatrix}
$$

(iii) Matrix der Projektion $P^\perp$ auf das orthogonale Komplement:

$Px + P^\perp x = x \implies P + P^\perp$: Zerlegung der identischen Abbildung $\rightsquigarrow$

$$
P^\perp_{\text{Matrix}} = \begin{pmatrix} 1 & 0 & 0 \\ 0 & 1 & 0 \\ 0 & 0 & 1 \end{pmatrix} - \frac{1}{9}\begin{pmatrix} 5 & -2 & 4 \\ -2 & 8 & 2 \\ 4 & 2 & 5 \end{pmatrix} = \frac{1}{9}\begin{pmatrix} 4 & 2 & -4 \\ 2 & 1 & -2 \\ -4 & -2 & 4 \end{pmatrix}
$$

Alternative Lösung

gleiche Konstruktion wie für P mit $w = (2,1,-2)^t/3$ dem zu u und v orthogonalen Einheitsvektor (Basisvektor des orthogonalen Komplements):

$$
P^\perp_{\text{Matrix}} = \begin{pmatrix} \frac{2}{3} \\ \frac{1}{3} \\ -\frac{2}{3} \end{pmatrix}\begin{pmatrix} \frac{2}{3} & \frac{1}{3} & -\frac{2}{3} \end{pmatrix} = \frac{1}{9}\begin{pmatrix} 4 & 2 & -4 \\ 2 & 1 & -2 \\ -4 & -2 & 4 \end{pmatrix} \quad \checkmark
$$

3.5   Matrix eines Basiswechsels

Bestimmen Sie die Darstellung des Vektors $v = (2, 8, 1)^t$ bzgl. der Basis

$$e_1 = (1, 3, 0)^t,\ e_2 = (2, 4, 1)^t,\ e_3 = (0, 0, 1)^t.$$

Welche Matrix beschreibt den Basiswechsel $\{e_k\} \to \{e'_k\}$,

$$e'_1 = (1, 0, 0)^t,\ e'_2 = (1, 3, 1)^t,\ e'_3 = (0, 4, 2)^t,$$

und wie lauten die Koordinaten von v bezüglich $\{e'_k\}$?

Verweise: Koordinatentransformation bei Basiswechsel, Matrix, Basis

Lösungsskizze

(i) Basisdarstellung von v:

lineares Gleichungssystem für die Koordinaten c_k von v,

$$\begin{pmatrix} 2 \\ 8 \\ 1 \end{pmatrix} = \begin{pmatrix} 1 \\ 3 \\ 0 \end{pmatrix} c_1 + \begin{pmatrix} 2 \\ 4 \\ 1 \end{pmatrix} c_2 + \begin{pmatrix} 0 \\ 0 \\ 1 \end{pmatrix} c_3$$

$\rightsquigarrow$ $c_1 = 4$, $c_2 = -1$, $c_3 = 2$

(ii) Basiswechsel $\{e_k\} \to \{e'_k\}$:

$$e_k = \sum_j a_{j,k} e'_j \implies \sum_k c_k e_k = \sum_j \Big(\underbrace{\sum_k a_{j,k} c_k}_{c'_j} \Big) e'_j, \quad \text{d.h.}\, c' = Ac$$

Berechnung von A für die betrachteten Basen

$$e_1 = (1, 3, 0)^t = a_{1,1}(1, 0, 0)^t + a_{2,1}(1, 3, 1)^t + a_{3,1}(0, 4, 2)^t$$

$\rightsquigarrow$ $a_{1,1} = -2$, $a_{2,1} = 3$, $a_{3,1} = -3/2$

analoge Darstellung von $e_2 = (2, 4, 1)^t$, $e_3 = (0, 0, 1)^t$ als Linearkombination von e'_j

$\rightsquigarrow$ $a_{j,k},\ k = 2, 3$, und

$$A = \begin{pmatrix} -2 & 0 & 2 \\ 3 & 2 & -2 \\ -3/2 & -1/2 & 3/2 \end{pmatrix}$$

(iii) Transformation der Koordinaten von v:

$$c' = Ac = \begin{pmatrix} -2 & 0 & 2 \\ 3 & 2 & -2 \\ -3/2 & -1/2 & 3/2 \end{pmatrix} \begin{pmatrix} 4 \\ -1 \\ 2 \end{pmatrix} = \begin{pmatrix} -4 \\ 6 \\ -5/2 \end{pmatrix}$$

Probe

$v = (2, 8, 1)^t = -4(1, 0, 0)^t + 6(1, 3, 1)^t - (5/2)(0, 4, 2)^t$ ✓

3.6   Normen einer 3×2-Matrix

Berechnen Sie für die Matrix

$$A = \begin{pmatrix} 1 & -2 \\ 3 & 2 \\ 2 & 0 \end{pmatrix}$$

$\|A\|_\infty$ und $\|A\|_2$.

Verweise: Norm einer Matrix, Eigenwert und Eigenvektor

Lösungsskizze

(i) Zeilensummennorm:

$\|A\|_\infty = \max_j \sum_k |a_{j,k}| \quad \leadsto$

$$\left\| \begin{pmatrix} 1 & -2 \\ 3 & 2 \\ 2 & 0 \end{pmatrix} \right\|_\infty = \max\{1+2,\, 3+2,\, 2+0\} = 5$$

(ii) Euklidische Norm:

$\|A\|_2 = \max\{\sqrt{\lambda} : A^t A v = \lambda v\}$

Einsetzen der gegebenen Matrix $\leadsto$

$$A^t A = \begin{pmatrix} 1 & 3 & 2 \\ -2 & 2 & 0 \end{pmatrix} \begin{pmatrix} 1 & -2 \\ 3 & 2 \\ 2 & 0 \end{pmatrix} = \begin{pmatrix} 14 & 4 \\ 4 & 8 \end{pmatrix}$$

charakteristisches Polynom

$$p(\lambda) = (14 - \lambda)(8 - \lambda) - 16 = \lambda^2 - 22\lambda + 96$$

$\leadsto$ Eigenwerte (Nullstellen)

$$\lambda_{1,2} = 11 \pm \sqrt{121 - 96} = 11 \pm 5$$

und $\|A\|_2 = \sqrt{16} = 4$

(iii) Kontrolle mit MATLAB® :

```
>> A = [1 -2; 3 2; 2 0];
>> norm(A,inf)
>> norm(A)
```

3.7 Affine Abbildungen

Geben Sie die durch die Abbildung festgelegten affinen
Abbildungen f, g und h an
sowie jeweils das Bild von
$(2,1)^t$.

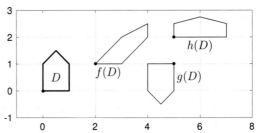

Verweise: Affine Abbildung, Matrix

Lösungsskizze

affine Abbildung:

$$x \mapsto \varphi(x_1, x_2) = Ax + b$$

$b = \varphi(0,0)$, Matrix A bestimmt durch die Bilder der Einheitsvektoren $\rightsquigarrow$ erste
Spalte von A: $u = \varphi(1,0) - b$,   zweite Spalte von A: $v = \varphi(1,0) - b$

(i) Scherung:

$$f: \begin{pmatrix} 0 \\ 0 \end{pmatrix} \mapsto \begin{pmatrix} 2 \\ 1 \end{pmatrix}, \begin{pmatrix} 1 \\ 0 \end{pmatrix} \mapsto \begin{pmatrix} 3 \\ 1 \end{pmatrix}, \begin{pmatrix} 0 \\ 1 \end{pmatrix} \mapsto \begin{pmatrix} 3 \\ 2 \end{pmatrix}, \dots$$

$\implies$ $b = (2,1)^t$ und

$$u = \begin{pmatrix} 3 \\ 1 \end{pmatrix} - \begin{pmatrix} 2 \\ 1 \end{pmatrix} = \begin{pmatrix} 1 \\ 0 \end{pmatrix}, \quad v = \begin{pmatrix} 3 \\ 2 \end{pmatrix} - \begin{pmatrix} 2 \\ 1 \end{pmatrix} = \begin{pmatrix} 1 \\ 1 \end{pmatrix}$$

d.h.

$$f(x_1, x_2) = \begin{pmatrix} 1 & 1 \\ 0 & 1 \end{pmatrix} \begin{pmatrix} x_1 \\ x_2 \end{pmatrix} + \begin{pmatrix} 2 \\ 1 \end{pmatrix}$$

und $f(2,1) = (3,1)^t + (2,1)^t = (5,2)^t$

(ii) Drehung:

g: $(0,0)^t \mapsto (5,1)^t$, $(1,0)^t \mapsto (4,1)^t$, $(0,1)^t \mapsto (5,0)^t$ $\implies$

$$g(x_1, x_2) = \begin{pmatrix} -1 & 0 \\ 0 & -1 \end{pmatrix} \begin{pmatrix} x_1 \\ x_2 \end{pmatrix} + \begin{pmatrix} 5 \\ 1 \end{pmatrix}, \quad g(2,1) = \begin{pmatrix} 3 \\ 0 \end{pmatrix}$$

(iii) Skalierung:

h: $(0,0)^t \mapsto (5,2)^t$, $(1,0)^t \mapsto (7,2)^t$, $(0,1)^t \mapsto (5, 5/2)^t$ $\implies$

$$h(x_1, x_2) = \begin{pmatrix} 2 & 0 \\ 0 & 1/2 \end{pmatrix} \begin{pmatrix} x_1 \\ x_2 \end{pmatrix} + \begin{pmatrix} 5 \\ 2 \end{pmatrix}, \quad h(2,1) = \begin{pmatrix} 9 \\ 5/2 \end{pmatrix}$$

3.8 Affine Abbildungen in homogenen Koordinaten ⋆

In der Computer-Grafik werden homogene Koordinaten verwendet,

$$(x_1, x_2)^{\text{t}} = (u_1/\lambda,\, u_2/\lambda)^{\text{t}} \stackrel{\wedge}{=} (u|\lambda)^{\text{t}},$$

$(3,3)$

da damit eine affine Abbildung $x \mapsto Ax + b$ als Matrix-Multiplikation darstellbar ist:

$$\left(\frac{u}{\lambda}\right) \mapsto \left(\begin{array}{c|c} A & b \\ \hline (0,0) & 1 \end{array}\right)\left(\frac{u}{\lambda}\right).$$

Bestimmen Sie die Transformationsmatrix T für die abgebildete Transformation eines Dreiecks.

$(0,0)$

Verweise: Affine Abbildung, Matrix-Multiplikation

Lösungsskizze

Darstellung der Transformation als Hintereinanderschaltung einer Drehung, einer Skalierung und einer Verschiebung: $T = VSD$

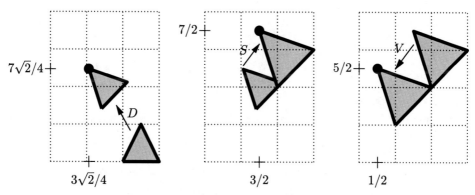

(markierte Punkte: Bilder des Eckpunktes $(5/2, 1)$)

Drehung um $\pi/4$: $(1,0)^{\text{t}} \mapsto (1/\sqrt{2}, 1/\sqrt{2})^{\text{t}}$, $(0,1)^{\text{t}} \mapsto (-1/\sqrt{2}, 1/\sqrt{2})^{\text{t}}$, d.h.

$$\begin{pmatrix} x_1 \\ x_2 \end{pmatrix} \mapsto Dx = \underbrace{\begin{pmatrix} 1/\sqrt{2} & -1/\sqrt{2} \\ 1/\sqrt{2} & 1/\sqrt{2} \end{pmatrix}}_{A}\begin{pmatrix} x_1 \\ x_2 \end{pmatrix} + \underbrace{\begin{pmatrix} 0 \\ 0 \end{pmatrix}}_{b}$$

⇝   Transformationsmatrix

$$D = \left(\begin{array}{c|c} A & b \\ \hline (0,0) & 1 \end{array}\right) = \left(\begin{array}{cc|c} 1/\sqrt{2} & -1/\sqrt{2} & 0 \\ 1/\sqrt{2} & 1/\sqrt{2} & 0 \\ \hline 0 & 0 & 1 \end{array}\right)$$

Skalierung mit $\sqrt{2}$:

$$x \mapsto Sx = \sqrt{2}\,x \quad \Leftrightarrow \quad A = \sqrt{2}\,E,\, b = (0,\,0)^{\mathrm{t}}$$

mit E der 2×2-Einheitsmatrix
Verschiebung um $(-1,\,-1)^{\mathrm{t}}$:

$$x \mapsto Vx = x + (-1,\,-1)^{\mathrm{t}} \quad \Leftrightarrow \quad A = E,\, b = (-1,\,-1)^{\mathrm{t}}$$

entsprechende Transformationsmatrizen

$$S = \left(\begin{array}{cc|c} \sqrt{2} & 0 & 0 \\ 0 & \sqrt{2} & 0 \\ \hline 0 & 0 & 1 \end{array}\right), \quad V = \left(\begin{array}{cc|c} 1 & 0 & -1 \\ 0 & 1 & -1 \\ \hline 0 & 0 & 1 \end{array}\right)$$

Multiplikation der Matrizen $\quad\leadsto\quad$ Gesamtabbildung

$$T = VSD = \left(\begin{array}{cc|c} 1 & 0 & -1 \\ 0 & 1 & -1 \\ \hline 0 & 0 & 1 \end{array}\right) \left(\begin{array}{cc|c} \sqrt{2} & 0 & 0 \\ 0 & \sqrt{2} & 0 \\ \hline 0 & 0 & 1 \end{array}\right) \left(\begin{array}{cc|c} 1/\sqrt{2} & -1/\sqrt{2} & 0 \\ 1/\sqrt{2} & 1/\sqrt{2} & 0 \\ \hline 0 & 0 & 1 \end{array}\right)$$

$$= \left(\begin{array}{cc|c} 1 & 0 & -1 \\ 0 & 1 & -1 \\ \hline 0 & 0 & 1 \end{array}\right) \left(\begin{array}{cc|c} 1 & -1 & 0 \\ 1 & 1 & 0 \\ \hline 0 & 0 & 1 \end{array}\right) = \left(\begin{array}{cc|c} 1 & -1 & -1 \\ 1 & 1 & -1 \\ \hline 0 & 0 & 1 \end{array}\right)$$

Alternative Lösung
Festlegung der Transformation durch drei Bildpunkte, z.B. die Bilder der Ecken des
Dreiecks

$$\begin{array}{lcccc}
(2,\,0)^{\mathrm{t}} & \hat{=} & (2,\,0|1)^{\mathrm{t}} & \mapsto & (1,\,1|1)^{\mathrm{t}} \quad \hat{=} \quad (1,\,1)^{\mathrm{t}} \\
(3,\,0)^{\mathrm{t}} & \hat{=} & (3,\,0|1)^{\mathrm{t}} & \mapsto & (2,\,2|1)^{\mathrm{t}} \quad \hat{=} \quad (2,\,2)^{\mathrm{t}} \\
(5/2,\,1)^{\mathrm{t}} & \hat{=} & (5/2,\,1|1)^{\mathrm{t}} & \mapsto & (1/2,\,5/2|1)^{\mathrm{t}} \quad \hat{=} \quad (1/2,\,5/2)^{\mathrm{t}}
\end{array}$$

simultane Multiplikation mit der Transformationsmatrix $T \quad\leadsto\quad$ Matrizengleichung

$$\left(\begin{array}{cc|c} 1 & 2 & 1/2 \\ 1 & 2 & 5/2 \\ \hline 1 & 1 & 1 \end{array}\right) = \underbrace{\left(\begin{array}{cc|c} a_{1,1} & a_{1,2} & b_1 \\ a_{2,1} & a_{2,2} & b_2 \\ \hline 0 & 0 & 1 \end{array}\right)}_{T} \underbrace{\left(\begin{array}{cc|c} 2 & 3 & 5/2 \\ 0 & 0 & 1 \\ \hline 1 & 1 & 1 \end{array}\right)}_{P}$$

Lösung durch Invertierung von P oder durch Gauß-Elimination nach Transposition
der Gleichung

3.9 Matrix-Produkte

Berechnen Sie alle Produkte, die sich aus den Matrizen

$$
\begin{pmatrix} 1 & 2 & 3 \end{pmatrix}, \quad
\begin{pmatrix} 11 & 12 \\ 21 & 22 \\ 31 & 32 \end{pmatrix}, \quad
\begin{pmatrix} 11 & 12 \\ 21 & 22 \end{pmatrix}, \quad
\begin{pmatrix} 1 \\ 2 \end{pmatrix}
$$

bilden lassen.

Verweise: Matrix-Multiplikation, Matrix

Lösungsskizze

Matrix-Multiplikation $A : \ell \times m$, $B : m \times n$ ⤳ $C = AB : \ell \times n$

(i) $\ell = 1$, $m = 3$, $n = 2$:

$$
\begin{pmatrix} 1 & 2 & 3 \end{pmatrix}
\begin{pmatrix} 11 & 12 \\ 21 & 22 \\ 31 & 32 \end{pmatrix}
= \begin{pmatrix} 1 \cdot 11 + 2 \cdot 21 + 3 \cdot 31 & 152 \end{pmatrix}
= \begin{pmatrix} 146 & 152 \end{pmatrix}
$$

(ii) $\ell = 3$, $m = 2$, $n = 2$:

$$
\begin{pmatrix} 11 & 12 \\ 21 & 22 \\ 31 & 32 \end{pmatrix}
\begin{pmatrix} 11 & 12 \\ 21 & 22 \end{pmatrix}
= \begin{pmatrix} 373 & 396 \\ 693 & 736 \\ 1013 & 31 \cdot 12 + 32 \cdot 22 \end{pmatrix}
= \begin{pmatrix} 373 & 396 \\ 693 & 736 \\ 1013 & 1076 \end{pmatrix}
$$

(iii) $\ell = 3$, $m = 2$, $n = 1$:

$$
\begin{pmatrix} 11 & 12 \\ 21 & 22 \\ 31 & 32 \end{pmatrix}
\begin{pmatrix} 1 \\ 2 \end{pmatrix}
= \begin{pmatrix} 35 \\ 21 \cdot 1 + 22 \cdot 2 \\ 95 \end{pmatrix}
= \begin{pmatrix} 35 \\ 65 \\ 95 \end{pmatrix}
$$

(iv) $\ell = 2$, $m = 2$, $n = 2$:

$$
\begin{pmatrix} 11 & 12 \\ 21 & 22 \end{pmatrix}
\begin{pmatrix} 11 & 12 \\ 21 & 22 \end{pmatrix}
= \begin{pmatrix} 373 & 396 \\ 21 \cdot 11 + 22 \cdot 21 & 736 \end{pmatrix}
= \begin{pmatrix} 373 & 396 \\ 693 & 736 \end{pmatrix}
$$

(v) $\ell = 2$, $m = 2$, $n = 1$:

$$
\begin{pmatrix} 11 & 12 \\ 21 & 22 \end{pmatrix}
\begin{pmatrix} 1 \\ 2 \end{pmatrix}
= \begin{pmatrix} 11 \cdot 1 + 12 \cdot 2 \\ 65 \end{pmatrix}
= \begin{pmatrix} 35 \\ 65 \end{pmatrix}
$$

(vi) $\ell = 2$, $m = 1$, $n = 3$:

$$
\begin{pmatrix} 1 \\ 2 \end{pmatrix}
\begin{pmatrix} 1 & 2 & 3 \end{pmatrix}
= \begin{pmatrix} 1 & 2 & 3 \\ 2 & 4 & 2 \cdot 3 \end{pmatrix}
= \begin{pmatrix} 1 & 2 & 3 \\ 2 & 4 & 6 \end{pmatrix}
$$

3.10   Vervollständigung einer Matrizen-Gleichung

Bestimmen Sie $a, b, \ldots, i$, so dass

$$\begin{pmatrix} a & b & c \\ 2 & 1 & 1 \\ 1 & 1 & 2 \end{pmatrix} \begin{pmatrix} d & -1 & -1 \\ -1 & e & -1 \\ -1 & -1 & f \end{pmatrix} = \begin{pmatrix} -3 & 3 & -1 \\ 4 & -1 & -2 \\ g & h & i \end{pmatrix}.$$

Verweise: Matrix-Multiplikation

Lösungsskizze

Matrix-Produkt $AB = C$:

$$c_{i,k} = \sum_j a_{i,j} b_{j,k} \quad (\text{Zeile } i \text{ von } A \times \text{Spalte } k \text{ von } B)$$

⤳   Gleichungen für die zu bestimmenden Matrix-Elemente $a, b, \ldots, i$

$$\begin{aligned} \text{Zeile 2 von } A \times \text{Spalte 1 von } B &= 2d - 1 - 1 &= 4 &\quad \Longrightarrow \quad d = 3 \\ \text{Z 2} \times \text{S 2} &= -2 + e - 1 &= -1 &\quad \Longrightarrow \quad e = 2 \\ \text{Z 2} \times \text{S 3} &= -2 - 1 + f &= -2 &\quad \Longrightarrow \quad f = 1 \end{aligned}$$

⤳ B vollständig bestimmt

$$\begin{aligned} \text{Zeile 3 von } A \times \text{Spalte 1 von } B &= 3 - 1 - 2 &= 0 &= g \\ \text{Z 3} \times \text{S 2} &= -1 + 2 - 2 &= -1 &= h \\ \text{Z 3} \times \text{S 3} &= -1 - 1 + 2 &= 0 &= i \end{aligned}$$

⤳ C vollständig bestimmt

$\underline{\text{Zeile 1 von } A}_{(a,b,c)} B = C$ ⤳   lineares Gleichungssystem für die restlichen Matrix-Elemente:

$$3a - b - c = c_{1,1} = -3, \quad -a + 2b - c = c_{1,2} = 3, \quad -a - b + c = c_{1,3} = -1$$

Lösung: $a = 0$, $b = 2$, $c = 1$

Kontrolle mit MATLAB® :

```
>> A=[0 2 1; 2 1 1; 1 1 2]; B=[3 -1 -1; -1 2 -1; -1 -1 1];
>> C = A*B
   -3    3   -1
    4   -1   -2
    0   -1    0
```

3.11 Multiplikation schwach besetzter Matrizen

Die Liste[1]

j	1	2	3	3	5	6	7	8
k	4	8	1	7	5	2	4	6
$a_{j,k}$	4	−4	2	−3	3	−1	1	−2

enthält die von Null verschiedenen Elemente einer 8 × 8-Matrix A. Geben Sie eine entsprechende Liste für die Matrix A^2 an (ohne diese Matrix explizit aufzustellen).

Verweise: Matrix-Multiplikation

Lösungsskizze

Definition des Matrix-Produktes $C = A A$:

$$c_{j,\ell} = \sum_k a_{j,k} a_{k,\ell}$$

gleicher mittlerer Index k bei den Faktoren der Summanden $\rightsquigarrow$ relevante Kombinationen von Indexpaaren (j,k) aus der Liste, z.B.

- $(j,k) = (1,4)$: $a_{1,4}$ als erster Faktor nicht möglich, da $a_{4,\ell} = 0 \; \forall \ell$ (kein Indexpaar $(4,\ell)$ in der Liste)
- $(j,k) = (2,8)$, $(k,\ell) = (8,6)$ mit mittlerem Index $k = 8$:
  $a_{2,8} a_{8,6} = (-4) \cdot (-2) = 8$ $\rightsquigarrow$ Beitrag zu $c_{2,6}$

analog:

$$a_{3,1} a_{1,4} = 2 \cdot 4 = 8 \qquad \rightsquigarrow \; c_{3,4}$$
$$a_{3,7} a_{7,4} = (-3) \cdot 1 = -3 \quad \rightsquigarrow \; c_{3,4}$$
$$a_{5,5} a_{5,5} = 3 \cdot 3 = 9 \qquad \rightsquigarrow \; c_{5,5}$$
$$a_{6,2} a_{2,8} = (-1) \cdot (-4) = 4 \; \rightsquigarrow \; c_{6,8}$$
$$a_{7,4} a_{4,\ell} \; \text{nicht möglich}$$
$$a_{8,6} a_{6,2} = (-2) \cdot (-1) = 2 \; \rightsquigarrow \; c_{8,2}$$

Addition der Beiträge zu gleichen Matrixelementen (in diesem Beispiel nur für $c_{3,4}$: $a_{3,1} a_{1,4} + a_{3,7} a_{7,4} = 8 - 3 = 5$) $\rightsquigarrow$ Liste für $C = A A$

j	2	3	5	6	8
k	6	4	5	8	2
$c_{j,k}$	8	5	9	4	2

---

[1]eine geeignete Art zur Speicherung von „sparse matrices"

3.12   Nilpotente Matrizen

Beweisen Sie für das Matrix-Produkt $C = AB$, dass

$$a_{j,k} = 0, \ k < j + p \quad \wedge \quad b_{j,k} = 0, \ k < j + q$$
$$\implies \quad c_{j,k} = 0, \ k < j + p + q \, ,$$

d.h. alle Matrixelemente von C unterhalb der $(p + q)$-ten Nebendiagonalen sind null. Folgern Sie, dass A^n für eine $n \times n$-Matrix A mit $p = 1$ die Nullmatrix ist (Nilpotenz), und illustrieren Sie dieses Resultat für ein konkretes Beispiel.

Verweise: Matrix-Multiplikation

Lösungsskizze

(i) Beweis:

Definition der Matrix-Multiplikation:

$$C = AB \quad \Longleftrightarrow \quad c_{j,k} = \sum_{\ell} a_{j,\ell} b_{\ell,k}$$

Weglassen der Summanden mit $a_{j,\ell} = 0$ oder $b_{\ell,k} = 0$ $\quad \rightsquigarrow \quad$ Einschränkung des Summationsbereichs

$$\ell \geq j + p \quad \wedge \quad k \geq \ell + q \quad \Longleftrightarrow \quad j + p \leq \ell \leq k - q$$

leere Summe, d.h. $c_{j,k} = 0$, falls kein ℓ die Ungleichung erfüllt, d.h. für $k < j + p + q$

(ii) Folgerung:

$p = p(A) = 1$ (alle Matrixelemente auf und unterhalb der Diagonalen sind null)
$\implies \quad c_{j,k} = 0, \ k < j + p + p = j + 2$ für $C = A^2$, d.h. $p(A^2) = 2$

Jede Multiplikation mit A erhöht p um 1 und somit ist $p(A^n) = n$, d.h. $c_{j,k} = 0$ für $k < \underbrace{j + n}_{> n}$, also für alle Spaltenindizes k

(iii) Beispiel:

4×4-Matrix mit $p(A) = 1$

$$A = \begin{pmatrix} 0 & 1 & 1 & 1 \\ 0 & 0 & 1 & 1 \\ 0 & 0 & 0 & 1 \\ 0 & 0 & 0 & 0 \end{pmatrix}, \quad A^2 = \begin{pmatrix} 0 & 0 & 1 & 2 \\ 0 & 0 & 0 & 1 \\ 0 & 0 & 0 & 0 \\ 0 & 0 & 0 & 0 \end{pmatrix}, \quad A^3 = \begin{pmatrix} 0 & 0 & 0 & 1 \\ 0 & 0 & 0 & 0 \\ 0 & 0 & 0 & 0 \\ 0 & 0 & 0 & 0 \end{pmatrix}$$

A^4 ist die Nullmatrix.

3.13 Matrizen und binomische Formeln

Illustrieren Sie für

$$A = \begin{pmatrix} 0 & 1 \\ 2 & 3 \end{pmatrix}, \quad B = \begin{pmatrix} 0 & 2 \\ 1 & 3 \end{pmatrix},$$

dass die binomischen Formeln für Matrizen im Allgemeinen nicht gelten und geben Sie eine Begründung.

Verweise: Matrix-Multiplikation

Lösungsskizze

auftretende Produkte

$$AB = \begin{pmatrix} 0 & 1 \\ 2 & 3 \end{pmatrix} \begin{pmatrix} 0 & 2 \\ 1 & 3 \end{pmatrix} = \begin{pmatrix} 1 & 3 \\ 3 & 13 \end{pmatrix}, A^2 = \begin{pmatrix} 2 & 3 \\ 6 & 11 \end{pmatrix}, B^2 = \begin{pmatrix} 2 & 6 \\ 3 & 11 \end{pmatrix}$$

(i) $(A + B)^2 \neq A^2 + 2AB + B^2$:

$$(A + B)^2 = \begin{pmatrix} 0 & 3 \\ 3 & 6 \end{pmatrix} \begin{pmatrix} 0 & 3 \\ 3 & 6 \end{pmatrix} = \begin{pmatrix} 9 & 18 \\ 18 & 45 \end{pmatrix}$$

$$A^2 + 2AB + B^2 = \begin{pmatrix} 2 & 3 \\ 6 & 11 \end{pmatrix} + \begin{pmatrix} 2 & 6 \\ 6 & 26 \end{pmatrix} + \begin{pmatrix} 2 & 6 \\ 3 & 11 \end{pmatrix} = \begin{pmatrix} 6 & 15 \\ 15 & 48 \end{pmatrix}$$

(ii) $(A - B)^2 \neq A^2 - 2AB + B^2$:

$$(A - B)^2 = \begin{pmatrix} 0 & -1 \\ 1 & 0 \end{pmatrix}^2 = \begin{pmatrix} -1 & 0 \\ 0 & -1 \end{pmatrix} \neq \begin{pmatrix} 2 & 3 \\ 3 & -4 \end{pmatrix} = A^2 - 2AB + B^2$$

(iii) $(A + B)(A - B) \neq A^2 - B^2$:

$$(A + B)(A - B) = \begin{pmatrix} 0 & 3 \\ 3 & 6 \end{pmatrix} \begin{pmatrix} 0 & -1 \\ 1 & 0 \end{pmatrix} = \begin{pmatrix} 3 & 0 \\ 6 & -3 \end{pmatrix}$$

$$A^2 - B^2 = \begin{pmatrix} 2 & 3 \\ 6 & 11 \end{pmatrix} - \begin{pmatrix} 2 & 6 \\ 3 & 11 \end{pmatrix} = \begin{pmatrix} 0 & -3 \\ 3 & 0 \end{pmatrix}$$

Grund für die Ungleichheit: $AB \neq BA$

$$AB = \begin{pmatrix} 1 & 3 \\ 3 & 13 \end{pmatrix}, \quad BA = \begin{pmatrix} 0 & 2 \\ 1 & 3 \end{pmatrix} \begin{pmatrix} 0 & 1 \\ 2 & 3 \end{pmatrix} = \begin{pmatrix} 4 & 6 \\ 6 & 10 \end{pmatrix}$$

3.14   Kommutierende 3×3-Matrizen $\star$

Bestimmen Sie alle Matrizen, die mit

$$
\text{a)} \quad \begin{pmatrix} 3 & 0 & 0 \\ 0 & 2 & 0 \\ 0 & 0 & 3 \end{pmatrix} \qquad \text{b)} \quad \begin{pmatrix} 0 & 0 & 0 \\ 1 & 0 & 0 \\ 1 & 1 & 0 \end{pmatrix}
$$

kommutieren.

Verweise: Matrix-Multiplikation, Matrix

Lösungsskizze

a) $D = \operatorname{diag}(d_1, d_2, d_3)$, $d = (3, 2, 3)$:

$DA = AD \quad \Leftrightarrow$

$$
d_j a_{j,k} = (DA)_{j,k} = (AD)_{j,k} = a_{j,k} d_k
$$

erfüllt, falls $a_{j,k} = 0 \quad \lor \quad (a_{j,k} \neq 0 \land d_j = d_k)$

$d_1 = d_3 \neq d_2 \quad \rightsquigarrow$

nicht triviale Matrixeinträge für $(j, k) \in \{(1,1), (2,2), (3,3), (1,3), (3,1)\}$, d.h.

$$
A = \begin{pmatrix} p_1 & 0 & p_4 \\ 0 & p_2 & 0 \\ p_5 & 0 & p_3 \end{pmatrix}
$$

b) U: $u_{j,k} = 1$ für $j > k$, 0 sonst:

$UA = AU \quad \Leftrightarrow$

$$
\begin{pmatrix} 0 & 0 & 0 \\ a_{1,1} & a_{1,2} & a_{1,3} \\ a_{1,1} + a_{2,1} & a_{1,2} + a_{2,2} & a_{1,3} + a_{2,3} \end{pmatrix} = \begin{pmatrix} a_{1,2} + a_{1,3} & a_{1,3} & 0 \\ a_{2,2} + a_{2,3} & a_{2,3} & 0 \\ a_{3,2} + a_{3,3} & a_{3,3} & 0 \end{pmatrix}
$$

Vergleich der Matrix-Elemente

$$
\text{erste Zeile} \rightsquigarrow a_{1,3} = a_{1,2} = 0
$$
$$
\text{letzte Spalte} \rightsquigarrow a_{2,3} = 0
$$
$$
(2,1), (3,2) \rightsquigarrow a_{1,1} = a_{2,2} = a_{3,3}
$$
$$
(3,1) \rightsquigarrow a_{1,1} + a_{2,1} = a_{3,2} + a_{3,3} \quad \rightsquigarrow \quad a_{2,1} = a_{3,2}
$$

$\Longrightarrow$

$$
A = \begin{pmatrix} p_1 & 0 & 0 \\ p_2 & p_1 & 0 \\ p_3 & p_2 & p_1 \end{pmatrix}
$$

3.15 Cholesky-Faktorisierung

Schreiben Sie die Matrix

$$
\begin{pmatrix}
4 & -4 & 2 \\
-4 & 5 & -4 \\
2 & -4 & 9
\end{pmatrix}
$$

als Produkt $U^{\mathrm{t}}U$ mit einer oberen Dreiecksmatrix U mit positiven Diagonalelementen.

Verweise: Matrix-Multiplikation

Lösungsskizze

Ansatz

$$
\underbrace{\begin{pmatrix} a & 0 & 0 \\ b & d & 0 \\ c & e & f \end{pmatrix}}_{} \underbrace{\begin{pmatrix} a & b & c \\ 0 & d & e \\ 0 & 0 & f \end{pmatrix}}_{U} = \underbrace{\begin{pmatrix} 4 & -4 & 2 \\ -4 & 5 & -4 \\ 2 & -4 & 9 \end{pmatrix}}_{A}
$$

⤳   sukzessive Bestimmung von a, b, c, d, e, f aus den Gleichungen

$$
\begin{aligned}
a_{i,j} &= (\text{Zeile } i \text{ von } U^{\mathrm{t}})(\text{Spalte } j \text{ von } U) \\
&= (\text{Spalte } i \text{ von } U)^{\mathrm{t}}(\text{Spalte } j \text{ von } U) \\
&= \sum_{k=1}^{\min\{i,j\}} u_{k,i} u_{k,j}
\end{aligned}
$$

($u_{k,\ell} = 0$ für $k > \ell$ $\implies$ Summationsgrenze $\min\{i,j\}$ statt 3)

Reihenfolge: $(i,j) = (1,1), (2,1), (3,1), (2,2), (3,2), (3,3)$ ⤳

$$
\begin{aligned}
a_{1,1} &= 4 = (a\,0\,0)(a\,0\,0)^{\mathrm{t}} = & a^2 &\implies a = 2 \\
a_{2,1} &= -4 = (b\,d\,0)(a\,0\,0)^{\mathrm{t}} = & b \cdot 2 &\implies b = -2 \\
a_{3,1} &= 2 = (c\,e\,f)(a\,0\,0)^{\mathrm{t}} = & c \cdot 2 &\implies c = 1 \\
a_{2,2} &= 5 = (b\,d\,0)(b\,d\,0)^{\mathrm{t}} = & (-2)^2 + d^2 &\implies d = 1 \\
a_{3,2} &= -4 = (c\,e\,f)(b\,d\,0)^{\mathrm{t}} = & 1 \cdot (-2) + e \cdot 1 &\implies e = -2 \\
a_{3,3} &= 9 = (c\,e\,f)(c\,e\,f)^{\mathrm{t}} = & 1^2 + (-2)^2 + f^2 &\implies f = 2
\end{aligned}
$$

3.16   Rechnen mit adjungierten Matrizen

Berechnen Sie für

$$x = \begin{pmatrix} 1 \\ 2-i \end{pmatrix}, \quad A = \begin{pmatrix} 0 & 1+3i \\ 2 & 4i \end{pmatrix}$$

alle Produkte, die sich aus x, x^*, A und A^* bilden lassen.

Verweise: Transponierte und adjungierte Matrix, Matrix-Multiplikation

Lösungsskizze

adjungierte Matrix

$$B = A^* = \overline{A}^t \quad \Leftrightarrow \quad b_{j,k} = \overline{a}_{k,j}$$

mit $\overline{x+iy} = x - iy$

(i) Vektor/Vektor-Produkte:

$$x^*x = \begin{pmatrix} 1 & 2+i \end{pmatrix} \begin{pmatrix} 1 \\ 2-i \end{pmatrix} = 1 + (4+1) = 6$$

$$xx^* = \begin{pmatrix} 1 \\ 2-i \end{pmatrix} \begin{pmatrix} 1 & 2+i \end{pmatrix} = \begin{pmatrix} 1 & 2+i \\ 2-i & 5 \end{pmatrix}$$

(ii) Vektor/Matrix-Produkte:

$$Ax = \begin{pmatrix} 0 & 1+3i \\ 2 & 4i \end{pmatrix} \begin{pmatrix} 1 \\ 2-i \end{pmatrix} = \begin{pmatrix} 0 + (5+5i) \\ 2 + (8i+4) \end{pmatrix} = \begin{pmatrix} 5+5i \\ 6+8i \end{pmatrix}$$

$$x^*A = \begin{pmatrix} 1 & 2+i \end{pmatrix} \begin{pmatrix} 0 & 1+3i \\ 2 & 4i \end{pmatrix} = \begin{pmatrix} 4+2i & -3+11i \end{pmatrix}$$

$(BC)^* = C^*B^*$ und $(D^*)^* = D \implies$

$x^*A^* = (Ax)^* = \begin{pmatrix} 5-5i & 6-8i \end{pmatrix}$, $A^*x = (x^*A)^* = \begin{pmatrix} 4-2i & -3-11i \end{pmatrix}^t$

(iii) Matrix/Matrix-Produkte:

$$AA^* = \begin{pmatrix} 0 & 1+3i \\ 2 & 4i \end{pmatrix} \begin{pmatrix} 0 & 2 \\ 1-3i & -4i \end{pmatrix} = \begin{pmatrix} 10 & 12-4i \\ 12+4i & 20 \end{pmatrix}$$

$$A^*A = \begin{pmatrix} 0 & 2 \\ 1-3i & -4i \end{pmatrix} \begin{pmatrix} 0 & 1+3i \\ 2 & 4i \end{pmatrix} = \begin{pmatrix} 4 & 8i \\ -8i & 26 \end{pmatrix}$$

beide Produkte hermitesch: $P^* = P$

3.17   Rang einer Matrix und orthogonale Basis für den Kern

Bestimmen Sie den Rang der Matrix

$$\begin{pmatrix} 1 & 1 & 1 & 0 & 2 \\ 2 & 0 & 1 & 1 & 1 \\ 0 & 1 & 1 & 0 & 1 \\ 2 & 1 & 2 & 1 & 2 \end{pmatrix}$$

und konstruieren Sie eine orthogonale Basis für den Kern.

Verweise: Rang einer Matrix, Bild und Kern

Lösungsskizze

(i) Rang:

Transformation der Matrix A auf Zeilenstufenform Z (Rang und Kern invariant) mit Hilfe von Gauß-Transformationen

$$A \xrightarrow{(1)} \begin{pmatrix} 1 & 1 & 1 & 0 & 2 \\ 0 & -2 & -1 & 1 & -3 \\ 0 & 1 & 1 & 0 & 1 \\ 0 & 1 & 1 & 0 & 1 \end{pmatrix} \xrightarrow{(2)} \begin{pmatrix} 1 & 1 & 1 & 0 & 2 \\ 0 & 1 & 1 & 0 & 1 \\ 0 & 0 & 1 & 1 & -1 \\ 0 & 0 & 0 & 0 & 0 \end{pmatrix} = Z$$

(1): Zeile 4 − Zeile 2, Zeile 2 − 2 × Zeile 1

(2): Zeile 4 − Zeile 3, Zeile 2 + 2 × Zeile 3, Vertauschung von Zeile 2 und 3

$\implies$ Rang A = Rang Z = 3 (Zahl der nicht trivialen Zeilen)

(ii) Orthogonale Basis für den Kern:

allgemeine Lösung von $Zx = (0, 0, 0, 0)^t$ durch Rückwärtseinsetzen

$$x_5 = s, \, x_4 = t \quad \text{(beliebig)}$$
$$x_3 = -t + s, \, x_2 = -x_3 - s = t - 2s, \, x_1 = -x_2 - x_3 - 2s = -s$$

d.h.

$$\begin{aligned} x &= (-s, t - 2s, -t + s, t, s)^t \\ &= s \underbrace{(-1, -2, 1, 0, 1)^t}_{u} + t \underbrace{(0, 1, -1, 1, 0)^t}_{v} \end{aligned}$$

$\rightsquigarrow$ Basis für den Kern: $\{u, v\}$

Orthogonalisierung ($v \to \tilde{v} \perp u$) mit dem Verfahren von Gram-Schmidt

$$\begin{aligned} \tilde{v} &= v - \frac{v^t u}{u^t u} u = (0, 1, -1, 1, 0)^t - \frac{-3}{7}(-1, -2, 1, 0, 1)^t \\ &= \frac{1}{7}(-3, 1, -4, 7, 3)^t \end{aligned}$$

orthogonale Basis: $\{(-1, -2, 1, 0, 1)^t, (-3, 1, -4, 7, 3)^t\}$

3.18   Rang einer Matrix und orthogonale Basis für das Bild

Bestimmen Sie den Rang der Matrix

$$\begin{pmatrix} 2 & 2 & 2 & 0 \\ 0 & 1 & 1 & 1 \\ 1 & 1 & 2 & 2 \\ 2 & 0 & 1 & 0 \\ 1 & 1 & 2 & 2 \end{pmatrix}$$

und konstruieren Sie eine orthogonale Basis für das Bild.

Verweise: Rang einer Matrix, Bild und Kern

Lösungsskizze

(i) Rang:

Transformation der Matrix A auf Spaltenstufenform S (Rang und Bild invariant)
mit Hilfe von Gauß-Transformationen der Spalten

$$A \xrightarrow{(1)} \begin{pmatrix} 2 & 0 & 0 & 0 \\ 0 & 1 & 1 & 1 \\ 1 & 0 & 1 & 2 \\ 2 & -2 & -1 & 0 \\ 1 & 0 & 1 & 2 \end{pmatrix} \xrightarrow{(2)} \begin{pmatrix} 2 & 0 & 0 & 0 \\ 0 & 1 & 0 & 0 \\ 1 & 0 & 1 & 2 \\ 2 & -2 & 1 & 2 \\ 1 & 0 & 1 & 2 \end{pmatrix} \xrightarrow{(3)} \begin{pmatrix} 2 & 0 & 0 & 0 \\ 0 & 1 & 0 & 0 \\ 1 & 0 & 1 & 0 \\ 2 & -2 & 1 & 0 \\ 1 & 0 & 1 & 0 \end{pmatrix} = S$$

(1): Spalte 2 − Spalte 1, Spalte 3 − Spalte 1
(2): Spalte 3 − Spalte 2, Spalte 4 − Spalte 2
(3): Spalte 4 − 2 × Spalte 3
$\implies$ Rang A = Rang S = 3 (Zahl der nicht trivialen Spalten)

(ii) Orthogonale Basis für das Bild:

Basis für das Bild: nichttriviale Spalten von S (skaliert)

$$u = (0,0,1,1,1)^{\mathrm{t}}, \quad v = (0,1,0,-2,0)^{\mathrm{t}}, \quad w = (2,0,1,2,1)^{\mathrm{t}}$$

Orthogonalisierung ($v \to \tilde{v}$, $w \to \tilde{w}$) mit dem Verfahren von Gram-Schmidt

$$\begin{aligned} \tilde{v} &= v - \frac{v^{\mathrm{t}}u}{u^{\mathrm{t}}u}u = (0,1,0,-2,0)^{\mathrm{t}} - \frac{-2}{3}(0,0,1,1,1)^{\mathrm{t}} \\ &= (0,1,2/3,-4/3,2/3)^{\mathrm{t}} \\ \tilde{w} &= w - \frac{w^{\mathrm{t}}u}{u^{\mathrm{t}}u}u - \frac{w^{\mathrm{t}}\tilde{v}}{\tilde{v}^{\mathrm{t}}\tilde{v}}\tilde{v} \\ &= (2,0,1,2,1)^{\mathrm{t}} - \frac{4}{3}(0,0,1,1,1)^{\mathrm{t}} - \frac{-4/3}{33/9}(0,1,2/3,-4/3,2/3)^{\mathrm{t}} \\ &= (2,4/11,-1/11,2/11,-1/11)^{\mathrm{t}} \end{aligned}$$

orthogonale Basis (skaliert): $(0,0,1,1,1)^{\mathrm{t}}$, $(0,3,2,-4,2)^{\mathrm{t}}$, $(22,4,-1,2,-1)^{\mathrm{t}}$

4 Determinanten

Übersicht

© Springer-Verlag GmbH Deutschland, ein Teil von Springer Nature 2023
K. Höllig und J. Hörner, *Aufgaben und Lösungen zur Höheren Mathematik 2*,
https://doi.org/10.1007/978-3-662-67512-0_5

4.1 Verschiedene Methoden zur Berechnung einer 3 × 3-Determinante

Berechnen Sie

$$\begin{vmatrix} 1 & 4 & 6 \\ 2 & 5 & 8 \\ 3 & 0 & 7 \end{vmatrix}$$

auf drei verschiedene Arten.

Verweise: Entwicklung von Determinanten, Determinante als antisymmetrische Multilinearform

Lösungsskizze

(i) Sarrus-Regel (zyklische Produkte von Diagonalelementen):

$$\begin{vmatrix} a & b & c \\ d & e & f \\ g & h & i \end{vmatrix} = aei + bfg + cdh - ceg - bdi - afh$$

Einsetzen ⤳

$$\begin{vmatrix} 1 & 4 & 6 \\ 2 & 5 & 8 \\ 3 & 0 & 7 \end{vmatrix} = 1 \cdot 5 \cdot 7 + 4 \cdot 8 \cdot 3 + 0 - 6 \cdot 5 \cdot 3 - 4 \cdot 2 \cdot 7 - 0 = -15$$

(ii) Entwicklung nach der dritten Zeile:

Wegfall des Nullterms, Schachbrettmuster der Vorzeichen der Entwicklungskoeffizienten ⤳

$$\begin{vmatrix} 1 & 4 & 6 \\ 2 & 5 & 8 \\ 3 & 0 & 7 \end{vmatrix} = \boxed{+3} \begin{vmatrix} 4 & 6 \\ 5 & 8 \end{vmatrix} + \boxed{-0} \begin{vmatrix} 1 & 6 \\ 2 & 8 \end{vmatrix} + \boxed{+7} \begin{vmatrix} 1 & 4 \\ 2 & 5 \end{vmatrix}$$

$$= 3 \cdot (32 - 30) + 7 \cdot (5 - 8) = -15$$

(iii) Dreiecksform durch Addition von Zeilenvielfachen:

Invarianz einer Determinante unter Gauß-Operationen ⤳

$$\begin{vmatrix} 1 & 4 & 6 \\ 2 & 5 & 8 \\ 3 & 0 & 7 \end{vmatrix} \xrightarrow{(1)} \begin{vmatrix} 1 & 4 & 6 \\ 0 & -3 & -4 \\ 0 & -12 & -11 \end{vmatrix} \xrightarrow{(2)} \begin{vmatrix} 1 & 4 & 6 \\ 0 & -3 & -4 \\ 0 & 0 & 5 \end{vmatrix}$$

(1): (Zeile 2) → (Zeile 2) − 2 (Zeile 1), (Zeile 3) → (Zeile 3) − 3 (Zeile 1)

(2): (Zeile 3) → (Zeile 3) − 4 (Zeile 2)

Determinante der Dreiecksmatrix (Produkt der Diagonalelemente):

$$1 \cdot (-3) \cdot 5 = -15$$

4.2 Determinanten von 3×3-Matrizen

Berechnen Sie die folgenden Determinanten.

a) $\begin{vmatrix} 0 & 1 & 2 \\ 3 & 4 & 3 \\ 2 & 1 & 0 \end{vmatrix}$
b) $\begin{vmatrix} 1 & 3 & 2 \\ 2 & 0 & 4 \\ 2 & 6 & 4 \end{vmatrix}$
c) $\begin{vmatrix} 0 & 1 & 3 \\ 3 & 2 & 3 \\ 3 & 1 & 0 \end{vmatrix}$

Verweise: Determinante als antisymmetrische Multilinearform

Lösungsskizze

a) Sarrus-Schema:

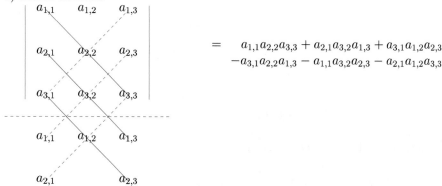

$$= \quad a_{1,1}a_{2,2}a_{3,3} + a_{2,1}a_{3,2}a_{1,3} + a_{3,1}a_{1,2}a_{2,3}$$
$$-a_{3,1}a_{2,2}a_{1,3} - a_{1,1}a_{3,2}a_{2,3} - a_{2,1}a_{1,2}a_{3,3}$$

Summe der Produkte längs der durchgezogenen Diagonalen

minus Summe der Produkte längs der gestrichelten Diagonalen

⤳ Determinante

$$d = 0 \cdot 4 \cdot 0 + 3 \cdot 1 \cdot 2 + 2 \cdot 1 \cdot 3 - 2 \cdot 4 \cdot 2 - 3 \cdot 1 \cdot 0 - 0 \cdot 1 \cdot 3$$
$$= 0 + 6 + 6 - 16 - 0 - 0 = -4$$

Alternative Lösung

Berechnung als Spatprodukt

$$d = \begin{pmatrix} 0 \\ 3 \\ 2 \end{pmatrix} \cdot \left[\begin{pmatrix} 1 \\ 4 \\ 1 \end{pmatrix} \times \begin{pmatrix} 2 \\ 3 \\ 0 \end{pmatrix} \right] = \begin{pmatrix} 0 \\ 3 \\ 2 \end{pmatrix} \cdot \begin{pmatrix} -3 \\ 2 \\ -5 \end{pmatrix} = -4 \quad \checkmark$$

ebenfalls möglich: Berechnung durch Entwicklung oder Umformung

b) Determinante ist null, da

$$\text{Zeile } 3 = 2 \cdot (\text{Zeile } 1)$$

c) Determinante ist null, da

$$\text{Zeile } 2 = (\text{Zeile } 1) + (\text{Zeile } 3)$$

allgemein:

Determinante verschwindet bei linear abhängigen Zeilen oder Spalten.

4.3   Rechnen mit Determinanten

Berechnen Sie für die Matrix

$$A = (u, v) = \begin{pmatrix} 1 & 2 \\ 3 & 4 \end{pmatrix}$$

die Determinanten $|A|$, $|A^{-1}|$, $|3A|$, $|A^2 A^t|$, $\det(2u + 3v, 4u - 5v)$, $|A + A^t|$.

Verweise: Determinante als antisymmetrische Multilinearform

Lösungsskizze

Determinante einer 2×2-Matrix:

$$\begin{vmatrix} a & b \\ c & d \end{vmatrix} = ad - bc$$

(i)

$$|A| = \begin{vmatrix} 1 & 2 \\ 3 & 4 \end{vmatrix} = 1 \cdot 4 - 2 \cdot 3 = -2$$

(ii) Formel für die Determinante einer inversen Matrix   ⤳

$$|A^{-1}| = |A|^{-1} = (-2)^{-1} = -\frac{1}{2}$$

(iii) Multilinearität der Determinante in allen Spalten oder Zeilen   ⟹
jede Spalte oder Zeile skaliert separat

$$|3A| = \det(3u, 3v) = 3 \det(u, 3v) = 3 \cdot 3 \det(u, v) = 9|A| = -18$$

(iv) $\det(PQ) = (\det P)(\det Q)$, $\det P = \det P^t$ ⟹

$$|A^2 A^t| = |A|^2 |A| = (-2)^3 = -8$$

(v) Ausmultiplizieren von Determinanten analog zu Produkten   ⤳

$$
\begin{aligned}
d &= \det(2u + 3v, 4u - 5v) \\
&= 2 \cdot 4 \det(u, u) - 2 \cdot 5 \det(u, v) + 3 \cdot 4 \det(v, u) - 3 \cdot 5 \det(v, v)
\end{aligned}
$$

Verschwinden von Determinanten bei gleichen Zeilen oder Spalten und Vorzeichenänderung bei Vertauschungen von Zeilen und Spalten   ⤳

$$d = 0 - 10 - 12 - 0 = -22$$

(vi) $|P + Q| \neq |P| + |Q|$ ⤳   direkte Berechnung

$$|A + A^t| = \left| \begin{pmatrix} 1 & 2 \\ 3 & 4 \end{pmatrix} + \begin{pmatrix} 1 & 3 \\ 2 & 4 \end{pmatrix} \right| = \begin{vmatrix} 2 & 5 \\ 5 & 8 \end{vmatrix} = 2 \cdot 8 - 5 \cdot 5 = -9$$

4.4 Umformung von 3×3-Determinanten

Berechnen Sie

$$
\text{a)} \begin{vmatrix} 101 & 99 & 100 \\ 99 & 100 & 101 \\ 100 & 101 & 99 \end{vmatrix} \quad
\text{b)} \begin{vmatrix} 10 & 100 & 100 \\ 10 & 100 & 10 \\ 100 & 100 & 10 \end{vmatrix} \quad
\text{c)} \begin{vmatrix} 9 & 10 & 11 \\ 99 & 100 & 101 \\ 999 & 1000 & 1001 \end{vmatrix}
$$

Verweise: Determinante als antisymmetrische Multilinearform, Entwicklung von Determinanten

Lösungsskizze

a) Invarianz einer Determinante bei Addition von Vielfachen von Spalten (S) oder Zeilen (Z) $\implies$

$$
d = \begin{vmatrix} 101 & 99 & 100 \\ 99 & 100 & 101 \\ 100 & 101 & 99 \end{vmatrix} \underset{(1)}{=} \begin{vmatrix} 2 & 99 & 1 \\ -1 & 100 & 1 \\ -1 & 101 & -2 \end{vmatrix} \underset{(2)}{=} \begin{vmatrix} 3 & -1 & 0 \\ -1 & 100 & 1 \\ 0 & 1 & -3 \end{vmatrix}
$$

(1) $S1 \leftarrow S1 - S2$, $S3 \leftarrow S3 - S2$, (2) $Z1 \leftarrow Z1 - Z2$, $Z3 \leftarrow Z3 - Z2$

Sarrus-Regel (Produkte der „Südwest-Diagonalen" minus Produkte der „Nordwest-Diagonalen") $\rightsquigarrow$

$$
d = \Big(3 \cdot 100 \cdot (-3) + 0 + 0\Big) - \Big(3 \cdot 1 \cdot 1 + (-1) \cdot (-1) \cdot (-3) + 0\Big) = -900
$$

b) $\det(ra, sb, tc) = rst \det(a, b, c) \implies$

$$
d = \begin{vmatrix} 10 & 100 & 100 \\ 10 & 100 & 10 \\ 100 & 100 & 10 \end{vmatrix} = 10 \cdot 100 \cdot 10 \begin{vmatrix} 1 & 1 & 10 \\ 1 & 1 & 1 \\ 10 & 1 & 1 \end{vmatrix}
$$

Subtraktion der mittleren von der ersten und letzten Spalte und Entwicklung nach der ersten Spalte $\rightsquigarrow$

$$
d = 10^4 \begin{vmatrix} 0 & 1 & 9 \\ 0 & 1 & 0 \\ 9 & 1 & 0 \end{vmatrix} = 10^4 \cdot 9 \begin{vmatrix} 1 & 9 \\ 1 & 0 \end{vmatrix} = -810000
$$

c) Subtraktion der ersten von den beiden anderen Spalten und Skalierung $\rightsquigarrow$

$$
\begin{vmatrix} 9 & 10 & 11 \\ 99 & 100 & 101 \\ 999 & 1000 & 1001 \end{vmatrix} = \begin{vmatrix} 9 & 1 & 2 \\ 99 & 1 & 2 \\ 999 & 1 & 2 \end{vmatrix} = 2 \begin{vmatrix} 9 & 1 & 1 \\ 99 & 1 & 1 \\ 999 & 1 & 1 \end{vmatrix} = 0
$$

aufgrund der zwei gleichen Spalten

4.5   Entwicklung einer 4×4-Determinante

Berechnen Sie:

$$\begin{vmatrix} 3 & 0 & 2 & 1 \\ 2 & 1 & 3 & 0 \\ 1 & 0 & 0 & 2 \\ 0 & 2 & 1 & 3 \end{vmatrix}$$

Verweise: Entwicklung von Determinanten

Lösungsskizze

Entwicklung von $d = \det A$ nach der i-ten Zeile

$$d = \sum_j (-1)^{i+j} a_{i,j} \det A_{i,j}$$

mit $A_{i,j}$ der Matrix nach Streichen der i-ten Zeile und j-ten Spalte von A und dem Vorzeichen gemäß einem Schachbrettmuster (+ für $i = j = 1$)

analog: Entwicklung nach einer Spalte

Wahl von $i = 3$ (maximale Anzahl von Nullen)   ⤳

$$d = (-1)^{3+1} \cdot 1 \cdot \begin{vmatrix} 0 & 2 & 1 \\ 1 & 3 & 0 \\ 2 & 1 & 3 \end{vmatrix} + 0 + 0 + (-1)^{3+4} \cdot 2 \cdot \begin{vmatrix} 3 & 0 & 2 \\ 2 & 1 & 3 \\ 0 & 2 & 1 \end{vmatrix}$$

Entwicklung der 3×3-Determinanten (Alternative: Sarrus-Schema)

erste 3×3-Determinante: Entwicklung nach Spalte $j = 1$ ⤳

$$\begin{vmatrix} 0 & 2 & 1 \\ 1 & 3 & 0 \\ 2 & 1 & 3 \end{vmatrix} = (-1)^{2+1} \cdot 1 \cdot \begin{vmatrix} 2 & 1 \\ 1 & 3 \end{vmatrix} + (-1)^{3+1} \cdot 2 \cdot \begin{vmatrix} 2 & 1 \\ 3 & 0 \end{vmatrix}$$

$$= -1 \cdot 5 + 2 \cdot (-3) = -11$$

zweite 3×3-Determinante: Entwicklung nach Spalte $j = 2$ ⤳

$$\begin{vmatrix} 3 & 0 & 2 \\ 2 & 1 & 3 \\ 0 & 2 & 1 \end{vmatrix} = (-1)^{2+2} \cdot 1 \cdot \begin{vmatrix} 3 & 2 \\ 0 & 1 \end{vmatrix} + (-1)^{3+2} \cdot 2 \cdot \begin{vmatrix} 3 & 2 \\ 2 & 3 \end{vmatrix}$$

$$= 1 \cdot 3 - 2 \cdot 5 = -7$$

Einsetzen   ⤳ $d = 1 \cdot (-11) - 2(-7) = 3$

Alternative Lösung

Umformung der Determinante mit Gauß-Transformationen

4.6 Gleichung einer Ebene durch drei Punkte

Beschreiben Sie die Ebene E durch die drei Punkte $a = (0, 1, -2)$, $b = (2, 0, 1)$, $c = (-1, 2, 0)$ durch eine Gleichung $E : n_1 x_1 + n_2 x_2 + n_3 x_3 = d$.

Verweise: Drei-Punkte-Form einer Ebene, Determinante als antisymmetrische Multilinearform

Lösungsskizze

Ein Punkt x liegt genau dann in der Ebene durch die Punkte a, b, c, wenn $x^t - a^t$ eine Linearkombination der Vektoren $b^t - a^t$, $c^t - a^t$ ist bzw. wenn $x^t - a^t$ diese die Ebene aufspannenden Vektoren nicht zu einer Basis ergänzt, d.h., wenn

$$0 = \det(x^t - a^t, b^t - a^t, c^t - a^t) \iff 0 = \begin{vmatrix} a_1 & b_1 & c_1 & x_1 \\ a_2 & b_2 & c_2 & x_2 \\ a_3 & b_3 & c_3 & x_3 \\ 1 & 1 & 1 & 1 \end{vmatrix} = \begin{vmatrix} 0 & 2 & -1 & x_1 \\ 1 & 0 & 2 & x_2 \\ -2 & 1 & 0 & x_3 \\ 1 & 1 & 1 & 1 \end{vmatrix},$$

aufgrund der Invarianz von Determinanten bei Subtraktion von Spalten.

Entwickeln nach der letzten Spalte $\leadsto$

$$0 = -x_1 \begin{vmatrix} 1 & 0 & 2 \\ -2 & 1 & 0 \\ 1 & 1 & 1 \end{vmatrix} + x_2 \begin{vmatrix} 0 & 2 & -1 \\ -2 & 1 & 0 \\ 1 & 1 & 1 \end{vmatrix} - x_3 \begin{vmatrix} 0 & 2 & -1 \\ 1 & 0 & 2 \\ 1 & 1 & 1 \end{vmatrix} + \underbrace{\begin{vmatrix} 0 & 2 & -1 \\ 1 & 0 & 2 \\ -2 & 1 & 0 \end{vmatrix}}_{-d}$$

Sarrus-Regel $\leadsto$

$$-d = 0 + 2 \cdot 2 \cdot (-2) + (-1) \cdot 1 \cdot 1 - 0 - 0 - 0 = -9$$

Subtraktion der ersten von den letzten beiden Spalten für die anderen Determinanten $\leadsto$

$$\begin{vmatrix} 1 & 0 & 2 \\ -2 & 1 & 0 \\ 1 & 1 & 1 \end{vmatrix} = \begin{vmatrix} 1 & -1 & 1 \\ 2 & 3 & 2 \\ 1 & 0 & 0 \end{vmatrix} = \begin{vmatrix} -1 & 1 \\ 3 & 2 \end{vmatrix} = -5$$

und analog

$$\begin{vmatrix} 0 & 2 & -1 \\ -2 & 1 & 0 \\ 1 & 1 & 1 \end{vmatrix} = 7, \quad \begin{vmatrix} 0 & 2 & -1 \\ 1 & 0 & 2 \\ 1 & 1 & 1 \end{vmatrix} = 1$$

resultierende Ebenengleichung: $E : 5x_1 + 7x_2 - x_3 = 9$

Alternative Lösung

Berechnung des Normalenvektors als Vektorprodukt, $n = (b - a)^t \times (c - a)^t$, und von d als Skalarprodukt $a^t n$.

4.7   Determinante einer 5×5-Matrix $\star$

Berechnen Sie:

$$
\begin{vmatrix}
99 & 0 & 95 & 10 & 0 \\
98 & 1 & 95 & 10 & 1 \\
97 & 0 & 97 & 10 & -1 \\
96 & 1 & 98 & 10 & 1 \\
95 & 0 & 99 & 10 & 0
\end{vmatrix}
$$

Verweise: Determinante als antisymmetrische Multilinearform

Lösungsskizze

Umformung von Determinanten durch Gauß-Transformationen:

- keine Änderung bei Addition von Vielfachen einer Zeile/Spalte zu einer anderen Zeile/Spalte
- Vorzeichenänderung bei Vertauschung von Zeilen/Spalten
- Linearität bzgl. jeder Zeile/Spalte

Anwendung auf die konkrete Matrix A $\rightsquigarrow$

$$
\det A \overset{(1)}{=} 10 \cdot
\begin{vmatrix}
99 & 0 & 95 & 1 & 0 \\
98 & 1 & 95 & 1 & 1 \\
97 & 0 & 97 & 1 & -1 \\
96 & 1 & 98 & 1 & 1 \\
95 & 0 & 99 & 1 & 0
\end{vmatrix}
\overset{(2)}{=} 10 \cdot
\begin{vmatrix}
2 & 0 & -2 & 1 & 0 \\
1 & 1 & -2 & 1 & 1 \\
0 & 0 & 0 & 1 & -1 \\
-1 & 1 & 1 & 1 & 1 \\
-2 & 0 & 2 & 1 & 0
\end{vmatrix}
$$

(1) Division der Spalte 4 durch 10

(2) Subtraktion des 97-fachen der Spalte 4 von den Spalten 1 und 3

Subtraktion der Spalte 2 von der Spalte 5 und Entwicklung nach Spalte 5 $\rightsquigarrow$

$$
10 \cdot
\begin{vmatrix}
2 & 0 & -2 & 1 & 0 \\
1 & 1 & -2 & 1 & 0 \\
0 & 0 & 0 & 1 & -1 \\
-1 & 1 & 1 & 1 & 0 \\
-2 & 0 & 2 & 1 & 0
\end{vmatrix}
= 10 \cdot (-1)^{3+5} \cdot (-1) \cdot
\begin{vmatrix}
2 & 0 & -2 & 1 \\
1 & 1 & -2 & 1 \\
-1 & 1 & 1 & 1 \\
-2 & 0 & 2 & 1
\end{vmatrix}
$$

Addition der letzten zur ersten Zeile und Entwicklung nach der ersten Zeile $\rightsquigarrow$

$$
-10 \cdot
\begin{vmatrix}
0 & 0 & 0 & 2 \\
1 & 1 & -2 & 1 \\
-1 & 1 & 1 & 1 \\
-2 & 0 & 2 & 1
\end{vmatrix}
= -10 \cdot (-1)^{1+4} \cdot 2 \cdot
\begin{vmatrix}
1 & 1 & -2 \\
-1 & 1 & 1 \\
-2 & 0 & 2
\end{vmatrix}
$$

Sarrus-Regel: $\det A = 20(2 + 0 + (-2) - 4 - 0 - (-2)) = -40$

4.8 Determinante einer dünn besetzten 5×5-Matrix

Berechnen Sie:

$$
\begin{vmatrix}
0 & 1 & 0 & 2 & 0 \\
3 & 4 & 0 & 0 & 0 \\
0 & 0 & 5 & 0 & 0 \\
0 & 0 & 0 & 6 & 7 \\
0 & 8 & 0 & 9 & 0
\end{vmatrix}
$$

Verweise: Determinante als antisymmetrische Multilinearform

Lösungsskizze

Definition der Determinante mit Hilfe von Permutationen

$$
\det A = \sum_{\pi} \sigma(\pi) \, a_{1,\pi(1)} \cdots a_{n,\pi(n)}
$$

im Beispiel 2 Terme (kein Spaltenindex doppelt)

$$
\sigma(2,1,3,5,4) \, a_{1,2} a_{2,1} a_{3,3} a_{4,5} a_{5,4} + \sigma(4,1,3,5,2) \, a_{1,4} a_{2,1} a_{3,3} a_{4,5} a_{5,2}
$$

Berechnung der Vorzeichen σ der Permutationen (Anzahl der Vertauschungen)

$$
\begin{aligned}
\sigma(2,1,3,5,4) &= -\sigma(1,2,3,5,4) = \sigma(1,2,3,4,5) = 1 \\
\sigma(4,1,3,5,2) &= -\sigma(2,1,3,5,4) = -1
\end{aligned}
$$

$\rightsquigarrow \quad \det A = (1 \cdot 3 \cdot 5 \cdot 7 \cdot 9) - (2 \cdot 3 \cdot 5 \cdot 7 \cdot 8) = -735$

Alternative Lösung

Entwicklung der Determinante nach geeigneten Spalten

$$
\det A =
\begin{vmatrix}
0 & 1 & 0 & 2 & 0 \\
3 & 4 & 0 & 0 & 0 \\
0 & 0 & 5 & 0 & 0 \\
0 & 0 & 0 & 6 & 7 \\
0 & 8 & 0 & 9 & 0
\end{vmatrix}
= (-1)^{2+1} \cdot 3 \cdot
\begin{vmatrix}
1 & 0 & 2 & 0 \\
0 & 5 & 0 & 0 \\
0 & 0 & 6 & 7 \\
8 & 0 & 9 & 0
\end{vmatrix}
$$

$$
= -3 \cdot (-1)^{2+2} \cdot 5 \cdot
\begin{vmatrix}
1 & 2 & 0 \\
0 & 6 & 7 \\
8 & 9 & 0
\end{vmatrix}
= -15 \cdot (-1)^{3+2} \cdot 7 \cdot
\begin{vmatrix}
1 & 2 \\
8 & 9
\end{vmatrix}
$$

$\rightsquigarrow \quad \det A = 105 \cdot (9 - 16) = -735 \quad \checkmark$

4.9   Determinanten von Matrizen mit Block-Struktur

Berechnen Sie folgende Determinanten.

a) $\begin{vmatrix} 1 & 2 & 3 & 0 & 0 \\ 0 & 2 & 1 & 0 & 0 \\ 0 & 0 & 3 & 0 & 0 \\ 0 & 0 & 0 & 1 & 2 \\ 0 & 0 & 0 & 3 & 0 \end{vmatrix}$ b) $\begin{vmatrix} 1 & 2 & 3 & 2 & 1 \\ 1 & 2 & 0 & 2 & 1 \\ 3 & 0 & 0 & 0 & 3 \\ 0 & 0 & 0 & 1 & 2 \\ 0 & 0 & 0 & 0 & 3 \end{vmatrix}$

Verweise: Determinanten spezieller Matrizen

Lösungsskizze

Determinanten von Block-Dreiecksmatrizen:

$$\det \left(\begin{array}{c|c} A & C \\ \hline 0 & B \end{array} \right) = \det \left(\begin{array}{c|c} A & 0 \\ \hline C & B \end{array} \right) = \det A \, \det B$$

für quadratische Matrizen A und B

insbesondere: $\det A = a_{1,1} \cdots a_{n,n}$ für Dreiecks- oder Diagonalmatrizen

a) Block-Diagonalmatrix (A: 3×3, B: 2×2):

$$\begin{vmatrix} 1 & 2 & 3 & 0 & 0 \\ 0 & 2 & 1 & 0 & 0 \\ 0 & 0 & 3 & 0 & 0 \\ 0 & 0 & 0 & 1 & 2 \\ 0 & 0 & 0 & 3 & 0 \end{vmatrix} = \det \underbrace{\begin{pmatrix} 1 & 2 & 3 \\ 0 & 2 & 1 \\ 0 & 0 & 3 \end{pmatrix}}_{\text{Dreiecksmatrix}} \cdot \begin{vmatrix} 1 & 2 \\ 3 & 0 \end{vmatrix}$$

$$= (1 \cdot 2 \cdot 3) \cdot (1 \cdot 0 - 3 \cdot 2) = -36$$

b) Block-Dreiecksmatrix (A: 3×3, B: 2×2):

$$\Delta = \begin{vmatrix} 1 & 2 & 3 & 2 & 1 \\ 1 & 2 & 0 & 2 & 1 \\ 3 & 0 & 0 & 0 & 3 \\ 0 & 0 & 0 & 1 & 2 \\ 0 & 0 & 0 & 0 & 3 \end{vmatrix} = \begin{vmatrix} 1 & 2 & 3 \\ 1 & 2 & 0 \\ 3 & 0 & 0 \end{vmatrix} \cdot \begin{vmatrix} 1 & 2 \\ 0 & 3 \end{vmatrix}$$

Sarrus-Regel $\rightsquigarrow$ $\Delta = (-3 \cdot 2 \cdot 3) \cdot (1 \cdot 3) = -54$

4.10 Rekursion für die Determinante einer tridiagonalen Matrix

Geben Sie eine Rekursion für die Determinante d_n der tridiagonalen $n \times n$-Matrix T mit

$$t_{k,k-1} = a, \quad t_{k,k} = b, \quad t_{k,k+1} = c$$

an. Für welche Werte von a, b, c erhalten Sie die Folge der Fibonacci-Zahlen?

Verweise: Entwicklung von Determinanten

Lösungsskizze

(i) Explizite Berechnung der ersten drei Determinanten:

$$d_1 = b, \quad d_2 = \begin{vmatrix} b & c \\ a & b \end{vmatrix} = b^2 - ac, \quad \begin{vmatrix} b & c & 0 \\ a & b & c \\ 0 & a & b \end{vmatrix} = b^3 - bca - cab = b(b^2 - 2ac)$$

(ii) Illustration der rekursiven Berechnung für $n = 5$:
Entwickeln nach der ersten Zeile   ⤳

$$d_5 = \begin{vmatrix} b & c & 0 & 0 & 0 \\ a & b & c & 0 & 0 \\ 0 & a & b & c & 0 \\ 0 & 0 & a & b & c \\ 0 & 0 & 0 & a & b \end{vmatrix} = b \underbrace{\begin{vmatrix} b & c & 0 & 0 \\ a & b & c & 0 \\ 0 & a & b & c \\ 0 & 0 & a & b \end{vmatrix}}_{d_4} - c \begin{vmatrix} a & c & 0 & 0 \\ 0 & b & c & 0 \\ 0 & a & b & c \\ 0 & 0 & a & b \end{vmatrix}$$

Entwickeln der letzten Determinante nach der ersten Spalte   ⤳

$$d_5 = bd_4 - ca \underbrace{\begin{vmatrix} b & c & 0 \\ a & b & c \\ 0 & a & b \end{vmatrix}}_{d_3} = bd_4 - acd_3$$

analoge Vorgehensweise im allgemeinen Fall   ⤳   Rekursion

$$d_n = bd_{n-1} - acd_{n-2}$$

(iii) Fibonacci-Folge:
$b = 1$ und $ac = -1$, z.B. $a = 1$, $c = -1$ ⤳ $d_n = d_{n-1} + d_{n-2}$ mit der Folge

$$d_1 = 1, d_2 = 2, 3, 5, 8, 13, 21, \ldots$$

4.11   Determinante einer $n \times n$-Matrix

Berechnen Sie die Determinante der Matrix A_n mit $a_{k,k} = 2$ und $a_{j,k} = 1$ für $j \neq k$.

Verweise: Determinante als antisymmetrische Multilinearform

Lösungsskizze

(i) Kleines n:

$$\begin{vmatrix} 2 & 1 \\ 1 & 2 \end{vmatrix} = 4 - 1 = 3, \quad \begin{vmatrix} 2 & 1 & 1 \\ 1 & 2 & 1 \\ 1 & 1 & 2 \end{vmatrix} \underset{\text{Sarrus}}{=} 8 + 1 + 1 - 2 - 2 - 2 = 4$$

$|A_4| = 5$, $|A_5| = 6$, ... $\quad \rightsquigarrow \quad$ Vermutung $|A_n| = n + 1$

(ii) Allgemeines n:

Die k-te Spalte ist die Summe eines Vektors u aus n Einsen und des k-ten Einheitsvektors e_k (Diagonalelement $1 + 1 = 2$), d.h.

$$|A_n| = \det(u + e_1, u + e_2, \ldots, u + e_n)$$

Multilinearität der Determinante $\quad \rightsquigarrow \quad$ Summe von 2^n Determinanten (analog zum Ausmultiplizieren von Klammern)

$$|A_n| = \det(e_1, \ldots, e_n) + [\det(u, e_2 \ldots, e_n) + \cdots + \det(e_1, \ldots, e_{n-1}, u)]$$
$$+ \{\text{Determinanten mit mindestens 2 Spalten} = u\}$$

- $\{\ldots\} = 0$ aufgrund der Antisymmetrie von Determinanten
- $u = e_1 + \ldots + e_n \quad \Longrightarrow$

$$\det(e_1, \ldots, u, \ldots, e_n) = \det(e_1, \ldots, \underbrace{\sum_\ell e_\ell}_{\text{Spalte } k}, \ldots, e_n)$$

$$= \det(e_1, \ldots, e_k, \ldots, e_n)$$

  wiederum aufgrund der Antisymmetrie

- $\det(e_1, \ldots, e_n) = 1$

Zusammenfassen $\quad \rightsquigarrow$

$$|A_n| = 1 + [1 + \cdots + 1] = 1 + n$$

im Einklang mit der Vermutung

5 Lineare Gleichungssysteme

© Springer-Verlag GmbH Deutschland, ein Teil von Springer Nature 2023
K. Höllig und J. Hörner, *Aufgaben und Lösungen zur Höheren Mathematik 2*,
https://doi.org/10.1007/978-3-662-67512-0_6

5.1 Cramersche Regel für ein lineares Gleichungssystem (3×3)

Lösen Sie das lineare Gleichungssystem

$$\begin{array}{rcrcrcl} 2x_1 & + & x_2 & - & 3x_3 & = & -3 \\ 3x_1 & + & 2x_2 & - & x_3 & = & 1 \\ -4x_1 & - & 2x_2 & + & 3x_3 & = & 3 \end{array}$$

mit der Cramerschen Regel.

Verweise: Cramersche Regel, Determinante als antisymmetrische Multilinearform

Lösungsskizze

Cramersche Regel für ein lineares Gleichungssystem $Ax = b$:

$$x_k \det A = \det A_k$$

mit A der Koeffizientenmatrix und A_k der Matrix, bei der die k-te Spalte von A durch den Vektor b ersetzt wird

im konkreten Beispiel

$$A = \begin{pmatrix} 2 & 1 & -3 \\ 3 & 2 & -1 \\ -4 & -2 & 3 \end{pmatrix}, \quad b = \begin{pmatrix} -3 \\ 1 \\ 3 \end{pmatrix}$$

Sarrus-Schema $\rightsquigarrow$

$$\begin{aligned} \det A &= 2 \cdot 2 \cdot 3 + 1 \cdot (-1) \cdot (-4) + (-3) \cdot 3 \cdot (-2) \\ &\quad - 2 \cdot (-1) \cdot (-2) - 1 \cdot 3 \cdot 3 - (-3) \cdot 2 \cdot (-4) \\ &= -3 \end{aligned}$$

analoge Berechnung der Determinanten von A_k

$$\underbrace{\begin{vmatrix} -3 & 1 & -3 \\ 1 & 2 & -1 \\ 3 & -2 & 3 \end{vmatrix} = 6}_{\det A_1}, \qquad \underbrace{\begin{vmatrix} 2 & -3 & -3 \\ 3 & 1 & -1 \\ -4 & 3 & 3 \end{vmatrix} = -12}_{\det A_2}, \qquad \underbrace{\begin{vmatrix} 2 & 1 & -3 \\ 3 & 2 & 1 \\ -4 & -2 & 3 \end{vmatrix} = -3}_{\det A_3}$$

Division durch $\det A$ $\rightsquigarrow$

$$x_1 = \frac{\det A_1}{\det A} = \frac{6}{-3} = -2, \quad x_2 = \frac{-12}{-3} = 4, \quad x_3 = \frac{-3}{-3} = 1$$

5.2 Rationale Interpolation

Interpolieren Sie die Daten

$$(x_k, f_k) = (k, 2^{-k}), \quad k = 0, 1, 2,$$

mit einer rationalen Funktion

$$r(x) = \frac{a + bx}{1 + cx}.$$

Existieren Funktionswerte f_k, für die das Interpolationsproblem keine Lösung hat?

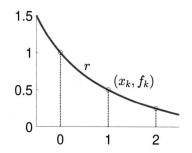

Verweise: Lineares Gleichungssystem, Rationale Funktion

Lösungsskizze

(i) Bestimmung des Interpolanten:
Interpolationsbedingungen

$$f_0 = 1 = r(0) \underset{x=0}{=} a$$

$$f_1 = \frac{1}{2} = r(1) \underset{a=1}{=} \frac{1 + b}{1 + c}$$

$$f_2 = \frac{1}{4} = r(2) = \frac{1 + 2b}{1 + 2c}$$

Multiplikation der beiden letzten Gleichungen mit den Nennern $\rightsquigarrow$ lineares Gleichungssystem

$$1/2 + c/2 = 1 + b, \quad 1/4 + c/2 = 1 + 2b$$

Subtraktion der ersten von der zweiten Gleichung $\rightsquigarrow$ $-1/4 = b$
Einsetzen die erste Gleichung $\rightsquigarrow$ $1/2 + c/2 = 1 - 1/4$, d.h. $c = 1/2$ und somit

$$r(x) = \frac{1 - x/4}{1 + x/2}$$

(ii) Nicht interpolierbare Daten:
Ist die rationale Funktion $r(x) = (a+bx)/(1+cx)$ nicht konstant, so hat sie entweder keine ($a \neq 0$, $b = 0$) oder genau eine ($b \neq 0$) Nullstelle.
$\Longrightarrow$ Die Daten

$$f_0 = 1, \, f_1 = 0, \, f_2 = 0$$

sind beispielsweise nicht interpolierbar.

5.3 Lineares Gleichungssystem (4×4)

Lösen Sie das lineare Gleichungssystem

$$
\begin{pmatrix} 2 & 4 & 0 & 2 \\ 3 & 6 & 3 & 0 \\ 0 & 2 & 3 & 1 \\ 2 & 0 & -4 & 3 \end{pmatrix} \begin{pmatrix} x_1 \\ x_2 \\ x_3 \\ x_4 \end{pmatrix} = \begin{pmatrix} 0 \\ -3 \\ -3 \\ 9 \end{pmatrix} .
$$

Verweise: Lineares Gleichungssystem, Gauß-Elimination

Lösungsskizze

Lösung von $Ax = b$ durch Gauß-Transformationen der erweiterten Matrix $(A|b)$

- eventuelle Zeilenvertauschung
- sukzessives Erzeugen von Nullen unterhalb der Diagonalen durch Subtraktion von Zeilenvielfachen
- Rückwärtseinsetzen für das entstandene System in Dreiecksform

im konkreten Beispiel

$$
\left(\begin{array}{cccc|c} 2 & 4 & 0 & 2 & 0 \\ 3 & 6 & 3 & 0 & -3 \\ 0 & 2 & 3 & 1 & -3 \\ 2 & 0 & -4 & 3 & 9 \end{array}\right) \overset{(i)}{\to} \left(\begin{array}{cccc|c} 2 & 4 & 0 & 2 & 0 \\ 0 & 0 & 3 & -3 & -3 \\ 0 & 2 & 3 & 1 & -3 \\ 0 & -4 & -4 & 1 & 9 \end{array}\right) \overset{(ii)}{\to} \left(\begin{array}{cccc|c} 2 & 4 & 0 & 2 & 0 \\ 0 & 2 & 3 & 1 & -3 \\ 0 & 0 & 3 & -3 & -3 \\ 0 & 0 & 2 & 3 & 3 \end{array}\right)
$$

(i) (Zeile 2) $-$ $(3/2) \cdot$ (Zeile 1),   (Zeile 4) $-$ (Zeile 1)

(ii) (Zeile 4) $+ 2 \cdot$ (Zeile 3),   Vertauschung von (Zeile 2) und (Zeile 3)

(iii) (Zeile 4) $-$ $(2/3) \cdot$ (Zeile 3)

$$
\overset{(iii)}{\to} \left(\begin{array}{cccc|c} 2 & 4 & 0 & 2 & 0 \\ 0 & 2 & 3 & 1 & -3 \\ 0 & 0 & 3 & -3 & -3 \\ 0 & 0 & 0 & 5 & 5 \end{array}\right) \Leftrightarrow
\begin{array}{rcrcrcrcr}
2x_1 & + & 4x_2 & + & & & 2x_4 & = & 0 \\
 & & 2x_2 & + & 3x_3 & + & x_4 & = & -3 \\
 & & & & 3x_3 & - & 3x_4 & = & -3 \\
 & & & & & & 5x_4 & = & 5
\end{array}
$$

Rückwärtseinsetzen (sukzessives Lösen der Gleichungen 4, 3, 2, 1) $\rightsquigarrow$

$$
x_4 = 5/5 = 1
$$
$$
x_3 = (-3 + 3 \cdot 1)/3 = 0
$$
$$
x_2 = (-3 - 3 \cdot 0 - 1)/2 = -2
$$
$$
x_1 = (-4 \cdot (-2) - 2 \cdot 1)/2 = 3
$$

5.4 Affine Transformation zu gegebenen Bildpunkten

Bestimmen Sie eine affine Transformation $x \mapsto y = Ax + b$, so dass

$$\begin{pmatrix} 0 \\ 1 \end{pmatrix} \mapsto \begin{pmatrix} 3 \\ -2 \end{pmatrix}, \quad \begin{pmatrix} 1 \\ 2 \end{pmatrix} \mapsto \begin{pmatrix} 4 \\ -3 \end{pmatrix}, \quad \begin{pmatrix} 2 \\ 3 \end{pmatrix} \mapsto \begin{pmatrix} 5 \\ -4 \end{pmatrix}.$$

Verweise: Affine Abbildung, Gauß-Elimination

Lösungsskizze

bilde 2×3-Matrizen der Punkte und Bildpunkte

$$X = \begin{pmatrix} 0 & 1 & 2 \\ 1 & 2 & 3 \end{pmatrix}, \quad Y = \begin{pmatrix} 3 & 4 & 5 \\ -2 & -3 & -4 \end{pmatrix}$$

⤳   Matrizengleichung

$$Y = AX + \begin{pmatrix} b & b & b \end{pmatrix} = AX + b \underbrace{\begin{pmatrix} 1 & 1 & 1 \end{pmatrix}}_{e^t}$$

⇔   lineares Gleichungssystem für A und b

$$Y = \underbrace{\begin{pmatrix} A & b \end{pmatrix}}_{C} \underbrace{\begin{pmatrix} X \\ e^t \end{pmatrix}}_{Z} \quad \Leftrightarrow \quad Z^t C^t = Y^t$$

Einsetzen der gegebenen Daten   ⤳

$$\begin{pmatrix} 0 & 1 & 1 \\ 1 & 2 & 1 \\ 2 & 3 & 1 \end{pmatrix} \begin{pmatrix} a_{1,1} & a_{2,1} \\ a_{1,2} & a_{2,2} \\ b_1 & b_2 \end{pmatrix} = \begin{pmatrix} 3 & -2 \\ 4 & -3 \\ 5 & -4 \end{pmatrix}$$

Lösung (z.B. mit dem Gauß-Algorithmus)   ⤳

$$A = \begin{pmatrix} 0 & 1 \\ 2 & -3 \end{pmatrix}, \quad b = \begin{pmatrix} 2 \\ 1 \end{pmatrix}$$

Kontrolle: z.B.

$$\begin{pmatrix} 4 \\ -3 \end{pmatrix} \stackrel{!}{=} \begin{pmatrix} 0 & 1 \\ 2 & -3 \end{pmatrix} \begin{pmatrix} 1 \\ 2 \end{pmatrix} + \begin{pmatrix} 2 \\ 1 \end{pmatrix} = \begin{pmatrix} 2 \\ -4 \end{pmatrix} + \begin{pmatrix} 2 \\ 1 \end{pmatrix} \quad \checkmark$$

5.5   Punkte innerhalb und außerhalb eines Dreiecks

Welcher der Punkte

$$P = (3, -1, 5),\ Q = (3, -2, 6),\ R = (2, 0, 4)$$

liegt in dem Dreieck mit den Eckpunkten

$$A = (-1, 3, -2),\ B = (2, -3, 4),\ C = (3, 1, 6)\,?$$

Verweise: Konvexkombination, Gauß-Elimination

Lösungsskizze

P innerhalb des Dreiecks $\Leftrightarrow$ P Konvexkombination der Ecken, d.h.

$$\alpha a + \beta b + \gamma c = p, \quad \alpha + \beta + \gamma = 1,\ \alpha, \beta, \gamma \geq 0$$

mit p, a, b, c den Ortsvektoren des Punktes und der Ecken

Lösung des überbestimmten linearen Gleichungssystems simultan für p, q und r mit Gauß-Elimination angewandt auf die um die rechten Seiten erweiterte Koeffizientenmatrix

$$\left(\begin{array}{ccc|ccc} 1 & 1 & 1 & 1 & 1 & 1 \\ \hline a & b & c & p & q & r \end{array}\right)$$

Einsetzen $\rightsquigarrow$

$$\left(\begin{array}{ccc|ccc} 1 & 1 & 1 & 1 & 1 & 1 \\ \hline -1 & 2 & 3 & 3 & 3 & 2 \\ 3 & -3 & 1 & -1 & -2 & 0 \\ -2 & 4 & 6 & 5 & 6 & 4 \end{array}\right)$$

Gauß-Transformationen $\rightsquigarrow$ obere Dreiecksform (Nullen unterhalb der Diagonale der Koeffizientenmatrix) des linearen Gleichungssystems

$$\rightarrow \left(\begin{array}{ccc|ccc} 1 & 1 & 1 & 1 & 1 & 1 \\ 0 & 3 & 4 & 4 & 4 & 3 \\ 0 & -6 & -2 & -4 & -5 & -3 \\ 0 & 6 & 8 & 7 & 8 & 6 \end{array}\right) \rightarrow \left(\begin{array}{ccc|ccc} 1 & 1 & 1 & 1 & 1 & 1 \\ 0 & 3 & 4 & 4 & 4 & 3 \\ 0 & 0 & 6 & 4 & 3 & 3 \\ 0 & 0 & 0 & -1 & 0 & 0 \end{array}\right)$$

- für p ($\hat{=}$ vierte Spalte) keine Lösung $\Longrightarrow$ P nicht in der das Dreieck enthaltene Ebene

- Rückwärtseinsetzen für q ($\hat{=}$ fünfte Spalte) $\rightsquigarrow$

$$\gamma = 3/6 = 1/2, \quad \beta = (4 - 4\gamma)/3 = 2/3, \quad \alpha = 1 - \beta - \gamma = -1/6$$

$\alpha < 0$ $\Longrightarrow$ Q nicht innerhalb des Dreiecks aber in der das Dreieck enthaltene Ebene

- Lösung für r ($\hat{=}$ sechste Spalte): $\gamma = 1/2$, $\beta = 1/3$, $\alpha = 1/6$
   $\Longrightarrow$ R innerhalb des Dreiecks

5.6 Tridiagonales lineares Gleichungssystem (5×5)

Lösen Sie das tridiagonale lineare Gleichungssystem

$$x_{k-1} + 2x_k + x_{k+1} = 1, \quad k = 1, \ldots, 5,$$

mit $x_0 = x_6 = 0$.

Verweise: Lineares Gleichungssystem, Gauß-Elimination

Lösungsskizze

Transformation auf Dreiecksform mit Hilfe von Gauß-Transformationen der um die rechte Seite erweiterten Koeffizienten-Matrix $(A|b)$

$$
\begin{array}{rcl}
2x_1 + x_2 & = & 1 \\
x_1 + 2x_2 + x_3 & = & 1 \\
& \cdots &
\end{array}
\longrightarrow
\begin{array}{ccccc|cl}
2 & 1 & 0 & 0 & 0 & 1 & (1) \\
1 & 2 & 1 & 0 & 0 & 1 & (2) \\
0 & 1 & 2 & 1 & 0 & 1 & (3) \\
0 & 0 & 1 & 2 & 1 & 1 & (4) \\
0 & 0 & 0 & 1 & 2 & 1 & (5) \\
\hline
0 & 3 & 2 & 0 & 0 & 1 & (2') \leftarrow 2 \cdot (2) - (1) \\
0 & 0 & 4 & 3 & 0 & 2 & (3') \leftarrow 3 \cdot (3) - (2') \\
0 & 0 & 0 & 5 & 4 & 2 & (4') \leftarrow 4 \cdot (4) - (3') \\
0 & 0 & 0 & 0 & 6 & 3 & (5') \leftarrow 5 \cdot (5) - (4') \\
\end{array}
$$

$(1), (2'), (3'), (4'), (5') \quad \rightsquigarrow \quad$ bidiagonales lineares Gleichungssystem

$$
\begin{pmatrix}
2 & 1 & 0 & 0 & 0 \\
0 & 3 & 2 & 0 & 0 \\
0 & 0 & 4 & 3 & 0 \\
0 & 0 & 0 & 5 & 4 \\
0 & 0 & 0 & 0 & 6
\end{pmatrix}
\begin{pmatrix}
x_1 \\ x_2 \\ x_3 \\ x_4 \\ x_5
\end{pmatrix}
=
\begin{pmatrix}
1 \\ 1 \\ 2 \\ 2 \\ 3
\end{pmatrix}
$$

Rückwärtseinsetzen $\quad \rightsquigarrow$

$$
\begin{array}{rcl}
x_5 & = & 3/6 = 1/2 \\
x_4 & = & (2 - 4x_5)/5 = 0 \\
x_3 & = & (2 - 3x_4)/4 = 1/2 \\
x_2 & = & (1 - 2x_3)/3 = 0 \\
x_1 & = & (1 - x_2)/2 = 1/2
\end{array}
$$

5.7   Elektrischer Schaltkreis

Für den abgebildeten Schaltkreis gilt

$$R_j x_j + \sum_{k \neq j} R_{j,k}(x_j - x_k) = U_j$$

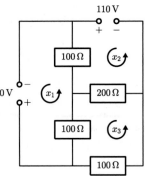

mit R_j bzw. $R_{j,k}$ den Widerständen, die nur zur j-ten Schleife bzw. zur j-ten und k-ten Schleife gehören, x_j bzw. $(x_j - x_k)$ den Stromstärken in diesen Widerständen und U_j der angelegten Spannung in der j-ten Schleife ($U_j = 0$ bei fehlender Spannungsquelle).

Berechnen Sie die maximale Stromstärke für die angegebenen Daten.

Verweise: Lineares Gleichungssystem, Gauß-Elimination

Lösungsskizze

(i) Aufstellen des linearen Gleichungssystems:

$R_1 = 0$ (kein Widerstand, der nur zur ersten Schleife gehört), $R_{1,2} = 100$, $R_{1,3} = 100$, $U_1 = 220 \quad \Longrightarrow$

$$100(x_1 - x_2) + 100(x_1 - x_3) = 220 \quad \Leftrightarrow \quad 200x_1 - 100x_2 - 100x_3 = 220$$

analog: $R_2 = 0$, $R_{1,2} = 100$, $R_{2,3} = 200$, $U_2 = 110$ und $R_3 = 100$, $R_{1,3} = 100$, $R_{2,3} = 200$, $U_3 = 0 \quad \Longrightarrow$

$$100(x_2 - x_1) + 200(x_2 - x_3) = 110$$
$$100x_3 + 100(x_3 - x_1) + 200(x_3 - x_2) = 0$$

⤳   Matrix A und rechte Seite b des linearen Gleichungssystems $Ax = b$:

$$\left(A \,\middle|\, b \right) = \begin{pmatrix} 200 & -100 & -100 & 220 \\ -100 & 300 & -200 & 110 \\ -100 & -200 & 400 & 0 \end{pmatrix} \begin{matrix} (Z1) \\ (Z2) \\ (Z3) \end{matrix}$$

(ii) Gauß-Elimination und Rückwärtseinsetzen:

Zeilenoperationen $Z2 \leftarrow 2 \cdot Z2 + Z1$, $Z3 \leftarrow 2 \cdot Z3 + Z1$ sowie $Z3 \leftarrow Z2 + Z3$

$$\rightarrow \begin{pmatrix} 200 & -100 & -100 & 220 \\ 0 & 500 & -500 & 440 \\ 0 & -500 & 700 & 220 \end{pmatrix} \rightarrow \begin{pmatrix} 200 & -100 & -100 & 220 \\ 0 & 500 & -500 & 440 \\ 0 & 0 & 200 & 660 \end{pmatrix}$$

⤳   Stromstärken

$$x_3 = 660/200 = 3.3, \quad x_2 = (440 + 500 \cdot 3.3)/500 = 4.18$$
$$x_1 = (220 + 100 \cdot 3.3 + 100 \cdot 4.18)/200 = 4.84$$

und $\max_{j,k}\{|x_j|, |x_j - x_k|\} = 4.84\,\text{Ampere}$

5.8 Bauer Marcus ⋆

Jeden Mittwoch um halb acht liefert Bauer Marcus Kartoffeln, Zwiebeln und Tomaten an drei Gemüsehändler in der Parkstraße. Diese Woche sind es folgende Mengen
(in kg):

	Kartoffeln	Zwiebeln	Tomaten
Händler 1	200	100	120
Händler 2	150	50	80
Händler 3	280	150	120

Der erste Händler bezahlt 738 Euro, der zweite 530 Euro und der dritte 900 Euro.
Wieviel kostet also jeweils 1 kg Kartoffeln, Zwiebeln und Tomaten? Dabei ist zu
berücksichtigen, dass Bauer Marcus bei einer Gesamtabnahmemenge über 350 kg
10% Rabatt gewährt.

Verweise: Lineares Gleichungssystem, Gauß-Elimination

Lösungsskizze

x_1, x_2, x_3: Kilopreise für Kartoffeln, Zwiebeln und Tomaten
Rückrechnung der Rabatte für die Händler 1 und 3

$$738 \longrightarrow 738 \cdot \frac{10}{9} = 820, \quad 900 \longrightarrow 900 \cdot \frac{10}{9} = 1000$$

Gesamtpreis: Summe von Mengen × Kilopreise ⤳ lineares Gleichungssystem:

$$
\begin{aligned}
200x_1 + 100x_2 + 120x_3 &= 820 \quad (1) \\
150x_1 + 50x_2 + 80x_3 &= 530 \quad (2) \\
280x_1 + 150x_2 + 120x_3 &= 1000 \quad (3)
\end{aligned}
$$

Lösung durch Gauß-Elimination:
$(1) - 2 \cdot (2)$ und $(3) - 3 \cdot (2)$ ⤳

$$
\begin{aligned}
-100x_1 - 40x_3 &= -240 \quad &(4) \\
-170x_1 - 120x_3 &= -590 \quad &(5)
\end{aligned}
$$

z.B.: $-40 = 120 - 2 \cdot 80$, $-170 = 280 - 3 \cdot 150$
$(5) - 3 \cdot (4)$ ⤳

$$130x_1 = 130 \quad \Longrightarrow \quad x_1 = 1$$

Einsetzen in (4) $\Longrightarrow$ $x_3 = (-240 + 100 \cdot 1)/(-40) = \frac{7}{2}$
Einsetzen in (2) $\Longrightarrow$ $x_2 = (530 - 150 \cdot 1 - 80 \cdot \frac{7}{2})/50 = 2$

5.9 Zeilenstufenform und allgemeine Lösung eines linearen Gleichungssystems (3×4)

Transformieren Sie das lineare Gleichungssystem

$$
\begin{aligned}
x_1 + 2x_2 + + 3x_4 &= 1 \\
2x_1 + 3x_2 - x_3 + 4x_4 &= 3 \\
x_2 + 4x_3 - x_4 &= 2
\end{aligned}
$$

auf Zeilenstufenform und bestimmen Sie die allgemeine Lösung x.

Verweise: Lineares Gleichungssystem, Gauß-Elimination, Zeilenstufenform

Lösungsskizze

Gauß-Elimination für die um die rechte Seite erweiterte Koeffizientenmatrix $(A|b)$

$$
\begin{array}{cccc|cl}
1 & 2 & 0 & 3 & 1 & (1) \\
2 & 3 & -1 & 4 & 3 & (2) \\
0 & 1 & 4 & -1 & 2 & (3) \\
\hline
0 & -1 & -1 & -2 & 1 & (2') \leftarrow (2) - 2 \cdot (1) \\
0 & 1 & 1 & 2 & -1 & (2'') \leftarrow -(2') \\
\hline
0 & 0 & 3 & -3 & 3 & (3') \leftarrow (3) - (2'') \\
0 & 0 & 1 & -1 & 1 & (3'') \leftarrow (3'')/3
\end{array}
$$

Gleichungen (1), $(2'')$, $(3'')$ $\rightsquigarrow$ transformiertes System

$$
\begin{pmatrix} \boxed{1} & 2 & 0 & 3 \\ 0 & \boxed{1} & 1 & 2 \\ 0 & 0 & \boxed{1} & -1 \end{pmatrix} x = \begin{pmatrix} 1 \\ -1 \\ 1 \end{pmatrix}
$$

Die nicht zu einem der eingerahmten Pivotelemente gehörenden Unbekannten sind frei wählbar, d.h.

$$
x_4 = s \quad \text{(beliebig)}.
$$

Rückwärtseinsetzen $\rightsquigarrow$

$$
\begin{aligned}
x_3 &= 1 + s \\
x_2 &= -1 - x_3 - 2x_4 = -1 - (1 + s) - 2s = -2 - 3s \\
x_1 &= 1 - 2x_2 - 3x_4 = 1 - 2(-2 - 3s) - 3s = 5 + 3s
\end{aligned}
$$

allgemeine Lösung (affiner Lösungsraum der Dimension 1)

$$
x = \begin{pmatrix} 5 + 3s \\ -2 - 3s \\ 1 + s \\ s \end{pmatrix} = \begin{pmatrix} 5 \\ -2 \\ 1 \\ 0 \end{pmatrix} + s \begin{pmatrix} 3 \\ -3 \\ 1 \\ 1 \end{pmatrix}, \quad s \in \mathbb{R}
$$

5.10 Zeilenstufenform und allgemeine Lösung eines linearen Gleichungssystems (3×5)

Transformieren Sie das lineare Gleichungssystem

$$
\begin{array}{rrrrrrl}
2x_1 & - & 4x_2 & + & & 2x_4 & - & 6x_5 & = & 2 \\
-3x_1 & + & 6x_2 & + & x_3 & - & 2x_4 & + & 3x_5 & = & 1 \\
x_1 & - & 2x_2 & - & 2x_3 & - & x_4 & + & 9x_5 & = & -7
\end{array}
$$

auf Zeilenstufenform und bestimmen Sie die allgemeine Lösung.

Verweise: Lineares Gleichungssystem, Gauß-Elimination, Zeilenstufenform

Lösungsskizze

(i) Gauß-Transformationen auf Zeilenstufenform:

um die rechte Seite erweiterte Matrix des linearen Gleichungssystems

$$
(A|b) = \left(\begin{array}{rrrrr|r}
2 & -4 & 0 & 2 & -6 & 2 \\
-3 & 6 & 1 & -2 & 3 & 1 \\
1 & -2 & -2 & -1 & 9 & -7
\end{array} \right)
$$

(I): $\frac{1}{2} \cdot$ (Zeile 1), (Zeile 2) $+ \frac{3}{2} \cdot$ (Zeile 1), (Zeile 3) $- \frac{1}{2} \cdot$ (Zeile 1)
(II): (Zeile 3) $+ 2 \cdot$ (Zeile 2)

$$
\xrightarrow{\text{(I)}} \left(\begin{array}{rrrrr|r}
1 & -2 & 0 & 1 & -3 & 1 \\
0 & 0 & 1 & 1 & -6 & 4 \\
0 & 0 & -2 & -2 & 12 & -8
\end{array} \right) \xrightarrow{\text{(II)}} \left(\begin{array}{rrrrr|r}
\boxed{1} & -2 & 0 & 1 & -3 & 1 \\
0 & 0 & \boxed{1} & 1 & -6 & 4 \\
0 & 0 & 0 & 0 & 0 & 0
\end{array} \right)
$$

(ii) Allgemeine Lösung durch Rückwärtseinsetzen:

$$
\begin{array}{rrrrrrl}
x_1 & - & 2x_2 & + & 0 & + & x_4 & - & 3x_5 & = & 1 \\
& & & & x_3 & + & x_4 & - & 6x_5 & = & 4
\end{array}
$$

Spalten der Pivots (eingerahmt): $k = 1, 3$

$\rightsquigarrow$ Unbekannte x_k, $k \neq 1, 3$ frei wählbar:

$$
x_5 = r, \ x_4 = s, \ x_2 = t \quad (r, s, t \text{ beliebig})
$$

Gleichung 2 und Gleichung 1 $\implies$

$$
x_3 = 4 + 6r - s, \quad x_1 = 1 + 3r - s + 2t
$$

allgemeine Lösung (affiner Lösungsraum der Dimension 3)

$$
\begin{aligned}
x &= (1 + 3r - s + 2t, t, 4 + 6r - s, s, r)^{\text{t}} \\
&= (1, 0, 4, 0, 0)^{\text{t}} + r(3, 0, 6, 0, 1)^{\text{t}} + s(-1, 0, -1, 1, 0)^{\text{t}} + t(2, 1, 0, 0, 0)^{\text{t}}
\end{aligned}
$$

5.11   Lineares Gleichungssystem mit Parameter (2×2)

Bestimmen Sie alle Lösungen des linearen Gleichungssystems

$$
\begin{aligned}
x \quad + (3-t)y &= 2+t \\
(2+t)x + \quad 6y &= 4
\end{aligned}
$$

in Abhängigkeit von dem Parameter t.

Verweise: Lineares Gleichungssystem, Cramersche Regel

Lösungsskizze

Lösungsmenge eines quadratischen linearen Gleichungssystems $Ax = b$:

- eindeutige Lösung, falls $\det A \neq 0$
- affiner Lösungsraum, falls $\det A = 0$

  ($\emptyset$, falls b keine Linearkombination der Spalten von A ist)

Koeffizientenmatrix und Determinante

$$
A = \begin{pmatrix} 1 & 3-t \\ 2+t & 6 \end{pmatrix}, \quad \det A = t^2 - t
$$

⤳   3 Fälle: $\det A \neq 0$ und $\det A = 0$ mit $t = 0 \vee t = 1$

(i) $\det A \neq 0 \Leftrightarrow t \notin \{0,1\}$:

Cramersche Regel $\Longrightarrow$

$$
x = \begin{vmatrix} 2+t & 3-t \\ 4 & 6 \end{vmatrix} \Big/ \begin{vmatrix} 1 & 3-t \\ 2+t & 6 \end{vmatrix} = \frac{10t}{t^2 - t} = \frac{10}{t-1}
$$

$$
y = \begin{vmatrix} 1 & 2+t \\ 2+t & 4 \end{vmatrix} \Big/ \begin{vmatrix} 1 & 3-t \\ 2+t & 6 \end{vmatrix} = \frac{-4t - t^2}{t^2 - t} = \frac{4+t}{1-t}
$$

(ii) $\det A = 0$, $t = 0$:

$$
\begin{aligned}
x + 3y &= 2 \\
2x + 6y &= 4
\end{aligned}
$$

zweite Gleichung redundant ($2 \times$ (Gleichung 1))

⤳   Lösung $x = 2 - 3y$, y beliebig

(iii) $\det A = 0$, $t = 1$:

$$
\begin{aligned}
x + 2y &= 3 \\
3x + 6y &= 4
\end{aligned}
$$

Einsetzen von $x = 3 - 2y$ in Gleichung 2   ⤳

$$
3(3 - 2y) + 6y = 4 \quad \Leftrightarrow \quad 9 = 4
$$

keine Lösung

5.12 Lösbarkeit eines linearen Gleichungssystems mit Parameter (3×3)

Für welche Werte des Parameters t besitzt das lineare Gleichungssystem

$$
\begin{aligned}
x + \quad y + \quad tz &= -1 \\
3x + (t+1)\,y + (t-1)\,z &= -1 \\
tx + \quad 2y + \quad z &= 0
\end{aligned}
$$

keine Lösung, mehr als eine Lösung bzw. genau eine Lösung?

Verweise: Lineares Gleichungssystem, Gauß-Elimination

Lösungsskizze

Transformation auf Dreiecksform mit Hilfe von Gauß-Elimination $\rightsquigarrow$

$$
\begin{aligned}
\boxed{1}\,x + \quad y + \quad tz &= -1 & (1) \\
\boxed{(t-2)}\,y - (2t+1)z &= 2 & (2') &\leftarrow (2) - 3 \cdot (1) \\
(2-t)y + (1-t^2)z &= t & (3') &\leftarrow (3) - t \cdot (1)
\end{aligned}
$$

$(3') + (2')$ $\quad \rightsquigarrow$ $\quad$ letzte Zeile

$$
\boxed{-t(2+t)}\,z = 2 + t \qquad (3'')
$$

$\rightsquigarrow$ $\quad$ Dreiecksform mit Gleichungen (1), $(2')$, $(3'')$

eindeutige Lösung $\quad \Leftrightarrow \quad$ eingerahmte Pivotelemente $\neq 0$, d.h.

$$
t \notin \{-2,\, 0,\, 2\}
$$

Ausnahmefälle:

- $t = -2$:
  Gleichung $(3'')$, $0 \cdot z = 0$, für beliebiges z erfüllt
  erstes und zweites Pivotelement ungleich null $\quad \rightsquigarrow \quad$ unendlich viele Lösungen
- $t = 0$:
  Gleichung $(3'')$, $0 \cdot z = 2$ nicht lösbar
- $t = 2$:
  Gleichung $(3'')$, $-8z = 4 \quad \Longrightarrow \quad z = -1/2$
  Einsetzen in Gleichung $(2')$ $\quad \rightsquigarrow$

$$
0 \cdot y - 5 \cdot (-1/2) = 2
$$

keine Lösung

5.13 Lineares Gleichungssystem mit Parameter (3×3)

Für welche $t \in \mathbb{R}$ besitzt das lineare Gleichungssystem

$$\begin{pmatrix} 0 & 2 & 2 \\ 1 & t & 3 \\ 1 & 3 & 0 \end{pmatrix} \begin{pmatrix} x_1 \\ x_2 \\ x_3 \end{pmatrix} = \begin{pmatrix} 1 \\ 2 \\ 3 \end{pmatrix}$$

eine eindeutige Lösung und wie lautet diese für $t = 0$?

Verweise: Lineares Gleichungssystem, Cramersche Regel, Gauß-Elimination

Lösungsskizze

(i) Eindeutige Lösbarkeit:

$Ax = b$ eindeutig lösbar $\Leftrightarrow$ $\det A \neq 0$

Berechnung der Determinante durch Entwicklung nach der ersten Spalte

$$\det \underbrace{\begin{pmatrix} 0 & 2 & 2 \\ 1 & t & 3 \\ 1 & 3 & 0 \end{pmatrix}}_{A} = - \begin{vmatrix} 2 & 2 \\ 3 & 0 \end{vmatrix} + \begin{vmatrix} 2 & 2 \\ t & 3 \end{vmatrix} = 12 - 2t$$

$\rightsquigarrow$ eindeutig lösbar für $t \neq 6$

(ii) Lösung für $t = 0$:

Anwendung der Cramerschen Regel: $x_k = \det A_k / \det A$ mit A_k der Matrix, bei der die k-te Spalte von A durch die rechte Seite ersetzt wurde

Einsetzen $\rightsquigarrow$ $\det A = 12$ und

$$x_1 = \frac{1}{12} \begin{vmatrix} 1 & 2 & 2 \\ 2 & 0 & 3 \\ 3 & 3 & 0 \end{vmatrix} \underset{\text{Sarrus}}{=} (18 + 12 - 9)/12 = 7/4$$

$$x_2 = \frac{1}{12} \begin{vmatrix} 0 & 1 & 2 \\ 1 & 2 & 3 \\ 1 & 3 & 0 \end{vmatrix} = 5/12, \quad x_3 = \frac{1}{12} \begin{vmatrix} 0 & 2 & 1 \\ 1 & 0 & 2 \\ 1 & 3 & 3 \end{vmatrix} = 1/12$$

Alternative Lösung

Transformation von $(A|b)$ auf Dreiecksform mit Gauß-Transformationen

$$\left(\begin{array}{ccc|c} 0 & 2 & 2 & 1 \\ 1 & t & 3 & 2 \\ 1 & 3 & 0 & 3 \end{array} \right) \rightarrow \left(\begin{array}{ccc|c} 1 & 3 & 0 & 3 \\ 0 & 2 & 2 & 1 \\ 0 & t-3 & 3 & -1 \end{array} \right) \rightarrow \left(\begin{array}{ccc|c} 1 & 3 & 0 & 3 \\ 0 & 2 & 2 & 1 \\ 0 & 0 & 6-t & \frac{1}{2} - \frac{t}{2} \end{array} \right)$$

eindeutig lösbar $\Leftrightarrow$ alle Diagonalelemente ungleich null, Lösung durch Rückwärtseinsetzen

5.14 Lineares Gleichungssystem mit Parameter (4×3)

Bestimmen Sie die Lösungsmenge des linearen Gleichungssystems

$$
\begin{aligned}
x_1 + x_2 + 3x_3 &= 1 \\
2x_1 + x_2 + x_3 &= t \\
x_1 + x_2 + 2x_3 &= -1 \\
3x_1 + x_2 + x_3 &= t
\end{aligned}
$$

in Abhängigkeit von dem Parameter t.

Verweise: Lineares Gleichungssystem, Gauß-Elimination, Zeilenstufenform

Lösungsskizze

Transformation der um die rechte Seite erweiterten Koeffizienten-Matrix $(A|b)$ auf Zeilenstufenform mit Hilfe von Gauß-Elimination

$$
\begin{array}{ccc|c ll}
1 & 1 & 3 & 1 & (1) \\
2 & 1 & 1 & t & (2) \\
1 & 1 & 2 & -1 & (3) \\
3 & 1 & 1 & t & (4) \\
\hline
0 & -1 & -5 & t-2 & (2') & \leftarrow (2)-2\cdot(1) \\
0 & 0 & -1 & -2 & (3') & \leftarrow (3)-(1) \\
0 & -2 & -8 & t-3 & (4') & \leftarrow (4)-3\cdot(1) \\
\hline
0 & 0 & -1 & -2 & (3'') & \leftarrow (3') \\
0 & 0 & 2 & -t+1 & (4'') & \leftarrow (4')-2\cdot(2') \\
\hline
0 & 0 & 0 & -t-3 & (4''') & \leftarrow (4'')+2\cdot(3'')
\end{array}
$$

$(1), (2'), (3''), (4''')$ $\rightsquigarrow$ System in Dreiecksform

$$
\begin{aligned}
x_1 + x_2 + 3x_3 &= 1 \\
-x_2 - 5x_3 &= t-2 \\
-x_3 &= -2 \\
0 &= -t-3
\end{aligned}
$$

lösbar, falls $t = -3$

Rückwärtseinsetzen für $t = -3$ $\rightsquigarrow$

$$
\begin{aligned}
x_3 &= 2 \\
x_2 &= -((-3-2)+5\cdot2) = -5 \\
x_1 &= 1-(-5)-3\cdot2 = 0
\end{aligned}
$$

Lösung: $x = (0, -5, 2)$

5.15   Inverse einer symmetrischen 3×3-Matrix

Bestimmen Sie mit der Cramerschen Regel die Inverse der Matrix

$$\begin{pmatrix} 0 & 1 & 0 \\ 1 & 2 & 3 \\ 0 & 3 & 2 \end{pmatrix}.$$

Verweise: Inverse Matrix, Cramersche Regel, Entwicklung von Determinanten

Lösungsskizze

Cramersche Regel $\rightsquigarrow$ Formel für die Elemente der Inversen $B = A^{-1}$:

$$b_{j,k} = \underbrace{(-1)^{j+k} \det \tilde{A}_{k,j}}_{\text{Kofaktor } c_{k,j}} / \det A$$

mit $\tilde{A}_{k,j}$ der Matrix nach Streichen der k-ten Zeile und j-ten Spalte von A

■ Determinante von A: Entwickeln nach der ersten Zeile $\rightsquigarrow$

$$\det A = \begin{vmatrix} 0 & 1 & 0 \\ 1 & 2 & 3 \\ 0 & 3 & 2 \end{vmatrix} = -1 \cdot \begin{vmatrix} 1 & 3 \\ 0 & 2 \end{vmatrix} = -1 \cdot (1 \cdot 2 - 0) = -2$$

■ Kofaktoren:

$$c_{1,1} = (-1)^{1+1} |\tilde{A}_{1,1}| = \begin{vmatrix} 2 & 3 \\ 3 & 2 \end{vmatrix} = -5 \quad \text{(Streichen von Zeile 1 und Spalte 1)}$$

$$c_{1,2} = (-1)^{1+2} |\tilde{A}_{1,2}| = - \begin{vmatrix} 1 & 3 \\ 0 & 2 \end{vmatrix} = -2 \quad \text{(Streichen von Zeile 1 und Spalte 2)}$$

analog

$$c_{1,3} = \begin{vmatrix} 1 & 2 \\ 0 & 3 \end{vmatrix} = 3, \quad c_{2,2} = \begin{vmatrix} 0 & 0 \\ 0 & 2 \end{vmatrix} = 0, \quad c_{2,3} = 0, \quad c_{3,3} = -1$$

Symmetrie von A $\Longrightarrow$ $B^{\mathrm{t}} = (A^{-1})^{\mathrm{t}} = (A^{\mathrm{t}})^{-1} = A^{-1} = B$ und folglich $b_{1,2} = b_{2,1}$, $b_{1,3} = b_{3,1}$, $b_{2,3} = b_{3,2}$

Einsetzen der berechneten Kofaktoren und Division durch $\det A$ $\rightsquigarrow$

$$B = \begin{pmatrix} c_{1,1} & c_{2,1} & c_{3,1} \\ c_{1,2} & c_{2,2} & c_{3,2} \\ c_{1,3} & c_{2,3} & c_{3,3} \end{pmatrix} / \det A = -\frac{1}{2} \begin{pmatrix} -5 & -2 & 3 \\ -2 & 0 & 0 \\ 3 & 0 & -1 \end{pmatrix}$$

Kontrolle mit MATLAB® :   A = [0 1 0; 1 2 3; 0 3 2]; B = inv(A)

5.16 Inverse einer 3×3-Matrix

Bestimmen Sie mit dem Gaußschen Algorithmus die Inverse der Matrix

$$A = \begin{pmatrix} 0 & 1 & 1 \\ 2 & 4 & 3 \\ 1 & 1 & 0 \end{pmatrix} .$$

Verweise: Gauß-Elimination

Lösungsskizze

Bestimmung von $B = A^{-1}$ durch Lösen der Matrizen-Gleichung $AB = E$ mit E der Einheitsmatrix

Anwendung des Gauß-Jordan-Algorithmus auf das Tableau

$$(A|E) = \left(\begin{array}{ccc|ccc} 0 & 1 & 1 & 1 & 0 & 0 \\ 2 & 4 & 3 & 0 & 1 & 0 \\ 1 & 1 & 0 & 0 & 0 & 1 \end{array} \right) ,$$

d.h. Erzeugung von Nullen unter- und oberhalb der Diagonalen durch Gauß-Transformationen sowie Skalierung der Pivots zu 1

- Permutieren von Zeilen 3 und 1, Subtrahieren des Doppelten von Zeile 1 von Zeile 2

$$\rightarrow \left(\begin{array}{ccc|ccc} 1 & 1 & 0 & 0 & 0 & 1 \\ 2 & 4 & 3 & 0 & 1 & 0 \\ 0 & 1 & 1 & 1 & 0 & 0 \end{array} \right) \rightarrow \left(\begin{array}{ccc|ccc} 1 & 1 & 0 & 0 & 0 & 1 \\ 0 & 2 & 3 & 0 & 1 & -2 \\ 0 & 1 & 1 & 1 & 0 & 0 \end{array} \right)$$

- Skalieren von Zeile 2, Subtrahieren von Zeilen 1 und 3

$$\rightarrow \left(\begin{array}{ccc|ccc} 1 & 1 & 0 & 0 & 0 & 1 \\ 0 & 1 & \frac{3}{2} & 0 & \frac{1}{2} & -1 \\ 0 & 1 & 1 & 1 & 0 & 0 \end{array} \right) \rightarrow \left(\begin{array}{ccc|ccc} 1 & 0 & -\frac{3}{2} & 0 & -\frac{1}{2} & 2 \\ 0 & 1 & \frac{3}{2} & 0 & \frac{1}{2} & -1 \\ 0 & 0 & -\frac{1}{2} & 1 & -\frac{1}{2} & 1 \end{array} \right)$$

- Skalieren von Zeile 3, Subtrahieren des $\pm 3/2$-fachen von Zeilen 1 und 2

$$\rightarrow \left(\begin{array}{ccc|ccc} 1 & 0 & -\frac{3}{2} & 0 & -\frac{1}{2} & 2 \\ 0 & 1 & \frac{3}{2} & 0 & \frac{1}{2} & -1 \\ 0 & 0 & 1 & -2 & 1 & -2 \end{array} \right) \rightarrow \left(\begin{array}{ccc|ccc} 1 & 0 & 0 & -3 & 1 & -1 \\ 0 & 1 & 0 & 3 & -1 & 2 \\ 0 & 0 & 1 & -2 & 1 & -2 \end{array} \right) = (E|B) ,$$

d.h. nach Ablauf des Algorithmus, $(A|E) \rightarrow (E|B)$, enthalten die modifizierten rechten Seiten die Inverse von A

Kontrolle mit MATLAB® :

```
[0 1 1; 2 4 3; 1 1 0]*[-3 1 -1; 3 -1 2; -2 1 -2]
```

Bemerkung Für größere Matrizen ist es effizienter, zunächst nur Nullen unterhalb der Diagonalen zu erzeugen und anschließend, analog zum Rückwärtseinsetzen, Nullen oberhalb der Diagonalen mit einer abschließenden Skalierung.

5.17   Rang-1-Aktualisierung einer inversen Matrix

Bestimmen Sie für eine invertierbare Matrix A und eine Rang-1-Matrix uv^t Vektoren x und y, so dass

$$(A + uv^t)^{-1} = A^{-1} + xy^t.$$

Welche Einschränkung an die Vektoren u und v ist notwendig? Benutzen Sie das Resultat zur Invertierung der Matrix

$$\begin{pmatrix} 1 & 1 & 0 \\ 0 & 2 & 0 \\ 0 & 1 & 1 \end{pmatrix} = \begin{pmatrix} 1 & 0 & 0 \\ 0 & 1 & 0 \\ 0 & 0 & 1 \end{pmatrix} + \begin{pmatrix} 0 & 1 & 0 \\ 0 & 1 & 0 \\ 0 & 1 & 0 \end{pmatrix}.$$

Verweise: Matrix-Multiplikation

Lösungsskizze

(i) Bestimmung von x und y:

$(A + uv^t)(A^{-1} + xy^t) = E$ mit E der Einheitsmatrix $\implies$

$$E + Axy^t + uv^t A^{-1} + uv^t xy^t = E \quad \text{bzw.} \quad (Ax + uv^t x)y^t = -u(v^t A^{-1})$$

Vergleich der Spalten und Zeilen der Rang-1-Matrizen auf beiden Seiten $\rightsquigarrow$

$$Ax \parallel u, \quad y^t \parallel v^t A^{-1}$$

Wahl von $y^t = v^t A^{-1}$, $x = sA^{-1}u$ und Einsetzen $\rightsquigarrow$

$$(su + uv^t sA^{-1}u)v^t A^{-1} = -uv^t A^{-1} \quad \Longleftrightarrow \quad s + s(v^t A^{-1}u) = -1$$

bzw. $s = -(1 + v^t A^{-1}u)^{-1}$, falls $v^t A^{-1}u \neq -1$, d.h.

$$(A + uv^t)^{-1} = A^{-1} - \frac{1}{1 + v^t A^{-1}u} A^{-1}uv^t A^{-1}$$

(ii) Beispiel:

$$\begin{pmatrix} 1 & 1 & 0 \\ 0 & 2 & 0 \\ 0 & 1 & 1 \end{pmatrix} = E + uv^t, \quad u = \begin{pmatrix} 1 \\ 1 \\ 1 \end{pmatrix}, v^t = \begin{pmatrix} 0 & 1 & 0 \end{pmatrix},$$

Anwendung der Formel mit $A^{-1} = A = E$ $\rightsquigarrow$

$$A^{-1} = E - \frac{1}{1 + v^t u} uv^t = \begin{pmatrix} 1 & 0 & 0 \\ 0 & 1 & 0 \\ 0 & 0 & 1 \end{pmatrix} - \frac{1}{2} \begin{pmatrix} 0 & 1 & 0 \\ 0 & 1 & 0 \\ 0 & 1 & 0 \end{pmatrix} = \begin{pmatrix} 1 & -\frac{1}{2} & 0 \\ 0 & \frac{1}{2} & 0 \\ 0 & -\frac{1}{2} & 1 \end{pmatrix}$$

6 Eigenwerte und Normalformen

Übersicht

© Springer-Verlag GmbH Deutschland, ein Teil von Springer Nature 2023
K. Höllig und J. Hörner, *Aufgaben und Lösungen zur Höheren Mathematik 2*,
https://doi.org/10.1007/978-3-662-67512-0_7

6.1 Eigenwerte und Eigenvektoren von 2×2-Matrizen

Bestimmen Sie die Eigenwerte und normierte Eigenvektoren folgender Matrizen.

a) $\begin{pmatrix} 1 & -2 \\ 3 & -4 \end{pmatrix}$
b) $\begin{pmatrix} 3 & -1 \\ 1 & 1 \end{pmatrix}$
c) $\begin{pmatrix} 2 & -1 \\ 5 & 0 \end{pmatrix}$

Verweise: Eigenwert und Eigenvektor, Charakteristisches Polynom

Lösungsskizze

a) Nullstellen des charakteristischen Polynoms

$$p(\lambda) = \det(A - \lambda E) = \begin{vmatrix} 1 - \lambda & -2 \\ 3 & -4 - \lambda \end{vmatrix} = \lambda^2 + 3\lambda + 2 = (\lambda + 1)(\lambda + 2)$$

$\rightsquigarrow$ einfache reelle Eigenwerte $\lambda_1 = -1$, $\lambda_2 = -2$

homogenes lineares Gleichungssystem für einen Eigenvektor u zu λ_1

$$(A - \lambda_1 E)u = \begin{pmatrix} 1 - (-1) & -2 \\ 3 & -4 - (-1) \end{pmatrix} \begin{pmatrix} u_1 \\ u_2 \end{pmatrix} = \begin{pmatrix} 0 \\ 0 \end{pmatrix}$$

$\text{Rang}(A - \lambda_1 E) = 1 \quad \Longrightarrow \quad$ Zeilen proportional, d.h. Gleichungen redundant
$\rightsquigarrow$ betrachte nur die erste Gleichung

$$2u_1 - 2u_2 = 0 \quad \rightsquigarrow \quad u \parallel \begin{pmatrix} 1 \\ 1 \end{pmatrix}$$

normierter Eigenvektor: $u^\circ = (1,1)^{\mathrm{t}}/\sqrt{2}$

analoge Berechnung eines Eigenvektors v zu $\lambda_2 = -2$

$$\underbrace{\begin{pmatrix} 3 & -2 \\ 3 & -2 \end{pmatrix}}_{A - \lambda_2 E} \begin{pmatrix} v_1 \\ v_2 \end{pmatrix} = \begin{pmatrix} 0 \\ 0 \end{pmatrix}$$

$$\Longrightarrow \qquad v \parallel \begin{pmatrix} 2 \\ 3 \end{pmatrix}, \quad v^\circ = \frac{1}{\sqrt{13}} \begin{pmatrix} 2 \\ 3 \end{pmatrix}$$

Probe

$$\text{Spur}\, A = \lambda_1 + \lambda_2 : \ 1 + (-4) = (-1) + (-2) \quad \checkmark$$
$$\det A = \lambda_1 \lambda_2 : \ -4 + 6 = (-1)(-2) \quad \checkmark$$

b) Nullstellen des charakteristischen Polynoms

$$p(\lambda) = \begin{vmatrix} 3 - \lambda & -1 \\ 1 & 1 - \lambda \end{vmatrix} = \lambda^2 - 4\lambda + 4 = (\lambda - 2)^2$$

⤳   doppelter Eigenwert $\lambda = 2$

homogenes lineares Gleichungssystem für einen Eigenvektor u zu λ

$$\begin{pmatrix} 3 - 2 & -1 \\ 1 & 1 - 2 \end{pmatrix} \begin{pmatrix} u_1 \\ u_2 \end{pmatrix} = \begin{pmatrix} 0 \\ 0 \end{pmatrix}$$

⤳

$$u \parallel \begin{pmatrix} 1 \\ 1 \end{pmatrix}, \quad u^\circ = \frac{1}{\sqrt{2}} \begin{pmatrix} 1 \\ 1 \end{pmatrix}$$

kein zweiter linear unabhängiger Eigenvektor bzw. keine Basis aus Eigenvektoren

c) Nullstellen des charakteristischen Polynoms

$$p(\lambda) = \begin{vmatrix} 2 - \lambda & -1 \\ 5 & 0 - \lambda \end{vmatrix} = \lambda^2 - 2\lambda + 5 = (\lambda - 1)^2 + 4$$

⤳   komplex konjugierte Eigenwerte $\lambda_1 = 1 + 2i$, $\lambda_2 = 1 - 2i = \overline{\lambda_1}$

homogenes lineares Gleichungssystem für einen Eigenvektor u zu λ_1

$$\underbrace{\begin{pmatrix} 1 - 2i & -1 \\ 5 & -1 - 2i \end{pmatrix}}_{A - \lambda_1 E} \begin{pmatrix} u_1 \\ u_2 \end{pmatrix} = \begin{pmatrix} 0 \\ 0 \end{pmatrix}$$

(Gleichung 2) $= (1 + 2i) \cdot$ (Gleichung 1) redundant   ⤳

$$u \parallel \begin{pmatrix} 1 \\ 1 - 2i \end{pmatrix}, \quad u^\circ = \frac{1}{\sqrt{6}} \begin{pmatrix} 1 \\ 1 - 2i \end{pmatrix}$$

$(6 = |1|^2 + |1 - 2i|^2 = 1 + 1 + 4)$

A reell $\implies$ komplex konjugierte Eigenwerte und Eigenvektoren

$$v^\circ = \overline{u^\circ} = \frac{1}{\sqrt{6}} \begin{pmatrix} 1 \\ 1 + 2i \end{pmatrix}$$

normierter Eigenvektor zu $\lambda_2 = 1 - 2i$

6.2 Eigenwerte und Eigenvektoren einer 3×3-Matrix

Bestimmen Sie die Eigenwerte und Eigenvektoren der Matrix

$$
\begin{pmatrix}
-1 & 4 & -6 \\
3 & -3 & 5 \\
4 & -6 & 9
\end{pmatrix}
$$

Verweise: Eigenwert und Eigenvektor, Charakteristisches Polynom

Lösungsskizze

(i) Eigenwerte:

λ_k: Nullstellen des charakteristischen Polynoms

$$
p(\lambda) = \det(A - \lambda E) = \begin{vmatrix}
-1 - \lambda & 4 & -6 \\
3 & -3 - \lambda & 5 \\
4 & -6 & 9 - \lambda
\end{vmatrix} = -\lambda^3 + 5\lambda^2 - 9\lambda + 5
$$

Raten der Nullstelle $\lambda_1 = 1$

Polynomdivision $\rightsquigarrow$

$$
\begin{array}{l}
(-\lambda^3 \; + \; 5\lambda^2 \; - \; 9\lambda \; + \; 5) \; : \; (\lambda - 1) \; = \; -\lambda^2 \; + \; 4\lambda \; - \; 5 \\
\underline{-\lambda^3 \; + \quad \lambda^2} \\
\qquad\quad 4\lambda^2 \; - \; 9\lambda \\
\qquad\quad \underline{4\lambda^2 \; - \; 4\lambda} \\
\qquad\qquad\qquad - \; 5\lambda \; + \; 5 \\
\qquad\qquad\qquad \underline{- \; 5\lambda \; + \; 5} \\
\qquad\qquad\qquad\qquad\qquad 0
\end{array}
$$

$\rightsquigarrow$ Faktorisierung $p(\lambda) = -(\lambda - 1)\underbrace{(\lambda^2 - 4\lambda + 5)}_{q(\lambda)}$

Lösungsformel für quadratische Gleichungen $\rightsquigarrow$ Nullstellen von q

$$
\lambda_{2,3} = (4/2) \pm \sqrt{(4/2)^2 - 5} = 2 \pm i
$$

(ii) Eigenvektoren:

nicht triviale Lösungen der homogenen linearen Gleichungssysteme

$$
Ax - \lambda_k x = 0
$$

einfache Eigenwerte (wie im betrachteten Fall)

$\implies$ Rang$(A - \lambda E) = 2$, d.h. eine Gleichung ist redundant

(ii-a) $\lambda_k = 1$:

$$\begin{pmatrix} -2 & 4 & -6 \\ 3 & -4 & 5 \\ 4 & -6 & 8 \end{pmatrix} \begin{pmatrix} u_1 \\ u_2 \\ u_3 \end{pmatrix} = \begin{pmatrix} 0 \\ 0 \\ 0 \end{pmatrix}$$

(Gleichung 2) + (3/2) · (Gleichung 1), (Gleichung 3) − 2 · (Gleichung 1) $\rightsquigarrow$

$$\begin{aligned} -2u_1 + 4u_2 - 6u_3 &= 0 \\ 2u_2 - 4u_3 &= 0 \\ 2u_2 - 4u_3 &= 0 \quad \text{(redundant)} \end{aligned}$$

wähle $u_3 = 1$ $\rightsquigarrow$

$$u_2 = (4 \cdot 1)/2 = 2, \quad u_1 = (6 \cdot 1 - 4 \cdot 2)/(-2) = 1,$$

d.h. $u = (1, 2, 1)^{\mathrm{t}}$

(ii-b) $\lambda_k = 2 + \mathrm{i}$:

$$\begin{pmatrix} -3 - \mathrm{i} & 4 & -6 \\ 3 & -5 - \mathrm{i} & 5 \\ 4 & -6 & 7 - \mathrm{i} \end{pmatrix} \begin{pmatrix} v_1 \\ v_2 \\ v_3 \end{pmatrix} = \begin{pmatrix} 0 \\ 0 \\ 0 \end{pmatrix}$$

je zwei Gleichungen linear unabhängig $\rightsquigarrow$ wähle Gleichungen 2 und 3
3 · (Gleichung 3) − 4 · (Gleichung 2) $\rightsquigarrow$

$$\begin{aligned} 3v_1 - (5 + \mathrm{i})v_2 + 5v_3 &= 0 \\ (2 + 4\mathrm{i})v_2 + (1 - 3\mathrm{i})v_3 &= 0 \end{aligned}$$

Wahl von $v_2 = 1$ $\implies$

$$v_3 = (2 + 4\mathrm{i})/(3\mathrm{i} - 1) = 1 - \mathrm{i}$$

Einsetzen in obere Gleichung $\rightsquigarrow$

$$3v_1 - 5 - \mathrm{i} + 5 - 5\mathrm{i} = 0 \quad \Leftrightarrow \quad v_1 = 2\mathrm{i}$$

Eigenvektor: $v = (2\mathrm{i}, 1, 1 - \mathrm{i})^{\mathrm{t}}$

(ii-c) $\lambda_3 = 2 - \mathrm{i}$:

A reell $\implies$ komplex konjugiertes Paar von Eigenvektoren v, w zu den Eigenwerten λ_2, λ_3

$$w = \overline{v} = (-2\mathrm{i}, 1, 1 + \mathrm{i})^{\mathrm{t}}$$

6.3   Eigenvektoren von 3×3-Matrizen mit dreifachen Eigenwerten

Bestimmen Sie die Eigenwerte und Eigenvektoren folgender Matrizen

$$
\text{a)} \quad
\begin{pmatrix}
0 & 4 & -8 \\
1 & 0 & -4 \\
1 & 2 & -6
\end{pmatrix}
\qquad
\text{b)} \quad
\begin{pmatrix}
-1 & 3 & -5 \\
-1 & -2 & 2 \\
0 & 1 & -3
\end{pmatrix}
$$

Verweise: Eigenwert und Eigenvektor, Algebraische und geometrische Vielfachheit

Lösungsskizze

a)

Charakteristisches Polynom $p(\lambda) = \det(A - \lambda E)$:

$$
p(\lambda) =
\begin{vmatrix}
-\lambda & 4 & -8 \\
1 & -\lambda & -4 \\
1 & 2 & -6-\lambda
\end{vmatrix}
\underset{\text{Sarrus}}{=}
-\lambda^3 - 6\lambda^2 - 12\lambda - 8 = -(\lambda + 2)^3
$$

$p(\lambda) = 0 \quad \rightsquigarrow \quad$ dreifacher Eigenwert $\lambda = -2$ (algebraische Vielfachheit 3)

Eigenvektoren: Lösungen des linearen Gleichungssystems $(A - \lambda E)u = 0$, d.h.

$$
\begin{pmatrix}
2 & 4 & -8 \\
1 & 2 & -4 \\
1 & 2 & -4
\end{pmatrix}
\begin{pmatrix}
x \\ y \\ z
\end{pmatrix}
=
\begin{pmatrix}
0 \\ 0 \\ 0
\end{pmatrix}
\quad \Leftrightarrow \quad x = 4z - 2y
$$

Rang ist 1 (alle Gleichungen äquivalent) $\rightsquigarrow$ geometrische Vielfachheit 2

mögliche Basis des zweidimensionalen Eigenraums

$$
u = (4, 0, 1)^{\mathrm{t}}, \quad v = (-2, 1, 0)^{\mathrm{t}}
$$

b)

$$
p(\lambda) =
\begin{vmatrix}
-1-\lambda & 3 & -5 \\
-1 & -2-\lambda & 2 \\
0 & 1 & -3-\lambda
\end{vmatrix}
\underset{\text{Sarrus}}{=}
-\lambda^3 - 6\lambda^2 - 12\lambda - 8 = -(\lambda + 2)^3
$$

ebenfalls dreifacher Eigenwert $\lambda = -2$

lineares Gleichungssystem für die Eigenvektoren

$$
\begin{pmatrix}
1 & 3 & -5 \\
-1 & 0 & 2 \\
0 & 1 & -1
\end{pmatrix}
\begin{pmatrix}
x \\ y \\ z
\end{pmatrix}
=
\begin{pmatrix}
0 \\ 0 \\ 0
\end{pmatrix}
\underset{\text{Gauß}}{\Leftrightarrow}
\begin{pmatrix}
1 & 3 & -5 \\
0 & 1 & -1 \\
0 & 0 & 0
\end{pmatrix}
\begin{pmatrix}
x \\ y \\ z
\end{pmatrix}
=
\begin{pmatrix}
0 \\ 0 \\ 0
\end{pmatrix}
$$

Rang ist 2 (zwei relevante Gleichungen) $\rightsquigarrow$ geometrische Vielfachheit 1

eindimensionaler Eigenraum zu dem Eigenvektor

$$
u = (2, 1, 1)^{\mathrm{t}}
$$

6.4 Eigenwerte von Permutationsmatrizen

Bestimmen Sie die Eigenwerte aller 3×3-Permutationsmatrizen, ohne die charakteristischen Polynome aufzustellen.

Verweise: Eigenwert und Eigenvektor, Summe und Produkt von Eigenwerten

Lösungsskizze

(i) Allgemeine Eigenschaften einer Permutationsmatrix A:

genau eine 1 pro Zeile und pro Spalte

Zeilensummen $= 1 \implies (1, 1, \ldots)^t$ ist Eigenvektor zum Eigenwert 1

$Ax = (x_{p(1)}, x_{p(2)}, \ldots)^t \implies |Ax| = |x| \implies A$ ist orthogonal $(A^{-1} = A^t)$

$\implies$ Alle Eigenwerte haben Betrag 1

$a_{j,k} \in \mathbb{R}$ $(= 0$ oder $1) \implies$ Alle Eigenwerte sind reell $(= \pm 1)$, oder es existieren komplex konjugierte Paare $(= \cos\varphi \pm \mathrm{i}\sin\varphi)$.

$\rightsquigarrow$ 4 Möglichkeiten für die Eigenwerte einer 3×3 Permutationsmatrix

$$\underbrace{\{1, 1, 1\}, \quad \{1, 1, -1\}, \quad \{1, -1, -1\},}_{\text{reelle Eigenwerte}} \quad \underbrace{\{1, \cos\varphi + \mathrm{i}\sin\varphi, \cos\varphi - \mathrm{i}\sin\varphi\}}_{\text{1 und komplex konjugiertes Paar}}$$

benutze

$$\operatorname{Spur} A = a_{1,1} + a_{2,2} + a_{3,3} = \text{„Summe der Eigenwerte“}$$

zur Entscheidung

(ii) Eigenwerte der sechs 3×3-Permutationsmatrizen:

$$\begin{pmatrix} 1 & 0 & 0 \\ 0 & 1 & 0 \\ 0 & 0 & 1 \end{pmatrix}: \quad \operatorname{Spur} A = 3 \quad \rightsquigarrow \quad \{1, 1, 1\}$$

$$\begin{pmatrix} 1 & 0 & 0 \\ 0 & 0 & 1 \\ 0 & 1 & 0 \end{pmatrix}, \begin{pmatrix} 0 & 1 & 0 \\ 1 & 0 & 0 \\ 0 & 0 & 1 \end{pmatrix}, \begin{pmatrix} 0 & 0 & 1 \\ 0 & 1 & 0 \\ 1 & 0 & 0 \end{pmatrix}: \quad \operatorname{Spur} A = 1 \quad \rightsquigarrow \quad \{1, 1, -1\}$$

$A^{-1} = A^t$, $\det A = -1 \implies A$ ist eine Spiegelungsmatrix

$$\begin{pmatrix} 0 & 0 & 1 \\ 1 & 0 & 0 \\ 0 & 1 & 0 \end{pmatrix}, \begin{pmatrix} 0 & 1 & 0 \\ 0 & 0 & 1 \\ 1 & 0 & 0 \end{pmatrix}: \quad \operatorname{Spur} A = 0 \quad \rightsquigarrow \quad \{1, \cos\varphi + \mathrm{i}\sin\varphi, \cos\varphi - \mathrm{i}\sin\varphi\}$$

„Summe der Eigenwerte“ $= 1 + 2\cos\varphi = 0 \implies \varphi = \arccos(-1/2) = \pm 2\pi/3$
und $\cos\varphi \pm \mathrm{i}\sin\varphi = (-1 \pm \sqrt{3}\mathrm{i})/2$

$A^{-1} = A^t$, $\det A = 1 \implies A$ ist eine Drehmatrix mit Drehwinkel φ und Drehachse $(1, 1, 1)^t$

Die Eigenwerte $\{1, -1, -1\}$ sind für eine 3×3-Permutationsmatrix nicht möglich.

6.5   Eigenvektoren einer symmetrischen 4×4-Matrix

Bestimmen Sie für die Matrix

$$\begin{pmatrix} 1 & 1 & 1 & 0 \\ 1 & 2 & 2 & 1 \\ 1 & 2 & 2 & 1 \\ 0 & 1 & 1 & 1 \end{pmatrix}$$

eine orthonormale Basis aus Eigenvektoren.

Verweise: Diagonalform hermitescher Matrizen, Basis aus Eigenvektoren

Lösungsskizze

(i) Eigenwerte:

charakteristisches Polynom $p(\lambda) = \det(A - \lambda E)$

$$\begin{vmatrix} 1-\lambda & 1 & 1 & 0 \\ 1 & 2-\lambda & 2 & 1 \\ 1 & 2 & 2-\lambda & 1 \\ 0 & 1 & 1 & 1-\lambda \end{vmatrix} = \cdots = \lambda^2(\lambda^2 - 6\lambda + 5)$$

Nullstellen $\rightsquigarrow$ Eigenwerte

$$\lambda_1 = \lambda_2 = 0, \quad \lambda_{3,4} = 3 \pm \sqrt{3^2 - 5} = 3 \pm 2$$

(ii) Eigenvektoren:

Lösungen des homogenen linearen Gleichungssystems $(A - \lambda E)x = 0$

Berechnung durch Transformation von $A - \lambda E$ auf Zeilenstufenform (rechte Seite 0 unverändert) und Auswahl einer Basis für die Lösungsmenge

(ii-a) $\lambda_1 = \lambda_2 = 0$:

$$A - \lambda E = \begin{pmatrix} 1 & 1 & 1 & 0 \\ 1 & 2 & 2 & 1 \\ 1 & 2 & 2 & 1 \\ 0 & 1 & 1 & 1 \end{pmatrix} \rightarrow \begin{pmatrix} 1 & 1 & 1 & 0 \\ 0 & 1 & 1 & 1 \\ 0 & 1 & 1 & 1 \\ 0 & 1 & 1 & 1 \end{pmatrix} \rightarrow \begin{pmatrix} 1 & 1 & 1 & 0 \\ 0 & 1 & 1 & 1 \\ 0 & 0 & 0 & 0 \\ 0 & 0 & 0 & 0 \end{pmatrix}$$

$\rightsquigarrow$ allgemeine Lösung

$$x_4 = s, \quad x_3 = t \quad (s, t \text{ beliebig}),$$
$$x_2 = -x_3 - x_4 = -s - t, \quad x_1 = -x_2 - x_3 = s,$$

d.h.

$$x = s \underbrace{(1, -1, 0, 1)^{\mathrm{t}}}_{\tilde{v}_1} + t \underbrace{(0, -1, 1, 0)^{\mathrm{t}}}_{\tilde{v}_2}$$

Eigenvektoren $\tilde{v}_1$, $\tilde{v}_2$ nicht orthogonal $\rightsquigarrow$ Anwendung des Verfahrens von Gram-Schmidt

$$\begin{aligned}
v_1 &= \tilde{v}_1 = (1, -1, 0, 1)^{\mathrm{t}} \\
v_2 &= \tilde{v}_2 - \frac{\langle \tilde{v}_2, v_1 \rangle}{\langle v_1, v_1 \rangle}\, v_1 = (0, -1, 1, 0)^{\mathrm{t}} - \frac{1}{3}(1, -1, 0, 1)^{\mathrm{t}} \\
&= \frac{1}{3}(-1, -2, 3, -1)^{\mathrm{t}}
\end{aligned}$$

Normierung $\rightsquigarrow$

$$v_1^{\circ} = \frac{1}{\sqrt{3}}(1, -1, 0, 1)^{\mathrm{t}}, \quad v_2^{\circ} = \frac{1}{\sqrt{15}}(-1, -2, 3, -1)^{\mathrm{t}}$$

(ii-b) $\quad \lambda_3 = 1$:

$$A - \lambda E = \begin{pmatrix} 0 & 1 & 1 & 0 \\ 1 & 1 & 2 & 1 \\ 1 & 2 & 1 & 1 \\ 0 & 1 & 1 & 0 \end{pmatrix} \rightarrow \begin{pmatrix} 1 & 1 & 2 & 1 \\ 0 & 1 & 1 & 0 \\ 0 & 1 & -1 & 0 \\ 0 & 1 & 1 & 0 \end{pmatrix} \rightarrow \begin{pmatrix} 1 & 1 & 2 & 1 \\ 0 & 1 & 1 & 0 \\ 0 & 0 & -2 & 0 \\ 0 & 0 & 0 & 0 \end{pmatrix}$$

Bestimmung eines Eigenvektors $v_3 = (x_1, x_2, x_3, x_4)^{\mathrm{t}}$ durch Rückwärtseinsetzen

$$x_4 = 1 \quad \rightsquigarrow \quad x_3 = 0,\ x_2 = -x_3 = 0,\ x_1 = -x_2 - 2x_3 - x_4 = -1\,,$$

d.h. $v_3 = (-1, 0, 0, 1)^{\mathrm{t}}$ bzw. nach Normierung

$$v_3^{\circ} = \frac{1}{\sqrt{2}}(-1, 0, 0, 1)^{\mathrm{t}}$$

(ii-c) $\quad \lambda_4 = 5$:
alternative Berechnung eines Eigenvektors $v_4 = (x_1, x_2, x_3, x_4)^{\mathrm{t}}$ durch Ausnutzung der Orthogonalität der Eigenräume für symmetrische Matrizen, d.h.

$$\begin{aligned}
0 &= \langle v_1, v_4 \rangle = x_1 - x_2 + x_4 \\
0 &= \langle v_2, v_4 \rangle = -x_1 - 2x_2 + 3x_3 - x_4 \\
0 &= \langle v_3, v_4 \rangle = -x_1 + x_4
\end{aligned}$$

Wahl von $x_4 = 1 \quad \rightsquigarrow \quad x_1 = 1$ (Gleichung 3), $x_2 = 2$ (Gleichung 1) und $x_3 = 2$ (Gleichung 2), d.h.

$$v_4 = (1, 2, 2, 1)^{\mathrm{t}}, \quad v_4^{\circ} = \frac{1}{\sqrt{10}}(1, 2, 2, 1)^{\mathrm{t}}$$

6.6   Abschätzung von Gerschgorin

Beweisen Sie, dass jeder Eigenwert λ einer Matrix A in einer der Kreisscheiben

$$\{\lambda : |\lambda - a_{j,j}| \leq \sum_{k \neq j} |a_{j,k}|\}$$

liegt. Welche Schranken ergeben sich für die Eigenwerte der symmetrischen Matrix

$$A = \begin{pmatrix} 8 & 0 & 1 \\ 0 & -3 & -2 \\ 1 & -2 & -3 \end{pmatrix} ?$$

Verweise: Eigenwert und Eigenvektor

Lösungsskizze

(i) Beweis:

$Av = \lambda v \quad \Longleftrightarrow$

$$\lambda v_j - a_{j,j} v_j = \sum_{k \neq j} a_{j,k} v_k, \quad j = 1, 2, \ldots$$

Für den Index j, für den $|v_j|$ maximal ist, erhält man nach Division durch v_j die Abschätzung

$$|\lambda - a_{j,j}| \leq \left| \sum_{k \neq j} a_{j,k}(v_k/v_j) \right| \leq \left(\sum_{k \neq j} |a_{j,k}| \right) \underbrace{\max_{k \neq j} |v_k/v_j|}_{\leq 1} .$$

(ii) Beispiel:

$$A = \begin{pmatrix} 8 & 0 & 1 \\ 0 & -3 & -2 \\ 1 & -2 & -3 \end{pmatrix}$$

$A = A^{\mathrm{t}} \quad \Longrightarrow \quad$ Alle Eigenwerte λ sind reell und die Gerschgorin-Kreisscheiben können durch Intervalle ersetzt werden:

$$\lambda \in [8 - 1, 8 + 1] \cup [-3 - 2, -3 + 2] \cup [-3 - (1 + 2), -3 + (1 + 2)] \subset [-6, 9]$$

Zum Vergleich: Berechnung der Eigenwerte mit MATLAB®

```
>> A = [8 0 1; 0 -3 -2; 1 -2 -3];
>> lambda = eig(A)
   lambda =
      -5.0387
      -1.0545
       8.0931
```

6.7 Diagonalisierung einer 3×3-Matrix

Konstruieren Sie eine Ähnlichkeitstransformation, die die Matrix

$$A = \begin{pmatrix} 2 & 1 & -2 \\ -6 & -5 & 8 \\ -2 & -2 & 3 \end{pmatrix}$$

auf Diagonalform transformiert.

Verweise: Ähnlichkeitstransformation, Eigenwert und Eigenvektor

Lösungsskizze

(i) Eigenwerte:
charakteristisches Polynom

$$p(\lambda) = \det(A - \lambda E) = \begin{vmatrix} 2-\lambda & 1 & -2 \\ -6 & -5-\lambda & 8 \\ -2 & -2 & 3-\lambda \end{vmatrix} = -\lambda^3 + \lambda = \lambda(1-\lambda^2)$$

Nullstellen von p $\rightsquigarrow$ Eigenwerte $\lambda_1 = 1$, $\lambda_2 = -1$, $\lambda_3 = 0$

Probe

$$\sum_k \lambda_k = \operatorname{Spur} A : 1 - 1 + 0 = 2 - 5 + 3 \checkmark, \quad \prod_k \lambda_k = \det A : 1 \cdot (-1) \cdot 0 = 0 \checkmark$$

(ii) Eigenvektoren:
Lösungen der linearen Gleichungssysteme $(A - \lambda E)v = 0$, $v = (x,y,z)^t$
(ii-a) $\lambda_1 = 1$:

$$\begin{pmatrix} 2-1 & 1 & -2 \\ -6 & -5-1 & 8 \\ -2 & -2 & 3-1 \end{pmatrix} \begin{pmatrix} x \\ y \\ z \end{pmatrix} = \begin{pmatrix} 0 \\ 0 \\ 0 \end{pmatrix}$$

Umformung der Matrix mit Gauß-Transformationen $\rightsquigarrow$

$$\begin{pmatrix} 1 & 1 & -2 \\ -6 & -6 & 8 \\ -2 & -2 & 2 \end{pmatrix} \rightarrow \begin{pmatrix} 1 & 1 & -2 \\ 0 & 0 & -4 \\ 0 & 0 & -2 \end{pmatrix} \rightarrow \begin{pmatrix} 1 & 1 & -2 \\ 0 & 0 & -4 \\ 0 & 0 & 0 \end{pmatrix}$$

Wahl von $y = 1$ und sukzessives Lösen der zweiten und und ersten Gleichung $\rightsquigarrow$
Eigenvektor

$$v_1 = (-1, 1, 0)^t$$

(ii-b) $\lambda_2 = -1$, $\lambda_3 = 0$:

zu lösende Gleichungssysteme für die Eigenvektoren

$$\begin{pmatrix} 3 & 1 & -2 \\ -6 & -4 & 8 \\ -2 & -2 & 4 \end{pmatrix} \begin{pmatrix} x \\ y \\ z \end{pmatrix} = \begin{pmatrix} 0 \\ 0 \\ 0 \end{pmatrix}, \quad \begin{pmatrix} 2 & 1 & -2 \\ -6 & -5 & 8 \\ -2 & -2 & 3 \end{pmatrix} \begin{pmatrix} x \\ y \\ z \end{pmatrix} = \begin{pmatrix} 0 \\ 0 \\ 0 \end{pmatrix}$$

analoge Berechnung mit Gauß-Elimination $\rightsquigarrow$ Eigenvektoren

$$v_2 = (0, 2, 1)^t, \quad v_3 = (1, 2, 2)^t$$

(iii) Diagonalform:

Transformationsmatrix aus Eigenvektoren

$$Q = (v_1, v_2, v_3) = \begin{pmatrix} -1 & 0 & 1 \\ 1 & 2 & 2 \\ 0 & 1 & 2 \end{pmatrix}, \quad Q^{-1} = \begin{pmatrix} -2 & -1 & 2 \\ 2 & 2 & -3 \\ -1 & -1 & 2 \end{pmatrix}$$

$\rightsquigarrow$ Ähnlichkeitstransformation

$$Q^{-1}AQ = \begin{pmatrix} 1 & 0 & 0 \\ 0 & -1 & 0 \\ 0 & 0 & 0 \end{pmatrix} = \operatorname{diag}(\lambda_1, \lambda_2, \lambda_3)$$

Berechnung von $P = Q^{-1}$ mit Hilfe der Cramerschen Regel:

$$p_{j,k} = \frac{(-1)^{j+k}}{\det Q} \det Q_{k,j}$$

mit $Q_{k,j}$ der Matrix, die aus Q durch Streichen der k–ten Zeile und j–ten Spalte entsteht

z.B.:

$$p_{1,2} = \frac{(-1)^{1+2}}{\det Q} \begin{vmatrix} q_{1,2} & q_{1,3} \\ q_{3,2} & q_{3,3} \end{vmatrix} = \frac{(-1)^{1+2}}{-1} \begin{vmatrix} 0 & 1 \\ 1 & 2 \end{vmatrix} = -1$$

$$p_{2,3} = \frac{(-1)^{2+3}}{-1} \begin{vmatrix} -1 & 1 \\ 1 & 2 \end{vmatrix} = -3$$

6.8 Diagonalform einer orthogonalen symmetrischen 3 × 3-Matrix

Transformieren Sie die Matrix

$$\frac{1}{3}\begin{pmatrix} -1 & 2 & 2 \\ 2 & -1 & 2 \\ 2 & 2 & -1 \end{pmatrix}$$

auf Diagonalform.

Verweise: Diagonalform hermitescher Matrizen, Unitäre und orthogonale Matrizen

Lösungsskizze

(i) Eigenwerte:

symmetrische und orthogonale Matrix A:

$$A = A^{\mathrm{t}}, \quad A^{-1} = A^{\mathrm{t}}$$

$$\implies \quad \lambda_k \in \mathbb{R} \text{ und } |\lambda_k| = 1 \quad \implies \quad \lambda_k \in \{-1, 1\}$$

$$\text{Spur } A = \sum_{k=1}^{3} \lambda_k = -1 \quad \rightsquigarrow \quad \lambda_1 = 1, \quad \lambda_2 = \lambda_3 = -1$$

(ii) Eigenvektoren:

■ $\lambda_2 = \lambda_3 = -1$:

homogenes lineares Gleichungssystem für die Eigenvektoren $v = (x, y, z)^{\mathrm{t}}$

$$\begin{pmatrix} -1/3 + 1 & 2/3 & 2/3 \\ 2/3 & -1/3 + 1 & 2/3 \\ 2/3 & 2/3 & -1/3 + 1 \end{pmatrix} \begin{pmatrix} x \\ y \\ z \end{pmatrix} = \begin{pmatrix} 0 \\ 0 \\ 0 \end{pmatrix}$$

$$\Leftrightarrow \quad v \perp (1, 1, 1)^{\mathrm{t}}$$

orthonormale Basis für den Eigenraum

$$v_2 = \frac{1}{\sqrt{6}} (1, -2, 1)^{\mathrm{t}}, \quad v_3 = \frac{1}{\sqrt{2}} (1, 0, -1)^{\mathrm{t}}$$

■ $\lambda_1 = 1$:

Eigenvektor orthogonal zu $v_2, v_3 \quad \implies$

$$v_1 = \frac{1}{\sqrt{3}} (1, 1, 1)^{\mathrm{t}}$$

(iii) Diagonalform:

$$Q^{-1}AQ = \begin{pmatrix} 1 & 0 & 0 \\ 0 & -1 & 0 \\ 0 & 0 & -1 \end{pmatrix}, \quad Q = (v_1, v_2, v_3) = \frac{1}{\sqrt{6}} \begin{pmatrix} \sqrt{2} & 1 & \sqrt{3} \\ \sqrt{2} & -2 & 0 \\ \sqrt{2} & 1 & -\sqrt{3} \end{pmatrix}$$

6.9   Dritte Wurzel einer 2×2-Matrix

Bestimmen Sie eine reelle Matrix R mit

$$R^3 = \begin{pmatrix} 2 & 6 \\ 3 & 5 \end{pmatrix} .$$

Verweise: Basis aus Eigenvektoren, Summe und Produkt von Eigenwerten

Lösungsskizze

(i) Diagonalisierung:

$$A = \begin{pmatrix} 2 & 6 \\ 3 & 5 \end{pmatrix} , \quad \text{gleiche Zeilensummen } 2 + 6 = 3 + 5 = 8$$

$\implies$ $u = (1,\, 1)^{\mathrm{t}}$ ist Eigenvektor zum Eigenwert $\lambda = 8$

zweiter Eigenwert $\varrho = \operatorname{Spur} A - 8 = (2 + 5) - 8 = -1$ mit Eigenvektor $(2,\, -1)^{\mathrm{t}}$

$\rightsquigarrow$ Transformation auf Diagonalform

$$\Lambda = Q^{-1}AQ \quad \Leftrightarrow \quad A = Q\Lambda Q^{-1}$$

mit

$$Q = (u,\, v) = \begin{pmatrix} 1 & 2 \\ 1 & -1 \end{pmatrix} , \quad \Lambda = \operatorname{diag}(\lambda,\, \varrho) = \begin{pmatrix} 8 & 0 \\ 0 & -1 \end{pmatrix}$$

(ii) Dritte Wurzel:

$R = Q\Lambda^{1/3}Q^{-1}$ $\implies$

$$\begin{aligned} R^3 &= Q\Lambda^{1/3}Q^{-1}\, Q\Lambda^{1/3}Q^{-1}\, Q\Lambda^{1/3}Q^{-1} \\ &= Q\Lambda^{1/3}\Lambda^{1/3}\Lambda^{1/3}Q^{-1} = Q\Lambda Q^{-1} = A \end{aligned}$$

Einsetzen, $\lambda^{1/3} = 2$, $\varrho^{1/3} = -1$ $\rightsquigarrow$

$$R = \begin{pmatrix} 1 & 2 \\ 1 & -1 \end{pmatrix} \begin{pmatrix} 2 & 0 \\ 0 & -1 \end{pmatrix} \underbrace{\begin{pmatrix} 1/3 & 2/3 \\ 1/3 & -1/3 \end{pmatrix}}_{Q^{-1}} = \begin{pmatrix} 0 & 2 \\ 1 & 1 \end{pmatrix}$$

Probe:

$$R^3 = \underbrace{\begin{pmatrix} 2 & 2 \\ 1 & 3 \end{pmatrix}}_{R^2} \begin{pmatrix} 0 & 2 \\ 1 & 1 \end{pmatrix} = \begin{pmatrix} 2 & 6 \\ 3 & 5 \end{pmatrix} = A \ \checkmark$$

6.10 Eigenwerte und Inverse einer zyklischen 4×4-Matrix

Bestimmen Sie die Eigenwerte und die Inverse der Matrix

$$
\begin{pmatrix}
1 & 0 & 1 & 3 \\
3 & 1 & 0 & 1 \\
1 & 3 & 1 & 0 \\
0 & 1 & 3 & 1
\end{pmatrix} .
$$

Verweise: Diagonalisierung zyklischer Matrizen, Zyklische Matrizen

Lösungsskizze

(i) Eigenwerte:

zyklische $n \times n$-Matrix A generiert durch $a = (a_0, a_1, \ldots)^{\mathrm{t}}$ $\rightsquigarrow$

$$
(\lambda_0, \lambda_1, \ldots)^{\mathrm{t}} = \overline{W}(a_0, a_1, \ldots)^{\mathrm{t}}
$$

mit der Fourier-Matrix $W = (w^{k\ell})$, $w = \exp(2\pi\mathrm{i}/n)$ und $\overline{W} = (w^{-k\ell})$
$a = (1, 3, 1, 0)^{\mathrm{t}}$, $n = 4$, $w = \mathrm{i}$ $\implies$

$$
\begin{pmatrix} \lambda_0 \\ \lambda_1 \\ \lambda_2 \\ \lambda_3 \end{pmatrix} = \underbrace{\begin{pmatrix} 1 & 1 & 1 & 1 \\ 1 & -\mathrm{i} & -1 & \mathrm{i} \\ 1 & -1 & 1 & -1 \\ 1 & \mathrm{i} & -1 & -\mathrm{i} \end{pmatrix}}_{\overline{W}} \begin{pmatrix} 1 \\ 3 \\ 1 \\ 0 \end{pmatrix} = \begin{pmatrix} 5 \\ -3\mathrm{i} \\ -1 \\ 3\mathrm{i} \end{pmatrix}
$$

(ii) Inverse:

Eigenwerte der Inversen: $1/\lambda_k$

Inverse $B = A^{-1}$ ebenfalls zyklisch mit Generator b, $\overline{W}^{-1} = \frac{1}{n}W$ $\rightsquigarrow$

$$
(1/\lambda_0, 1/\lambda_1, \ldots)^{\mathrm{t}} = \overline{W}b \quad \Leftrightarrow \quad b = \frac{1}{n}W(1/\lambda_0, 1/\lambda_1, \ldots)^{\mathrm{t}}
$$

und

$$
b = \frac{1}{4} \begin{pmatrix} 1 & 1 & 1 & 1 \\ 1 & \mathrm{i} & -1 & -\mathrm{i} \\ 1 & -1 & 1 & -1 \\ 1 & -\mathrm{i} & -1 & \mathrm{i} \end{pmatrix} \begin{pmatrix} 1/5 \\ \mathrm{i}/3 \\ -1 \\ -\mathrm{i}/3 \end{pmatrix} = \frac{1}{15} \begin{pmatrix} -3 \\ 2 \\ -3 \\ 7 \end{pmatrix}
$$

Probe

$$
AB = \begin{pmatrix} 1 & 0 & 1 & 3 \\ 3 & 1 & 0 & 1 \\ 1 & 3 & 1 & 0 \\ 0 & 1 & 3 & 1 \end{pmatrix} \frac{1}{15} \begin{pmatrix} -3 & 7 & -3 & 2 \\ 2 & -3 & 7 & -3 \\ -3 & 2 & -3 & 7 \\ 7 & -3 & 2 & -3 \end{pmatrix} = \begin{pmatrix} 1 & 0 & 0 & 0 \\ 0 & 1 & 0 & 0 \\ 0 & 0 & 1 & 0 \\ 0 & 0 & 0 & 1 \end{pmatrix}
$$

6.11   Normalität und Eigenvektoren einer 2×2-Matrix mit Parameter

Für welchen Parameter $p \in \mathbb{C}$ ist die Matrix

$$\begin{pmatrix} 0 & 2 \\ p & 3\mathrm{i} \end{pmatrix}$$

normal? Bestimmen Sie für dieses p die Eigenwerte und Eigenvektoren.

Verweise: Eigenwert und Eigenvektor, Unitäre Diagonalisierung

Lösungsskizze

(i) Normalität ($AA^* = A^*A$ mit $a^*_{j,k} = \overline{a}_{k,j}$):

$$\begin{pmatrix} 0 & 2 \\ p & 3\mathrm{i} \end{pmatrix} \begin{pmatrix} 0 & \overline{p} \\ 2 & -3\mathrm{i} \end{pmatrix} \overset{!}{=} \begin{pmatrix} 0 & \overline{p} \\ 2 & -3\mathrm{i} \end{pmatrix} \begin{pmatrix} 0 & 2 \\ p & 3\mathrm{i} \end{pmatrix}$$

Vergleich der Matrixelemente

$$(1,1): \quad 4 \;=\; |p|^2, \quad (1,2): \quad -6\mathrm{i} \;=\; 3\mathrm{i}\overline{p}$$
$$(2,1): \quad 6\mathrm{i} \;=\; -3\mathrm{i}p, \quad (2,2): \quad |p|^2 + 9 \;=\; 13$$

Gleichung (2,1) $\implies$ $p = -2$, konsistent zu den anderen Gleichungen

(ii) Eigenwerte und Eigenvektoren:

charakteristisches Polynom

$$A = \begin{pmatrix} 0 & 2 \\ -2 & 3\mathrm{i} \end{pmatrix}, \quad p(\lambda) = \det(A - \lambda E) = \lambda^2 - 3\mathrm{i}\lambda + 4$$

Nullstellen $\rightsquigarrow$ Eigenwerte $\lambda_\pm = (3/2)\mathrm{i} \pm \sqrt{-(9/4) - 4} = (3/2)\mathrm{i} \pm (5/2)\mathrm{i}$

■ Eigenvektor zu $\lambda_- = -\mathrm{i}$:

$$\begin{pmatrix} 0 \\ 0 \end{pmatrix} = (A - \lambda_- E)v_- = \begin{pmatrix} \mathrm{i} & 2 \\ -2 & 4\mathrm{i} \end{pmatrix} v_- \quad \rightsquigarrow \quad v_- = \begin{pmatrix} 2 \\ -\mathrm{i} \end{pmatrix}$$

■ Eigenvektor zu $\lambda_+ = 4\mathrm{i}$:

$v_+ \perp v_-$ aufgrund der Normalität der Matrix

Definition des komplexen Skalarproduktes, $\langle x, y \rangle = \sum_k x_k \overline{y}_k$ $\rightsquigarrow$

$$v_+ = \begin{pmatrix} \mathrm{i} \\ -2 \end{pmatrix}, \quad \langle v_-, v+ \rangle = 2 \cdot (-\mathrm{i}) + (-\mathrm{i}) \cdot (-2) = 0 \quad \checkmark$$

6.12   Jordan-Form einer 3×3-Matrix

Transformieren Sie die Matrix

$$\begin{pmatrix} 2 & -1 & 0 \\ -1 & 1 & 1 \\ -1 & -2 & 3 \end{pmatrix}$$

auf Jordan-Form.

Verweise: Jordan-Form, Ähnlichkeitstransformation

Lösungsskizze

(i) Eigenwerte und Eigenvektoren:

$$p(\lambda) = \begin{vmatrix} 2-\lambda & -1 & 0 \\ -1 & 1-\lambda & 1 \\ -1 & -2 & 3-\lambda \end{vmatrix} = -\lambda^3 + 6\lambda^2 - 12\lambda + 8 = (2-\lambda)^3$$

Nullstelle $\rightsquigarrow$ Eigenwert $\lambda = 2$ (algebraische Vielfachheit 3)
homogenes lineares Gleichungsystem für die Eigenvektoren u

$$\underbrace{\begin{pmatrix} 0 & -1 & 0 \\ -1 & -1 & 1 \\ -1 & -2 & 1 \end{pmatrix}}_{A-\lambda E} \begin{pmatrix} u_1 \\ u_2 \\ u_3 \end{pmatrix} = \begin{pmatrix} 0 \\ 0 \\ 0 \end{pmatrix} \implies u = \begin{pmatrix} 1 \\ 0 \\ 1 \end{pmatrix}$$

(ii) Jordan-Form:
$\text{Rang}(A - \lambda E) = 2 \implies$

$$J = \begin{pmatrix} 2 & 1 & 0 \\ 0 & 2 & 1 \\ 0 & 0 & 2 \end{pmatrix} = Q^{-1}AQ \quad \Leftrightarrow \quad \underbrace{(u,v,w)}_{Q} J = A\,(u,v,w)$$

mit Hauptvektoren v und w (Spalten zwei und drei von Q)
Spalte 2 der Gleichung $QJ = AJ$, $u + 2v = Av$ $\rightsquigarrow$

$$(A - 2E)v = \begin{pmatrix} 0 & -1 & 0 \\ -1 & -1 & 1 \\ -1 & -2 & 1 \end{pmatrix} v = \begin{pmatrix} 1 \\ 0 \\ 1 \end{pmatrix} = u \quad \rightsquigarrow \quad v = \begin{pmatrix} 1 \\ -1 \\ 0 \end{pmatrix}$$

Spalte 3, $v + 2w = Aw$ $\rightsquigarrow$

$$(A - 2E)w = \begin{pmatrix} 0 & -1 & 0 \\ -1 & -1 & 1 \\ -1 & -2 & 1 \end{pmatrix} w = \begin{pmatrix} 1 \\ -1 \\ 0 \end{pmatrix} = v \quad \rightsquigarrow \quad w = \begin{pmatrix} 1 \\ -1 \\ -1 \end{pmatrix}$$

6.13   Grenzwert bei einer 3-Term-Rekursion

Bestimmen Sie den Grenzwert $\lim_{k\to\infty} x_k$, der durch

$$x_{k+1} = (x_{k-1} + 2x_k)/3, \quad k = 1, 2, \ldots ,$$

mit $x_0 = 0$, $x_1 = 1$, definierten Folge.

Verweise: Potenzen von Matrizen, Basis aus Eigenvektoren

Lösungsskizze

Matrix-Form der Rekursion

$$\begin{pmatrix} x_k \\ x_{k+1} \end{pmatrix} = \underbrace{\begin{pmatrix} 0 & 1 \\ 1/3 & 2/3 \end{pmatrix}}_{A} \begin{pmatrix} x_{k-1} \\ x_k \end{pmatrix}$$

asymptotisches Verhalten bestimmt durch die Eigenwerte λ, ϱ und die zugehörigen Eigenvektoren u, v:

$$\begin{pmatrix} x_0 \\ x_1 \end{pmatrix} = \alpha u + \beta v \quad \Longrightarrow \quad \begin{pmatrix} x_k \\ x_{k+1} \end{pmatrix} = A^k \begin{pmatrix} x_0 \\ x_1 \end{pmatrix} = \lambda^k \alpha u + \varrho^k \beta v$$

Zeilensummen von A gleich 1 $\Longrightarrow$

$$u = \begin{pmatrix} 1 \\ 1 \end{pmatrix}, \quad \lambda = 1$$

Spur $A = 2/3 = \lambda + \varrho \quad \Longrightarrow \quad \varrho = -1/3$
zugehöriger Eigenvektor v

$$(A - (-1/3)E)\, v = \begin{pmatrix} 0 + 1/3 & 1 \\ 1/3 & 2/3 + 1/3 \end{pmatrix} \begin{pmatrix} v_1 \\ v_2 \end{pmatrix} = \begin{pmatrix} 0 \\ 0 \end{pmatrix},$$

d.h. $v = (3, -1)^{\mathrm{t}}$

Darstellung der Startwerte mit Eigenvektoren

$$\begin{pmatrix} x_0 \\ x_1 \end{pmatrix} = \begin{pmatrix} 0 \\ 1 \end{pmatrix} = \alpha \underbrace{\begin{pmatrix} 1 \\ 1 \end{pmatrix}}_{u} + \beta \underbrace{\begin{pmatrix} 3 \\ -1 \end{pmatrix}}_{v} \quad \Longrightarrow \quad \alpha = \frac{3}{4}, \beta = -\frac{1}{4}$$

x_k: erste Komponente von $A^k(x_0, x_1)^{\mathrm{t}}$, $|\varrho| < 1$ $\Longrightarrow$

$$\lim_{k\to\infty} x_k = \lim_{k\to\infty} \underbrace{\lambda^k}_{=1} \alpha u_1 + \underbrace{\varrho^k \beta v_1}_{\to 0} = \alpha = 3/4$$

6.14 Marktanteile konkurrierender Firmen ★

Das Diagramm zeigt die jährliche Veränderung der
Marktanteile x_k ($\sum_k x_k = 1$) dreier Firmen F_k. Stellen Sie die Übergangsmatrix A mit $x^{\text{neu}} = Ax^{\text{alt}}$ auf,
und bestimmen Sie die asymptotische Verteilung der
Marktanteile $x^\infty = \lim\limits_{n\to\infty} A^n x$, die sich für fast alle
Anfangsverteilungen x einstellt.

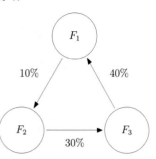

Verweise: Basis aus Eigenvektoren, Potenzen von Matrizen

Lösungsskizze
Veränderung der Marktanteile x_k

$$
\begin{aligned}
x_1 &\to (1-0.1)x_1 + 0.4x_3 \\
x_2 &\to (1-0.3)x_2 + 0.1x_1 \\
x_3 &\to (1-0.4)x_3 + 0.3x_2
\end{aligned}
\quad\Leftrightarrow\quad
x^{\text{neu}} = \underbrace{\begin{pmatrix} 0.9 & 0 & 0.4 \\ 0.1 & 0.7 & 0 \\ 0 & 0.3 & 0.6 \end{pmatrix}}_{A} x^{\text{alt}}
$$

Spaltensummen von A gleich 1 $\implies$
$\lambda_1 = 1$ ist Eigenwert von A^{t} ($A^{\text{t}}(1,1,1)^{\text{t}} = (1,1,1)^{\text{t}}$) und damit auch von A

$\det A = 0.39 = \lambda_1\lambda_2\lambda_3$, Spur $A = 2.2 = \lambda_1 + \lambda_2 + \lambda_3$ $\implies$

$$(\lambda - \lambda_2)(\lambda - \lambda_3) = \lambda^2 - 1.2\lambda + 0.39, \quad \lambda_{2,3} = 0.6 \pm \sqrt{0.03}\,\mathrm{i}$$

Berechnung des Grenzwertes $x^\infty = \lim\limits_{n\to\infty} A^n x$ durch Darstellung von x als Linearkombination von Eigenvektoren u, v, w zu den Eigenwerten $\lambda_1, \lambda_2, \lambda_3$:

$$x = \alpha u + \beta v + \gamma w \implies A^n x = \alpha u + \lambda_2^n \beta v + \lambda_3^n \gamma w$$

$|\lambda_2| = |\lambda_3| < \lambda_1 = 1$ $\rightsquigarrow$
Grenzwert $x^\infty = \alpha u$, falls $\alpha \neq 0$ (für fast alle x erfüllt)
asymptotisches Verhältnis der Anteile $\,\widehat{=}\,$ Verhältnis der Komponenten von u
Berechnung dieses dominanten Eigenvektors

$$
(A - E)u = 0 \quad\Leftrightarrow\quad
\begin{pmatrix} -0.1 & 0 & .4 \\ 0.1 & -0.3 & 0 \\ 0 & 0.3 & -0.4 \end{pmatrix}
\begin{pmatrix} u_1 \\ u_2 \\ u_3 \end{pmatrix} =
\begin{pmatrix} 0 \\ 0 \\ 0 \end{pmatrix}
$$

Wahl von $u_2 = 4$ $\rightsquigarrow$ $u_3 = 3$, $u_1 = 12$, d.h.

$$u = (12,4,3)^{\text{t}} \implies x_1^\infty : x_2^\infty : x_3^\infty = 12 : 4 : 3$$

Normierung (Marktanteile summieren zu 1) $\implies$ $x^\infty = \frac{1}{19}(12,4,3)^{\text{t}}$

7 Ausgleichsprobleme und Singulärwertzerlegung

© Springer-Verlag GmbH Deutschland, ein Teil von Springer Nature 2023
K. Höllig und J. Hörner, *Aufgaben und Lösungen zur Höheren Mathematik 2*,
https://doi.org/10.1007/978-3-662-67512-0_8

7.1　Ausgleichsgerade zu drei Datenpaaren

Bestimmen Sie die Ausgleichsgerade $g : t \mapsto p(t) = u + tv$ für die Daten

t_k	-1	0	3
$f_k = f(t_k)$	0	1	2

sowie die Fehlerquadratsumme $\sum_k |f_k - p_k|^2$, $p_k = p(t_k)$.

Verweise:　Ausgleichsgerade

Lösungsskizze

(i) Ausgleichsgerade:

$e(u, v) = \sum_{k=1}^{n} |f_k - u - t_k v|^2 \to \min \quad \Longrightarrow$

$$u = \frac{(\sum t_k^2)(\sum f_k) - (\sum t_k)(\sum t_k f_k)}{n(\sum t_k^2) - (\sum t_k)^2}$$

$$v = \frac{n(\sum t_k f_k) - (\sum t_k)(\sum f_k)}{n(\sum t_k^2) - (\sum t_k)^2}$$

Einsetzen der Daten $t = (-1, 0, 3)$, $f = (0, 1, 2)$ $\rightsquigarrow$

$$\sum t_k = 2, \quad \sum t_k^2 = 10, \quad \sum f_k = 3, \quad \sum t_k f_k = 6$$

und

$$u = \frac{10 \cdot 3 - 2 \cdot 6}{3 \cdot 10 - 2^2} = \frac{9}{13}, \quad v = \frac{3 \cdot 6 - 2 \cdot 3}{3 \cdot 10 - 2^2} = \frac{6}{13}$$

(ii) Fehlerquadratsumme:

$$e = \sum_k |f_k - p_k|^2, \quad p_k = u + t_k v$$

Näherungswerte

$$p_1 = \frac{9}{13} + (-1) \cdot \frac{6}{13} = \frac{3}{13}$$

$$p_2 = \frac{9}{13} + 0 \cdot \frac{6}{13} = \frac{9}{13}$$

$$p_3 = \frac{9}{13} + 3 \cdot \frac{6}{13} = \frac{27}{13}$$

$(f_1, f_2, f_3) = (0, 1, 2)$ $\rightsquigarrow$

$$e(u, v) = \left| \frac{0 - 3}{13} \right|^2 + \left| \frac{13 - 9}{13} \right|^2 + \left| \frac{26 - 27}{13} \right|^2 = \frac{2}{13} \approx 0.1538$$

7.2 Ausgleichsproblem (3×2)

Lösen Sie das Ausgleichsproblem

$$\left| \begin{pmatrix} 2 & 0 \\ 1 & 1 \\ 0 & 2 \end{pmatrix} \begin{pmatrix} x_1 \\ x_2 \end{pmatrix} - \begin{pmatrix} 1 \\ 0 \\ 2 \end{pmatrix} \right| \quad \to \quad \min$$

und bestimmen Sie den Fehler.

Verweise: Normalengleichungen

Lösungsskizze

(i) Normalengleichungen:

$$|Ax - b| \to \min \quad \Leftrightarrow \quad A^{\mathrm{t}} A x = A^{\mathrm{t}} b$$

Einsetzen der gegebenen Matrix und rechten Seite $\rightsquigarrow$

$$A^{\mathrm{t}} A = \begin{pmatrix} 2 & 1 & 0 \\ 0 & 1 & 2 \end{pmatrix} \begin{pmatrix} 2 & 0 \\ 1 & 1 \\ 0 & 2 \end{pmatrix} = \begin{pmatrix} 5 & 1 \\ 1 & 5 \end{pmatrix}$$

$$A^{\mathrm{t}} b = \begin{pmatrix} 2 & 1 & 0 \\ 0 & 1 & 2 \end{pmatrix} \begin{pmatrix} 1 \\ 0 \\ 2 \end{pmatrix} = \begin{pmatrix} 2 \\ 4 \end{pmatrix}$$

(ii) Lösung:

Normalengleichungen

$$A^{\mathrm{t}} A x = A^{\mathrm{t}} b \quad \Leftrightarrow \quad \begin{array}{rcrcl} 5x_1 & + & x_2 & = & 2 \\ x_1 & + & 5x_2 & = & 4 \end{array}$$

Einsetzen von $x_2 = 2 - 5x_1$ (Gleichung 1) in Gleichung 2 $\rightsquigarrow$

$$x_1 + 5(2 - 5x_1) = -24x_1 + 10 = 4$$

und somit $x_1 = 1/4$, $x_2 = 3/4$

(iii) Fehler:

$$|Ax - b| = \left| \begin{pmatrix} 2 & 0 \\ 1 & 1 \\ 0 & 2 \end{pmatrix} \begin{pmatrix} \frac{1}{4} \\ \frac{3}{4} \end{pmatrix} - \begin{pmatrix} 1 \\ 0 \\ 2 \end{pmatrix} \right| = \left| \begin{pmatrix} -\frac{1}{2} \\ 1 \\ -\frac{1}{2} \end{pmatrix} \right| = \frac{\sqrt{6}}{2} \approx 1.2247$$

7.3 Gewichtetes Ausgleichsproblem

Bestimmen Sie die Lösung (u, v) des Ausgleichsproblems

$$\sum_{k=1}^{3} k\, (b_k - u - v/k)^2 \to \min, \quad b = (9, 6, 5)^{\mathrm{t}}.$$

Verweise: Normalengleichungen, Norm

Lösungsskizze

(i) Matrix-Formulierung:

$e_k = b_k - u - v/k,\ k = 1, 2, 3 \quad \Longleftrightarrow$

$$e = \begin{pmatrix} 9 \\ 6 \\ 5 \end{pmatrix} - \begin{pmatrix} 1 & 1 \\ 1 & 1/2 \\ 1 & 1/3 \end{pmatrix} \begin{pmatrix} u \\ v \end{pmatrix} = b - Ax$$

gewichtete Norm

$$|e|_w^2 = \sum_k w_k e_k^2 = |De|^2, \quad D = \mathrm{diag}(\sqrt{w_1}, \sqrt{w_2}, \ldots)\,;$$

$w_k = k$ im betrachteten Beispiel

$\rightsquigarrow$ Ausgleichsproblem in Standardform (Minimierung der ungewichteten Euklidischen Norm)

$$|De|^2 = |D(b - Ax)|^2 = |(Db) - (DA)x|^2 \to \min$$

(ii) Lösung der Normalengleichungen:

Matrix DA, rechte Seite Db $\rightsquigarrow$

$$(DA)^{\mathrm{t}}(DA)\, x = (DA)^{\mathrm{t}}(Db) \quad \text{bzw.} \quad A^{\mathrm{t}}D^2 A\, x = A^{\mathrm{t}}D^2 b$$

Einsetzen $\rightsquigarrow$

$$A^{\mathrm{t}}D^2 A = \begin{pmatrix} 1 & 1 & 1 \\ 1 & 1/2 & 1/3 \end{pmatrix} \begin{pmatrix} 1 & 0 & 0 \\ 0 & 2 & 0 \\ 0 & 0 & 3 \end{pmatrix} \begin{pmatrix} 1 & 1 \\ 1 & 1/2 \\ 1 & 1/3 \end{pmatrix} = \begin{pmatrix} 6 & 3 \\ 3 & 11/6 \end{pmatrix}$$

$$A^{\mathrm{t}}D^2 b = \begin{pmatrix} 1 & 1 & 1 \\ 1 & 1/2 & 1/3 \end{pmatrix} \begin{pmatrix} 1 & 0 & 0 \\ 0 & 2 & 0 \\ 0 & 0 & 3 \end{pmatrix} \begin{pmatrix} 9 \\ 6 \\ 5 \end{pmatrix} = \begin{pmatrix} 36 \\ 20 \end{pmatrix}$$

und

$$\begin{pmatrix} 6 & 3 \\ 3 & 11/6 \end{pmatrix} \begin{pmatrix} x_1 \\ x_2 \end{pmatrix} = \begin{pmatrix} 36 \\ 20 \end{pmatrix} \quad \Longrightarrow \quad x = \begin{pmatrix} u \\ v \end{pmatrix} = \begin{pmatrix} 3 \\ 6 \end{pmatrix}$$

7.4 Gerade mit kürzesten Abständen zu gegebenen Punkten ⋆

Bestimmen Sie die Gerade mit der kleinsten Quadratsumme der Abstände zu den
Punkten $(1, 1)$, $(2, 2)$, $(4, 3)$, $(5, 2)$.

Verweise: Eigenwert und Eigenvektor, Abstand Punkt-Gerade, Rayleigh-Quotient

Lösungsskizze

(i) Quadratsumme der Abstände:

Hesse-Normalform einer Geraden g in der x_1/x_2-Ebene:

$$g : x_1 u_1 + x_2 u_1 = c \geq 0, \quad |u| = 1$$

mit Normalenvektor u und c dem Abstand vom Ursprung

Abstand d eines Punktes $p = (p_1, p_2)$ von
g:

$x_\star \in g$ nächstgelegener Punkt zu p $\implies$
$(p - x_\star) \parallel u$ und

$$d = |p - x_\star| \underset{|u|=1}{=} |(p - x_\star)u| = |pu - c|$$

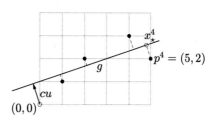

(senkrechter Abstand d im Gegensatz zu
dem in x_2-Richtung gemessenen Abstand
bei einer Ausgleichsgerade)

Quadratsumme der Abstände d_k zu Punkten $p^k = (p_1^k, p_2^k)$

$$s = \sum_k d_k^2 = \sum_k (p^k u - c)^2 = \sum_k \left((p^k u)^2 - 2 c p^k u + c^2 \right)$$

bzw., da $(p^k u)^2 = (u^t (p^k)^t)(p^k u) = u^t ((p^k)^t p^k) u$,

$$s = u^t Q u - 2n c \bar{p} u + n c^2$$

mit n der Anzahl der Punkte p^k und

$$Q = \sum_{k=1}^n (p^k)^t p^k, \quad \bar{p} = \frac{1}{n} \sum_{k=1}^n p^k$$

(ii) Optimale Gerade:

optimale Konstante c:

$$0 \overset{!}{=} \frac{\partial s}{\partial c} = -2n \bar{p} u + 2n c$$

$\implies \quad c = \bar{p} u$

Einsetzen $\rightsquigarrow$ Vereinfachung

$$s = u^t Q u - 2n \underbrace{(\bar{p} u)(\bar{p} u)}_{= u^t (\bar{p}^t \bar{p}) u} + n (\bar{p} u)^2 = u^t \underbrace{\left(Q - n \bar{p}^t \bar{p} \right)}_{=: A} u = r_A(u)$$

Eigenschaft des Rayleigh-Quotienten $r_A \implies$ minimales s für den normierten Eigenvektor u $(u^t u = 1)$ zu dem kleinsten Eigenwert $\lambda_{\min}$ von A und

$$s_{\min} = u^t(Au) = u^t(\lambda_{\min} u) = \lambda_{\min}$$

(iii) Berechnung für die gegebenen Daten:

$$Q = \begin{pmatrix} 1 \\ 1 \end{pmatrix}(1,\,1) + \begin{pmatrix} 2 \\ 2 \end{pmatrix}(2,\,2) + \begin{pmatrix} 4 \\ 3 \end{pmatrix}(4,\,3) + \begin{pmatrix} 5 \\ 2 \end{pmatrix}(5,\,2)$$

$$= \begin{pmatrix} 1 & 1 \\ 1 & 1 \end{pmatrix} + \begin{pmatrix} 4 & 4 \\ 4 & 4 \end{pmatrix} + \begin{pmatrix} 16 & 12 \\ 12 & 9 \end{pmatrix} + \begin{pmatrix} 25 & 10 \\ 10 & 4 \end{pmatrix} = \begin{pmatrix} 46 & 27 \\ 27 & 18 \end{pmatrix}$$

$$\bar{p} = \frac{1}{4}((1,\,1) + (2,\,2) + (4,\,3) + (5,\,2)) = (3,\,2)$$

$$A = \begin{pmatrix} 46 & 27 \\ 27 & 18 \end{pmatrix} - 4\begin{pmatrix} 3 \\ 2 \end{pmatrix}\begin{pmatrix} 3 & 2 \end{pmatrix} = \begin{pmatrix} 46 & 27 \\ 27 & 18 \end{pmatrix} - \begin{pmatrix} 36 & 24 \\ 24 & 16 \end{pmatrix}$$

$$= \begin{pmatrix} 10 & 3 \\ 3 & 2 \end{pmatrix}$$

$$\lambda_{\min} = 1 \implies u = (-1,\,3)^t/\sqrt{10}$$

$$c = \bar{p}u = (3,\,2)\begin{pmatrix} -1/\sqrt{10} \\ 3/\sqrt{10} \end{pmatrix} = 3/\sqrt{10}$$

$\rightsquigarrow$ optimale Gerade

$$g : -x_1 + 3x_2 = 3$$

(iv) Rayleigh-Quotient für symmetrische Matrizen A:
$r_A(v) = v^t Av/v^t v$ bzw.

$$r_A(u) = u^t Au, \quad u^t u = 1$$

$r_A(u)$ extremal $\implies$ Lagrange-Bedingung für Extrema unter Gleichungsnebenbedingungen

$$\operatorname{grad} r_A(u) = \lambda \operatorname{grad}_u(u^t u - 1) \quad \Leftrightarrow \quad 2Au = \lambda(2u),$$

d.h. u ist Eigenvektor von A und $r_A(u) = \lambda$

7.5 Ausgleichsebene

Approximieren Sie die Daten (x_k, y_k, z_k), $k = 1, \ldots, 4$, mit einer durch $E : z = p_1 x + p_2 y + p_3$ parametrisierten Ebene, indem Sie die Fehlerquadratsumme $S = \sum_k |p_1 x_k + p_2 y_k + p_3 - z_k|^2$ minimieren.

x	2	-1	0	1
y	0	1	1	0
z	2	-1	0	-3

Verweise: Normalengleichungen

Lösungsskizze
(i) Formulierung als Ausgleichsproblem in Standardform:
k-te Fehlerkomponente

$$e_k = p_1 x_k + p_2 y_k + p_3 - z_k, \quad k = 1, \ldots, 4$$

$\rightsquigarrow \quad S = |e|^2 = |Ap - z|^2$ mit

$$A = \begin{pmatrix} x_1 & y_1 & 1 \\ & \vdots & \\ & \vdots & \\ x_4 & y_4 & 1 \end{pmatrix} = \begin{pmatrix} 2 & 0 & 1 \\ -1 & 1 & 1 \\ 0 & 1 & 1 \\ 1 & 0 & 1 \end{pmatrix}, \quad z = \begin{pmatrix} 2 \\ -1 \\ 0 \\ -3 \end{pmatrix}$$

(ii) Minimierung von $S = |Ap - z|^2$:
Jede Lösung p erfüllt die Normalengleichungen $A^t A p = A^t z$, d.h.

$$\begin{pmatrix} 2 & -1 & 0 & 1 \\ 0 & 1 & 1 & 0 \\ 1 & 1 & 1 & 1 \end{pmatrix} \begin{pmatrix} 2 & 0 & 1 \\ -1 & 1 & 1 \\ 0 & 1 & 1 \\ 1 & 0 & 1 \end{pmatrix} \begin{pmatrix} p_1 \\ p_2 \\ p_3 \end{pmatrix} =$$

$$\underbrace{\begin{pmatrix} 6 & -1 & 2 \\ -1 & 2 & 2 \\ 2 & 2 & 4 \end{pmatrix}}_{A^t A} \begin{pmatrix} p_1 \\ p_2 \\ p_3 \end{pmatrix} \overset{(\star)}{=} \underbrace{\begin{pmatrix} 2 \\ -1 \\ -2 \end{pmatrix}}_{A^t z} = \begin{pmatrix} 2 & -1 & 0 & 1 \\ 0 & 1 & 1 & 0 \\ 1 & 1 & 1 & 1 \end{pmatrix} \begin{pmatrix} 2 \\ -1 \\ 0 \\ 3 \end{pmatrix}$$

Lösung des linearen Gleichungssystems $(\star)$ $\rightsquigarrow$ $p = (3, 6, -5)^t$
resultierende Fehlerquadratsumme

$$S = \left| \begin{pmatrix} 2 & 0 & 1 \\ -1 & 1 & 1 \\ 0 & 1 & 1 \\ 1 & 0 & 1 \end{pmatrix} \begin{pmatrix} 3 \\ 6 \\ -5 \end{pmatrix} - \begin{pmatrix} 2 \\ -1 \\ 0 \\ -3 \end{pmatrix} \right|^2 = \left| \begin{pmatrix} -1 \\ -1 \\ 1 \\ 1 \end{pmatrix} \right|^2 = 4$$

7.6   Rekonstruktion eines Kreises aus gestörten Daten

Bestimmen Sie den Mittelpunkt (a, b) und den
Radius r des Kreises, der die Punkte

x_k	1	−1	0	1
y_k	0	0	1	1

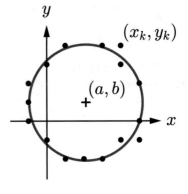

(abgebildet ist ein Beispiel mit einer größeren
Punkteanzahl) durch Minimierung der Quadratsumme der Fehler in der impliziten Darstellung

$$(x - a)^2 + (y - b)^2 = r^2$$

näherungsweise interpoliert.
Verweise: Normalengleichungen

Lösungsskizze

Minimierung der Fehlerquadratsumme durch Lösen des Ausgleichsproblems

$$-2ax_k - 2by_k + \underbrace{(a^2 + b^2 - r^2)}_{=:c} = -x_k^2 - y_k^2 =: f_k, \quad k = 1, 2, 3, 4$$

Matrixform $Az = f$, $z = (a, b, c)^t$, für die gegebenen vier Datenpunkte

$$A = \begin{pmatrix} -2 & 0 & 1 \\ 2 & 0 & 1 \\ 0 & -2 & 1 \\ -2 & -2 & 1 \end{pmatrix}, \quad \begin{pmatrix} -1 \\ -1 \\ -1 \\ -2 \end{pmatrix}$$

Ausgleichslösung   ←   Normalengleichungen $A^t A z = A^t f$

$$\underbrace{\begin{pmatrix} 12 & 4 & -2 \\ 4 & 8 & -4 \\ -2 & -4 & 4 \end{pmatrix}}_{A^t A}, \quad \underbrace{\begin{pmatrix} 4 \\ 6 \\ -5 \end{pmatrix}}_{A^t f}$$

$\implies$ $z = (a, b, c)^t = (1/10, 1/5, -1)^t$ und $r = \sqrt{a^2 + b^2 - c} = \sqrt{1/100 + 1/25 + 1} = \sqrt{21/20}$

MATLAB® -Skript zur Berechnung des Kreises für eine größere (realistischere)
Punkteanzahl

```
>> A = [-2*x -2*y ones(size(x))]; f = -x.^2-y.^2;
>> z = (A'*A)\(A'*f);
>> a = z(1); b = z(2); c = z(3); r = sqrt(a^2+b^2-c);
```

7.7 Pseudo-Inverse einer 4×3-Matrix und ihrer Transponierten

Bestimmen Sie die Pseudo-Inversen der Matrizen

$$
A = \begin{pmatrix} 1 & 0 & 0 \\ 1 & 1 & 0 \\ 0 & 1 & 1 \\ 0 & 0 & 1 \end{pmatrix}, \quad A^{\mathrm{t}} = \begin{pmatrix} 1 & 1 & 0 & 0 \\ 0 & 1 & 1 & 0 \\ 0 & 0 & 1 & 1 \end{pmatrix}.
$$

Verweise: Pseudo-Inverse, Normalengleichungen, Cramersche Regel

Lösungsskizze

(i) Pseudo-Inverse A^+ für $m \times n$-Matrizen A mit $m \geq n$ und maximalem Rang n:
$x = A^+ b$ löst das Ausgleichsproblem $\min_x |Ax - b|$

Rang A maximal $\implies$ Die Lösung x ist eindeutig und alternativ mit den Normalengleichungen $A^{\mathrm{t}} A x = A^{\mathrm{t}} b$ berechenbar, d.h. $x = (A^{\mathrm{t}} A)^{-1} A^{\mathrm{t}} b$

Vergleich der beiden Formeln für x $\implies$ $A^+ = (A^{\mathrm{t}} A)^{-1} A^{\mathrm{t}}$

(ii) Berechnung für die gegebene Matrix A:

■

$$
A^{\mathrm{t}} A = \begin{pmatrix} 2 & 1 & 0 \\ 1 & 2 & 1 \\ 0 & 1 & 2 \end{pmatrix}
$$

■ Cramersche Regel $\rightsquigarrow$ Elemente der Inversen $B = (A^{\mathrm{t}} A)^{-1}$

$$
b_{1,1} = \begin{vmatrix} 1 & 1 & 0 \\ 0 & 2 & 1 \\ 0 & 1 & 2 \end{vmatrix} \Big/ \begin{vmatrix} 2 & 1 & 0 \\ 1 & 2 & 1 \\ 0 & 1 & 2 \end{vmatrix} = 3/4, \quad b_{2,1} \underset{B=B^{\mathrm{t}}}{=} b_{1,2} = \begin{vmatrix} 2 & 1 & 0 \\ 1 & 0 & 1 \\ 0 & 0 & 2 \end{vmatrix} \Big/ 4 = -2/4, \ldots
$$

■

$$
A^+ = B A^{\mathrm{t}} = \begin{pmatrix} \frac{3}{4} & -\frac{1}{2} & \frac{1}{4} \\ -\frac{1}{2} & 1 & -\frac{1}{2} \\ \frac{1}{4} & -\frac{1}{2} & \frac{3}{4} \end{pmatrix} \begin{pmatrix} 1 & 1 & 0 & 0 \\ 0 & 1 & 1 & 0 \\ 0 & 0 & 1 & 1 \end{pmatrix} = \begin{pmatrix} \frac{3}{4} & \frac{1}{4} & -\frac{1}{4} & \frac{1}{4} \\ -\frac{1}{2} & \frac{1}{2} & \frac{1}{2} & -\frac{1}{2} \\ \frac{1}{4} & -\frac{1}{4} & \frac{1}{4} & \frac{3}{4} \end{pmatrix}
$$

(iii) Pseudo-Inverse der transponierten Matrix:

Vertauschbarkeit von Transposition und Bildung der Pseudo-Inversen $\implies$

$$
(A^{\mathrm{t}})^+ = (A^+)^{\mathrm{t}} = A(A^{\mathrm{t}} A)^{-1} = \begin{pmatrix} \frac{3}{4} & -\frac{1}{2} & \frac{1}{4} \\ \frac{1}{4} & \frac{1}{2} & -\frac{1}{4} \\ -\frac{1}{4} & \frac{1}{2} & \frac{1}{4} \\ \frac{1}{4} & -\frac{1}{2} & \frac{3}{4} \end{pmatrix}
$$

7.8 Singulärwertzerlegung und Pseudoinverse einer 3×2-Matrix

Bestimmen Sie die Singulärwertzerlegung und Pseudoinverse der Matrix

$$
\begin{pmatrix} 2 & 0 \\ -1 & 3 \\ 2 & 0 \end{pmatrix}.
$$

Verweise: Singulärwertzerlegung, Pseudo-Inverse

Lösungsskizze

(i) Singulärwertzerlegung $A = USV^{\mathrm{t}}$:

S: 3×2-Diagonalmatrix der Singulärwerte, U, V orthogonal $\Longrightarrow$

$$
V\left(S^{\mathrm{t}}S\right)V^{\mathrm{t}} = A^{\mathrm{t}}A = \begin{pmatrix} 9 & -3 \\ -3 & 9 \end{pmatrix}, \quad S^{\mathrm{t}}S = \begin{pmatrix} s_1^2 & 0 \\ 0 & s_2^2 \end{pmatrix}
$$

Eigenwerte und Eigenvektoren von $A^{\mathrm{t}}A$: $p(\lambda) = \quad (9-\lambda)^2 - 9 \quad \rightsquigarrow$

$$
\lambda_1 = s_1^2 = 12, \; \lambda_2 = s_2^2 = 6, \quad V = (v_1, v_2) = \frac{1}{\sqrt{2}} \begin{pmatrix} 1 & 1 \\ -1 & 1 \end{pmatrix}
$$

$\rightsquigarrow$ Singulärwerte $s_1 = 2\sqrt{3}$, $s_2 = \sqrt{6}$

$$
AV = \frac{1}{\sqrt{2}} \begin{pmatrix} 2 & 2 \\ -4 & 2 \\ 2 & 2 \end{pmatrix} = (u_1 \cdot 2\sqrt{3}, \, u_2 \cdot \sqrt{6}) = US
$$

Normierung $\rightsquigarrow$ Spalten von U

$$
u_1 = \frac{1}{\sqrt{6}}(1, -2, 1)^{\mathrm{t}}, \quad u_2 = \frac{1}{\sqrt{3}}(1, 1, 1)^{\mathrm{t}}
$$

Ergänzung durch

$$
u_3 = \frac{1}{\sqrt{2}}(1, 0, -1)^{\mathrm{t}}
$$

zu einer orthonormalen Basis

(ii) Pseudoinverse $A^{+} = VS^{+}U^{\mathrm{t}}$:

$$
A^{+} = \begin{pmatrix} \frac{1}{\sqrt{2}} & \frac{1}{\sqrt{2}} \\ -\frac{1}{\sqrt{2}} & \frac{1}{\sqrt{2}} \end{pmatrix} \begin{pmatrix} 1/\sqrt{12} & 0 & 0 \\ 0 & 1/\sqrt{6} & 0 \end{pmatrix} \begin{pmatrix} \frac{1}{\sqrt{6}} & -\frac{2}{\sqrt{6}} & \frac{1}{\sqrt{6}} \\ \frac{1}{\sqrt{3}} & \frac{1}{\sqrt{3}} & \frac{1}{\sqrt{3}} \\ \frac{1}{\sqrt{2}} & 0 & -\frac{1}{\sqrt{2}} \end{pmatrix}
$$

$$
= \frac{1}{12} \begin{pmatrix} 3 & 0 & 3 \\ 1 & 4 & 1 \end{pmatrix}
$$

7.9 Lösung eines Ausgleichsproblems mit der Singulärwertzerlegung

Bestimmen Sie mit Hilfe der Singulärwertzerlegung

$$A = USV^{\mathrm{t}} = \frac{1}{2} \begin{pmatrix} 1 & 1 & 1 & 1 \\ -1 & 1 & -1 & 1 \\ 1 & 1 & -1 & -1 \\ -1 & 1 & 1 & -1 \end{pmatrix} \begin{pmatrix} 2 & 0 & 0 \\ 0 & 1 & 0 \\ 0 & 0 & 0 \\ 0 & 0 & 0 \end{pmatrix} \begin{pmatrix} 2 & -2 & 1 \\ 1 & 2 & 2 \\ 2 & 1 & -2 \end{pmatrix} \Big/ 3$$

alle Lösungen x des Ausgleichsproblems $|Ax - (1,2,0,0)^{\mathrm{t}}| \to \min$ sowie die Lösung $x^\star$ minimaler Norm.

Verweise: Singulärwert-Zerlegung, Pseudo-Inverse

Lösungsskizze

$|e| = |U^{\mathrm{t}}e|$, $U^{\mathrm{t}} = U^{-1}$ für die orthogonale Matrix U $\implies$

$$|\underbrace{USV^{\mathrm{t}}}_{A} x - b| \underset{*U^{\mathrm{t}}}{=} |S \underbrace{V^{\mathrm{t}}x}_{=:y} - \underbrace{U^{\mathrm{t}}b}_{=:c}| = |Sy - c|, \quad b = (1,2,0,0)^{\mathrm{t}}$$

Einsetzen $\rightsquigarrow$

$$Sy - c = \begin{pmatrix} 2 & 0 & 0 \\ 0 & 1 & 0 \\ 0 & 0 & 0 \\ 0 & 0 & 0 \end{pmatrix} \begin{pmatrix} y_1 \\ y_2 \\ y_3 \end{pmatrix} - \frac{1}{2} \begin{pmatrix} 1 & -1 & 1 & -1 \\ 1 & 1 & 1 & 1 \\ 1 & -1 & -1 & 1 \\ 1 & 1 & -1 & -1 \end{pmatrix} \begin{pmatrix} 1 \\ 2 \\ 0 \\ 0 \end{pmatrix} = \begin{pmatrix} 2y_1 + \frac{1}{2} \\ y_2 - \frac{3}{2} \\ 0 + \frac{1}{2} \\ 0 - \frac{3}{2} \end{pmatrix}$$

$|Ax - b| = |Sy - c|$ minimal für $y_1 = -1/4$, $y_2 = 3/2$ und $y_3 \in \mathbb{R}$ beliebig (Komponenten 1 und 2 von $Sy - c$ null)

Rücktransformation $y = V^{\mathrm{t}}x \to x$

$$x \underset{V^{\mathrm{t}}=V^{-1}}{=} Vy = \frac{1}{3} \begin{pmatrix} 2 & 1 & 2 \\ -2 & 2 & 1 \\ 1 & 2 & -2 \end{pmatrix} \begin{pmatrix} -\frac{1}{4} \\ \frac{3}{2} \\ y_3 \end{pmatrix} = \begin{pmatrix} \frac{1}{3} \\ \frac{7}{6} \\ \frac{11}{12} \end{pmatrix} + y_3 \begin{pmatrix} \frac{2}{3} \\ \frac{1}{3} \\ -\frac{2}{3} \end{pmatrix}$$

$|x| = |Vy| = |y|$ $\implies$ $y_3 = 0$ für die Lösung $x^\star$ minimaler Norm

Norm des Fehlers

$$|Ax - b| = |Sy - c| = |(0,0,-c_3,-c_4)^{\mathrm{t}}| = |(0,0,1/2,-3/2)^{\mathrm{t}}| = \frac{\sqrt{10}}{2}$$

Alternative Lösung

Berechnung der Minimum-Norm-Lösung mit der Pseudo-Inversen:

$$x^\star = A^+ b = V \underbrace{\begin{pmatrix} \frac{1}{2} & 0 & 0 & 0 \\ 0 & 1 & 0 & 0 \\ 0 & 0 & 0 & 0 \end{pmatrix}}_{S^+} U^{\mathrm{t}}b$$

7.10   Lineare Approximation einer Abbildung ★

Bestimmen Sie eine 2×2-Matrix A, so dass für die Abbildung von drei Vektoren (Spalten von X),

$$X = \begin{pmatrix} 1 & 2 & 0 \\ 0 & 2 & 1 \end{pmatrix} \mapsto Y = \begin{pmatrix} 0 & 1 & 1 \\ 1 & 1 & 0 \end{pmatrix},$$

der Fehler[1] $|AX - Y|_F$ minimal ist.

Verweise: Singulärwertzerlegung

Lösungsskizze

(i) Singulärwertzerlegung (Hilfsmittel zur Vereinfachung der Problemstellung):

$$X = U \underbrace{\begin{pmatrix} \sigma_1 & 0 & 0 \\ 0 & \sigma_2 & 0 \end{pmatrix}}_{S} V^t, \quad U, V \text{ orthogonal}, \sigma_1 \geq \sigma_2 \geq 0$$

$V^t V = E_{3\times 3}$ (Einheitsmatrix) $\Longrightarrow$

$$XX^t = USV^t V S^t U^t = U \underbrace{\begin{pmatrix} \sigma_1^2 & 0 \\ 0 & \sigma_2^2 \end{pmatrix}}_{SS^t} U^t,$$

d.h., da $U^t = U^{-1}$, wird XX^t durch die Matrix U, deren Spalten normierte Eigenvektoren sind, diagonalisiert

Einsetzen $\rightsquigarrow$

$$XX^t = \begin{pmatrix} 1 & 2 & 0 \\ 0 & 2 & 1 \end{pmatrix} \begin{pmatrix} 1 & 0 \\ 2 & 2 \\ 0 & 1 \end{pmatrix} = \begin{pmatrix} 5 & 4 \\ 4 & 5 \end{pmatrix}$$

gleiche Zeilensummen ($= 9$) $\Longrightarrow$ $(1,1)^t$ ist Eigenvektor von XX^t zum Eigenwert $\sigma_1^2 = 9$

Symmetrie von XX^t $\Longrightarrow$ Orthogonalität der Eigenvektoren, d.h., $(-1,1)^t \perp$ $(1,1)^t$ ist ein zweiter Eigenvektor, Eigenwert $\sigma_2^2 = 5 - 4 = 1$

Normierung $\rightsquigarrow$

$$U = \frac{1}{\sqrt{2}} \begin{pmatrix} 1 & -1 \\ 1 & 1 \end{pmatrix}$$

---

[1] Frobenius-Norm: $|E|_F = \sqrt{\sum_{j,k} |e_{j,k}|^2}$

Bestimmung von V aus

$$\underbrace{\begin{pmatrix} 3 & 0 & 0 \\ 0 & 1 & 0 \end{pmatrix}}_{S} V^{\mathrm{t}} = U^{\mathrm{t}}X = \frac{1}{\sqrt{2}} \begin{pmatrix} 1 & 1 \\ -1 & 1 \end{pmatrix} \begin{pmatrix} 1 & 2 & 0 \\ 0 & 2 & 1 \end{pmatrix} = \frac{1}{\sqrt{2}} \begin{pmatrix} 1 & 4 & 1 \\ -1 & 0 & 1 \end{pmatrix}$$

linke Seite: Zeilen 1 und 2 von V^{t}, skaliert mit $\sigma_1 = 3$ bzw. $\sigma_1 = 1$ (keine Änderung bei der zweiten Zeile)

Vergleich mit der rechten Seite sowie Ergänzung einer dritten (irrelevanten) orthogonalen Zeile von V^{t} $\rightsquigarrow$

$$V = \begin{pmatrix} 1/(3\sqrt{2}) & -1/\sqrt{2} & 2/3 \\ 4/(3\sqrt{2}) & 0 & -1/3 \\ 1/(3\sqrt{2}) & 1/\sqrt{2} & 2/3 \end{pmatrix}$$

(Spalten von $V \cong$ Zeilen von V^{t})

(ii) Umformung und Lösung des Ausgleichsproblems:

Invarianz der Frobenius-Norm unter orthogonalen Transformationen $\implies$

$$|A\underbrace{USV^{\mathrm{t}}}_{X} - Y|_F \underset{*V}{=} |(AU)S - (YV)|_F =: |BS - Z|_F$$

Einsetzen $\rightsquigarrow$

$$BS = \begin{pmatrix} 3b_{1,1} & b_{1,2} & 0 \\ 3b_{2,1} & b_{2,2} & 0 \end{pmatrix}, \quad Z = \begin{pmatrix} 5/(3\sqrt{2}) & 1/\sqrt{2} & 1/3 \\ 5/(3\sqrt{2}) & -1/\sqrt{2} & 1/3 \end{pmatrix}$$

$|BS - Z|_F$ minimal bei Übereinstimmung der Matrix-Elemente $(1,1)$, $(1,2)$, $(2,1)$, $(2,2)$, d.h.

$$B = \frac{1}{\sqrt{2}} \begin{pmatrix} 5/9 & 1 \\ 5/9 & -1 \end{pmatrix}, \quad A = B\underbrace{\frac{1}{\sqrt{2}} \begin{pmatrix} 1 & 1 \\ -1 & 1 \end{pmatrix}}_{U^{\mathrm{t}}} = \begin{pmatrix} -2/9 & 7/9 \\ 7/9 & -2/9 \end{pmatrix}$$

Fehler

$$|AX - Y|_F = |BS - Z|_F = \left| \begin{pmatrix} 0 & 0 & 1/3 \\ 0 & 0 & 1/3 \end{pmatrix} \right|_F = \frac{\sqrt{2}}{3}$$

7.11   Korrektur von Höhenmessungen ★

Die Höhen topografischer Messpunkte sollen korrigiert werden, $h_k \to h_k' = h_k + c_k$, um eine bessere Übereinstimmung mit gemessenen Höhendifferenzen $d_{k,\ell} \overset{!}{=} h_k' - h_\ell'$ zu erzielen: $\sum_{k,\ell}(h_k' - h_\ell' - d_{k,\ell})^2 \to \min$. Bestimmen Sie die Korrekturen c_k für die Daten

$$\begin{array}{c|ccc} k,\ell & 1,2 & 1,3 & 2,3 \\ \hline d_{k,\ell} & -849 & -437 & 409 \end{array}, \quad h = \begin{pmatrix} 123 & 978 & 564 \end{pmatrix}^{\mathrm{t}},$$

wobei $h_3 = 564$ die Höhe eines nicht zu korrigierenden Referenzpunktes ist.

Verweise: Normalengleichungen

Lösungsskizze

(i) Formulierung als Ausgleichsproblem in Standardform:

$$\text{Fehler}: \quad \underbrace{\left(\begin{array}{cc|c} 1 & -1 & 0 \\ 1 & 0 & -1 \\ 0 & 1 & -1 \end{array}\right)}_{(A|v)} \underbrace{\begin{pmatrix} h_1 + c_1 \\ h_2 + c_2 \\ h_3 \end{pmatrix}}_{h'} - \underbrace{\begin{pmatrix} d_{1,2} \\ d_{1,3} \\ d_{2,3} \end{pmatrix}}_{\tilde{d}} = Ac - b$$

mit $b = \tilde{d} - A(h_1, h_2)^{\mathrm{t}} - vh_3$, d.h.

$$b = \begin{pmatrix} -849 \\ -437 \\ 409 \end{pmatrix} - \begin{pmatrix} 1 & -1 \\ 1 & 0 \\ 0 & 1 \end{pmatrix} \begin{pmatrix} 123 \\ 978 \end{pmatrix} - \begin{pmatrix} 0 \\ -1 \\ -1 \end{pmatrix} 564 = \begin{pmatrix} 6 \\ 4 \\ -5 \end{pmatrix}$$

(ii) Minimierung der Fehlerquadratsumme $|Ac - b|^2$:

Die optimale Korrektur c löst die Normalengleichungen $A^{\mathrm{t}}Ac = A^{\mathrm{t}}b$.

Einsetzen ⤳

$$A^{\mathrm{t}}A = \begin{pmatrix} 1 & 1 & 0 \\ -1 & 0 & 1 \end{pmatrix} \begin{pmatrix} 1 & -1 \\ 1 & 0 \\ 0 & 1 \end{pmatrix} = \begin{pmatrix} 2 & -1 \\ -1 & 2 \end{pmatrix}$$

$$A^{\mathrm{t}}b = \begin{pmatrix} 1 & 1 & 0 \\ -1 & 0 & 1 \end{pmatrix} \begin{pmatrix} 6 \\ 4 \\ -5 \end{pmatrix} = \begin{pmatrix} 10 \\ -11 \end{pmatrix}$$

Lösung $c = (3, -4)^{\mathrm{t}}$ ⤳ korrigierte Höhen $h_1' = h_1 + c_1 = 123 + 3 = 126$, $h_2' = 974$ mit der Fehlerquadratsumme

$$|Ac - b|^2 = \left| \begin{pmatrix} 1 & -1 \\ 1 & 0 \\ 0 & 1 \end{pmatrix} \begin{pmatrix} 3 \\ -4 \end{pmatrix} - \begin{pmatrix} 6 \\ 4 \\ -5 \end{pmatrix} \right|^2 = \left| \begin{pmatrix} 1 \\ -1 \\ 1 \end{pmatrix} \right|^2 = 3$$

7.12 Rekursion bei Ausgleichsproblemen ★

Zeigen Sie: Wird ein überbestimmtes lineares Gleichungssystem $Ax \stackrel{!}{=} b$ durch eine weitere Gleichung ergänzt, $A\tilde{x} \stackrel{!}{=} b$, $a^{\mathrm{t}}\tilde{x} \stackrel{!}{=} \beta$, so gilt für die Ausgleichslösungen

$$\tilde{x} = x + \frac{\beta - a^{\mathrm{t}}x}{1 + a^{\mathrm{t}}Pa}Pa$$

mit $P = (A^{\mathrm{t}}A)^{-1}$ [2].

Verweise: Normalengleichungen, Matrix-Multiplikation

Lösungsskizze

Es ist zu zeigen, dass $\tilde{x}$ die Normalengleichungen für das erweiterte Ausgleichsproblem $\begin{pmatrix} A \\ a^{\mathrm{t}} \end{pmatrix} \tilde{x} \stackrel{!}{=} \begin{pmatrix} b \\ \beta \end{pmatrix}$ erfüllt:

$$\left(\begin{pmatrix} A^{\mathrm{t}} & a \end{pmatrix} \begin{pmatrix} A \\ a^{\mathrm{t}} \end{pmatrix} \right) \tilde{x} = \begin{pmatrix} A^{\mathrm{t}} & a \end{pmatrix} \begin{pmatrix} b \\ \beta \end{pmatrix}$$

Multiplizieren der Blockmatrizen sowie Einsetzen von $\tilde{x} = x + \dfrac{\beta - a^{\mathrm{t}}x}{1 + a^{\mathrm{t}}Pa}Pa$ und $A^{\mathrm{t}}A = P^{-1}$ ⤳

$$\left(P^{-1} + aa^{\mathrm{t}} \right) \left(x + \frac{\beta - a^{\mathrm{t}}x}{1 + a^{\mathrm{t}}Pa}Pa \right) \stackrel{!}{=} A^{\mathrm{t}}b + \beta a$$

Vereinfachung der linken Seite mit

$$\left(P^{-1} + aa^{\mathrm{t}} \right) Pa = (1 + a^{\mathrm{t}}Pa)a$$

und Berücksichtigung der Normalengleichungen $A^{\mathrm{t}}Ax = P^{-1}x = A^{\mathrm{t}}b$ auf der rechten Seite   ⤳

$$\left(P^{-1} + aa^{\mathrm{t}} \right) x + \left(\beta - a^{\mathrm{t}}x \right) a \stackrel{!}{=} P^{-1}x + \beta a \quad \checkmark$$

Bermerkung Für eine wiederholte Anwendung der Rekursion kann die Inverse der Systemmatrix in ähnlicher Weise aktualisiert werden:

$$\tilde{P} = \left(P^{-1} + aa^{\mathrm{t}} \right)^{-1} = P - \frac{1}{1 + a^{\mathrm{t}}Pa}Paa^{\mathrm{t}}P .$$

---

[2]Die wiederholte rekursive Aktualisierung von Ausgleichslösungen ist besonders für Probleme mit vielen sukzessive anfallenden Messdaten sinnvoll.

7.13   Iterative Lösung von Ausgleichsproblemen

Zeigen Sie, dass für eine Matrix A mit maximalem Rang jedes Ausgleichsproblem $|Ax - b| \to \min$ mit der Iteration

$$x_{\ell+1} = x_\ell - \omega A^\mathrm{t} A x_\ell + \omega A^\mathrm{t} b, \quad x_0 = \omega A^\mathrm{t} b$$

gelöst werden kann, wenn der positive Parameter ω nicht größer als $1/(\|A^\mathrm{t}\|\|A\|)$ für eine einer Vektornorm zugeordnete Matrixnorm $\|\ \|$ gewählt wird[3].

Verweise: Diagonalform hermitescher Matrizen, Geometrische Reihe

Lösungsskizze

Darstellung des Startvektors bzgl. einer orthonormalen Basis aus Eigenvektoren u_k zu den Eigenwerten $\lambda_k > 0$ der symmetrischen, positiv definiten Matrix $A^\mathrm{t} A$:

$$x_0 = \omega A^\mathrm{t} b = \sum_k c_k u_k$$

wiederholte Anwendung der Rekursion mit $Q = E - \omega A^\mathrm{t} A$ und E der Einheitsmatrix
$\rightsquigarrow$

$$
\begin{aligned}
x_1 &= Qx_0 + x_0 \\
x_2 &= Q(Qx_0 + x_0) + x_0 = Q^2 x_0 + Qx_0 + x_0 \\
&\cdots \\
x_n &= Q^n x_0 + Q^{n-1} x_0 + \cdots + Qx_0 + x_0
\end{aligned}
$$

$$Qu_k = \underbrace{(1 - \omega\lambda_k)}_{\varrho_k} u_k \text{ und } 1 > \varrho_k \geq 1 - \omega \underbrace{\|A^\mathrm{t} A\|}_{\geq \lambda_k} \geq 1 - \omega\|A^\mathrm{t}\|\|A\| \geq 0 \quad \Longrightarrow$$

$$x_n = \sum_k \frac{\varrho_k^{n+1} - 1}{\varrho_k - 1} c_k u_k \xrightarrow[n\to\infty]{} x_\infty = \sum_k \frac{1}{1 - \varrho_k} c_k u_k = \sum_k \frac{1}{\omega\lambda_k} c_k u_k$$

und

$$A^\mathrm{t} A x_\infty = \sum_k \frac{1}{\omega\lambda_k} c_k A^\mathrm{t} A u_k = \frac{1}{\omega} \sum_k c_k u_k = \frac{1}{\omega} x_0 = A^\mathrm{t} b$$

Bemerkung   Es muss nicht vorausgesetzt werden, dass A maximalen Rang hat. Man zeigt zunächst, dass in der Basisdarstellung von $\omega A^\mathrm{t} b$ die Komponenten von Eigenvektoren zum Eigenwert 0 verschwinden, und kann dann den Beweis vollkommen analog führen.

---

[3] $\omega \leq 1/\Big((\max_k \sum_j |a_{j,k}|)(\max_j \sum_k |a_{j,k}|)\Big)$ für die Zeilensummennorm, die der Maximum-Norm zugeordnet ist

8 Spiegelungen, Drehungen, Kegelschnitte und Quadriken

Übersicht

© Springer-Verlag GmbH Deutschland, ein Teil von Springer Nature 2023
K. Höllig und J. Hörner, *Aufgaben und Lösungen zur Höheren Mathematik 2*,
https://doi.org/10.1007/978-3-662-67512-0_9

8.1 Matrix-Darstellung einer Spiegelung

Bestimmen Sie die Matrix-Darstellung der Spiegelung, die den Vektor $(4, -1, 8)^t$ auf ein positives Vielfaches des ersten Einheitsvektors abbildet.

Verweise: Spiegelung

Lösungsskizze

Beschreibung der Abbildungeigenschaften einer Spiegelung $x \mapsto Qx$ mit Hilfe einer Normalen u zur Spiegelungsebene:

$$x \perp u \implies Qx = x$$
$$x \parallel u \implies Qx = -x$$

$\rightsquigarrow$ Spiegelungsmatrix

$$Q = E - \frac{2}{|u|^2} u u^t$$

Invarianz der Norm unter Spiegelungen, $|(4, -1, 8)^t| = \sqrt{16 + 1 + 64} = 9$ $\rightsquigarrow$

$$x = (4, -1, 8)^t \mapsto (9, 0, 0)^t = e$$

Normale parallel zur Verbindung von Punkt und Bildpunkt $\rightsquigarrow$

$$u = (x - e) = (-5, -1, 8)^t, \quad |u|^2 = 90$$

Einsetzen in die Darstellung der Spiegelungsmatrix $\rightsquigarrow$

$$Q = E - \frac{2}{|u|^2} u\, u^t$$

$$= \begin{pmatrix} 1 & 0 & 0 \\ 0 & 1 & 0 \\ 0 & 0 & 1 \end{pmatrix} - \frac{1}{45} \begin{pmatrix} -5 \\ -1 \\ 8 \end{pmatrix} \begin{pmatrix} -5 & -1 & 8 \end{pmatrix}$$

$$= \begin{pmatrix} 1 & 0 & 0 \\ 0 & 1 & 0 \\ 0 & 0 & 1 \end{pmatrix} - \frac{1}{45} \begin{pmatrix} 25 & 5 & -40 \\ 5 & 1 & -8 \\ -40 & -8 & 64 \end{pmatrix}$$

$$= \frac{1}{45} \begin{pmatrix} 20 & -5 & 40 \\ -5 & 44 & 8 \\ 40 & 8 & -19 \end{pmatrix}$$

8.2 Projektion und Spiegelung, bestimmt durch eine Gerade

Bestimmen Sie für die Gerade

$$g: \begin{pmatrix} -1 \\ 2 \end{pmatrix} + t \begin{pmatrix} 4 \\ -3 \end{pmatrix}, \quad t \in \mathbb{R},$$

die Matrix A und den Vektor b folgender affiner Abbildungen $x \mapsto Ax + b$:

a)   Projektion auf g b)   Spiegelung an g

Verweise: Spiegelung

Lösungsskizze

Geometrische Konstruktion:

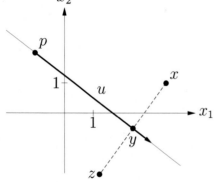

$$p = \begin{pmatrix} -1 \\ 2 \end{pmatrix}$$

$$u = \begin{pmatrix} 4 \\ -3 \end{pmatrix}$$

a) Projektion $x \mapsto y$:

$$u^t(x - \underbrace{(p + tu)}_{y}) = 0 \quad \Longrightarrow \quad t = \frac{u^t(x - p)}{u^t u}$$

und

$$y = \underbrace{\left[p - \frac{u^t p}{u^t u} u \right]}_{b} + \underbrace{\frac{u u^t}{u^t u}}_{A} x$$

Einsetzen, $(u u^t)_{j,k} = u_j u_k \quad \rightsquigarrow$

$$b = \begin{pmatrix} -1 \\ 2 \end{pmatrix} - \frac{-10}{25} \begin{pmatrix} 4 \\ -3 \end{pmatrix} = \begin{pmatrix} 3/5 \\ 4/5 \end{pmatrix}, \quad A = \frac{1}{25} \begin{pmatrix} 16 & -12 \\ -12 & 9 \end{pmatrix}$$

b) Spiegelung $x \mapsto z = \tilde{A}x + \tilde{b}$:

$$z = x + 2(y - x) = -x + 2y = -Ex + 2Ax + 2b \quad \rightsquigarrow$$

$$\tilde{b} = 2b = \begin{pmatrix} 6/5 \\ 8/5 \end{pmatrix}, \quad \tilde{A} = 2A - E = \frac{1}{25} \begin{pmatrix} 7 & -24 \\ -24 & -7 \end{pmatrix}$$

8.3   Drehachse und Drehwinkel

Zeigen Sie, dass

$$Q = \frac{1}{3} \begin{pmatrix} 2 & 2 & -1 \\ -1 & 2 & 2 \\ 2 & -1 & 2 \end{pmatrix}$$

eine Drehmatrix ist, und bestimmen Sie Drehachse und Drehwinkel.

Verweise: Drehung, Drehachse und Drehwinkel

Lösungsskizze

(i) Drehmatrix:

■ Spalten von Q bilden eine orthonormale Basis.

$$Q^t Q = E \checkmark$$

■ Determinante von Q ist gleich 1.

$$\det Q = \left(\frac{1}{3}\right)^3 \begin{vmatrix} 2 & 2 & -1 \\ -1 & 2 & 2 \\ 2 & -1 & 2 \end{vmatrix} \underset{\text{Sarrus}}{=} \frac{1}{27}(8 + 8 - 1 + 4 + 4 + 4) = 1 \checkmark$$

(ii) Drehachse:

Eigenvektor u zum Eigenwert 1

Zeilensummen von Q gleich 1 $\implies$

$$u = \frac{1}{\sqrt{3}}(1, 1, 1)^t$$

(iii) Drehwinkel:

$$2 = \operatorname{Spur} Q = q_{1,1} + q_{2,2} + q_{3,3} = 1 + 2\cos\varphi \quad \implies \quad \varphi = \pm\pi/3$$

entscheide das Vorzeichen (bezogen auf die Orientierung von u) mit Hilfe des Rechtssystems

$$u, \quad v = \frac{1}{\sqrt{2}}(1, 0, -1)^t, \quad w = \frac{1}{\sqrt{6}}(-1, 2, -1)^t, \quad \det(u, v, w) = 1$$

$$w^t Q v = w^t(\cos\varphi\, v + \sin\varphi\, w) = \sin\varphi \quad \rightsquigarrow$$

$$\sin\varphi = \frac{1}{\sqrt{6}}\begin{pmatrix} -1 & 2 & -1 \end{pmatrix} \frac{1}{3}\begin{pmatrix} 2 & 2 & -1 \\ -1 & 2 & 2 \\ 2 & -1 & 2 \end{pmatrix} \frac{1}{\sqrt{2}}\begin{pmatrix} 1 \\ 0 \\ -1 \end{pmatrix}$$

$$= -\sqrt{3}/2$$

$\rightsquigarrow \quad \varphi = -\pi/3$

8.4 Matrixdarstellung einer Drehung

Bestimmen Sie die Matrix-Darstellung der Drehung um $\pi/4$ um die Achse $(3,0,-4)^{\mathrm{t}}$.

Verweise: Drehung, Drehachse und Drehwinkel

Lösungsskizze

ergänze die Drehachse $u = \frac{1}{5}(3,0,-4)^{\mathrm{t}}$ zu einem Rechtssystem

$$v = (0,1,0)^{\mathrm{t}}, \quad w = \frac{1}{5}(4,0,3)^{\mathrm{t}}, \quad \det(u,v,w) = 1$$

Bild der Basis bei Drehung um $\varphi = \pi/4$ $(\cos(\pi/4) = \sin(\pi/4) = 1/\sqrt{2})$

$$u \mapsto \tilde{u} = u$$
$$v \mapsto \tilde{v} = \cos\varphi\, v + \sin\varphi\, w = \frac{1}{5\sqrt{2}}(4,5,3)^{\mathrm{t}}$$
$$w \mapsto \tilde{w} = -\sin\varphi\, v + \cos\varphi\, w = \frac{1}{5\sqrt{2}}(4,-5,3)^{\mathrm{t}}$$

bzw. in Matrix-Form

$$Q = (u,v,w) \overset{D}{\mapsto} (\tilde{u},\tilde{v},\tilde{w}) = \tilde{Q} \quad \Leftrightarrow \quad DQ = \tilde{Q}$$

mit der Drehmatrix D

Einsetzen $\rightsquigarrow$

$$D = \tilde{Q}Q^{\mathrm{t}} = \frac{1}{5\sqrt{2}}\begin{pmatrix} 3\sqrt{2} & 4 & 4 \\ 0 & 5 & -5 \\ -4\sqrt{2} & 3 & 3 \end{pmatrix} \frac{1}{5}\begin{pmatrix} 3 & 0 & -4 \\ 0 & 5 & 0 \\ 4 & 0 & 3 \end{pmatrix}$$

$$= \frac{1}{25\sqrt{2}}\begin{pmatrix} 9\sqrt{2}+16 & 20 & -12\sqrt{2}+12 \\ -20 & 25 & -15 \\ -12\sqrt{2}+12 & 15 & 16\sqrt{2}+9 \end{pmatrix}$$

Alternative Lösung

Darstellung der Drehmatrix mit Hilfe des Kreuzproduktes:

$$d_{j,k} = \cos\varphi\, \delta_{j,k} + (1-\cos\varphi)\, u_j u_k + \sin\varphi \sum_{\ell} \varepsilon_{j,\ell,k} u_\ell,$$

d.h.

$$D = s\begin{pmatrix} 1 & 0 & 0 \\ 0 & 1 & 0 \\ 0 & 0 & 1 \end{pmatrix} + \frac{1-s}{25}\begin{pmatrix} 9 & 0 & -12 \\ 0 & 0 & 0 \\ -12 & 0 & 16 \end{pmatrix} + \frac{s}{5}\begin{pmatrix} 0 & 4 & 0 \\ -4 & 0 & -3 \\ 0 & 3 & 0 \end{pmatrix}$$

mit $s = 1/\sqrt{2}$

8.5   Drehmatrix, die gegebene Vektoren ineinander überführt

Bestimmen Sie die Matrix der Drehung mit Achsenrichtung $(1, 1, 1)^t$, die $(0, 2, 1)^t$ auf $(1, 2, 0)^t$ abbildet.

Verweise: Drehung, Drehachse und Drehwinkel

Lösungsskizze

Darstellung einer Drehung mit normierter Achsenrichtung u um den Winkel φ mit Hilfe des Skalar- und Vektorprodukts

$$v \mapsto Qv = \cos\varphi\, v + (1 - \cos\varphi)\, uu^t v + \sin\varphi\, u \times v$$

Einsetzen von $u = (1, 1, 1)^t/\sqrt{3}$, $v = (0, 2, 1)^t$, $Qv = (1, 2, 0)^t$ mit $c = \cos\varphi$, $s = \sin\varphi$ $\rightsquigarrow$

$$\begin{pmatrix} 1 \\ 2 \\ 0 \end{pmatrix} = c \begin{pmatrix} 0 \\ 2 \\ 1 \end{pmatrix} + \frac{1-c}{3} \underbrace{\begin{pmatrix} 1 \\ 1 \\ 1 \end{pmatrix} \begin{pmatrix} 1 & 1 & 1 \end{pmatrix} \begin{pmatrix} 0 \\ 2 \\ 1 \end{pmatrix}}_{3} + \frac{s}{\sqrt{3}} \begin{pmatrix} 1 \\ 1 \\ 1 \end{pmatrix} \times \begin{pmatrix} 0 \\ 2 \\ 1 \end{pmatrix}$$

$$= \begin{pmatrix} 1-c \\ 1+c \\ 1 \end{pmatrix} + \frac{s}{\sqrt{3}} \begin{pmatrix} -1 \\ -1 \\ 2 \end{pmatrix}$$

Lösen der resultierenden drei Gleichungen für die Vektorkomponenten $\rightsquigarrow$ $s = \sin\varphi = -\sqrt{3}/2$, $c = \cos\varphi = 1/2$ und $\varphi = -\pi/3$

Elemente der Drehmatrix Q gemäß obiger Darstellung

$$q_{j,k} = \frac{1}{2}\delta_{j,k} + \frac{1}{2}u_j u_k - \frac{\sqrt{3}}{2}\sum_\ell \varepsilon_{j,\ell,k} u_\ell \,,$$

d.h. man erhält

$$Q = \frac{1}{2}\begin{pmatrix} 1 & 0 & 0 \\ 0 & 1 & 0 \\ 0 & 0 & 1 \end{pmatrix} + \frac{1}{2}\frac{1}{3}\begin{pmatrix} 1 & 1 & 1 \\ 1 & 1 & 1 \\ 1 & 1 & 1 \end{pmatrix} - \frac{\sqrt{3}}{2}\frac{1}{\sqrt{3}}\begin{pmatrix} 0 & -1 & 1 \\ 1 & 0 & -1 \\ -1 & 1 & 0 \end{pmatrix}$$

$$= \frac{1}{3}\begin{pmatrix} 2 & 2 & -1 \\ -1 & 2 & 2 \\ 2 & -1 & 2 \end{pmatrix}$$

8.6 Drehung als Komposition zweier Spiegelungen

Bestimmen Sie die Drehachse und den Drehwinkel der Drehung, die durch eine Spiegelung an der Ebene $E_1 : x + y = 0$, gefolgt von einer Spiegelung an der Ebene $E_2 : y + z = 0$, entsteht.

Verweise: Spiegelung, Drehung, Drehachse und Drehwinkel

Lösungsskizze

(i) Spiegelungen:

Spiegelungsmatrix: $S = E - 2uu^t$ mit E der Einheitsmatrix und u einem normierten Normalenvektor der Ebene (bis auf Vorzeichen eindeutig)

$u = (1, 1, 0)^t / \sqrt{2}$ für E_1 und $u = (0, 1, 1)^t / \sqrt{2}$ für E_2 ⤳

$$S_1 = \begin{pmatrix} 1 & 0 & 0 \\ 0 & 1 & 0 \\ 0 & 0 & 1 \end{pmatrix} - 2 \cdot \frac{1}{\sqrt{2}} \begin{pmatrix} 1 \\ 1 \\ 0 \end{pmatrix} \frac{1}{\sqrt{2}} \begin{pmatrix} 1 & 1 & 0 \end{pmatrix}$$

$$= \begin{pmatrix} 1 & 0 & 0 \\ 0 & 1 & 0 \\ 0 & 0 & 1 \end{pmatrix} - \begin{pmatrix} 1 & 1 & 0 \\ 1 & 1 & 0 \\ 0 & 0 & 0 \end{pmatrix} = \begin{pmatrix} 0 & -1 & 0 \\ -1 & 0 & 0 \\ 0 & 0 & 1 \end{pmatrix}$$

$$S_2 = \begin{pmatrix} 1 & 0 & 0 \\ 0 & 1 & 0 \\ 0 & 0 & 1 \end{pmatrix} - \begin{pmatrix} 0 \\ 1 \\ 1 \end{pmatrix} \begin{pmatrix} 0 & 1 & 1 \end{pmatrix} = \begin{pmatrix} 1 & 0 & 0 \\ 0 & 0 & -1 \\ 0 & -1 & 0 \end{pmatrix}$$

(ii) Drehung:

$$D = S_2 S_1 = \begin{pmatrix} 1 & 0 & 0 \\ 0 & 0 & -1 \\ 0 & -1 & 0 \end{pmatrix} \begin{pmatrix} 0 & -1 & 0 \\ -1 & 0 & 0 \\ 0 & 0 & 1 \end{pmatrix} = \begin{pmatrix} 0 & -1 & 0 \\ 0 & 0 & -1 \\ 1 & 0 & 0 \end{pmatrix}$$

Drehachse d: Eigenvektor von D zum Eigenwert 1

$$\begin{pmatrix} 0 \\ 0 \\ 0 \end{pmatrix} = (D - E)d = \begin{pmatrix} -1 & -1 & 0 \\ 0 & -1 & -1 \\ 1 & 0 & -1 \end{pmatrix} \begin{pmatrix} d_1 \\ d_2 \\ d_3 \end{pmatrix}$$

$\implies \quad d \parallel (1, -1, 1)^t$

Drehwinkel φ:

$$1 + 2\cos\varphi = \operatorname{Spur} D = 0 + 0 + 0 = 0$$

$\implies \quad \varphi = \arccos(-1/2) = 2\pi/3$

8.7 Zerlegung einer Drehung in Drehungen um die Koordinatenachsen

Schreiben Sie die Drehmatrix

$$Q = \frac{1}{2} \begin{pmatrix} -1 & -\sqrt{2} & 1 \\ -1 & \sqrt{2} & 1 \\ -\sqrt{2} & 0 & -\sqrt{2} \end{pmatrix}$$

als Produkt $Q = Q_z Q_y Q_x$ von Drehungen um die x-, y- bzw. z-Achse.

Verweise: Drehung, Drehachse und Drehwinkel

Lösungsskizze

sukzessive Elimination der Einträge $q_{2,1}$, $q_{3,1}$ und $q_{2,3}$ mit Hilfe von ebenen Drehungen

$$\begin{pmatrix} a & \dots \\ b & \dots \end{pmatrix} \rightarrow \underbrace{\frac{1}{\sqrt{a^2 + b^2}} \begin{pmatrix} a & b \\ -b & a \end{pmatrix}}_{\text{Transformationsmatrix}} \begin{pmatrix} a & \dots \\ b & \dots \end{pmatrix} = \begin{pmatrix} 1 & \dots \\ 0 & \dots \end{pmatrix}$$

(nur jeweils relevante Zeilen dargestellt)

Elimination von $q_{2,1}$ ($a = -1/2$, $b = -1/2$, Zeilen 1 und 2)

$$\underbrace{\begin{pmatrix} -\frac{\sqrt{2}}{2} & -\frac{\sqrt{2}}{2} & 0 \\ \frac{\sqrt{2}}{2} & -\frac{\sqrt{2}}{2} & 0 \\ 0 & 0 & 1 \end{pmatrix}}_{Q_z^{-1}} \underbrace{\begin{pmatrix} -1/2 & -\frac{\sqrt{2}}{2} & 1/2 \\ -1/2 & \frac{\sqrt{2}}{2} & 1/2 \\ -\frac{\sqrt{2}}{2} & 0 & -\frac{\sqrt{2}}{2} \end{pmatrix}}_{Q} = \begin{pmatrix} \frac{\sqrt{2}}{2} & 0 & -\frac{\sqrt{2}}{2} \\ 0 & -1 & 0 \\ -\frac{\sqrt{2}}{2} & 0 & -\frac{\sqrt{2}}{2} \end{pmatrix}$$

Elimination von $q_{3,1}$ ($a = \sqrt{2}/2$, $b = -\sqrt{2}/2$, Zeilen 1 und 3)

$$\underbrace{\begin{pmatrix} \frac{\sqrt{2}}{2} & 0 & -\frac{\sqrt{2}}{2} \\ 0 & 1 & 0 \\ \frac{\sqrt{2}}{2} & 0 & \frac{\sqrt{2}}{2} \end{pmatrix}}_{Q_y^{-1}} \underbrace{\begin{pmatrix} \frac{\sqrt{2}}{2} & 0 & -\frac{\sqrt{2}}{2} \\ 0 & -1 & 0 \\ -\frac{\sqrt{2}}{2} & 0 & -\frac{\sqrt{2}}{2} \end{pmatrix}}_{Q_z^{-1}Q} = \begin{pmatrix} 1 & 0 & 0 \\ 0 & -1 & 0 \\ 0 & 0 & -1 \end{pmatrix}$$

$q_{3,2}$ bereits eliminiert

negative Diagonalelemente $\rightsquigarrow$ Halbdrehung Q_x^{-1} um die x-Achse, $a = -1, b = 0$

$\rightsquigarrow$ $Q_x^{-1} Q_y^{-1} Q_z^{-1} Q = E$ bzw.

$$Q = Q_z Q_y Q_x$$

$$= \begin{pmatrix} -\frac{\sqrt{2}}{2} & \frac{\sqrt{2}}{2} & 0 \\ -\frac{\sqrt{2}}{2} & -\frac{\sqrt{2}}{2} & 0 \\ 0 & 0 & 1 \end{pmatrix} \begin{pmatrix} \frac{\sqrt{2}}{2} & 0 & \frac{\sqrt{2}}{2} \\ 0 & 1 & 0 \\ -\frac{\sqrt{2}}{2} & 0 & \frac{\sqrt{2}}{2} \end{pmatrix} \begin{pmatrix} 1 & 0 & 0 \\ 0 & -1 & 0 \\ 0 & 0 & -1 \end{pmatrix}$$

8.8   Gleichung einer Ellipse

Stellen Sie die abgebildete Ellipse mit Mittelpunkt $(1, 2)$, Hauptachsenrichtungen $(4, 3)^t$ und $(-3, 4)^t$ und Hauptachsenlängen 2 und 3 durch eine Gleichung $q(x_1, x_2) = 0$ dar.

Verweise: Euklidische Normalform der zweidimensionalen Quadriken

Lösungsskizze

Ellipse mit Normalform

$$\frac{\tilde{x}_1^2}{4} + \frac{\tilde{x}_2^2}{9} = 1$$

$\tilde{x}$: Koordinaten bezogen auf das Koordinatensystem mit Ursprung $p = (1, 2)^t$ und normierten Basisvektoren (Achsenrichtungen)

$$u = \frac{1}{5}\begin{pmatrix} 4 \\ 3 \end{pmatrix}, \quad v = \frac{1}{5}\begin{pmatrix} -3 \\ 4 \end{pmatrix}$$

Umrechnung in Koordinaten $(x_1, x_2)^t$ bezogen auf das Standard-Koordinatensystem mit Ursprung $(0, 0)^t$ und Achsenrichtungen $(1, 0)^t$, $(0, 1)^t$

$$x = p + Q\tilde{x}, \quad Q = (u, v) = \frac{1}{5}\begin{pmatrix} 4 & -3 \\ 3 & 4 \end{pmatrix}$$

p: Verschiebung, Q: Drehmatrix der Koordinatentransformation

Einsetzen von $\tilde{x} = Q^{-1}(x - p)$, $Q^{-1} = Q^t$, d.h. von

$$\begin{pmatrix} \tilde{x}_1 \\ \tilde{x}_2 \end{pmatrix} = \underbrace{\frac{1}{5}\begin{pmatrix} 4 & 3 \\ -3 & 4 \end{pmatrix}}_{Q^{-1}} \underbrace{\begin{pmatrix} x_1 - 1 \\ x_2 - 2 \end{pmatrix}}_{x-p} = \begin{pmatrix} \frac{4}{5}x_1 + \frac{3}{5}x_2 - 2 \\ -\frac{3}{5}x_1 + \frac{4}{5}x_2 - 1 \end{pmatrix}$$

in die Normalform   ⤳

$$\frac{1}{4}\left(\frac{4}{5}x_1 + \frac{3}{5}x_2 - 2\right)^2 + \frac{1}{9}\left(-\frac{3}{5}x_1 + \frac{4}{5}x_2 - 1\right)^2 = 1$$

Vereinfachung und Multiplikation mit 180   ⤳

$$36x_1^2 + 24x_1x_2 + 29x_2^2 - 120x_1 - 140x_2 + 20 = 0$$

Matrix-Form der Gleichung

$$x^t A x + 2b^t x + c = 0 \quad \text{mit} \quad A = \begin{pmatrix} 36 & 12 \\ 12 & 29 \end{pmatrix}, \quad b = \begin{pmatrix} -60 \\ -70 \end{pmatrix}, \quad c = 20$$

8.9   Hyperbel durch einen Punkt zu gegebenen Brennpunkten

Beschreiben Sie die Hyperbel H mit Brennpunkten $F_1 = (0,6)$, $F_2 = (8,0)$ und $P = (0,0) \in H$ durch eine Gleichung $q(x_1, x_2) = 0$.

Verweise: Hyperbel, Orthogonale Basis

Lösungsskizze

(i) Parameter:

- Mittelpunkt: $M = (F_1 + F_2)/2 = (4,3)$
- Brennweite: $f = |\overrightarrow{F_1 F_2}|/2 = |(8,-6)^{\mathrm{t}}|/2 = \sqrt{64+36}/2 = 5$
- Halbachsenlängen: $a = ||\overrightarrow{F_1 P}| - |\overrightarrow{F_2 P}||/2 = |6-8|/2 = 1$, $b = \sqrt{f^2 - a^2} = \sqrt{24}$

(ii) Kanonische Darstellung im transformierten Koordinatensystem:

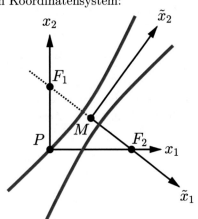

Achsenrichtungen:
$\tilde{e}_1 = \overrightarrow{F_1 F_2}^{\,\circ} = (8,-6)^{\mathrm{t}}/10 = (4,-3)^{\mathrm{t}}/5$,
$\tilde{e}_1 \perp \tilde{e}_2 = (3,4)^{\mathrm{t}}/5$
Ursprung M $\rightsquigarrow$ Standardform   der Hyperbelgleichung

$$H : 1 = \frac{\tilde{x}_1^2}{a^2} - \frac{\tilde{x}_2^2}{b^2} = \tilde{x}_1^2 - \frac{\tilde{x}_2^2}{24}$$

(iii) Umrechnung der Koordinaten $(\tilde{x} \to x)$:
Formel für die Koeffizienten bzgl. einer orthonormalen Basis $\Longrightarrow$

$$\tilde{x}_1 = (x - M)\tilde{e}_1 = (x_1 - 4, x_2 - 3)(4, -3)^{\mathrm{t}}/5 = (4x_1 - 3x_2 - 7)/5$$
$$\tilde{x}_2 = (x - M)\tilde{e}_2 = (x_1 - 4, x_2 - 3)(3, 4)^{\mathrm{t}}/5 = (3x_1 + 4x_2 - 24)/5$$

Einsetzen in die Hyperbelgleichung $\rightsquigarrow$

$$H : ((4x_1 - 3x_2 - 7)/5)^2 - \frac{((3x_1 + 4x_2 - 24)/5)^2}{24} = 1$$

bzw. nach Vereinfachung

$$H : \frac{5}{8}x_1^2 - x_1 x_2 + \frac{1}{3}x_2^2 - 2x_1 + 2x_2 = 0$$

8.10 Hauptachsentransformation eines Kegelschnitts

Bestimmen Sie den Typ, die Hauptachsenrichtungen und -Längen sowie den Mittelpunkt der durch die Gleichung

$$x_1^2 + 6x_1x_2 - 7x_2^2 - 4x_1 + 4x_2 = 8$$

beschriebenen Quadrik und fertigen Sie eine Skizze an.

Verweise: Kegelschnitt, Hauptachsentransformation

Lösungsskizze

Matrixform der Gleichung der Quadrik

$$x^t \underbrace{\begin{pmatrix} 1 & 3 \\ 3 & -7 \end{pmatrix}}_{A} x + 2 \underbrace{(-2,2)}_{b^t} x = 8$$

(i) Diagonalisierung von A:

Hauptachsenrichtungen: Eigenvektoren von A

Nullstellen des charakteristischen Polynoms

$$\det(A - \lambda E) = \begin{vmatrix} 1-\lambda & 3 \\ 3 & -7-\lambda \end{vmatrix} = \lambda^2 + 6\lambda - 16$$

⤳ Eigenwerte $\lambda_1 = 2$, $\lambda_2 = -8$

zugehörige Eigenvektoren

- $\lambda_1 = 2$

$$\begin{pmatrix} -1 & 3 \\ 3 & -9 \end{pmatrix} \begin{pmatrix} u_1 \\ u_2 \end{pmatrix} = \begin{pmatrix} 0 \\ 0 \end{pmatrix} \quad \rightsquigarrow \quad u \parallel \begin{pmatrix} 3 \\ 1 \end{pmatrix}$$

- $\lambda_2 = -8$

$$\text{symmetrisches } A \implies v \perp u \quad \rightsquigarrow \quad v \parallel \begin{pmatrix} -1 \\ 3 \end{pmatrix}$$

⤳ normierte Hauptachsenrichtungen

$$u^\circ = \frac{1}{\sqrt{10}} (3,1)^t, \quad v^\circ = \frac{1}{\sqrt{10}} (-1,3)^t$$

Transformationsmatrix

$$Q = (u^\circ, v^\circ) = \frac{1}{\sqrt{10}} \begin{pmatrix} 3 & -1 \\ 1 & 3 \end{pmatrix}$$

(Reihenfolge so, dass $\det(Q) = 1$)

Drehung des Koordinatensystems, $x = Qy \quad \rightsquigarrow \quad$ Diagonalform

$$
y^t \underbrace{Q^t A Q}_{\mathrm{diag}(\lambda_1, \lambda_2)} y + 2b^t Q y = y^t \begin{pmatrix} 2 & 0 \\ 0 & -8 \end{pmatrix} y + \frac{1}{\sqrt{10}}(-8, 16)y
$$

$$
= 2y_1^2 - \frac{8}{\sqrt{10}} y_1 - 8y_2^2 + \frac{16}{\sqrt{10}} y_2 = 8
$$

(ii) Transformation auf Normalform:

Elimination der linearen Terme durch quadratische Ergänzung (Verschiebung des Koordinatensystems)

$$
z_1 = y_1 - \frac{2}{\sqrt{10}}, \; z_2 = y_2 - \frac{1}{\sqrt{10}} \quad \rightsquigarrow \quad 2z_1^2 - \frac{8}{10} - 8z_2^2 + \frac{8}{10} = 8
$$

Skalierung (rechte Seite $\to$ 1) $\quad \rightsquigarrow$

$$
\left(\frac{z_1}{2} \right)^2 - \left(\frac{z_2}{1} \right)^2 = 1
$$

$\rightsquigarrow$ Normalform einer Hyperbel mit Hauptachsenlängen 2 und 1

Gesamttransformation (Drehung und Verschiebung)

$$
x = Qy = Q(z + p), \quad p = \frac{1}{\sqrt{10}}(2, 1)^t
$$

$\rightsquigarrow$ Mittelpunkt der Quadrik (Bild von $z = (0,0)^t$)

$$
m = Qp = \frac{1}{\sqrt{10}} \begin{pmatrix} 3 & -1 \\ 1 & 3 \end{pmatrix} \frac{1}{\sqrt{10}} \begin{pmatrix} 2 \\ 1 \end{pmatrix} = \begin{pmatrix} 1/2 \\ 1/2 \end{pmatrix}
$$

(iii) Skizze:

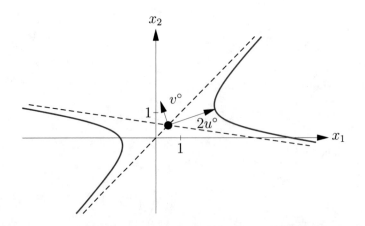

8.11 Normalform eines Kegelschnitts

Beschreiben Sie die Schnittkurve des Kegels mit Spitze $(0,0,1)^t$, Achsenrichtung $(1,2,1)^t$ und Öffnungswinkel $\pi/3$ mit der x_1x_2-Ebene durch eine Gleichung $f(x_1, x_2) = 0$. Geben Sie ebenfalls eine Darstellung in homogenen Koordinaten an.

Verweise: Quadrik, Kegelschnitt

Lösungsskizze

(i) Gleichung des Kegels:

$x \in K \iff \sphericalangle(x - p, u) \in \{\alpha/2, \pi - \alpha/2\}$

Definition des Skalarproduktes,

$\cos t = -\cos(\pi - t) \quad \rightsquigarrow$

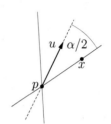

$$K : (x - p)^t u = \pm \cos(\alpha/2)\, |x - p||u|$$

Einsetzen von $p = (0,0,1)^t$, $u = (1,2,1)^t$, $\alpha = \pi/3$, $\cos(\alpha/2) = \sqrt{3}/2$ und Quadrieren $\quad \rightsquigarrow$

$$(x_1 + 2x_2 + (x_3 - 1))^2 = \frac{3}{4} \left(x_1^2 + x_2^2 + (x_3 - 1)^2 \right) \left(1^2 + 2^2 + 1^2 \right)$$

(ii) Gleichung der Kurve:

Setzen von $x_3 = 0 \quad \rightsquigarrow$

$$x_1^2 + 4x_2^2 + 1 + 4x_1x_2 - 2x_1 - 4x_2 = (3 \cdot 6/4)\left(x_1^2 + x_2^2 + 1 \right)$$

bzw. nach Vereinfachung

$$7x_1^2 - 8x_1x_2 + x_2^2 + 4x_1 + 8x_2 + 7 = 0$$

Reduzierte Matrixform ($x_3 = 0$)

$$x^t A x + 2b^t x + c = 0 \quad \text{mit} \quad A = \begin{pmatrix} 7 & -4 \\ -4 & 1 \end{pmatrix}, \quad b = \begin{pmatrix} 2 \\ 4 \end{pmatrix}, \quad c = 7$$

(iii) Darstellung in homogenen Koordinaten:

$(x_1, x_2) = (z_1/z_3, z_2/z_3) \sim (z_1, z_2|z_3) \quad \rightsquigarrow$

$$(z_1, z_2) A \begin{pmatrix} z_1 \\ z_2 \end{pmatrix} + 2z_3 (b_1, b_2) \begin{pmatrix} z_1 \\ z_2 \end{pmatrix} + cz_3^2 = 0$$

bzw. in Matrixform

$$(z_1, z_2|z_3) \left(\begin{array}{c|c} A & b \\ \hline b^t & c \end{array} \right) \begin{pmatrix} z_1 \\ z_2 \\ z_3 \end{pmatrix} = z^t \begin{pmatrix} 7 & -4 & 2 \\ -4 & 1 & 4 \\ 2 & 4 & 7 \end{pmatrix} z = 0$$

8.12   Rationale Parametrisierung eines Kegelschnitts

Jede rationale Parametrisierung

$$t \mapsto (u(t)/w(t), v(t)/w(t))^{\mathrm{t}}$$

mit Zähler- und Nennergrad der Polynome u, v, w höchstens zwei beschreibt einen Kegelschnitt K. Bestimmen Sie für das Beispiel

$$u(t) = t, \quad v(t) = t^2, \quad w(t) = 1 + t^2$$

den Typ und die implizite Darstellung von K.

Verweise: Kegelschnitt, Euklidische Normalform der zweidimensionalen Quadriken

Lösungsskizze

Einsetzen von $x = u/w$, $y = v/w$ in die implizite Darstellung eines Kegelschnitts,

$$K : ax^2 + bxy + cy^2 + dx + ey + f = 0 \,,$$

und Multiplikation mit w^2 ⤳

$$au^2 + buv + cv^2 + duw + evw + fw^2 = 0$$

Einsetzen der konkreten Polynome des Beispiels   ⤳

$$at^2 + bt^3 + ct^4 + dt(1 + t^2) + et^2(1 + t^2) + f(1 + t^2)^2 = 0$$

Vergleich der Koeffizienten von $1, t, \ldots, t^4$ ⤳   homgenes lineares Gleichungssystem für $a, b, \ldots, f$

$$
\begin{aligned}
1 : \quad & f = 0 \\
t : \quad & d = 0 \\
t^2 : \quad & a + e + 2f = 0 \\
t^3 : \quad & b + d = 0 \\
t^4 : \quad & c + e + f = 0
\end{aligned}
$$

Die Lösung ist bis auf einen Skalierungsfaktor eindeutig.
Eine Unbekannte kann beliebig gewählt werden.
$a = 1$ ⤳ $c = 1$, $e = -1$, $b = d = f = 0$ ⤳   implizite Darstellung

$$K : x^2 + y^2 - y = 0 \quad \text{bzw. nach quadr. Erg.} \quad x^2 + (y - 1/2)^2 = 1/4$$

Kreis um $(0, 1/2)$ mit Radius $1/2$

8.13 Normalform und Typ einer parameterabhängigen Quadrik

Bestimmen Sie Normalform und Typ der durch die Gleichung

$$x^{t} \begin{pmatrix} 1 & 0 & t \\ 0 & t & 1 \\ t & 1 & 0 \end{pmatrix} x = t$$

beschriebenen Quadrik in Abhängigkeit von dem Parameter t.

Verweise: Quadrik, Euklidische Normalform der dreidimensionalen Quadriken

Lösungsskizze

(i) Eigenwerte λ_k:

Zeilensummen der Koeffizientenmatrix $A = 1 + t \quad \Longrightarrow \quad \lambda_1 = 1 + t$,
zugehöriger Eigenvektor $(1, 1, 1)^t$

$$\lambda_1 + \lambda_2 + \lambda_3 = \operatorname{Spur} A = 1 + t \quad \Longrightarrow \quad \lambda_3 = -\lambda_2$$

$$\lambda_1 \lambda_2 \lambda_3 = \det A = -1 - t^3 \quad \Longrightarrow$$

$$-\lambda_2^2 = \lambda_2 \lambda_3 = \frac{\det A}{\lambda_1} = \frac{-1 - t^3}{1 + t} = -1 + t - t^2 = -\left[(t - 1/2)^2 + 3/4\right]$$

$$\Longrightarrow \quad \forall t: \ \lambda_2 = \varrho = \sqrt{[\ldots]}, \ \lambda_3 = -\varrho \text{ mit } \varrho \geq \sqrt{3}/2$$

(ii) Normalform und Typ:

Transformation auf Diagonalform ($x = Qy$) $\quad \rightsquigarrow$

$$(1 + t)y_1^2 + \varrho y_2^2 - \varrho y_3^2 = t$$

Typ für $t = 0$:

Doppelkegel (3 Eigenwerte $\neq 0$ mit unterschiedlichem Vorzeichen)
Normalform für $t \neq 0$:

$$(1/t + 1)y_1^2 + (\varrho/t)y_2^2 - (\varrho/t)y_3^2 = 1$$

Typ für $t \neq 0$, bestimmt durch Vorzeichen der Koeffizienten:

$t < -1$:	$+ - +$	einschaliges Hyperboloid
$t = -1$:	$0 - +$	hyperbolischer Zylinder
$-1 < t < 0$:	$- - +$	zweischaliges Hyperboloid
$0 < t$:	$+ + -$	einschaliges Hyperboloid

8.14   Gleichung einer Quadrik

Bestimmen Sie eine implizite Darstellung

$$Q : x^t A x + 2b^t x + c = 0$$

des einschaligen Hyperboloids mit Mittelpunkt $(-1, 1, -1)$, der Symmetrieachse in Richtung des Vektors $v_1 = (1, 0, 1)^t$ und Hauptachsenlängen $a_1 = 1$, $a_2 = a_3 = 2$.

Verweise: Euklidische Normalform der dreidimensionalen Quadriken, Hauptachsentransformation

Lösungsskizze

(i) Hauptachsen:

prinzipielle normierte Hauptachsenrichtung (Symmetrieachse): $v_1 = \frac{1}{\sqrt{2}}(1, 0, 1)^t$

$a_2 = a_3 \implies$ Als normierte Hauptachsenrichtung v_2 kann ein beliebiger Einheitsvektor orthogonal zu v_1 gewählt und durch $v_3 = v_1 \times v_2$ zu einem orthonormalen Rechtssystem ergänzt werden.

mögliche Wahl:

$$v_1 = (1, 0, 1)^t / \sqrt{2}, \quad v_2 = (0, 1, 0)^t, \quad v_3 = (-1, 0, 1)^t / \sqrt{2}$$

(ii) Koordinatentransformation der Normalform:

Implizite Darstellung des einschaligen Hyperboloids in dem Koordinatensystem mit dem Mittelpunkt $p = (-1, 1, -1)$ der Quadrik als Ursprung und den Basisvektoren $\{v_1, v_2, v_3\}$ (Normalform):

$$-\frac{z_1^2}{a_1^2} + \frac{z_2^2}{a_2^2} + \frac{z_3^2}{a_3^2} = 1, \quad z_k = v_k^t(x - p^t), \quad a_1 = 1, a_2 = a_3 = 2$$

Die Koordinaten z_k wurden unter Berücksichtigung der Verschiebung, $x \to (x_1 + 1, x_2 - 1, x_3 + 1)^t$, als Skalarprodukte mit den orthonormalen Basisvektoren berechnet.

Einsetzen, Vereinfachen mit Maple^{TM} und Skalierung der resultierenden Gleichung
⤳

```
> s:=sqrt(2);
> z[1]:=(x[1]+x[3]+2)/s; z[2]:=x[2]-1; z[3]:=(x[3]-x[1])/s;
> Qs:=simplify(-z[1]^2+z[2]^2/4+z[3]^2/4=1);
> Q:=8*Qs;
```

$$Q : \; -3x_1^2 + 2x_2^2 - 3x_3^2 - 10x_1x_3 - 16x_1 - 4x_2 - 16x_3 = 22$$

bzw. $Q : x^t A x + 2b^t x + c = 0$ mit

$$A = \begin{pmatrix} -3 & 0 & -5 \\ 0 & 2 & 0 \\ -5 & 0 & -3 \end{pmatrix}, \quad b = \begin{pmatrix} -8 \\ -2 \\ -8 \end{pmatrix}, \quad c = -22$$

8.15 Normalform, Typ und Hauptachsenlängen einer Quadrik ⋆

Transformieren Sie die durch die Gleichung

$$4x_1^2 - 2x_1x_2 + 4x_1x_3 + x_2^2 + 2x_2x_3 + 4x_3^2 - \sqrt{6}x_1 - 2\sqrt{6}x_2 + \sqrt{6}x_3 = -3$$

beschriebene Quadrik auf Normalform und bestimmen Sie den Typ sowie die Hauptachsenlängen.

Verweise: Quadrik, Euklidische Normalform der dreidimensionalen Quadriken

Lösungsskizze

(i) Matrix-Form:

$x^t A x + 2b^t x + c = 0$ mit

$$A = \begin{pmatrix} 4 & -1 & 2 \\ -1 & 1 & 1 \\ 2 & 1 & 4 \end{pmatrix}, \quad b = \sqrt{6}\begin{pmatrix} -1/2 \\ -1 \\ 1/2 \end{pmatrix}, \quad c = 3$$

(ii) Eigenwerte:

charakteristisches Polynom

$$\det(A - \lambda E) = \begin{vmatrix} 4-\lambda & -1 & 2 \\ -1 & 1-\lambda & 1 \\ 2 & 1 & 4-\lambda \end{vmatrix}$$

$$\underset{\text{Sarrus}}{=} (4-\lambda)(1-\lambda)(4-\lambda) - 2 - 2 - (4-\lambda) - (4-\lambda) - 4(1-\lambda)$$

$$= -\lambda^3 + 9\lambda^2 - 18\lambda$$

Nullstellen ⤳ Eigenwerte $\lambda_1 = 6$, $\lambda_2 = 3$, $\lambda_3 = 0$

(iii) Hauptachsen:

algebraische Vielfachheit aller Eigenwerte λ gleich 1

$\implies$ Rang$(A - \lambda E) = 2$

$\implies$ Eigenvektor $\parallel$ zum Kreuzprodukt zweier linear unabhängiger Zeilen von

$$A - \lambda E = \begin{pmatrix} 4-\lambda & -1 & 2 \\ -1 & 1-\lambda & 1 \\ 2 & 1-\lambda & 4 \end{pmatrix}$$

(Kreuzprodukt $\perp$ Zeilen, d.h. Element des Kerns von $A - \lambda E$)

⤳ Hauptachsenrichtungen

$$\lambda_1 = 6: \ u = (-2,-1,2)^t \times (-1,-5,1)^t = (9,0,9)^t$$
$$\lambda_2 = 3: \ v = (1,-1,2)^t \times (-1,-2,1)^t = (3,-3,-3)^t$$
$$\lambda_3 = 0: \ w = (4,-1,2)^t \times (-1,1,1)^t = (-3,-6,3)^t$$

(iv) Transformation:

Normierung von $u, v, w \quad \rightsquigarrow \quad$ Transformationsmatrix

$$Q = \left(\frac{u}{|u|}, \frac{v}{|v|}, \frac{-w}{|w|} \right) = \begin{pmatrix} \frac{1}{\sqrt{2}} & \frac{1}{\sqrt{3}} & \frac{1}{\sqrt{6}} \\ 0 & -\frac{1}{\sqrt{3}} & \frac{2}{\sqrt{6}} \\ \frac{1}{\sqrt{2}} & -\frac{1}{\sqrt{3}} & -\frac{1}{\sqrt{6}} \end{pmatrix}$$

Korrektur der Orientierung von w, damit $\det Q = 1$ (Drehung)

Koordinatentransformation $x = Qy$

$$x^t A x + 2 b^t x + c = 0 \quad \Leftrightarrow \quad y^t D y + 2 d^t y + c = 0$$

mit $D = Q^t A Q$, $d^t = b^t Q$, d.h.

$$D = \operatorname{diag}(6, 3, 0)$$

$$d^t = \sqrt{6} \left(-\frac{1}{2}, -1, \frac{1}{2} \right) \begin{pmatrix} \frac{1}{\sqrt{2}} & \frac{1}{\sqrt{3}} & \frac{1}{\sqrt{6}} \\ 0 & -\frac{1}{\sqrt{3}} & \frac{2}{\sqrt{6}} \\ \frac{1}{\sqrt{2}} & -\frac{1}{\sqrt{3}} & -\frac{1}{\sqrt{6}} \end{pmatrix} = \begin{pmatrix} 0 & 0 & -3 \end{pmatrix}$$

$\rightsquigarrow \quad$ transformierte Gleichung

$$6 y_1^2 + 3 y_2^2 - 6 y_3 + 3 = 0$$

Verschiebung, $y = z + p$, $p = (0, 0, 1/2)^t$, und Skalierung $\quad \rightsquigarrow$

$$2 z_1^2 + z_2^2 - 2 z_3 = 0$$

zwei positive Eigenwerte, ein Eigenwert 0, linearer Term $\quad \rightsquigarrow$
elliptisches Paraboloid

Gesamttransformation: $x = Qy = Qz + Qs$

Hauptachsenlängen: $a_1 = 1/\sqrt{2}$, $a_2 = 1$

(v) Skizze:

Projektion in die $x_1 x_2$-Ebene (z_2 und z_3 weisen nach hinten)

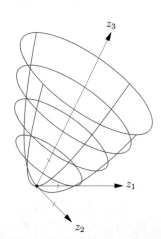

9 Tests

Übersicht

Ergänzend zu den Tests in diesem Kapitel finden Sie unter dem Link unten auf der Seite eine interaktive Version dieser Tests als elektronisches Zusatzmaterial. Sie können dort Ihre Ergebnisse zu den Aufgaben in ein interaktives PDF-Dokument eintragen und erhalten unmittelbar eine Rückmeldung, ob die Resultate korrekt sind.

Ergänzende Information Die elektronische Version dieses Kapitels enthält Zusatzmaterial, auf das über folgenden Link zugegriffen werden kann https://doi.org/10.1007/978-3-662-67512-0_10.

9.1 Gruppen und Körper

Aufgabe 1:

Welche der Abbildungen

$$f_r : (x, y) \mapsto (x, y + rx), \quad h_r : (x, y) \mapsto (x, y + ry)$$

bilden für $r \in \mathbb{R}$ bzgl. der Hintereinanderschaltung eine Gruppe?

Aufgabe 2:

Geben Sie möglichst wenige Permutationen an, die die Gruppe der Permutationen von $\{1, 2, 3\}$ durch wiederholte Verknüpfungen generieren.

Aufgabe 3:

Bestimmen Sie alle Untergruppen der Gruppe $G = \{1, 2, 3, 4, 5, 6\}$ bzgl. der Multiplikation modulo 7.

Aufgabe 4:

Bestimmen Sie für die Permutation

$$\pi = \begin{pmatrix} 1 & 2 & 3 & 4 & 5 & 6 & 7 & 8 & 9 \\ 3 & 8 & 1 & 9 & 2 & 4 & 6 & 5 & 7 \end{pmatrix}$$

die Zyklendarstellung, die inverse Permutation und das Vorzeichen.

Aufgabe 5:

Vervollständigen Sie die folgende Verknüpfungstabelle einer kommutativen Gruppe

	a	b	c	d	e
a	a				
b	b	c			
c	c	d			
d	d	e	a	b	
e	e				

Aufgabe 6:

Lösen Sie die Gleichung $x^2 + 8x = 7 \bmod 11$ in dem Primkörper $\mathbb{Z}_{11}$.

Aufgabe 7:

Bestimmen Sie mit dem Euklidischen Algorithmus den größten gemeinsamen Teiler von 4641 und 4389.

Aufgabe 8:

Bestimmen Sie die kleinste positive Lösung $x \in \mathbb{N}$ der Kongruenzen

$$x = 1 \bmod 11, \quad x = 9 \bmod 13 \,.$$

Lösungshinweise

Aufgabe 1:

Überprüfen Sie die Abgeschlossenheit der Abbildungsmenge G unter Hintereinanderschaltung ($g_r \circ g_s \in G$) und die Gültigkeit der Gruppenaxiome.

- Assoziativität: $(g_r \circ g_s) \circ g_t = g_r \circ (g_s \circ g_t)$
- Neutrales Element: $\exists g_o : g_o \circ g_r = g_r = g_r \circ g_o$
- Inverses Element: $\exists g_r^{-1} : g_r \circ g_r^{-1} = g_o$

Aufgabe 2:

Eine Transposition und ein 3-Zyklus generieren jeweils Untergruppen mit 2 und 3 Permutationen. Die Vereinigungsmenge beider Untergruppen generiert damit eine Untergruppe mit mindestens $n \geq 4$ Permutationen. Da n ein Teiler von 6 ist, folgt $n = 6$.

Aufgabe 3:

Bestimmen Sie zunächst die zyklischen Untergruppen, die durch eine Zahl generiert werden, und folgern Sie dann, dass keine weiteren Untergruppen existieren.

Aufgabe 4:

Ein Zyklus ist eine Abbildungssequenz, die wieder zum Ausgangselement zurückführt. Beispielsweise entsprechen die Zyklen $(abc), (de)$ den Abbildungssequenzen $a \mapsto b \mapsto c \mapsto a, d \mapsto e \mapsto d$. Die inverse Permutation erhält man durch Umkehrung der Zyklen, z.B. $(abc)(de) \to (acb)(de)$. Das Vorzeichen ist $(-1)^s$ mit s der Summe der jeweils um 1 verminderten Zyklenlängen; $s = 2 + 1$ im gegebenen Beispiel.

Aufgabe 5:

Aufgrund der Kommutativität der Gruppe ist die Verknüpfungstabelle symmetrisch. Zur Bestimmung der nach Spiegelung noch fehlenden Einträge benutzt man, dass jede Zeile oder Spalte jedes Element genau einmal enthält.

Aufgabe 6:

Bringen Sie die Gleichung durch quadratische Ergänzung auf die Form

$$(x + n)^2 = m \bmod 11 \,,$$

und bestimmen Sie dann die beiden Wurzeln von m in $\mathbb{Z}_{11}$.

Aufgabe 7:

Beginnend mit $n_1 = 4641$, $n_2 = 4389$ berechnet der Euklidische Algorithmus durch Division mit Rest,

$$n_{k-1} : n_k = m_k \operatorname{Rest} n_{k+1}, \quad k = 2, 3, \dots \,,$$

eine Folge $n_3, n_4, \dots$, bis die Divisionskette mit $n_{K+1} = 0$ abbricht; n_K ist der größte gemeinsame Teiler.

Aufgabe 8:

Mit dem Chinesischen Restsatz erhält man

$$x = \left[1 \cdot (13^{-1} \bmod 11) \cdot 13 + 9 \cdot (11^{-1} \bmod 13) \cdot 11\right] \bmod(11 \cdot 13),$$

wobei $r = q^{-1} \bmod p \iff r \cdot q = 1 \bmod p$. Für die relativ kleinen Zahlen können die Modulo-Inversen leicht durch Testen der Produkte $13 \cdot k$ und $11 \cdot \ell$ bestimmt werden. Ist die Summe $[\dots] \geq 143 = 11 \cdot 13$, muss noch ein Vielfaches von 143 abgezogen werden.

9.2   Vektorräume, Skalarprodukte und Basen

Aufgabe 1:
Welche der folgenden Bedingungen definieren Untervektorräume des Vektorraums der auf $[0,1]$ stetigen Funktionen?

$$\text{a) } f(1) = 0 \qquad \text{b) } f(0) = 1 \qquad \text{c) } f(0) = f(1)$$

Aufgabe 2:
Konstuieren Sie eine Basis für den Durchschnitt der Unterräume

$$\text{span}\left(\begin{pmatrix}1\\1\\0\\0\end{pmatrix},\begin{pmatrix}0\\1\\1\\0\end{pmatrix},\begin{pmatrix}0\\0\\1\\1\end{pmatrix}\right),\quad \text{span}\left(\begin{pmatrix}1\\1\\1\\0\end{pmatrix},\begin{pmatrix}0\\1\\1\\1\end{pmatrix},\begin{pmatrix}1\\0\\1\\1\end{pmatrix}\right)$$

von $\mathbb{R}^4$.

Aufgabe 3:
Bestimmen Sie den Abstand des Punktes $(1+\mathrm{i},0)^{\mathrm{t}} \in \mathbb{C}^2$ von der (komplexen) Geraden $g:\ (1,\mathrm{i})^{\mathrm{t}} + t(\mathrm{i},1)^{\mathrm{t}}$.

Aufgabe 4:
Bestimmen Sie den Winkel φ zwischen den Monomen $x \mapsto x^2$ und $x \mapsto x^3$ bzgl. des Skalarprodukts $\langle f,g\rangle = \int_0^1 f(x)g(x)\,\mathrm{d}x$.

Aufgabe 5:
Sind die Vektoren $(0,1,2)^{\mathrm{t}}$, $(1,0,-2)^{\mathrm{t}}$, $(3,2,-2)^{\mathrm{t}}$ linear unabhängig?

Aufgabe 6:
Ergänzen Sie $u = (1+\mathrm{i},1-\mathrm{i})^{\mathrm{t}}$ zu einer orthogonalen Basis $B = \{u,v\}$ von $\mathbb{C}^2$ mit $v_1 = 1$ und bestimmen Sie die Koordinaten von $x = (1,1)^{\mathrm{t}}$ bzgl. B.

Aufgabe 7:
Bestimmen Sie die Projektion des Vektors $(0,1,0)^{\mathrm{t}}$ auf die von den Vektoren $(1,1,0)^{\mathrm{t}}$ und $(0,1,1)^{\mathrm{t}}$ aufgespannte Ebene.

Aufgabe 8:
Konstruieren Sie eine orthogonale Basis für die Polynome vom Grad ≤ 2 bzgl. des Skalarprodukts $\langle f,g\rangle = \int_0^\infty f(x)g(x)\mathrm{e}^{-x}\,\mathrm{d}x$ (Laguerre-Polynome) durch Anwendung des Gram-Schmidt-Verfahrens auf die Monombasis.

Aufgabe 9:
Konstruieren Sie eine orthogonale Basis mit ganzzahligen Koordinaten für das orthogonale Komplement des von den Vektoren $(1, 1, 1, 0)^t$ und $(0, 1, 1, 1)^t$ aufgespannten Unterraums von $\mathbb{R}^4$.

Lösungshinweise

Aufgabe 1:
Um zu zeigen, dass eine Teilmenge U eines reellen Vektorraums V ein Unterraum ist, ist die Abgeschlossenheit unter Addition und skalarer Multiplikation zu zeigen, d.h.

$$f, g \in U, s \in \mathbb{R} \implies f + g \in U \text{ und } sf \in U .$$

Aufgabe 2:
Ein Vektor u liegt genau dann im Durchschnitt der von den Vektoren v_k und w_k aufgespannten Unterräume, wenn

$$u = \sum_k x_k v_k = \sum_k y_k w_k ,$$

d.h. der Koeffizientenvektor $z = (x^{\mathrm{t}}, y^{\mathrm{t}})^{\mathrm{t}}$ muss im Kern der Matrix $A = (v_1, v_2, \ldots, -w_1, -w_2, \ldots)$ liegen. Nach Transformation von A auf Zeilenstufenform können Sie Basisvektoren z für den Kern bestimmen und erhalten so entsprechende Basisektoren u für den Durchschnitt.

Aufgabe 3:
Der Abstand von zwei Punkten $a, b \in \mathbb{C}^n$ ist

$$d = |a - b| = \sqrt{\sum_k |a_k - b_k|^2}$$

mit $|x + y\mathrm{i}| = \sqrt{x^2 + y^2}$ dem Betrag einer komplexen Zahl. Mit $a = (1, \mathrm{i})^{\mathrm{t}}$ und $b(t)$ einem Punkt auf der Geraden ist $d(t)^2$ eine quadratische Funktion, deren Minimum durch Nullsetzen der Ableitung bestimmt werden kann.

Aufgabe 4:
Verwenden Sie die Formel $\cos \varphi = \langle f, g \rangle / (|f| \, |g|)$.

Aufgabe 5:
Vektoren v_k sind linear unabhängig, wenn das Gleichungssystem $\sum_k s_k v_k = (0, 0, \ldots)^{\mathrm{t}}$ nur die triviale Lösung $0 = s_1 = s_2 = \cdots$ hat. Für n Vektoren in $\mathbb{R}^n$ ist dies genau dann der Fall, wenn $\det(v_1, v_2, \ldots) \neq 0$.

Aufgabe 6:
Beachten Sie die komplexe Konjugation beim komplexen Skalarprodukt: $\langle u, v \rangle = \bar{u}_1 v_1 + \bar{u}_2 v_2$, $\overline{a + b\mathrm{i}} = a - b\mathrm{i}$. Für einen Vektor x ist die Koordinate eines Vektors w einer orthogonalen Basis $x_w = \langle w, x \rangle / |w|^2$.

Aufgabe 7:
Konstruieren Sie zunächst mit dem Verfahren von Gram-Schmidt, angewandt auf die die Ebene E aufspannenden Vektoren, eine orthogonale Basis für E. Damit erhalten Sie die Projektion eines Vektors x auf E durch Addition der Projektionen $(w^{\mathrm{t}} x / w^{\mathrm{t}} w) w$ auf die orthogonalen Basisvektoren w.

Aufgabe 8:

Das Gram-Schmidt-Verfahren konstruiert aus einer Basis $p_0, p_1, \ldots$ eine orthogonale Basis $q_0 = p_0, q_1, \ldots$ mit der Rekursion

$$q_k = p_k - \sum_{j=0}^{k-1} \frac{\langle q_j, p_k \rangle}{\langle q_j, q_j \rangle} q_j, \quad k = 1, 2, \ldots .$$

Aufgabe 9:

Die Vektoren x des orthogonalen Komplements $U^\perp$ sind Lösungen des linearen Gleichungssystems

$$x_1 + x_2 + x_3 = 0, \quad x_2 + x_3 + x_4 = 0 .$$

Wählen Sie eine nicht-triviale Lösung $x = u$ und bestimmen Sie einen dazu orthogonalen Lösungsvektor $x = v$ durch zusätzliche Berücksichtigung der Gleichung $u^{\mathrm{t}} x = 0$.

9.3   Lineare Abbildungen und Matrizen

Aufgabe 1:
Bestimmen Sie die Matrix der Abbildung, die einem Polynom p mit Grad ≤ 2 die
Sekante (Polynom mit Grad ≤ 1) durch die Punkte $(2, p(2))$, $(3, p(3))$ zuordnet,
bzgl. der Monombasis.

Aufgabe 2:
Bestimmen Sie die Matrix der Abbildung, die $(x_1, x_2, x_3)^t$ die Projektion auf die
$x_1 x_2$-Ebene in Richtung des Vektors $(1, 2, 3)^t$ zuordnet.

Aufgabe 3:
Bestimmen Sie die Matrix der Transformation der Koordinaten bei dem Basiswechsel

$$e_1 = \begin{pmatrix} 1 \\ 0 \end{pmatrix}, e_2 = \begin{pmatrix} 2 \\ 3 \end{pmatrix} \quad \rightarrow \quad e_1' = \begin{pmatrix} 2 \\ 1 \end{pmatrix}, e_2' = \begin{pmatrix} 0 \\ 3 \end{pmatrix}.$$

Aufgabe 4:
Bestimmen Sie die Matrix, die die Vektoren $(1, 1)^t$ und $(2, 3)^t$ auf $(1, 2)^t$ abbildet.

Aufgabe 5:

Bestimmen Sie die affine Transformation $x \mapsto$
$Ax - b$, die, wie in der Abbildung gezeigt, das
Rechteck auf das Parallelogramm abbildet.

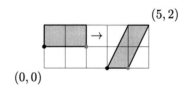

$(5, 2)$

$(0, 0)$

Aufgabe 6:
Berechnen Sie

$$\begin{pmatrix} i & 1 \\ 2 & 0 \end{pmatrix}^* \begin{pmatrix} 1 \\ i \end{pmatrix} \begin{pmatrix} i \\ 2 \end{pmatrix}^* \begin{pmatrix} 0 & i \\ -i & 1 \end{pmatrix}.$$

Aufgabe 7:
Bestimmen Sie die unbekannten Matrixelemente in der Faktorisierung

$$A = \begin{pmatrix} 1 & 0 & 1 \\ 1 & 1 & 1 \\ 0 & 1 & 1 \end{pmatrix} = \begin{pmatrix} 1 & 0 & 0 \\ x & 1 & 0 \\ y & z & 1 \end{pmatrix} \begin{pmatrix} a & b & c \\ 0 & d & e \\ 0 & 0 & f \end{pmatrix}$$

von A als Produkt einer unteren und oberen Dreiecksmatrix.

Aufgabe 8:

Bestimmen Sie den Rang der Matrix

$$\begin{pmatrix} 1 & 2 & -1 \\ 3 & 5 & -1 \\ 3 & 4 & 1 \\ 5 & 7 & 1 \end{pmatrix}.$$

Aufgabe 9:

Konstruieren Sie eine Matrix A, die die Ebene $E : x_1 - x_2 + x_3 = 0$ als Bild und die Gerade $g : t(1,1,1)^t$ als Kern hat.

Lösungshinweise

Aufgabe 1:
Stellen Sie die Sekante eines quadratischen Polynoms p als lineares Polynom s in Lagrange-Form dar. Das Element $a_{j,k}$ der Matrix bzgl. der Monombasis ist der Koeffizient von x^{j-1} der Sekante $s(x)$ für $p(x) = x^{k-1}$.

Aufgabe 2:
Bestimmen Sie für die Verschiebung $x \mapsto y = (x_1, x_2, x_3)^t - t(1, 2, 3)^t$ den Parameter t so, dass die dritte Komponente null wird. Vergleichen Sie die so gewonnene Darstellung mit dem Matrix-Vektor-Produkt

$$y = Ax = \begin{pmatrix} a_{1,1}x_1 + a_{1,2}x_2 + a_{1,3}x_3 \\ a_{2,1}x_1 + a_{2,2}x_2 + a_{2,3}x_3 \end{pmatrix} ,$$

um die Matrix-Elemente $a_{j,k}$ abzulesen.

Aufgabe 3:
Aus der Identität

$$\sum_j x'_j e'_j \underset{x'=Ax}{=} \sum_j \left(\sum_k a_{j,k} x_k \right) e'_j = \sum_k x_k e_k$$

folgt, dass $e_k = \sum_j a_{j,k} e'_j$, d.h. $a_{1,k}, a_{2,k}$ sind die Koeffizienten in der Darstellung von e_k bzgl. der Basis e'_1, e'_2.

Aufgabe 4:
Begründen Sie, dass die gesuchte Matrix A in der Form

$$A = v(r, s), \quad v = \begin{pmatrix} 1 \\ 2 \end{pmatrix} ,$$

darstellbar ist. Aus $Ax = v = Ay$ mit $x = (1, 1)^t$ und $y = (2, 3)^t$ erhalten Sie ein lineares Gleichungssystem für r und s.

Aufgabe 5:
Beschreiben Sie die Abbildung durch Hintereinanderschaltung einfacher Teilabbildungen: Verschiebung, Skalierung mit Scherung (linear: $(0, 0)^t \mapsto (0, 0)^t$) und Verschiebung. Die Komposition der Matrix/Vektor-Darstellungen dieser Teilabbildungen liefert die gesuchte affine Abbildung.

Aufgabe 6:
Bilden Sie zunächst die Produkte der ersten beiden und der letzten beiden Faktoren und beachten Sie dabei, dass $A^* = \bar{A}^t$, $b^* = \bar{b}^t$ (adjungieren = komplex konjugieren und transponieren).

Aufgabe 7:
Durch Vergleichen der Matrixelemente $(1,1),(1,2),(1,3),(2,1),\ldots,(3,3)$ können Sie sukzessive $a,b,c,x,\ldots,f$ bestimmen.

Aufgabe 8:
Transformieren Sie die Matrix mit Gauß-Transformationen auf Dreiecksform D. Der Rang bleibt dabei unverändert und ist gleich der Anzahl der von Null verschiedenen Diagonalelemente von D.

Aufgabe 9:
Wählen Sie zwei die Ebene aufspannende Vektoren u und v und machen Sie den Ansatz $A = (u,v,w)$ mit $w = su + tv$. Bestimmen Sie s und t, so dass der Richtungsvektor von g im Kern von A liegt.

9.4 Determinanten

Aufgabe 1:

Berechnen Sie die Determinanten

$$
\begin{vmatrix} 1 & 1 & 3 \\ 2 & 0 & 2 \\ 3 & 1 & 1 \end{vmatrix}, \quad
\begin{vmatrix} 1 & 4 & 3 \\ 2 & 4 & 2 \\ 3 & 4 & 1 \end{vmatrix}, \quad
\begin{vmatrix} 2 & 3 & 6 \\ 4 & 4 & 4 \\ 6 & 3 & 2 \end{vmatrix}.
$$

Aufgabe 2:

Berechnen Sie für die Matrix

$$
A = \begin{pmatrix} 1 & 2 & 3 \\ 3 & 1 & 2 \\ 2 & 3 & 1 \end{pmatrix}
$$

die Determinanten $|A|$, $|2A|$, $|A^2|$, $|A^t A^{-1}|$.

Aufgabe 3:

Berechnen Sie für die Matrix

$$
A = \begin{pmatrix} 1 & 2 \\ 1 & 0 \end{pmatrix}
$$

und $n \in \mathbb{N}$ die Determinante $|A^n + A|$.

Aufgabe 4:

Bestimmen Sie die lineare Taylor-Approximation der Determinante

$$
d(\varepsilon) = \begin{vmatrix} 2+\varepsilon & 1 & 1 \\ 1 & 3+\varepsilon & 1 \\ 1 & 1 & 4+\varepsilon \end{vmatrix}
$$

für $\varepsilon \approx 0$.

Aufgabe 5:

Berechnen Sie die Determinante

$$
\begin{vmatrix} 1 & -2 & 0 & 0 \\ 3 & 0 & 0 & -4 \\ 0 & 5 & -6 & 0 \\ 0 & 0 & 7 & -8 \end{vmatrix}.
$$

Aufgabe 6:

Berechnen Sie die Determinante

$$\begin{vmatrix} 1 & 2 & 2 & 3 & 1 \\ 1 & 2 & 2 & 2 & 3 \\ 2 & 3 & 4 & 3 & 2 \\ 2 & 4 & 4 & 4 & 5 \\ 3 & 4 & 5 & 4 & 3 \end{vmatrix} .$$

Aufgabe 7:

Bestimmen Sie die Determinante d_n der tridiagonalen $n \times n$-Matrix A mit $a_{j,k} = 1$ für $|j - k| = 1$ und $a_{j,k} = 0$ sonst.

Lösungshinweise

Aufgabe 1:

Berechnen Sie die erste Determinante mit der Sarrus-Regel,

$$\det(a, b, c) = a_1 b_2 c_3 + a_2 b_3 c_1 + a_3 b_1 c_2 - a_1 b_3 c_2 - a_2 b_1 c_3 - a_3 b_2 c_1 \,.$$

Benutzen Sie zur Berechnung der beiden anderen Determinanten, dass die Determinante linear bzgl. jeder Spalte ist und bei zwei gleichen Spalten verschwindet. Vermeiden Sie die **Fehler** $|A + B| = |A| + |B|$ und $|2A| = 2|A|$.

Aufgabe 2:

Berechnen Sie zunächst $|A|$ mit der Sarrus-Regel. Wenden Sie dann die Regeln

$$|(ra, sb, tc)| = rst|(a, b, c)|, \quad |AB| = |A||B|, \quad |A^{-1}| = 1/|A|, \quad |A^{\mathrm{t}}| = |A|$$

an.

Aufgabe 3:

Berechnen Sie die Determinante als Produkt der Eigenwerte. Sind λ_k die Eigenwerte von A, so sind $p(\lambda_k)$ die Eigenwerte des Matrixpolynoms $p(A)$.

Aufgabe 4:

Schreiben Sie $d(\varepsilon)$ in der Form $\det(u + \varepsilon e_1, v + \varepsilon e_2, w + \varepsilon e_3)$ mit den Einheitsvektoren e_k. Aufgrund der Linearität der Determinante ist $d(\varepsilon)$ somit eine Summe von 8 einfach zu berechnenden Determinanten, von denen vier die Ordnung $O(\varepsilon^2)$ haben, also für eine lineare Taylor-Approximation nicht berücksichtigt werden müssen.

Aufgabe 5:

Entwickeln Sie die Determinante nach einer Zeile oder Spalte mit möglichst vielen Nullen, z.B.

$$\begin{vmatrix} 1 & -2 & 0 & 0 \\ 3 & 0 & 0 & -4 \\ 0 & 5 & -6 & 0 \\ 0 & 0 & 7 & -8 \end{vmatrix} = 1 \cdot \begin{vmatrix} 0 & 0 & -4 \\ 5 & -6 & 0 \\ 0 & 7 & -8 \end{vmatrix} - (-2) \cdot \begin{vmatrix} 3 & 0 & -4 \\ 0 & -6 & 0 \\ 0 & 7 & -8 \end{vmatrix},$$

und wenden Sie diese Methode rekursiv an.

Aufgabe 6:

Formen Sie die Determinante mit Gauß-Transformationen um (Addition von Spalten- oder Zeilenvielfachen). Treten dabei in einer Spalte oder Zeile viele Nullen auf, so können Sie den Entwicklungssatz anwenden.

Aufgabe 7:

Stellen Sie nach Berechnung von d_n für $n \leq 4$ eine Vermutung auf. Beweisen Sie Ihre Behauptung, indem Sie durch Entwicklung nach der ersten Zeile eine Rekursion für die Determinanten herleiten.

9.5 Lineare Gleichungssysteme

Aufgabe 1:

Lösen Sie das lineare Gleichungssystem

$$x_1 + 2x_2 = 4, \quad 3x_1 + 4x_2 = -2$$

mit der Cramerschen Regel.

Aufgabe 2:

Bestimmen Sie die Inverse der Matrix

$$A = \begin{pmatrix} 1 & 1 & 0 \\ 1 & 1 & 1 \\ 0 & 1 & 1 \end{pmatrix}.$$

Aufgabe 3:

Lösen Sie das lineare Gleichungssystem

$$\begin{aligned} 2x_1 &+ 2x_2 &+ 2x_3 &= 0 \\ x_1 &+ 3x_2 &+ x_3 &= 4 \\ 3x_1 &+ x_2 &+ x_3 &= 2 \end{aligned}$$

mit dem Gauß-Verfahren.

Aufgabe 4:

Bestimmen Sie die Matrix A, die die Vektoren $(1,3)^t$ und $(2,4)^t$ auf $(3,-1,2)^t$ und $(-2,0,-4)^t$ abbildet.

Aufgabe 5:

Für Malerarbeiten werden für Zimmer 1 790 EUR, für Zimmer 2 690 EUR und für den Flur 870 EUR berechnet. Bestimmen Sie, um die Rechnung zu überprüfen, die (unterschiedlichen) Kosten pro m^2 Decke, pro m^2 Wand (Fenster- und Türöffnungen als Wand gerechnet) und pro Fenster.

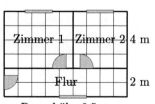

Raumhöhe 2.5 m

Aufgabe 6:

Bestimmen Sie die allgemeine Lösung des linearen Gleichungssystems

$$\begin{pmatrix} 1 & -1 & 2 & 0 & -2 \\ -3 & 5 & -5 & -2 & 5 \\ 0 & -4 & -2 & 5 & 4 \\ 1 & -1 & 2 & 1 & 0 \end{pmatrix} x = \begin{pmatrix} 2 \\ -8 \\ 6 \\ 4 \end{pmatrix}$$

durch Transformation auf Zeilenstufenform.

Aufgabe 7:

Für welche rechte Seiten b hat das lineare Gleichungssystem $Ax = b$ für die Matrix

$$A = \begin{pmatrix} 1 & 0 & -3 & 2 \\ -2 & 2 & -3 & 1 \\ -3 & 2 & 0 & -1 \end{pmatrix}$$

eine Lösung?

Aufgabe 8:

Bestimmen Sie die Lösung x des linearen Gleichungssystems

$$x_1 + tx_2 = -2, \quad 2x_2 + tx_3 = 1, \quad tx_1 + 4x_3 = 2$$

in Abhängigkeit von dem Parameter $t \in \mathbb{R}$.

Lösungshinweise

Aufgabe 1:

Die Cramerschen Regel stellt die Lösung eines linearen Gleichungssystems $Ax = b$ als Quotient von Determinanten dar:

$$x_k = \det(C_k)/\det(A)$$

mit C_k der Matrix, bei der die k-te Spalte von A durch die rechte Seite b ersetzt wurde.

Aufgabe 2:

Verwenden Sie die Cramersche Regel zur Berechnung der Inversen B der Matrix A:

$$b_{j,k} = (-1)^{j+k} \det \tilde{A}_{k,j}/\det A$$

mit $\tilde{A}_{k,j}$ der Matrix nach Streichen der k-ten Zeile und j-ten Spalte von A. Berücksichtigen Sie ebenfalls, dass Symmetrie bei Matrixinvertierung erhalten bleibt.

Aufgabe 3:

Fassen Sie die Matrix und die rechte Seite des linearen Gleichungssystems zu einem Tableau $(A|b)$ zusammen und annullieren Sie sukzessive die Einträge unterhalb der Diagonalen mit Gauß-Transformationen (Addition von Zeilenvielfachen; gegebenenfalls Permutation von Zeilen). Lösen Sie das so entstandene Gleichungssystem durch Rückwärtseinsetzen.

Aufgabe 4:

Beschreiben Sie die Aufgabenstellung in Matrixform:

$$\underbrace{V}_{3\times 2} = \underbrace{A}_{?}\,\underbrace{U}_{2\times 2}\;.$$

Berechnen Sie $A = VU^{-1}$ mit Hilfe der Formel für die Inverse einer 2×2-Matrix:

$$U^{-1} = \frac{1}{\det U}\begin{pmatrix} u_{2,2} & -u_{1,2} \\ -u_{2,1} & u_{1,1} \end{pmatrix}.$$

Aufgabe 5:

Ermitteln Sie zunächst die Wandfläche w und die Deckenfläche d für jeden der drei Räume. Sie erhalten dann drei Gleichungen der Form $xw + yd + z = k$ mit x (y) den Kosten pro Quadratmeter Wand (Decke), z den Kosten pro Fenster und k den Gesamtkosten für den jeweiligen Raum. Das resultierende Gleichungssystem können Sie am geeignetsten mit dem Gauß-Verfahren lösen.

Aufgabe 6:

Transformieren Sie das Tableau $(A|b)$ aus Matrix und rechter Seite des Gleichungs-systems $Ax = b$ mit Gauß-Transformationen auf verallgemeinerte Dreiecksform. Bestimmen Sie die allgemeine Lösung x durch Rückwärtseinsetzen, wobei die Un-bekannten zu Spalten, die keine Pivots (erste Elemente ungleich null in einer Zeile) enthalten, frei wählbar sind.

Aufgabe 7:

Transformieren Sie die um die rechte Seite erweiterte Matrix des linearen Glei-chungssystems auf Zeilenstufenform: $(A|b) \to (\tilde{A}|\tilde{b})$. Das Gleichungssystem $Ax = b$ ist genau dann lösbar, wenn $\tilde{b}_k = 0$ für Nullzeilen $\tilde{A}(k,:)$ von $\tilde{A}$.

Aufgabe 8:

Berechnen Sie die Determinante d der Koeffizientenmatrix. Für $d \neq 0$ existiert eine eindeutige Lösung, die am geeignetsten mit der Cramerschen Regel bestimmt wer-den kann. Bringen Sie für $d = 0$ das Gleichungssystem mit Gauß-Transformationen auf Dreiecksform, um die Lösbarkeit zu entscheiden und gegebenenfalls die allge-meine Lösung zu bestimmen.

9.6 Eigenwerte und Normalformen

Aufgabe 1:
Bestimmen Sie die Eigenwerte und Eigenvektoren der Matrix

$$\begin{pmatrix} 1 & 2 \\ 3 & 0 \end{pmatrix}.$$

Aufgabe 2:
Bestimmen Sie die reelle Matrix, die den Eigenvektor $(1, i)^t$ zum Eigenwert $2 + i$ besitzt.

Aufgabe 3:
Für welches $t > 0$ hat die Matrix

$$\begin{pmatrix} 0 & 1 \\ -1 & t \end{pmatrix}$$

nur einen Eigenwert? Bestimmen Sie einen dazugehörigen Eigenvektor.

Aufgabe 4:
Die Matrix

$$\begin{pmatrix} 2 & 9 & 5 \\ -1 & -8 & -5 \\ -1 & 9 & 8 \end{pmatrix}$$

hat den Eigenvektor $v_1 = (1, -1, 1)^t$ und $\lambda_2 = 1$ ist ein Eigenwert. Bestimmen Sie alle Eigenwerte und dazugehörige Eigenvektoren.

Aufgabe 5:
Bestimmen Sie die Eigenwerte der Matrix

$$\begin{pmatrix} 0 & 1 & -1 \\ 1 & -2 & 1 \\ -1 & 1 & 0 \end{pmatrix}$$

sowie dazugehörige Eigenvektoren.

Aufgabe 6:
Jährlich zieht 20% der Stadtbevölkerung in die ländliche Umgebung, während 30% der ländlichen Bevölkerung in die Stadt wechselt. Welches Verhältnis zwischen Stadt- und Landbevölkerung wird sich langfristig einstellen?

Aufgabe 7:

Finden Sie für die durch

$$x_{k+1} = 3x_k - 2x_{k-1}, \quad x_0 = 0, \, x_1 = 1 \,,$$

definierte Folge einen expliziten Ausdruck für x_n

Aufgabe 8:

Bestimmen Sie eine Matrix Q, die die Matrix

$$A = \begin{pmatrix} 4 & 4 \\ -9 & -8 \end{pmatrix}$$

auf Jordan-Form transformiert: $J = Q^{-1}AQ$.

Lösungshinweise

Aufgabe 1:

Die Eigenwerte λ der 2×2-Matrix A sind die Nullstellen des charakteristischen Polynoms

$$p_A(\lambda) = \begin{vmatrix} a_{1,1} - \lambda & a_{1,2} \\ a_{2,1} & a_{2,2} - \lambda \end{vmatrix}.$$

Zugehörige Eigenvektoren v erhalten Sie durch Lösen der homogenen Gleichungssysteme

$$\begin{aligned} (a_{1,1} - \lambda)v_1 + a_{1,2}v_2 &= 0 \\ a_{2,1}v_1 + (a_{2,2} - \lambda)v_2 &= 0 \end{aligned}.$$

Aufgabe 2:

Da A reell ist, erhalten Sie einen zweiten Eigenwert und einen dazugehörigen Eigenvektor durch komplexe Konjugation ($a + ib \to a - ib$). Mit $V = (v_1, v_2)$ einer Matrix aus Eigenvektoren und Λ der Diagonalmatrix der dazugehörigen Eigenwerte gilt $A = V\Lambda V^{-1}$.

Aufgabe 3:

Eine 2×2-Matrix A hat nur einen Eigenwert λ, wenn das charakteristische Polynom

$$p_A(\lambda) = (a_{1,1} - \lambda)(a_{2,2} - \lambda) - a_{1,2}a_{2,1}$$

eine doppelte Nullstelle hat. Ein zu λ gehöriger Eigenvektor löst das homogene Gleichungssystem $Av - \lambda v = (0, 0)^{\mathrm{t}}$.

Aufgabe 4:

Bestimmen Sie zunächst den Eigenwert λ_1 zum gegebenen Eigenvektor v_1 der Matrix A. Aus der Identität $\lambda_1 + \lambda_2 + \lambda_3 = \operatorname{Spur} A$ erhalten Sie λ_3. Eigenvektoren v_2 und v_3 sind Lösungen der homogenen Gleichungssysteme $Av_k - \lambda_k v_k = (0, 0, 0)^{\mathrm{t}}$.

Aufgabe 5:

Da die Zeilensummen der Matrix A gleich 0 sind, können Sie einen Eigenwert λ_1 und einen dazugehörigen Eigenvektor v_1 unmittelbar angeben. Bestimmen Sie dann die restlichen Eigenwerte als Nullstellen des charakteristischen Polynoms

$$p_A(\lambda) = (\lambda_1 - \lambda)(\lambda_2 - \lambda)(\lambda_3 - \lambda).$$

Nachdem Sie einen Eigenvektor v_2 zu λ_2 als Lösung von $Av_2 - \lambda_2 v_2 = (0, 0, 0)^{\mathrm{t}}$ ermittelt haben, nutzen Sie die Orthogonalität der Eigenvektoren der symmetrischen Matrix A zur Bestimmung von v_3.

Aufgabe 6:

Beschreiben Sie die Bevölkerungsveränderung in Matrixform:

$$\begin{pmatrix} S_{n+1} \\ L_{n+1} \end{pmatrix} = A \begin{pmatrix} S_n \\ L_n \end{pmatrix}.$$

Das Verhältnis $S_n : L_n$ wird für $n \to \infty$ bestimmt durch das Verhältnis $v_1 : v_2$ der Komponenten des Eigenvektors v der stochastischen Matrix A (Spaltensumme $= 1$) zum dominanten Eigenwert 1.

Aufgabe 7:

Schreiben Sie die Rekursion in Matrix-Form:

$$\begin{pmatrix} x_k \\ x_{k+1} \end{pmatrix} = A \begin{pmatrix} x_{k-1} \\ x_k \end{pmatrix}, \quad \begin{pmatrix} x_0 \\ x_1 \end{pmatrix} = \begin{pmatrix} 0 \\ 1 \end{pmatrix}.$$

Damit können Sie die Folgenelemente mit Hilfe der Eigenvektoren v_ℓ und Eigenwerte λ_ℓ von A darstellen: $(x_0, x_1)^{\mathrm{t}} = c_1 v_1 + c_2 v_2 \implies$

$$\begin{pmatrix} x_n \\ x_{n+1} \end{pmatrix} = A^n \begin{pmatrix} x_0 \\ x_1 \end{pmatrix} = c_1 \lambda_1^n v_1 + c_2 \lambda_2^n v_2.$$

Nutzen Sie bei der Bestimmung der Eigenwerte, dass die Zeilensummen von A gleich 1 sind und $\lambda_1 + \lambda_2 = \operatorname{Spur} A$.

Aufgabe 8:

Bestimmen Sie den Eigenwert λ und einen Eigenvektor v der Matrix A. Bemerken Sie, dass A nicht diagonalisierbar ist. Die Transformationsmatrix auf Jordan-Form hat somit die Form $Q = (v, w)$ mit einem Hauptvektor w, der durch Betrachten der zweiten Spalte der Matrix-Gleichung

$$\underbrace{\begin{pmatrix} 4 & 4 \\ -9 & -8 \end{pmatrix}}_{A} \underbrace{\begin{pmatrix} 2 & w_1 \\ -3 & w_2 \end{pmatrix}}_{Q} = \underbrace{\begin{pmatrix} 2 & w_1 \\ -3 & w_2 \end{pmatrix}}_{} \underbrace{\begin{pmatrix} \lambda & 1 \\ 0 & \lambda \end{pmatrix}}_{J}$$

bestimmt werden kann.

9.7 Ausgleichsprobleme und Singulärwertzerlegung

Aufgabe 1:
Interpolieren Sie die Daten (x_k, y_k): $(2, 2.2)$, $(4, 3.9)$, $(5, 5.0)$ bestmöglich durch eine Gerade $g : y = ax$ durch Lösen eines Ausgleichsproblems.

Aufgabe 2:
Bestimmen Sie die Konstanten N_0 und λ des Zerfallsgesetzes $N(t) = N_0 e^{-\lambda t}$ numerisch aus den Messwerten

t_k	1	2	4	5	8
N_k	8.1	6.7	4.4	3.6	2.1

durch Minimierung der logarithmischen Fehlerquadratsumme $\sum_k |\ln N_k - \ln N(t_k)|^2$.

Aufgabe 3:
Lösen Sie das Ausgleichsproblem

$$\left\| \begin{pmatrix} 1 & 0 & 0 \\ 1 & 1 & 0 \\ 0 & 1 & 1 \\ 0 & 0 & 1 \end{pmatrix} x - \begin{pmatrix} 1 \\ 0 \\ 0 \\ 0 \end{pmatrix} \right\| \to \min .$$

Aufgabe 4:
Schreiben Sie eine MATLAB® -Funktion zur Bestimmung der Koeffizienten c der Parabel $P : y = c_1 + c_2 x + c_3 x^2$, die die Daten (x_k, y_k) durch Lösen eines Ausgleichsproblems bestmöglich interpoliert. Testen Sie Ihr Programm für x = [0:0.1:2], y=0.1+1.1*x+x.^2.1.

Aufgabe 5:
Bestimmen Sie mit MATLAB® eine positive Ausgleichslösung des überbestimmten nichtlinearen Gleichungssystems

$$2x^2 - y^2 = 1, \quad 3y^2 - x^2 = 1, \quad xy = 1 .$$

Aufgabe 6:
Bestimmen Sie die Singulärwertzerlegung der Matrix

$$\begin{pmatrix} 0 & 4 \\ 5 & -3 \end{pmatrix} .$$

Aufgabe 7:
Bestimmen Sie die Pseudoinverse der Matrix

$$A = \begin{pmatrix} 1 \\ 2 \\ -1 \end{pmatrix} \begin{pmatrix} 1 & -1 \end{pmatrix} + \begin{pmatrix} 1 \\ 0 \\ 1 \end{pmatrix} \begin{pmatrix} 1 & 1 \end{pmatrix}.$$

Aufgabe 8:
Bestimmen Sie mit Hilfe der Singulärwertzerlegung

$$A = USV^{\mathrm{t}} = \frac{1}{5} \begin{pmatrix} 3 & -4 \\ 4 & 3 \end{pmatrix} \begin{pmatrix} 30 & 0 & 0 \\ 0 & 15 & 0 \end{pmatrix} \frac{1}{3} \begin{pmatrix} -2 & 2 & 1 \\ 2 & 1 & 2 \\ 1 & 2 & -2 \end{pmatrix}$$

die Lösung x des Gleichungssystems $Ax = b = (2, 11)^{\mathrm{t}}$, die zu $c = (-5, 2, 4)^{\mathrm{t}}$ den kleinsten Abstand hat.

Lösungshinweise

Aufgabe 1:

Die Ausgleichsgerade $g : y = ax$ minimiert die Fehlerquadratsumme $e(a) = \sum_k (y_k - ax_k)^2$, und die Steigung a kann aus der Bedingung $e'(a) = 0$ bestimmt werden.

Aufgabe 2:

Bestimmen Sie die Ausgleichslösung $x = (\ln N_0, \lambda)^{\mathrm{t}}$ des überbestimmten linearen Gleichungssystems

$$\ln N_k \overset{!}{=} \ln N(t_k) = \ln N_0 - \lambda t_k, \quad k = 1, 2, \ldots,$$

mit dem MATLAB® -Backslash-Operator.

Aufgabe 3:

Die Lösung eines Ausgleichsproblems $|Ax - b| \to \min$ erfüllt die Normalengleichungen $A^{\mathrm{t}} Ax = A^{\mathrm{t}} b$.

Aufgabe 4:

Die Koeffizienten c, die die Fehlerquadratsumme minimieren, erhält man als Ausgleichslösung des überbestimmten linearen Gleichungssystems

$$c_1 + c_2 x_k + c_3 x_k^2 = y_k, \quad k = 1, 2, \ldots,$$

das in MATLAB® mit dem Backslash-Operator gelöst werden kann.

Aufgabe 5:

Finden Sie durch Zeichnen der Nullstellenmengen der Funktionen f_k eine Approximation der Ausgleichslösung des nichtlinearen Gleichungssystems $f_k(x, y) = 0$, $k = 1, 2, 3$. Für einen Schritt, $(x, y) \to (x + \Delta_x, y + \Delta_y)$, der Gauß-Newton-Iteration ist dann das lineare Ausgleichsproblem $|f(x, y) + f'(x, y)\Delta| \to \min$ mit f' der Jacobi-Matrix von $f = (f_1, f_2, f_3)^{\mathrm{t}}$ zu lösen.

Aufgabe 6:

Um die Singulärwertzerlegung $A = USV^{\mathrm{t}}$ zu bestimmen, lösen Sie zunächst das Eigenwertproblem für $A^{\mathrm{t}} A$. Die Wurzeln der absteigend sortierten Eigenwerte sind die Singulärwerte $s_k = S(k, k)$ und die Eigenvektoren die Spalten der orthogonalen Matrix V. Die orthogonale Matrix U erhalten Sie, indem Sie die Spalten von $US = AV$ durch die Singulärwerte dividieren.

Aufgabe 7:

Normieren Sie die orthogonalen Vektoren, so dass die Darstellung der Singulärwertzerlegung entspricht:

$$A = \sum_{k=1}^{2} u_k s_k v_k^{\mathrm{t}}.$$

Die Pseudoinverse ist dann $A^+ = \sum_{k=1}^{2} v_k s_k^{-1} u_k^{\mathrm{t}}$.

Aufgabe 8:
Aufgrund der Invarianz der Norm unter der orthogonalen Transformation V^t kann man das äquivalente Problem

$$SV^t x = U^t b, \quad |V^t x - V^t c|^2 \rightarrow \min,$$

betrachten. Setzt man $y = V^t x$, $d = U^t b$ und $e = V^t c$, so hat die Problemstellung die Form

$$s_1 y_1 = d_1, \, s_2 y_2 = d_2, \quad (y_1 - e_1)^2 + (y_2 - e_2)^2 + (y_3 - e_3)^2 \rightarrow \min,$$

und die Lösung y ist offensichtlich.

9.8 Spiegelungen, Drehungen, Kegelschnitte und Quadriken

Aufgabe 1:

Stellen Sie die Spiegelung an der Geraden $g : x_2 = 1 + 2x_1$ als affine Abbildung $x \mapsto y = Ax + b$ dar.

Aufgabe 2:

Bestimmen Sie die Matrixdarstellung der Projektion auf die Ebene $E : 2x_1 - x_2 + 2x_3 = 0$.

Aufgabe 3:

Bestimmen Sie die Drehachse und den Drehwinkel der Drehung, die durch Hintereinanderausführung von Rechtsdrehungen um $\pi/4$ um die x_3- und x_1-Achse entsteht.

Aufgabe 4:

Bestimmen Sie die implizite Darstellung

$$P : x^{\mathrm{t}} A x + 2 b^{\mathrm{t}} x = 1$$

der Parabel mit Brennpunkt $(1,0)$ und Leitgerade $g : x_1 - 2x_2 = 3$.

Aufgabe 5:

Bestimmen Sie die implizite Darstellung

$$C : ax^2 + bxy + cy^2 + dx + ey + f = 0$$

der Schnittkurve des Doppelkegels mit Spitze $(0, 1, 2)$, Öffnungswinkel $\pi/2$ und Symmetrieachse parallel zu $(1, 1, 1)^{\mathrm{t}}$ mit der xy-Ebene.

Aufgabe 6:

Bestimmen Sie die Brennpunkte und die Halbachsenlängen der Ellipse

$$E : 3x_1^2 - 2x_1 x_2 + 3x_2^2 - 2x_1 + 6x_2 = 1 \, .$$

Aufgabe 7:

Bestimmen Sie die Hauptachsenrichtungen und -längen sowie den Mittelpunkt der durch

$$6x_1 x_2 + 8x_2 x_3 + 2x_2 = 1$$

beschriebenen Quadrik. Um welchen Typ handelt es sich?

Aufgabe 8:

Bestimmen Sie mit Hilfe von MATLAB® die Normalform des durch

$$5x_1^2 + 4x_1x_2 + 6x_2^2 - 4x_2x_3 + 7x_3^2 - 10x_1 - 4x_2 = -2$$

beschriebenen Ellipsoids. Geben Sie die Hauptachsenrichtungen und -längen sowie den Mittelpunkt an.

Aufgabe 9:

Beschreiben Sie die Mantelfläche des (unendlichen) Zylinders mit Symmetrieachse $g : (1, 1, 0)^t + t(0, 1, 1)^t$ und Radius 1 durch eine Gleichung $f(x_1, x_2, x_3) = 0$.

Lösungshinweise

Aufgabe 1:

Beschreiben Sie die Spiegelung $x \mapsto y$ an der Geraden g durch die Bedingungen

$$(x + y)/2 \in g, \quad x - y \parallel u \iff x - y = \lambda u$$

mit u einem Normalenvektor der Geraden. Nach Auflösen des resultierenden linearen Gleichungssystems nach y lässt sich die Matrixdarstellung der affinen Abbildung ablesen.

Aufgabe 2:

Eine Projektion eines Vektors auf eine Ebene $E : u^{\mathrm{t}} x = 0$ hat die Form

$$x \mapsto y = x + tu,$$

wobei sich t aus der Bedingung $u^{\mathrm{t}}(x + tu) = 0$ berechnen lässt.

Aufgabe 3:

Bestimmen Sie zunächst die Drehmatrix D durch Multiplikation der Drehmatrizen um die x_3- und x_1-Achse. Die Drehachse der Gesamtdrehung ist parallel zu einem Eigenvektor zum Eigenwert 1 von D und der Drehwinkel ist $\arccos((\operatorname{Spur} D - 1)/2)$.

Aufgabe 4:

Durch Quadrieren der Gleichung „Abstand von (x_1, x_2) zum Brennpunkt = Abstand von (x_1, x_2) zur Leitgerade" erhalten Sie die gesuchte implizite Darstellung der Parabel, die sich dann in Matrix/Vektor-Form schreiben lässt. Den Abstand zu einer Geraden können Sie mit der Hesse-Normalform berechnen.

Aufgabe 5:

Für $q = (x, y, z)^{\mathrm{t}}$ auf dem Doppelkegel bildet der Differenzvektor zur Spitze p mit der Achsenrichtung $\pm v$ einen Winkel $\varphi/2$:

$$\frac{(q - p)^{\mathrm{t}}(\pm v)}{|q - p||v|} = \cos(\varphi/2) \,.$$

Quadrieren Sie diese Gleichung und setzen Sie $z = 0$.

Aufgabe 6:

Bringen Sie die Darstellung

$$E : x^{\mathrm{t}} A x + 2 b^{\mathrm{t}} x = c$$

durch eine Drehung, $x = Qy$, und anschließende Verschiebung, $y = z - p$, sowie Skalierung auf die Normalform

$$E' : \frac{z_1^2}{a^2} + \frac{z_2^2}{b^2} = 1 \quad (a > b) .$$

Aus den Halbachsenlängen a und b erhalten Sie die Brennweite $f = \sqrt{a^2 - b^2}$ und durch die Rücktransformation $F_{\pm} = Q(z - p)$ mit $z = (\pm f, 0)^{\mathrm{t}}$ die Brennpunkte.

Aufgabe 7:

Schreiben Sie die implizite Darstellung in Matrix/Vektor-Form:

$$x^{\mathrm{t}} A x + 2 b^{\mathrm{t}} x = c .$$

Bestimmen Sie die Eigenwerte und Eigenvektoren v_k von A. Transformieren Sie die Darstellung dann mit einer Drehung $x = Qy$, $Q = (v_1, v_2, v_3)$, auf Diagonalform. Eliminieren Sie die linearen Terme durch quadratische Ergänzung, $y = z + p$, und skalieren Sie gegebenenfalls noch die so gewonnene Gleichung. Aus der resultierenden Normalform können Sie die Hauptachsenlängen und den Typ ablesen. Den Mittelpunkt erhalten Sie durch Rücktransformation von $z = (0, 0, 0)^{\mathrm{t}}$.

Aufgabe 8:

Schreiben Sie die implizite Darstellung in Matrix/Vektor-Form:

$$x^{\mathrm{t}} A x + 2 b^{\mathrm{t}} x = c .$$

Bestimmen Sie die Drehmatrix Q zur Diagonalisierung von A mit dem MATLAB® -Befehl [Q,D] = eig(A). Die Veränderungen der impliziten Darstellung durch die Substitutionen $x = Qy$, $y = z + p$ sowie die abschließende Skalierung zur Bestimmung der Normalform können Sie ebenfalls mit einfachen MATLAB® -Operationen durchführen.

Aufgabe 9:

Verwenden Sie in der impliziten Darstellung $M : \mathrm{dist}(x, g)^2 = r^2$ des Zylindermantels die Formel $|u \times (x - p)|/|u|$ für den Abstand eines Punktes x von einer Geraden $g : p + tu$.

Teil II

Differentialrechnung in mehreren Veränderlichen

10 Stetigkeit, partielle Ableitungen und Jacobi-Matrix

Übersicht

© Springer-Verlag GmbH Deutschland, ein Teil von Springer Nature 2023
K. Höllig und J. Hörner, *Aufgaben und Lösungen zur Höheren Mathematik 2*,
https://doi.org/10.1007/978-3-662-67512-0_11

10.1 Stetigkeit im Ursprung

Untersuchen Sie, ob die Funktionen

$$f(x,y,z) = \frac{xz^2 + y^3}{x^2 + y^2}, \quad g(x,y,z) = \frac{xyz + xy^2}{x^2 + y^2}, \quad h(x,y,z) = \frac{xy + y^2z}{x^2 + y^2}$$

im Ursprung $(x,y,z) = (0,0,0)$ stetig fortsetzbar sind.

Verweise: Multivariate Funktionen, Stetigkeit multivariater Funktionen

Lösungsskizze

(i) $f(x,y,z) = \dfrac{xz^2 + y^3}{x^2 + y^2}$:

wähle Folge $y_k = 0$, $z_k = x_k^{1/3}$ mit $x_k \to 0$ $\leadsto$

$$f(x_k, y_k, z_k) = \frac{x_k^{1+2/3} + 0}{x_k^2 + 0} = x_k^{-1/3} \to \infty$$

$\leadsto$ nicht stetig fortsetzbar, da

$$\exists \, \text{Folge}\, (x_k, y_k, z_k) \to (0,0,0) \quad \text{mit} \quad f(x_k, y_k, z_k) \to \infty$$

(ii) $g(x,y,y) = \dfrac{xyz + xy^2}{x^2 + y^2}$:

$|xy| \le (x^2 + y^2)/2$ $\Longrightarrow$

$$|g(x,y,z)| = \left| \frac{xyz + xy^2}{x^2 + y^2} \right| \le \frac{|z|}{2} + |x| \frac{y^2}{x^2 + y^2} \le |z| + |x|$$

$\to 0$ für jede Folge $(x_k, y_k, z_k) \to (0,0,0)$
$\leadsto$ stetig fortsetzbar mit $g(0,0,0) = 0$

(iii) $h(x,y,z) = \dfrac{xy + y^2z}{x^2 + y^2}$:

zweiter Summand stetig fortsetzbar mit Wert 0 bei $(x,y,z) = (0,0,0)$, da

$$\left| \frac{y^2 z}{x^2 + y^2} \right| \le |z|$$

erster Summand:
Grenzwerte entlang der Ursprungsgeraden $x = t\cos\varphi$, $y = t\sin\varphi$

$$\frac{xy}{x^2 + y^2} = \frac{(t\cos\varphi)(t\sin\varphi)}{t^2\cos^2\varphi + t^2\sin^2\varphi} = \cos\varphi\sin\varphi$$

Wert des Quotienten abhängig von φ $\leadsto$ nicht stetig fortsetzbar
$\leadsto$ Summe $h(x,y,z)$ nicht stetig fortsetzbar

10.2 Höhenlinien und Schnitte einer bivariaten Funktion

Welche geometrische Form haben die Höhenlinien der Funktion

$$(x, y) \mapsto z = \frac{x^2 - 4}{3 + y^2}$$

sowie die Schnitte des Graphen parallel zu den Achsen?

Verweise: Euklidische Normalform der zweidimensionalen Quadriken, Multivariate Funktionen

Lösungsskizze

(i) Höhenlinien ($z = c$, konstant):

$$c = \frac{x^2 - 4}{3 + y^2} \quad \Leftrightarrow \quad 4 + 3c = x^2 - cy^2$$

- $c < -4/3$: leere Menge, denn

$$z \geq z_{\min} = -4/3 \quad (x = 0,\ y = 0)$$

- $c = -4/3$: Punkt, denn

$$0 = x^2 + (4/3)y^2 \quad \implies \quad x = y = 0$$

- $c = 0$: senkrechte Geraden, $x = \pm 2$, $y \in \mathbb{R}$

- $-4/3 < c < 0$: Ellipsen mit Normalform

$$1 = \frac{x^2}{4 + 3c} + \frac{y^2}{-4/c - 3} \quad \text{(beide Nenner positiv)}$$

Halbachsenlängen $\sqrt{4 + 3c}$ und $\sqrt{-4/c - 3}$

- $c > 0$: Hyperbeln mit Asymptoten $y = x/\sqrt{c}$ und Normalform

$$1 = \frac{x^2}{4 + 3c} - \frac{y^2}{4/c + 3}$$

Abstand der Äste: $d = 2\sqrt{4 + 3c}$, denn

$$y = 0 \quad \implies \quad x = \pm\sqrt{4 + 3c},$$

nächstliegende Punkte: $(\pm d/2, 0)$

(ii) Achsenparallele Schnitte des Graphen:

- $x = c$:

$$z = \alpha/(3 + y^2) \quad \text{mit} \quad \alpha \in [-4, \infty)$$

- $y = c$:

$$z = (x^2 - 4)/\beta \quad \text{mit} \quad \beta \in [3, \infty)$$

⤳ Parabeln mit Scheitelpunkt $(x_S, z_S) = (0, -4/\beta)$

10.3   Grenzwerte bivariater Funktionen

Bestimmen Sie die Grenzwerte der Ausdrücke

$$\text{a)} \quad \frac{\sin(x^2 - y^2)}{x + y} \qquad \text{b)} \quad \frac{y^2 \sin(4x)}{x \sin^2(3y)} \qquad \text{c)} \quad \frac{\sin x - \sin y}{y - x}$$

für $|(x, y)| \to 0$.

Verweise: Stetigkeit multivariater Funktionen, Taylor-Polynom, Regel von l'Hospital

Lösungsskizze

a) $f(x, y) = \dfrac{\sin(x^2 - y^2)}{x + y}$:

quadratisches Taylor-Polynom des Sinus mit Restglied

$$\sin t = t - \frac{\cos \tau}{6} t^3 \quad \text{mit } \tau \text{ zwischen } 0 \text{ und } t$$

$(-\cos \tau = (\mathrm{d}/\mathrm{d}t)^3 \sin t\big|_{t=\tau})$

Einsetzen von $t = x^2 - y^2 = (x + y)(x - y)$ $\rightsquigarrow$

$$f(x, y) = (x - y) - \frac{\cos \tau}{6}(x + y)^2 (x - y)^3$$

$\to 0$ für $|(x, y)| \to 0$

b) $f(x, y) = \dfrac{y^2 \sin(4x)}{x \sin^2(3y)}$:

Produktregel für Grenzwerte $\Longrightarrow$

$$\lim_{|(x,y)|\to 0} f(x, y) = \lim_{|x|\to 0} \frac{\sin(4x)}{x} \lim_{|y|\to 0} \frac{y^2}{\sin^2(3y)} =: g_x \, g_y$$

Regel von l'Hospital $\Longrightarrow$

$$g_x \;=\; \lim_{|x|\to 0} \frac{4 \cos(4x)}{1} = 4$$

$$g_y \;=\; \lim_{|y|\to 0} \frac{2y}{6 \sin(3y) \cos(3y)}$$

$$\;=\; \lim_{|y|\to 0} \frac{2}{18 \cos(3y) \cos(3y) - 18 \sin(3y) \sin(3y)} = \frac{1}{9}$$

und $\lim_{|(x,y)|\to 0} f(x, y) = 4/9$

c) $f(x, y) = \dfrac{\sin x - \sin y}{y - x}$:

Mittelwertsatz $\Longrightarrow$

$$\sin x - \sin y = (\cos z)(x - y) \quad \text{mit } z \text{ zwischen } x \text{ und } y$$

$\rightsquigarrow$ $f(x, y) = -\cos z$ und $\lim_{|(x,y)|\to 0} f(x, y) = -1$, da $z \to 0$ für $|(x, y)| \to 0$

10.4 Sierpinski-Folgen ★

Für drei Punkte P_0, P_1, P_2 wird, wie in der linken Abbildung illustriert, durch

$$X_{n+1} = (P_{n \bmod 3} + X_n)/2, \quad n = 0, 1, \dots,$$

eine Folge von Punkten (X_n) definiert. Bestimmen Sie die durch Kreise markierten Häufungspunkte[1] als Konvexkombination der Punkte P_k.

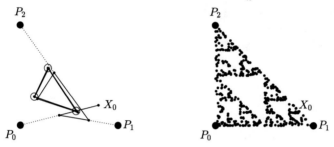

Verweise: Häufungspunkt einer Folge, Geometrische Reihe

Lösungsskizze

Abbildung $\rightsquigarrow$ Betrachtung der Teilfolge $Y_k = X_{3k}$, $k = 0, 1, \dots$
Rekursion für Y_k

$$X_1 = (P_0 + Y_0)/2, \quad Y_0 = X_0$$
$$X_2 = (P_1 + X_1)/2 = P_1/2 + P_0/4 + Y_0/4$$
$$Y_1 = X_3 = (P_2 + X_2)/2 = \underbrace{P_2/2 + P_1/4 + P_0/8}_{=:Q} + Y_0/8$$

$$\dots$$

$$Y_2 = Q + Y_1/8 = Q + Q/8 + Y_0/64$$
$$Y_3 = Q + Y_2/8 = Q + Q/8 + Q/64 + Y_0/512$$

$$\dots$$

Iteration $\rightsquigarrow$ Grenzwert A_0 von (Y_k) ($\widehat{=}$ Häufungspunkt von (X_n)) als geometrische Reihe

$$A_0 = \sum_{k=0}^{\infty} 8^{-k} Q = \frac{1}{1 - 1/8} Q = \frac{8}{7} Q = \frac{4}{7} P_2 + \frac{2}{7} P_1 + \frac{1}{7} P_0$$

zwei weitere Häufungspunkte (Grenzwerte der Teilfolgen $X_1, X_4, \dots$ und $X_2, X_5, \dots$) durch zyklische Indexverschiebung

$$A_1 = \frac{4}{7} P_0 + \frac{2}{7} P_2 + \frac{1}{7} P_1, \quad A_2 = \frac{4}{7} P_1 + \frac{2}{7} P_0 + \frac{1}{7} P_2$$

---

[1]In der rechten Abbildung wurden die Punkte P_k in der Rekursion zufällig gewählt; asymptotisch ergibt sich die Struktur des Sierpinski-Dreiecks. Experimentieren Sie mit mehr als drei Punkten sowie der allgemeineren Rekursion $X_{n+1} = t P_{k(n)} + (1 - t) X_n$.

10.5   Partielle Ableitungen bivariater Funktionen

Bilden Sie die partiellen Ableitungen nach x und y von

$$\text{a) } (3y - 2xy)^4 \qquad \text{b) } \frac{xy}{3x + y^2} \qquad \text{c) } \ln(e^{-x} + e^{2y}) \qquad \text{d) } \sqrt{x + y}\sin(xy)$$

Verweise: Partielle Ableitungen

Lösungsskizze

a) $f(x, y) = (3y - 2xy)^4$:

benutze $\frac{d}{dt}(a + bt)^n = n(a + bt)^{n-1} \cdot b$ (innere Ableitung b)

∂_x: y konstant $\leadsto$

$$f_x = \partial_x (3y \underbrace{-2y}_{b}\, x)^4 = 4(3y - 2xy)^3(-2y) = -8y(3y - 2xy)^3$$

∂_y: x konstant, Ausklammern von y $\leadsto$

$$f_y = \partial_y y^4 (3 - 2x)^4 = 4y^3(3 - 2x)^4$$

b) $f(x, y) = xy/(3x + y^2)$:

Quotientenregel $(u/v)' = (u'v - uv')/u^2$ $\leadsto$

$$f_x = \frac{(xy)_x(3x + y^2) - xy(3x + y^2)_x}{(3x + y^2)^2} = \frac{y(3x + y^2) - 3xy}{(3x + y^2)^2} = \frac{y^3}{(3x + y^2)^2}$$

$$f_y = \frac{(xy)_y(3x + y^2) - xy(3x + y^2)_y}{(3x + y^2)^2} = \frac{x(3x + y^2) - xy(2y)}{(3x + y^2)^2} = \frac{3x^2 - xy^2}{(3x + y^2)^2}$$

c) $f(x, y) = \ln(e^{-x} + e^{2y})$:

Kettenregel, $du(v(t))/dt = (du/dv)(dv/dt)$, mit $v = e^{-x} + e^{2y}$ $\leadsto$

$$f_x = \frac{d\ln v}{dv}\frac{dv}{dx} = \frac{1}{v}(-e^{-x}) = -\frac{e^{-x}}{e^{-x} + e^{2y}} = -\frac{1}{1 + e^{x+2y}}$$

$$f_y = \frac{2e^{2y}}{e^{-x} + e^{2y}} = \frac{2}{e^{-x-2y} + 1}$$

d) $f(x, y) = \sqrt{x + y}\sin(xy)$:

Produktregel $\leadsto$

$$f_x = (\partial_x \sqrt{x + y})\,\sin(xy) + \sqrt{x + y}\,\partial_x \sin(xy) = \frac{\sin(xy)}{2\sqrt{x + y}} + \sqrt{x + y}\,y\cos(xy)$$

Symmetrie bzgl. x und y $\leadsto$

$$f_y = \frac{\sin(xy)}{2\sqrt{x + y}} + \sqrt{x + y}\,x\cos(xy)$$

(Vertauschen von x und y)

10.6 Partielle Ableitungen eines Polynoms

Bestimmen Sie alle nicht-trivialen partiellen Ableitungen des Polynoms

$$p(x, y, z) = (4x + y^2)(yz - 5x)\,.$$

Verweise: Partielle Ableitungen von Polynomen, Vertauschbarkeit partieller Ableitungen

Lösungsskizze

partielle Ableitungen erster Ordnung

$$
\begin{aligned}
p_x &= 4(yz - 5x) - 5(4x + y^2) = -40x - 5y^2 + 4yz \\
p_y &= 2y(yz - 5x) + z(4x + y^2) = -10xy + 4xz + 3y^2 z \\
p_z &= y(4x + y^2) = 4xy + y^3
\end{aligned}
$$

Vertauschbarkeit partieller Ableitungen: $p_{xy} = p_{yx}$, $p_{xyy} = p_{yxy} = p_{yyx}$, etc.
$\rightsquigarrow$ mehrfache Ableitungen in lexikographischer Reihenfolge

partielle Ableitungen zweiter Ordnung

$$
p_{xx} = -40, \quad p_{xy} = -10y + 4z, \quad p_{xz} = 4y
$$
$$
p_{yy} = -10x + 6yz, \quad p_{yz} = 4x + 3y^2
$$

partielle Ableitungen dritter Ordnung

$$
p_{xyy} = -10, \quad p_{xyz} = 4, \quad p_{yyy} = 6z, \quad p_{yyz} = 6y
$$

partielle Ableitung vierter Ordnung

$$
p_{yyyz} = 6
$$

Alternative Lösung

Verwendung der Multiindex-Notation
$x^\alpha = x_1^{\alpha_1} x_2^{\alpha_2} x_3^{\alpha_3}$ $\rightsquigarrow$

$$
\begin{aligned}
p(x) &= (4x_1 + x_2^2)(x_2 x_3 - 5x_1) \\
&= -20x^{(2,0,0)} - 5x^{(1,2,0)} + 4x^{(1,1,1)} + x^{(0,3,1)}
\end{aligned}
$$

Bilden der Ableitungen $\partial^\beta = \partial_1^{\beta_1} \partial_2^{\beta_2} \partial_3^{\beta_3}$ der einzelnen Terme, z.B.

$$
\partial^{(1,0,0)} x^{(1,2,0)} = x^{(0,2,0)}, \quad \partial^{(1,1,0)} x^{(1,2,0)} = 2x^{(0,1,0)}, \quad \partial^{(1,2,0)} x^{(1,2,0)} = 2
$$

10.7   Partielle Ableitungen trivariater Funktionen

Bilden Sie die partiellen Ableitungen erster Ordnung folgender Funktionen.

$$\text{a)}\quad f(x,y,z) = \cos^2(xy^3 - z^4) \qquad\qquad \text{b)}\quad g(x,y,z) = \frac{x\sqrt{y}}{x+y+z}$$

Verweise: Partielle Ableitungen

Lösungsskizze

a) $f = \cos^2(xy^3 - z^4)$:

Kettenregel

$$\frac{\mathrm{d}}{\mathrm{d}t}\, u(v(w(t))) = \frac{\mathrm{d}u}{\mathrm{d}v}\frac{\mathrm{d}v}{\mathrm{d}w}\frac{\mathrm{d}w}{\mathrm{d}t}$$

mit $u(v) = v^2$, $v(w) = \cos(w)$, $w = xy^3 - z^4$ und $t = x$ $\rightsquigarrow$

$$\begin{aligned}
f_x &= (v^2)_v\,(\cos w)_w\, w_x = 2v\,(-\sin w)\,y^3 \\
&= -2\cos(xy^3 - z^4)\sin(xy^3 - z^4)y^3 = -y^3\sin(2xy^3 - 2z^4)
\end{aligned}$$

benutzt: $2\sin\varphi\cos\varphi = \sin(2\varphi)$ mit $\varphi = xy^3 - z^4$

identische äußere Ableitungen

$$A = (v^2)_v\,(\cos w)_w = -\sin(2xy^3 - 2z^4)$$

für alle partiellen Ableitungen $\rightsquigarrow$

$$\begin{aligned}
f_y &= A\, w_y = A\,(2xy^3 - 2z^4)_y = -6xy^2\sin(2xy^3 - 2z^4) \\
f_z &= A\, w_z = -4z^3\sin(2xy^3 - 2z^4)
\end{aligned}$$

b) $g = (\sqrt{x} + \sqrt{y})/(y+z)$:

$$g_x = \partial_x\Big(\underbrace{\frac{1}{y+z}}_{\text{konstant}}\sqrt{x}\Big) + \partial_x\,\underbrace{\frac{\sqrt{y}}{y+z}}_{\text{konstant}} = \frac{1}{y+z}\,x^{-1/2}/2 = \frac{1}{2\sqrt{x}(y+z)}$$

Quotientenregel, $(u/v)' = (u'v - uv')/(u+v)^2$ $\rightsquigarrow$

$$\begin{aligned}
g_y &= \frac{(\sqrt{x}+\sqrt{y})_y(y+z) - (\sqrt{x}+\sqrt{y})(y+z)_y}{(y+z)^2} \\
&= \frac{y^{-1/2}/2(y+z) - (\sqrt{x}+\sqrt{y})}{(y+z)^2} = \frac{z/\sqrt{y} - \sqrt{y} - 2\sqrt{x}}{2(y+z)^2}
\end{aligned}$$

Quotienregel mit konstantem u, d.h. $(c/v)' = -cv'/v^2$ $\rightsquigarrow$

$$g_z = -\frac{(\sqrt{x}+\sqrt{y})(y+z)_z}{(y+z)^2} = -\frac{\sqrt{x}+\sqrt{y}}{(y+z)^2}$$

10.8 Höhere partielle Ableitungen von trivariaten Funktionen

Berechnen Sie für $x = (x_1, x_2, x_3)$ folgende partielle Ableitungen.

a) $\partial^{(1,2,3)} x^{(2,4,3)}$ b) $\partial^{(3,1,0)} e^{i(2,-3,1)x^t}$ c) $\partial^{(0,2,1)} |x|$

Verweise: Partielle Ableitungen, Mehrfache partielle Ableitungen

Lösungsskizze
Multiindex-Notation

$$x^\alpha = x_1^{\alpha_1} \cdots x_n^{\alpha_n}$$
$$\partial^\alpha = \partial_1^{\alpha_1} \cdots \partial_n^{\alpha_n} = \left(\frac{\partial}{\partial x_1}\right)^{\alpha_1} \cdots \left(\frac{\partial}{\partial x_n}\right)^{\alpha_n}$$

mit $x = (x_1, \ldots, x_n)$, $\alpha = (\alpha_1, \ldots, \alpha_n)$

a) $\partial^{(1,2,3)} x^{(2,4,3)}$:

$$\partial_1 \partial_2^2 \partial_3^3 \, x_1^2 x_2^4 x_3^3 = (\partial_1 x_1^2)(\partial_2^2 x_2^4)(\partial_3^3 x_3^3)$$

$$(d/dt)^m t^n = n(n-1) \cdots (n-m+1) \, t^{n-m} \quad \rightsquigarrow$$

$$(2x_1)(4 \cdot 3x_2^2)(3 \cdot 2 \cdot 1) = 144 \, x_1 x_2^2$$

b) $\partial^{(3,1,0)} \exp(i(2x_1 - 3x_2 + x_3))$:
$(d/dt) \exp(at + b) = a \exp(at + b) \quad \rightsquigarrow$

$$
\begin{aligned}
\partial_1^3 \partial_2 \exp(i(2x_1 - 3x_2 + x_3)) &= \partial_1^3 (-3i) \exp(i(2x_1 - 3x_2 + x_3)) \\
&= (2i)^3 (-3i) \exp(i(2x_1 - 3x_2 + x_3)) \\
&= -24 \exp(i(2x_1 - 3x_2 + x_3))
\end{aligned}
$$

c) $\partial^{(0,2,1)} |x|$:
$|x| = (x_1^2 + x_2^2 + x_3^2)^{1/2}$, Kettenregel $\implies$

$$\partial_\nu (x_1^2 + x_2^2 + x_3^2)^{1/2} = x_\nu (x_1^2 + x_2^2 + x_3^2)^{-1/2} = x_\nu / |x|, \quad \partial_\nu |x|^m = m x_\nu |x|^{m-2}$$

und folglich

$$
\begin{aligned}
\partial_2^2 \partial_3 |x| &= \partial_2^2 x_3 |x|^{-1} = -\partial_2 x_2 x_3 |x|^{-3} \\
&= -x_3 |x|^{-3} + 3 x_2^2 x_3 |x|^{-5}
\end{aligned}
$$

10.9 Partielle Ableitungen erster und zweiter Ordnung einer trivariaten Funktion ★

Bestimmen Sie die partiellen Ableitungen erster und zweiter Ordnung der Funktion

$$f(x, y, z) = x^{y/z}$$

für $x, y, z > 0$.

Verweise: Mehrfache partielle Ableitungen, Vertauschbarkeit partieller Ableitungen

Lösungsskizze

(i) Partielle Ableitungen erster Ordnung:

$\frac{\mathrm{d}}{\mathrm{d}t} t^a = a t^{a-1} \quad \Longrightarrow$

$$f_x = (y/z) x^{y/z - 1}$$

$\frac{\mathrm{d}}{\mathrm{d}t} a^t = \frac{\mathrm{d}}{\mathrm{d}t} \exp(\ln a\, t) = \ln a\, a^t$ und Kettenregel mit $t = y/z \quad \Longrightarrow$

$$f_y = \frac{\mathrm{d}}{\mathrm{d}t} x^t \frac{\mathrm{d}t}{\mathrm{d}y} = \ln x\, x^{y/z} \frac{1}{z}$$

analog

$$f_z = \ln x\, x^{y/z} \frac{\mathrm{d}}{\mathrm{d}z}(y/z) = -\ln x\, x^{y/z} \frac{y}{z^2}$$

(ii) Partielle Ableitungen zweiter Ordnung:

$$
\begin{aligned}
f_{xx} &= (y/z)(y/z - 1)\, x^{y/z - 2} \\
f_{xy} &= (1/z)\, x^{y/z - 1} + (y/z) \ln x\, x^{y/z - 1}\, (1/z) \\
       &= (1 + y \ln x / z)\, x^{y/z - 1} / z \\
f_{xz} &= -(y/z^2)\, x^{y/z - 1} - (y/z) \ln x\, x^{y/z - 1}\, (y/z^2) \\
       &= -(1 + y \ln x / z)\, x^{y/z - 1}\, y / z^2 \\
f_{yy} &= (\ln x)^2\, x^{y/z} / z^2 \\
f_{yz} &= -\ln x\, x^{y/z} / z^2 - (\ln x)^2\, x^{y/z}\, (y/z^3) \\
       &= -\ln x\, x^{y/z}\, (1 + y \ln x / z) / z^2 \\
f_{zz} &= 2 \ln x\, x^{y/z}\, y / z^3 + (\ln x)^2\, x^{y/z}\, y^2 / z^4 \\
       &= \ln x\, x^{y/z}\, (2 + y \ln x / z)\, y / z^3
\end{aligned}
$$

Vertauschbarkeit partieller Ableitungen $\Longrightarrow$

$$f_{yx} = f_{xy}, \quad f_{zx} = f_{xz}, \quad f_{zy} = f_{yz}$$

10.10 Partielle Ableitungen bis zur dritten Ordnung einer bivariaten Funktion

Bestimmen Sie für die Funktion

$$f(x, y) = \arctan(x/y), \quad y \neq 0$$

alle partiellen Ableitungen bis zur Ordnung drei einschließlich.

Verweise: Mehrfache partielle Ableitungen, Vertauschbarkeit partieller Ableitungen

Lösungsskizze

(i) Partielle Ableitungen erster Ordnung:

$\frac{d}{dt} \arctan t = \frac{1}{1+t^2}$ und Kettenregel mit $t = x/y$ $\implies$

$$f_x = \frac{d}{dt} \arctan t \, \frac{dt}{dx} = \frac{1}{1 + (x/y)^2} \, (1/y) = \frac{y}{x^2 + y^2}$$

analog

$$f_y = \frac{1}{1 + (x/y)^2} \, (-x/y^2) = -\frac{x}{x^2 + y^2}$$

Symmetrie: $f_x(x, y) = -f_y(y, x)$ $\implies$

$$(\partial_x^\alpha \partial_y^\beta f_x)(x, y) = -(\partial_y^\alpha \partial_x^\beta f_y)(y, x) \Leftrightarrow (\partial_x^\alpha \partial_y^\beta f_y)(x, y) = -(\partial_y^\alpha \partial_x^\beta f_x)(y, x)$$

⤳ nicht alle partiellen Ableitungen zu berechnen

(ii) Partielle Ableitungen zweiter Ordnung:

$R = x^2 + y^2$, $R_x = 2x$, $R_y = 2y$ ⤳

$$f_{xx} = \partial_x \left(\frac{y}{R} \right) = \frac{-y}{R^2} R_x = -\frac{2xy}{(x^2 + y^2)^2}$$

$$f_{xy} = \partial_y \left(\frac{y}{R} \right) = \frac{R - yR_y}{R^2} = \frac{x^2 - y^2}{(x^2 + y^2)^2} = f_{yx}$$

Symmetrie $\implies$

$$f_{yy}(x, y) = -(\partial_x f_x)(y, x) = \frac{2xy}{(x^2 + y^2)^2}$$

(iii) Partielle Ableitungen dritter Ordnung:

$$f_{xxx} = \partial_x \left(-\frac{2xy}{R^2} \right) = \frac{-2yR^2 + 2xy \cdot 2RR_x}{R^4} = \frac{6x^2y - 2y^3}{(x^2 + y^2)^3}$$

$$f_{yyy} = \frac{2x^3 - 6xy^2}{(x^2 + y^2)^3} \quad \text{(Symmetrie)}$$

$$f_{xxy} = \partial_x \left(\frac{x^2 - y^2}{R^2} \right) = \frac{2xR^2 - (x^2 - y^2) \cdot 2RR_x}{R^4} = \frac{6xy^2 - 2x^3}{(x^2 + y^2)^3}$$

$$f_{xyy} = \frac{2y^3 - 6x^2y}{(x^2 + y^2)^3} \quad \text{(Symmetrie)}$$

10.11   Spezielle Lösungen partieller Differentialgleichungen

Bestimmen Sie jeweils den Parameter p, so dass die Funktion u eine Lösung der angegebenen Differentialgleichung ist.

a) $u_t = u_x + u^2$, $u(t,x) = p/(x - 2t)$
b) $u_t = u_{xx}$, $u(t,x) = \exp(px^2/t)/\sqrt{t}$
c)^2 $u_t = (u^2)_{xx}$, $u(t,x) = t^{-1/3} - px^2/t$

Verweise: Partielle Ableitungen

Lösungsskizze

a) $u_t = u_x + u^2$, $u(t,x) = p/(x - 2t)$:

$$u_t = 2p/(x - 2t)^2, \quad u_x = -p/(x - 2t)^2, \quad u^2 = p^2/(x - 2t)^2$$

Einsetzen in die partielle Differentialgleichung $\rightsquigarrow$

$$\frac{2p}{(x - 2t)^2} \overset{!}{=} -\frac{p}{(x - 2t)^2} + \frac{p^2}{(x - 2t)^2}$$

Vergleich beider Seiten $\rightsquigarrow$ $p = 3$

b) $u_t = u_{xx}$, $u(t,x) = t^{-1/2}\exp(px^2 t^{-1})$:

$$u_t = -\frac{1}{2}t^{-3/2}\exp(\ldots) + t^{-1/2}(-px^2 t^{-2})\exp(\ldots)$$

$$u_x = t^{-1/2}(2pxt^{-1})\exp(\ldots)$$

$$u_{xx} = t^{-1/2}(2pt^{-1})\exp(\ldots) + t^{-1/2}(4p^2 x^2 t^{-2})\exp(\ldots)$$

Vergleich der Terme mit den Faktoren $t^{-3/2}\exp(\ldots)$ und $t^{-5/2}x^2\exp(\ldots)$ von u_t und u_{xx} $\rightsquigarrow$ $p = -1/4$

c) $u_t = (u^2)_{xx}$, $u(t,x) = t^{-1/3} - px^2 t^{-1}$:

$$u_t = -\frac{1}{3}t^{-4/3} + px^2 t^{-2}$$

$$u^2 = t^{-2/3} - 2px^2 t^{-4/3} + p^2 x^4 t^{-2}$$

$$(u^2)_x = -4pxt^{-4/3} + 4p^2 x^3 t^{-2}$$

$$(u^2)_{xx} = -4pt^{-4/3} + 12p^2 x^2 t^{-2}$$

Vergleich der Koeffizienten von $t^{-4/3}$ und $x^2 t^{-2}$ in den Ausdrücken für u_t und $(u^2)_{xx}$ $\rightsquigarrow$ $p = 1/12$

---

^{2}Spezialfall der von Barenblatt gefundenen speziellen Lösung $u(t, x_1, \ldots, x_n)$ für $u_t = \Delta u^m$, $\Delta = \partial_1^2 + \cdots + \partial_n^2$

10.12 Jacobi-Matrizen (2×1, 1×2, 2×3)

Bestimmen Sie die Jacobi-Matrizen der folgenden Funktionen an den angegebenen Stellen.

a) $f(x) = (1/2^x, 2^{1/x})^t$, $x = 2$

b) $g(x,y) = \dfrac{x-y}{x+y}$, $(x,y) = (2,1)$

c) $h(x,y,z) = ((y-z)^2, xz)^t$, $(x,y,z) = (0,1,2)$

Verweise: Totale Ableitung und Jacobi-Matrix, Partielle Ableitungen

Lösungsskizze

k-te Spalte der Jacobi-Matrix: partielle Ableitung nach der k-ten Variablen, d.h.

$$J\varphi = (\partial_1\varphi, \partial_2\varphi, \dots)$$

a) $f(x) = (1/2^x, 2^{1/x})^t$, $x = 2$:

$\frac{d}{dx}2^x = \frac{d}{dx}\exp(x\ln 2) = (\ln 2)2^x$ und Kettenregel $\implies$

$$(Jf)(x) = f'(x) = \begin{pmatrix} (-1/(2^x)^2)(\ln 2)\,2^x \\ (\ln 2)\,2^{1/x}\,(-1/x^2) \end{pmatrix} = -\ln 2 \begin{pmatrix} 1/2^x \\ 2^{1/x}/x^2 \end{pmatrix}$$

Auswerten bei $x = 2$ $\rightsquigarrow$

$$(Jf)(2) = -\ln 2 \begin{pmatrix} 1/4 \\ \sqrt{2}/4 \end{pmatrix}$$

b) $g(x,y) = \frac{x-y}{x+y}$, $(x,y) = (2,1)$:

$$g_x = \frac{(x+y)-(x-y)}{(x+y)^2} = \frac{2y}{(x+y)^2}, \quad g_y = -\frac{2x}{(x+y)^2} \quad \text{(Symmetrie)}$$

Auswerten von $Jg = (g_x, g_y)$ bei $(x,y) = (2,1)$ $\rightsquigarrow$

$$(Jg)(2,1) = (\operatorname{grad} g)^t(2,1) = (2/9, -4/9)$$

c) $h(x,y,z) = ((y-z)^2, xz)^t$, $(x,y,z) = (0,1,2)$:

$$h_x = \begin{pmatrix} 0 \\ z \end{pmatrix}, \quad h_y = \begin{pmatrix} 2(y-z) \\ 0 \end{pmatrix}, \quad h_z = \begin{pmatrix} -2(y-z) \\ x \end{pmatrix}$$

Auswerten von $Jh = (h_x, h_y, h_z)$ bei $(x,y,z) = (0,1,2)$ $\rightsquigarrow$

$$(Jh)(0,1,2) = \begin{pmatrix} 0 & 2(y-z) & -2(y-z) \\ z & 0 & x \end{pmatrix}\Bigg|_{(0,1,2)} = \begin{pmatrix} 0 & -2 & 2 \\ 2 & 0 & 0 \end{pmatrix}$$

10.13 Jacobi-Matrizen (2×4, 3×3)

Bestimmen Sie die Jacobi-Matrizen der Funktionen

$$
\text{a) } f(x) = \begin{pmatrix} 1/x_1 + \sqrt{x_3 x_4} \\ \sqrt{x_1/x_2} + x_4 \end{pmatrix}
\qquad
\text{b) } \begin{pmatrix} u(x,y,z) \\ v(x,y,z) \\ w(x,y,z) \end{pmatrix} = \begin{pmatrix} x + \sin y \\ \tan(xz) \\ z \cos y \end{pmatrix}
$$

an den Punkten $x = (2, 8, 9, 1)^{\mathrm{t}}$ bzw. $(x, y, z) = (0, \pi, 1)$.

Verweise: Totale Ableitung und Jacobi-Matrix, Partielle Ableitungen

Lösungsskizze

Jacobi-Matrix einer Funktion $\varphi : \mathbb{R}^n \to \mathbb{R}^m$

$$
\mathrm{J}\,\varphi = (\partial_1 \varphi, \ldots, \partial_n \varphi) = \begin{pmatrix} \partial_1 \varphi_1 & \cdots & \partial_n \varphi_1 \\ \vdots & & \vdots \\ \partial_1 \varphi_m & \cdots & \partial_n \varphi_m \end{pmatrix}
$$

Spalten von $\mathrm{J}\,\varphi \mathrel{\widehat{=}}$ partielle Ableitungen $\partial_\nu \varphi$

a) $m = 2$, $n = 4$:

$(\mathrm{d}/\mathrm{d}t)\sqrt{t} = t^{-1/2}/2$, $(\mathrm{d}/\mathrm{d}t)(1/\sqrt{t}) = -t^{-3/2}/2$ $\quad\rightsquigarrow$

$$
\mathrm{J}\,f = \begin{pmatrix} -x_1^{-2} & 0 & (x_3^{-1/2}/2)x_4^{1/2} & x_3^{1/2}(x_4^{-1/2}/2) \\ (x_1^{-1/2}/2)x_2^{-1/2} & x_1^{1/2}(-x_2^{-3/2}/2) & 0 & 1 \end{pmatrix}
$$

Einsetzen von $x = (2, 8, 9, 1)^{\mathrm{t}}$ $\quad\rightsquigarrow$

$$
(\mathrm{J}\,f)(2, 8, 9, 1) = \begin{pmatrix} -1/4 & 0 & 1/6 & 3/2 \\ 1/8 & -1/32 & 0 & 1 \end{pmatrix}
$$

b) $m = 3$, $n = 3$:

$(\mathrm{d}/\mathrm{d}t)\tan t = \cos^{-2} t$ $\quad\rightsquigarrow$

$$
\frac{\partial(u, v, w)}{\partial(x, y, z)} = \begin{pmatrix} 1 & \cos y & 0 \\ z/\cos^2(xz) & 0 & x/\cos^2(xz) \\ 0 & -z \sin y & \cos y \end{pmatrix}
$$

Einsetzen von $(x, y, z) = (0, \pi, 1)$ $\quad\rightsquigarrow$

$$
\left. \frac{\partial(u, v, w)}{\partial(x, y, z)} \right|_{(0, \pi, 1)} = \begin{pmatrix} 1 & -1 & 0 \\ 1 & 0 & 0 \\ 0 & 0 & 1 \end{pmatrix}
$$

10.14 Restglied der linearen Approximation mit Hilfe der Jacobi-Matrix

Bestimmen Sie das Restglied der linearen Approximation mit Hilfe der Jacobi-Matrix,

$$R = f(x) - f(a) - \mathrm{J}\,f(a)\,(x - a),$$

für $f(x) = (x_1 x_2,\ x_3^2 - x_1^2,\ x_2 x_3)^{\mathrm{t}}$, $a = (2, 1, 0)^{\mathrm{t}}$ und verifizieren Sie, dass $|R| = O(|x - a|^2)$, $x \to a$.

Verweise: Totale Ableitung und Jacobi-Matrix

Lösungsskizze

$$f(a) = \left. \begin{pmatrix} x_1 x_2 \\ x_3^2 - x_1^2 \\ x_2 x_3 \end{pmatrix} \right|_{x=a=(2,1,0)^{\mathrm{t}}} = \begin{pmatrix} 2 \\ -4 \\ 0 \end{pmatrix}$$

$\mathrm{J}\,f = (\partial_1 f, \partial_2 f, \partial_3 f)$ (Spalten enthalten die partiellen Ableitungen) $\implies$

$$\mathrm{J}\,f(a) = \left. \begin{pmatrix} x_2 & x_1 & 0 \\ -2x_1 & 0 & 2x_3 \\ 0 & x_3 & x_2 \end{pmatrix} \right|_{x=(2,1,0)^{\mathrm{t}}} = \begin{pmatrix} 1 & 2 & 0 \\ -4 & 0 & 0 \\ 0 & 0 & 1 \end{pmatrix}$$

Restglied der linearen Approximation

$$
\begin{aligned}
R &= f(x) - f(a) - \mathrm{J}\,f(a)(x - a) \\
&= \begin{pmatrix} x_1 x_2 \\ x_3^2 - x_1^2 \\ x_2 x_3 \end{pmatrix} - \begin{pmatrix} 2 \\ -4 \\ 0 \end{pmatrix} - \begin{pmatrix} 1 & 2 & 0 \\ -4 & 0 & 0 \\ 0 & 0 & 1 \end{pmatrix} \begin{pmatrix} x_1 - 2 \\ x_2 - 1 \\ x_3 - 0 \end{pmatrix} \\
&= \begin{pmatrix} x_1 x_2 - x_1 - 2x_2 + 2 \\ x_3^2 - x_1^2 + 4x_1 - 4 \\ x_2 x_3 - x_3 \end{pmatrix} = \begin{pmatrix} (x_1 - 2)(x_2 - 1) \\ x_3^2 - (x_1 - 2)^2 \\ (x_2 - 1)x_3 \end{pmatrix}
\end{aligned}
$$

$|x_k - a_k| \le |x - a| = |(x_1 - 2, x_2 - 1, x_3 - 0)| \implies$

$$|R| = \sqrt{R_1^2 + R_2^2 + R_3^2} \le \sqrt{(1 + 4 + 1)|x - a|^4} = O(|x - a|^2)$$

11 Kettenregel und Richtungsableitung

Übersicht

© Springer-Verlag GmbH Deutschland, ein Teil von Springer Nature 2023
K. Höllig und J. Hörner, *Aufgaben und Lösungen zur Höheren Mathematik 2*,
https://doi.org/10.1007/978-3-662-67512-0_12

11.1 Erste und zweite partielle Ableitungen eines Ausdrucks mit einer quadratischen Form

Bestimmen Sie die ersten und zweiten partiellen Ableitungen der Funktion

$$f(x) = \exp(-x^{\mathrm{t}} A x)$$

für eine symmetrische $n \times n$-Matrix A und werten Sie die Ableitungen an der Stelle $x = (1, 0, \ldots, 0)^{\mathrm{t}}$ aus.

Verweise: Mehrfache partielle Ableitungen, Kettenregel

Lösungsskizze

$$f(x) = \exp(-q(x)), \quad q(x) = x^{\mathrm{t}} A x = \sum_{i,j=1}^{n} x_i a_{i,j} x_j$$

(i) Erste partielle Ableitungen $\partial_\nu = \partial/\partial x_\nu$, $\nu = 1, \ldots, n$:
Kettenregel, $\partial f/\partial x_\nu = (\mathrm{d}f/\mathrm{d}q)(\partial q/\partial x_\nu) \quad \rightsquigarrow$

$$\partial_\nu f(x) = -\exp(-q(x))\, \partial_\nu q(x)$$

Produktregel, $\partial_\nu x_k = \delta_{\nu,k}$ mit δ dem Kronecker-Symbol und $\sum_k \delta_{\nu,k} u_k = u_\nu \quad \rightsquigarrow$

$$\begin{aligned}
\partial_\nu q(x) &= \sum_{i,j} \left(\delta_{\nu,i} a_{i,j} x_j + x_i a_{i,j} \delta_{\nu,j} \right) \\
&= \sum_j a_{\nu,j} x_j + \sum_i x_i a_{i,\nu} \underset{a_{i,\nu} = a_{\nu,i}}{=} 2 \sum_j a_{\nu,j} x_j
\end{aligned}$$

und

$$\partial_\nu f(x) = -2 \exp(-q(x))\, S_\nu, \quad S_\nu = \sum_j a_{\nu,j} x_j$$

Auswertung: $x = (1, 0, \ldots, 0)^{\mathrm{t}} \quad \Longrightarrow \quad q(x) = a_{1,1}$, $S_\nu = a_{\nu,1}$ und

$$\partial_\nu f(1, 0, \ldots, 0) = -2 \exp(-a_{1,1})\, a_{\nu,1}$$

(ii) Zweite partielle Ableitungen:
Produktregel, Differentiation von $\exp(-q(x))$ wie zuvor $\quad \rightsquigarrow$

$$\begin{aligned}
&\partial_\mu \partial_\nu f(x) \\
&\quad = -2 \left(-2 \exp(-q(x)) S_\mu \right) S_\nu - 2 \exp(-q(x)) \sum_j a_{\nu,j} \underbrace{\partial_\mu x_j}_{\delta_{\mu,j}} \\
&\quad = 2 \exp(-q(x)) \left(2 S_\mu S_\nu - a_{\nu,\mu} \right)
\end{aligned}$$

Auswertung: $x = (1, 0, \ldots, 0)^{\mathrm{t}} \quad \Longrightarrow$

$$\partial_\mu \partial_\nu f(1, 0, \ldots, 0) = 2 \exp(-a_{1,1}) \left(2 a_{\mu,1} a_{\nu,1} - a_{\nu,\mu} \right)$$

11.2 Erste und zweite partielle Ableitungen radialsymmetrischer Funktionen

Bestimmen Sie für

$$\text{a)} \quad \sin |x|^2 \qquad\qquad \text{b)} \quad |x| \ln |x|$$

die ersten und zweiten partiellen Ableitungen bzgl. der Variablen $x = (x_1, \ldots, x_n)$.

Verweise: Mehrfache partielle Ableitungen, Kettenregel, Produktregel

Lösungsskizze

a) $f(R)$, $R = x_1^2 + \cdots + x_n^2$:

Kettenregel $\implies$

$$\partial_\nu f(R) = \frac{\mathrm{d}f}{\mathrm{d}R} \frac{\partial R}{\partial x_\nu} = f'(R)\,(2x_\nu)$$

$f(R) = \sin R \quad \rightsquigarrow$

$$\partial_\nu f(R) = \cos(R)\,(2x_\nu)$$

Produktregel und Kettenregel für $g(R) = \cos R \quad \rightsquigarrow$

$$
\begin{aligned}
\partial_\mu \partial_\nu f(R) &= -\sin(R)\,(2x_\mu)(2x_\nu) + 2\cos(R)\,\partial_\mu x_\nu \\
&= -4\sin(R)\,(x_\mu x_\nu) + 2\cos(R)\,\delta_{\mu,\nu}
\end{aligned}
$$

mit $\delta_{\mu,\nu}$ dem Kronecker-Symbol

b) $f(r)$, $r = \sqrt{x_1^2 + \cdots + x_n^2}$:

Kettenregel $\implies$

$$\partial_\nu f(r) = \frac{\mathrm{d}f}{\mathrm{d}r} \frac{\partial r}{\partial x_\nu} = f'(r)\left(\frac{1}{2}(x_1^2 + \cdots + x_n^2)^{-1/2}\,(2x_\nu)\right) = f'(r)\,\frac{x_\nu}{r}$$

$f(r) = r \ln r \quad \rightsquigarrow$

$$\partial_\nu f(r) = \left(1 \cdot \ln r + r \cdot \frac{1}{r}\right)\frac{x_\nu}{r} = \left(\frac{\ln r + 1}{r}\right)x_\nu$$

Produktregel sowie Quotienten- und Kettenregel für $g(r) = (\ln r + 1)/r \quad \rightsquigarrow$

$$
\begin{aligned}
\partial_\mu \partial_\nu f(r) &= \left(\frac{(1/r)\cdot r - (\ln r + 1)\cdot 1}{r^2}\,\frac{x_\mu}{r}\right)x_\nu + \frac{\ln r + 1}{r}\,\partial_\mu x_\nu \\
&= \frac{\ln r}{r^3}\,x_\mu x_\nu + \frac{\ln r + 1}{r}\,\delta_{\mu,\nu}
\end{aligned}
$$

11.3 Kettenregel für den Gradienten einer bivariaten zusammengesetzten Funktion

Bestimmen Sie den Gradienten $(\partial_r f, \partial_\varphi f)^t$ der zusammengesetzten Funktion

$$f(x,y) = \frac{1-xy}{x+3y}, \quad x = r\cos\varphi, \; y = r\sin\varphi$$

an der Stelle $r = 2$, $\varphi = \pi/4$.

Verweise: Multivariate Kettenregel

Lösungsskizze

Kettenregel für Funktionen in Polarkoordinaten

$$\partial_r f(x,y) = \frac{\partial f}{\partial x}\frac{\partial x}{\partial r} + \frac{\partial f}{\partial y}\frac{\partial y}{\partial r}, \quad \partial_\varphi f(x,y) = \frac{\partial f}{\partial x}\frac{\partial x}{\partial \varphi} + \frac{\partial f}{\partial y}\frac{\partial y}{\partial \varphi}$$

Berechnung der benötigten partiellen Ableitungen

■ partielle Ableitungen von $f(x,y) = (1 - xy)/(x + 3y)$

$$\frac{\partial f}{\partial x} = \frac{-y(x+3y) - (1-xy)}{(x+3y)^2} = \frac{-3y^2 - 1}{(x+3y)^2}$$

$$\frac{\partial f}{\partial y} = \frac{-x(x+3y) - 3(1-xy)}{(x+3y)^2} = \frac{-x^2 - 3}{(x+3y)^2}$$

■ partielle Ableitungen von $x = r\cos\varphi$ und $y = r\sin\varphi$

$$\frac{\partial x}{\partial r} = \cos\varphi, \quad \frac{\partial x}{\partial \varphi} = -r\sin\varphi, \quad \frac{\partial y}{\partial r} = \sin\varphi, \quad \frac{\partial y}{\partial \varphi} = r\cos\varphi$$

Einsetzen von $r = 2$, $\varphi = \pi/4$ $\rightsquigarrow$ $\cos\varphi = \sqrt{2}/2 = \sin\varphi$ und $x = \sqrt{2} = y$ sowie

$$\frac{\partial x}{\partial r} = \sqrt{2}/2, \quad \frac{\partial x}{\partial \varphi} = -\sqrt{2}, \quad \frac{\partial y}{\partial r} = \sqrt{2}/2, \quad \frac{\partial y}{\partial \varphi} = \sqrt{2}$$

$$\frac{\partial f}{\partial x} = \frac{-6 - 1}{(\sqrt{2} + 3\sqrt{2})^2} = -\frac{7}{32}, \quad \frac{\partial f}{\partial y} = \frac{-2 - 3}{(\sqrt{2} + 3\sqrt{2})^2} = -\frac{5}{32}$$

Bilden des Gradienten nach der Kettenregel

$$\partial_r f(x(r,\varphi), y(r,\varphi))|_{(2,\pi/4)} = -\frac{7}{32}\frac{\sqrt{2}}{2} - \frac{5}{32}\frac{\sqrt{2}}{2} = -\frac{3}{16}\sqrt{2}$$

$$\partial_\varphi f(x(r,\varphi), y(r,\varphi))|_{(2,\pi/4)} = -\frac{7}{32}(-\sqrt{2}) - \frac{5}{32}\sqrt{2} = \frac{1}{16}\sqrt{2}$$

Alternative Lösung

Multiplikation der totalen Ableitungen (Jacobi-Matrizen)

$$(\partial_r f, \partial_\varphi f) = (\partial_x f, \partial_y f)\frac{\partial(x,y)}{\partial(r,\varphi)}, \quad \frac{\partial(x,y)}{\partial(r,\varphi)} = \begin{pmatrix} x_r & x_\varphi \\ y_r & y_\varphi \end{pmatrix}$$

11.4 Kettenregel für Jacobi-Matrizen

Bestimmen Sie für die Abbildungen

$$
x \mapsto y = f(x) = \begin{pmatrix} x_1 - x_3 x_4 \\ x_1 x_2 + x_4 \end{pmatrix}, \quad y \mapsto z = g(y) = \begin{pmatrix} y_1 y_2 \\ y_1 - y_2 \\ y_2/y_1 \end{pmatrix}
$$

die Abbildung $h = g \circ f$ sowie die Jacobi-Matrix $(Jh)(3,0,1,2)$.

Verweise: Totale Ableitung und Jacobi-Matrix, Multivariate Kettenregel

Lösungsskizze

(i) Zusammengesetzte Abbildung:

$$
h : \quad x \overset{f}{\mapsto} \begin{pmatrix} x_1 - x_3 x_4 \\ x_1 x_2 + x_4 \end{pmatrix} = \begin{pmatrix} y_1 \\ y_2 \end{pmatrix} \overset{g}{\mapsto} \begin{pmatrix} y_1 y_2 \\ y_1 - y_2 \\ y_2/y_1 \end{pmatrix} = \begin{pmatrix} z_1 \\ z_2 \\ z_3 \end{pmatrix}
$$

explizite Form

$$
\begin{pmatrix} z_1 \\ z_2 \\ z_3 \end{pmatrix} = h(x) = \begin{pmatrix} (x_1 - x_3 x_4)(x_1 x_2 + x_4) \\ (x_1 - x_3 x_4) - (x_1 x_2 + x_4) \\ (x_1 x_2 + x_4)/(x_1 - x_3 x_4) \end{pmatrix}
$$

Bilder von $x = (3,0,1,2)$

$$
x \mapsto y = f(x) = (1,2) \mapsto z = g(y) = (2,-1,2)
$$

(ii) Jacobi-Matrizen:

Kettenregel

$$
h = g \circ f \quad \Longrightarrow \quad (Jh)(x) = (Jg)(y)\,(Jf)(x)
$$

Jacobi-Matrizen der Teilabbildungen an den Punkten $x = (3,0,1,2)$, $y = (1,2)$

$$
(Jf)(3,0,1,2) = \begin{pmatrix} 1 & 0 & -x_4 & -x_3 \\ x_2 & x_1 & 0 & 1 \end{pmatrix}\bigg|_{x=(3,0,1,2)} = \begin{pmatrix} 1 & 0 & -2 & -1 \\ 0 & 3 & 0 & 1 \end{pmatrix}
$$

$$
(Jg)(1,2) = \begin{pmatrix} y_2 & y_1 \\ 1 & -1 \\ -y_2/y_1^2 & 1/y_1 \end{pmatrix}\bigg|_{y=(1,2)} = \begin{pmatrix} 2 & 1 \\ 1 & -1 \\ -2 & 1 \end{pmatrix}
$$

Produkt der Jacobi-Matrizen

$$
(Jh)(3,0,1,2) = \begin{pmatrix} 2 & 3 & -4 & -1 \\ 1 & -3 & -2 & -2 \\ -2 & 3 & 4 & 3 \end{pmatrix}
$$

11.5   Jacobi-Matrix bei Komposition und Invertierung von Funktionen

Berechnen Sie für

$$f : \begin{pmatrix} x \\ y \end{pmatrix} \mapsto \begin{pmatrix} u \\ v \end{pmatrix} = \begin{pmatrix} (x - 2y)^2 \\ 2x^3 + y^3 \end{pmatrix}$$

f' und $(f \circ f)'$ jeweils an der Stelle $(x, y) = (1, 1)$ sowie $(f^{-1})'$ an der Stelle $(u, v) = f(1, 1)$.

Verweise: Totale Ableitung und Jacobi-Matrix, Multivariate Kettenregel, Umkehrfunktion

Lösungsskizze

(i) Jacobi-Matrix von f:

$$f'(x, y) = \begin{pmatrix} u_x & u_y \\ v_x & v_y \end{pmatrix} = \begin{pmatrix} 2(x - 2y) & -4(x - 2y) \\ 6x^2 & 3y^2 \end{pmatrix}$$

Einsetzen von $(x, y) = (1, 1)$ ⤳

$$f'(1, 1) = \begin{pmatrix} -2 & 4 \\ 6 & 3 \end{pmatrix}$$

(ii) Jacobi-Matrix von $g = f \circ f$:
Multivariate Kettenregel

$$g'(x, y) = f'(f(x, y)) \, f'(x, y)$$

Einsetzen von $(x, y) = (1, 1)$ ⤳

$$f(1, 1) = \begin{pmatrix} 1 \\ 3 \end{pmatrix}, \quad f'(1, 3) = \begin{pmatrix} -10 & 20 \\ 6 & 27 \end{pmatrix}$$

Produkt der Jacobi-Matrizen

$$g'(1, 1) = \begin{pmatrix} -10 & 20 \\ 6 & 27 \end{pmatrix} \begin{pmatrix} -2 & 4 \\ 6 & 3 \end{pmatrix} = \begin{pmatrix} 140 & 20 \\ 150 & 105 \end{pmatrix}$$

(iii) Jacobi-Matrix von $h = f^{-1}$:
Satz über inverse Funktionen,

$$h'(u, v) = f'(x, y)^{-1}, \quad (u, v)^{\mathrm{t}} = f(x, y),$$

mit $(x, y) = (1, 1)$, $(u, v) = (1, 3)$ ⤳

$$h'(1, 3) = \begin{pmatrix} -2 & 4 \\ 6 & 3 \end{pmatrix}^{-1} = \frac{1}{30} \begin{pmatrix} -3 & 4 \\ 6 & 2 \end{pmatrix}$$

11.6 Partielle Ableitungen und Polarkoordinaten

Bestimmen Sie für die in Polarkoordinaten gegebene Funktion

$$f(r,\varphi) = \varphi^2/r$$

die partiellen Ableitungen nach den kartesischen Koordinaten $x = r\cos\varphi$, $y = r\sin\varphi$ und werten Sie die Ableitungen im Punkt $(r,\varphi) = (2,\pi/2)$ aus.

Verweise: Partielle Ableitungen, Multivariate Kettenregel, Umkehrfunktion, Differential-operatoren in Zylinderkoordinaten

Lösungsskizze

Multivariate Kettenregel, angewandt auf $g(x,y) = f(r(x,y),\varphi(x,y))$ $\implies$

$$g_x = f_r r_x + f_\varphi \varphi_x, \quad g_y = f_r r_y + f_\varphi \varphi_y$$

Berechnung von r_x, φ_x, r_y, φ_y mit Hilfe der Jacobi-Matrix der Koordinatentransformation $P : (r,\varphi)^t \mapsto (x,y)^t = (r\cos\varphi, r\sin\varphi)^t$

$$\mathrm{J}\,P = \frac{\partial(x,y)}{\partial(r,\varphi)} = \begin{pmatrix} x_r & x_\varphi \\ y_r & y_\varphi \end{pmatrix} = \begin{pmatrix} \cos\varphi & -r\sin\varphi \\ \sin\varphi & r\cos\varphi \end{pmatrix}$$

Jacobi-Matrix der Umkehrfunktion P^{-1}: Inverse von $\mathrm{J}\,P$, d.h.

$$\frac{\partial(r,\varphi)}{\partial(x,y)} = \begin{pmatrix} r_x & r_y \\ \varphi_x & \varphi_y \end{pmatrix} = \left(\frac{\partial(x,y)}{\partial(r,\varphi)}\right)^{-1} = \begin{pmatrix} \cos\varphi & \sin\varphi \\ -r^{-1}\sin\varphi & r^{-1}\cos\varphi \end{pmatrix},$$

d.h. $r_x = \cos\varphi$ ($\mathbf{r_x} \neq (\mathbf{x_r})^{-1}$!), $\varphi_x = -r^{-1}\sin\varphi$, $r_y = \sin\varphi$, $\varphi_y = r^{-1}\cos\varphi$

Einsetzen in die Ausdrücke für g_x, g_y $\rightsquigarrow$

$$g_x = -\frac{\varphi^2}{r^2}\cos\varphi + \frac{2\varphi}{r}\left(-r^{-1}\sin\varphi\right) = -\frac{\varphi^2\cos\varphi + 2\varphi\sin\varphi}{r^2}$$
$$g_y = -\frac{\varphi^2}{r^2}\sin\varphi + \frac{2\varphi}{r}\left(r^{-1}\cos\varphi\right) = \frac{2\varphi\cos\varphi - \varphi^2\sin\varphi}{r^2}$$

Auswertung für $r = 2$, $\varphi = \pi/2$ $\rightsquigarrow$ $\cos\varphi = 0$, $\sin\varphi = 1$ und

$$g_x = -\frac{0+\pi}{4} = -\frac{\pi}{4}, \quad g_y = \frac{0 - (\pi/2)^2}{4} = -\frac{\pi^2}{16}$$

Alternative Lösung

Anwendung der Formel $(\star)$ für den Gradienten in Polarkoordinaten

$$\begin{pmatrix} g_x \\ g_y \end{pmatrix} = \operatorname{grad} g \underset{(\star)}{=} f_r \vec{e}_r + r^{-1} f_\varphi \vec{e}_\varphi = -\frac{\varphi^2}{r^2}\begin{pmatrix} \cos\varphi \\ \sin\varphi \end{pmatrix} + \frac{2\varphi}{r^2}\begin{pmatrix} -\sin\varphi \\ \cos\varphi \end{pmatrix}$$

11.7   Ableitung einer trivariaten Funktion entlang einer Kurve

Leiten Sie

$$f(x, y, z) = (2x + y)^{3z}, \quad x = \cosh(5t), \ y = \sinh(4t), \ z = \exp(-t),$$

an der Stelle $t = 0$ nach t ab.

Verweise: Multivariate Kettenregel, Tangente

Lösungsskizze

Kettenregel

$$\frac{\mathrm{d}}{\mathrm{d}t} f(x(t), y(t), z(t)) = (\mathrm{grad}\, f) \cdot (x', y', z')$$

$$= \frac{\partial f}{\partial x} \frac{\mathrm{d}x}{\mathrm{d}t} + \frac{\partial f}{\partial y} \frac{\mathrm{d}y}{\mathrm{d}t} + \frac{\partial f}{\partial z} \frac{\mathrm{d}z}{\mathrm{d}t}$$

■ Gradient der Funktion $(x, y, z) \mapsto f$
$(\mathrm{d}/\mathrm{d}s)(as + b)^c = ac(as + b)^{c-1}$ ⤳

$$\frac{\partial f}{\partial x} = 6z(2x + y)^{3z-1}, \quad \frac{\partial f}{\partial y} = 3z(2x + y)^{3z-1}$$

$(\mathrm{d}/\mathrm{d}s)a^{bs} = b(\ln a)a^{bs}$ ⤳

$$\frac{\partial f}{\partial z} = 3\ln(2x + y)(2x + y)^{3z}$$

■ Tangentenvektor der Kurve $t \mapsto (x, y, z)$

$$x' = 5\sinh(5t), \quad y' = 4\cosh(4t), \quad z' = -\exp(-t)$$

Einsetzen von $t = 0$ ⤳

$$x = 1, \quad y = 0, \quad z = 1, \quad x' = 0, \quad y' = 4, \quad z' = -1$$

$$\frac{\partial f}{\partial x} = 6(2 + 0)^{3-1} = 24, \quad \frac{\partial f}{\partial y} = 3(2 + 0)^{3-1} = 12$$

$$\frac{\partial f}{\partial z} = 3\ln(2 + 0)(2 + 0)^3 = 24\ln 2$$

Kettenregel   ⤳

$$\frac{\mathrm{d}}{\mathrm{d}t} f(x(t), y(t), z(t))\big|_{t=0} = 24 \cdot 0 + 12 \cdot 4 + 24\ln 2 \cdot (-1)$$

$$= 24(2 - \ln 2) \approx 31.3647$$

Alternative Lösung

Ableiten nach Einsetzen (umständlicher)

$$\frac{\mathrm{d}}{\mathrm{d}t} f(x(t), y(t), z(t)) = \frac{\mathrm{d}}{\mathrm{d}t} \left(2\frac{e^{5t} + e^{-5t}}{2} + \frac{e^{4t} - e^{-4t}}{2} \right)^{3e^{-t}} = \cdots$$

11.8 Richtungsableitungen trivariater Funktionen

Berechnen Sie die Ableitungen in Richtung $v = (1, 2, 3)^t$ der durch folgende Ausdrücke gegebenen Funktionen $f(x_1, x_2, x_3)$:

a) $x^{(3,2,1)}$ b) $e^{i(x_1 - 2x_2 + x_3)}$ c) $|x|^3$

Werten Sie die Richtungsableitung jeweils im Punkt $x = (2, 1, 2)$ aus.

Verweise: Richtungsableitung, Totale Ableitung und Jacobi-Matrix

Lösungsskizze

Ableitung von f in Richtung v

$$\partial_v f = (\operatorname{grad} f)^t v = (\partial_1 f) v_1 + (\partial_2 f) v_2 + (\partial_3 f) v_3$$

a) $f(x) = x_1^3 x_2^2 x_3$:

$$(\operatorname{grad} f)^t = (3x_1^2 x_2^2 x_3, \ 2x_1^3 x_2 x_3, \ x_1^3 x_2^2)$$

$v = (1, 2, 3)^t \quad \rightsquigarrow$

$$\partial_v f = 3x_1^2 x_2^2 x_3 + 4x_1^3 x_2 x_3 + 3x_1^3 x_2^2 = (3x_2 x_3 + 4x_1 x_3 + 3x_1 x_2) \, x_1^2 x_2$$

Wert für $x = (2, 1, 2)$: $(6 + 16 + 6) \cdot 4 = 112$

b) $f(x) = \exp(i(x_1 - 2x_2 + x_3))$:

$$(\operatorname{grad} f)^t = i(1, \ -2, \ 1) \exp(i(x_1 - 2x_2 + x_3))$$

$v = (1, 2, 3)^t \quad \rightsquigarrow$

$$\partial_v f = i \underbrace{(1 - 4 + 3)}_{(1,-2,1)v} \exp(i(x_1 - 2x_2 + x_3)) = 0$$

Wert: 0 für alle x

c) $f(x) = (x_1^2 + x_2^2 + x_3^2)^{3/2}$:

$$(\operatorname{grad} f)^t = \frac{3}{2} (x_1^2 + x_2^2 + x_3^2)^{1/2} (2x_1, 2x_2, 2x_3) = 3 \, |x| \, x$$

$v = (1, 2, 3)^t \quad \rightsquigarrow$

$$\partial_v f = 3 \, |x| \, (x_1 + 2x_2 + 3x_3)$$

Wert für $x = (2, 1, 2)$: $3 \cdot 3 \cdot (2 + 2 + 6) = 90$

11.9 Richtungsableitung und Abstiegsrichtungen einer bivariaten Funktion ⋆

Bestimmen Sie für

$$f(x, y) = x^3 - 4xy + y^2$$

die Richtungsableitung $\partial_{(4,3)} f(2, 1)$, die Richtungen im Punkt $(2, 1)$ in denen die Funktionswerte fallen sowie die Richtungen mit einer Steigung des Graphen von f von höchstens 10%.

Verweise: Richtungsableitung, Totale Ableitung und Jacobi-Matrix

---

Lösungsskizze

(i) Richtungsableitung:

Gradient

$$\operatorname{grad} f(2, 1) = \begin{pmatrix} 3x^2 - 4y \\ -4x + 2y \end{pmatrix}\bigg|_{(2,1)} = \begin{pmatrix} 8 \\ -6 \end{pmatrix}$$

Skalarprodukt mit der Richtung $(4, 3)$ ⤳

$$\partial_{(4,3)} f(2, 1) = (8, -6) \begin{pmatrix} 4 \\ 3 \end{pmatrix} = 14$$

(ii) Abstiegsrichtungen:

Skalarprodukt mit dem Gradienten negativ

$$(8, -6)v = 8v_1 - 6v_2 < 0 \quad \Leftrightarrow \quad v_2 > 4v_1/3$$

(iii) Steigung:

Die Steigung s von f in Richtung v entspricht dem Skalarprodukt des Gradienten mit dem Einheitsvektor $v°$, d.h.

$$s = \frac{g^{\mathrm{t}} v}{|v|} = |g| \cos \sphericalangle(g, v), \quad g = \operatorname{grad} f(2, 1)$$

$s \le 1/10$, $|g| = \sqrt{8^2 + 6^2} = 10$ $\implies$

$$\cos \sphericalangle(g, v) = \frac{s}{|g|} \le 1/100$$

$\cos(\pi/2 + t) \approx -t$ und Symmetrie des Kosinus   ⤳

$$|\sphericalangle(g, v)| \in [\pi/2 - 1/100, \pi] \quad \text{(näherungsweise)}$$

11.10 Steigungen bei einer Bergwanderung

Das Höhenprofil eines Berges mit Gipfel bei $(0,0)$ wird
durch die Funktion

$$f(x,y) = \exp(-x^2 - y^2/2)$$

modelliert (Norden in positiver y-Richtung). Bestimmen
Sie die maximale Steigung bei einem Anstieg aus

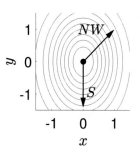

a) nordwestlicher   b) südlicher

Richtung.

Verweise: Richtungsableitung

Lösungsskizze

Anstiegsrichtung $v = -(\cos\varphi, \sin\varphi)^{\mathrm{t}}$ mit $\varphi = \pi/4$ (Nordwesten) und $\varphi = -\pi/2$
(Süden)

Richtungsableitung $\partial_v f$ $\rightsquigarrow$ Steigung

$$s = \operatorname{grad} f(x,y)^{\mathrm{t}} v = (-2x, -y)\exp(-x^2 - y^2/2)\begin{pmatrix} -\cos\varphi \\ -\sin\varphi \end{pmatrix}$$

Die Normierung von v ($|v| = 1$) ist für eine korrekte Skalierung von s notwendig.
Einsetzen der Koordinaten $(x,y) = r(\cos\varphi, \sin\varphi)$, $r = \infty \ldots 0$, des entsprechenden
geradlinigen Anstiegswegs $\rightsquigarrow$

$$s(r) = (2r\cos^2\varphi + r\sin^2\varphi)\exp(-r^2\underbrace{(\cos^2\varphi + \sin^2\varphi/2)}_{=:E}) = 2rE\exp(-r^2E)$$

$s(0) = s(\infty) = 0$ $\implies$ Maximum bei $r_\star$ mit

$$0 \stackrel{!}{=} s'(r_\star) = (2E - 4r_\star^2 E^2)\exp(-r_\star^2 E), \quad \text{d.h. } r_\star = 1/\sqrt{2E}, \; s(r_\star) = \sqrt{2E}\mathrm{e}^{-1/2}$$

a) Nordwestanstieg ($\varphi = \pi/4$):

$$E = \cos^2(\pi/4) + \sin^2(\pi/4)/2 = 3/4, \quad s = \sqrt{3/(2\mathrm{e})}$$

b) Südanstieg ($\varphi = -\pi/2$):

$$E = \cos^2(-\pi/2) + \sin^2(-\pi/2)/2 = 1/2, \quad s = \sqrt{1/\mathrm{e}}$$

Die kleinere maximale Steigung des Südanstiegs ist ebenfalls aus der Abbildung
ersichtlich (größerer Abstand der Höhenlinien).

Alternative Lösung

Unmittelbares Einsetzen der Koordinaten des Anstiegswegs und Bestimmen der
Steigung der Funktion

$$r \to f(r\cos\varphi, r\sin\varphi) = \exp(-r^2(\cos^2\varphi + \sin^2\varphi/2))$$

12 Inverse und implizite Funktionen

© Springer-Verlag GmbH Deutschland, ein Teil von Springer Nature 2023
K. Höllig und J. Hörner, *Aufgaben und Lösungen zur Höheren Mathematik 2*,
https://doi.org/10.1007/978-3-662-67512-0_13

12.1 Jacobi-Matrix der Umkehrabbildung

Für welche $(x_1, x_2) \in \mathbb{R}_+^2$ garantiert der Satz über inverse Funktionen die lokale Invertierbarkeit der Abbildung

$$x \mapsto y = f(x) = \begin{pmatrix} 2x_1 + \ln x_2 \\ 1/x_2 - \ln x_1 \end{pmatrix} ?$$

Bestimmen Sie die Jacobi-Matrix der Umkehrabbildung g im Punkt $y = f(1,1)$ sowie eine lineare Näherung des Urbildes von $(2.1, 0.8)$.

Verweise: Umkehrfunktion, Totale Ableitung und Jacobi-Matrix

Lösungsskizze

(i) Invertierbarkeit:

Jacobi-Matrix

$$f(x) = \begin{pmatrix} 2x_1 + \ln x_2 \\ 1/x_2 - \ln x_1 \end{pmatrix} \quad \leadsto \quad f'(x) = \begin{pmatrix} 2 & 1/x_2 \\ -1/x_1 & -1/x_2^2 \end{pmatrix}$$

hinreichend für lokale Invertierbarkeit: Existenz von $f'(x)^{-1}$, d.h.

$$\det \begin{pmatrix} 2 & 1/x_2 \\ -1/x_1 & -1/x_2^2 \end{pmatrix} = -\frac{2}{x_2^2} + \frac{1}{x_1 x_2} \neq 0$$

erfüllt, falls

$$\frac{2}{x_2} \neq \frac{1}{x_1} \quad \Leftrightarrow \quad x_2 \neq 2x_1$$

(ii) Jacobi-Matrix der Umkehrabbildung:

$y = f(x),\ x = g(y) \quad \leadsto$

$$g'(y) = f'(x)^{-1}$$

$x = (1,1),\ y = f(1,1) = (2,1) \quad \leadsto$

$$g'(2,1) = f'(1,1)^{-1} = \begin{pmatrix} 2 & 1 \\ -1 & -1 \end{pmatrix}^{-1} = \begin{pmatrix} 1 & 1 \\ -1 & -2 \end{pmatrix}$$

(iii) Näherung:

$(2.1, 0.8) \approx y = (2,1) \quad \leadsto$

$$g(2.1, 0.8) \approx g(2,1) + g'(2,1) \begin{pmatrix} 2.1 - 2 \\ 0.8 - 1 \end{pmatrix}$$

$$= \begin{pmatrix} 1 \\ 1 \end{pmatrix} + \begin{pmatrix} 1 & 1 \\ -1 & -2 \end{pmatrix} \begin{pmatrix} 0.1 \\ -0.2 \end{pmatrix} = \begin{pmatrix} 0.9 \\ 1.3 \end{pmatrix}$$

12.2 Inverse und Jacobi-Matrizen für eine trivariate Funktion

Bestimmen Sie für die Funktion

$$
f: \begin{pmatrix} x \\ y \\ z \end{pmatrix} \mapsto \begin{pmatrix} u \\ v \\ w \end{pmatrix} = \begin{pmatrix} yz \\ x + 2z \\ xy \end{pmatrix}
$$

die Umkehrfunktion $g = f^{-1}$ sowie die Jacobi-Matrizen f' und g'. Bestätigen Sie die Identität $g'(u,v,w) = f'(x,y,z)^{-1}$ für den Punkt $(x,y,z) = (2,1,0)$.

Verweise: Umkehrfunktion, Totale Ableitung und Jacobi-Matrix

Lösungsskizze

(i) Umkehrfunktion:

$z = u/y$, $x = w/y$ $\rightsquigarrow$

$$
v = w/y + 2u/y \quad \text{bzw.} \quad y = \frac{w + 2u}{v}
$$

und

$$
g(u,v,w) = \begin{pmatrix} \dfrac{vw}{w + 2u} \\ \dfrac{w + 2u}{v} \\ \dfrac{uv}{w + 2u} \end{pmatrix}
$$

(ii) Jacobi-Matrizen:

$$
f' = \begin{pmatrix} u_x & u_y & u_z \\ v_x & v_y & v_z \\ w_x & w_y & w_z \end{pmatrix} = \begin{pmatrix} 0 & z & y \\ 1 & 0 & 2 \\ y & x & 0 \end{pmatrix}
$$

$$
g' = \begin{pmatrix} -\dfrac{2vw}{(w+2u)^2} & \dfrac{w}{w+2u} & \dfrac{2uv}{(w+2u)^2} \\ \dfrac{2}{v} & -\dfrac{w+2u}{v^2} & \dfrac{1}{v} \\ \dfrac{vw}{(w+2u)^2} & \dfrac{u}{w+2u} & -\dfrac{uv}{(w+2u)^2} \end{pmatrix}
$$

(iii) $(x,y,z) = (2,1,0) \leftrightarrow (u,v,w) = (0,2,2)$:

$$
f'(2,1,0)\, g'(0,2,2) = \underbrace{\begin{pmatrix} 0 & 0 & 1 \\ 1 & 0 & 2 \\ 1 & 2 & 0 \end{pmatrix}}_{f'(2,1,0)} \underbrace{\begin{pmatrix} -2 & 1 & 0 \\ 1 & -1/2 & 1/2 \\ 1 & 0 & 0 \end{pmatrix}}_{g'(0,2,2)} = \begin{pmatrix} 1 & 0 & 0 \\ 0 & 1 & 0 \\ 0 & 0 & 1 \end{pmatrix} \quad \checkmark
$$

12.3   Tangente einer algebraischen Kurve

Zeigen Sie, dass die algebraische Kurve

$$C : y^3 - xy^2 - 4x^3 = 0$$

sich in einer Umgebung des Punktes $(1,2)$ als Graph einer Funktion $y = \varphi(x)$ darstellen lässt, und geben Sie die Gleichung der Tangente in diesem Punkt an.

Verweise: Implizite Funktionen, Tangente

Lösungsskizze

(i) Auflösbarkeit nach y:
$f(x,y) = y^3 - xy^2 - 4x^3$

$$f_y(x,y) = 3y^2 - 2xy \quad \rightsquigarrow \quad f_y(1,2) = 3 \cdot 4 - 2 \cdot 2 = 8 \neq 0$$

Satz über implizite Funktionen $\quad \Longrightarrow$

$$\exists \varphi : f(x,y) = 0 \quad \Leftrightarrow \quad y = \varphi(x) \text{ für } (x,y) \approx (1,2)$$

ebenfalls nach x auflösbar, da auch

$$f_x(1,2) = -y^2 - 12x^2 \big|_{(1,2)} = -16 \neq 0$$

(ii) Tangente:
Berechnung von $\varphi'(1)$ durch implizites Differenzieren von $y^3 - xy^2 - 4x^3 = 0$

$$\frac{\mathrm{d}}{\mathrm{d}x} f(x, \varphi(x)) = -\varphi(x)^2 - 12x^2 + 3\varphi(x)^2 \varphi'(x) - 2x\varphi(x)\varphi'(x) = 0$$

$\Longrightarrow$

$$\left(3\varphi(x)^2 - 2x\varphi(x)\right) \varphi'(x) = \varphi(x)^2 + 12x^2$$

bzw.

$$\varphi'(x) = \frac{\varphi(x)^2 + 12x^2}{3\varphi(x)^2 - 2x\varphi(x)}$$

Einsetzen von $x = 1, \varphi(x) = 2 \quad \rightsquigarrow$

$$\varphi'(1) = \frac{\varphi(1)^2 + 12}{3\varphi(1)^2 - 2\varphi(1)} = \frac{16}{12 - 4} = 2$$

Gleichung der Tangente

$$y = \varphi(1) + \varphi'(1)(x - 1) = 2 + 2(x - 1) = 2x$$

12.4 Tangente und lokale Parametrisierung einer implizit definierten Kurve

Bestimmen Sie die Tangente an die durch

$$C: x^3 - 2x^2y + y^3 = -1$$

definierte Kurve im Punkt $P = (3, 2)$. Begründen Sie, warum sich C in einer Umgebung von P als Graph einer Funktion $y = \varphi(x)$ darstellen lässt und berechnen Sie $\varphi'(3)$ sowie $\varphi''(3)$.

Verweise: Implizite Funktionen, Tangente

Lösungsskizze

(i) Tangente:

implizite Kurvendarstellung als Nullstellenmenge einer Funktion

$$C: f(x, y) = x^3 - 2x^2y + y^3 + 1 = 0$$

$P = (3, 2) \in C:$ $f(3, 2) = 27 - 2 \cdot 9 \cdot 2 + 8 + 1 = 0$ ✓

Tangentenrichtung $d \perp \operatorname{grad} f = (3x^2 - 4xy, -2x^2 + 3y^2)^{\mathrm{t}}$

Einsetzen der Koordinaten x_0, y_0 von P $\leadsto$ Gleichung der Tangente

$$0 = \underbrace{\operatorname{grad} f(x_0, y_0)}_{(3, -6)^{\mathrm{t}}} (x - x_0, y - y_0) = 3(x - 3) - 6(y - 2)$$

bzw. $y = (x + 1)/2$

(ii) Lokale Parametrisierung:

$\partial_y f(3, 2) = -6 \neq 0$ $\implies$ $y = \varphi(x)$, $(x, y) \approx (3, 2)$ aufgrund des Satzes über implizite Funktionen

Berechnung der Ableitungen $y' = \varphi'(x)$, $y'' = \varphi''(x)$ durch implizites Differenzieren

$$0 = \frac{\mathrm{d}}{\mathrm{d}x} f(x, \varphi(x)) = 3x^2 - 4xy - 2x^2y' + 3y^2y' \quad \Leftrightarrow \quad y' = \frac{4xy - 3x^2}{3y^2 - 2x^2}$$

Einsetzen von $(x, y) = (3, 2)$ $\leadsto$

$$\varphi'(3) = \frac{24 - 27}{12 - 18} = \frac{1}{2}$$

in Übereinstimmung mit der Steigung der Tangente

nochmaliges Differenzieren nach x $\leadsto$

$$6x - 4y - 4xy' - 4xy' - 2x^2y'' + 6y(y')^2 + 3y^2y'' = 0$$

Einsetzen der Koordinaten von $P = (3, 2)$ und von $y' = 1/2$ $\leadsto$

$$18 - 8 - 12 \cdot \frac{1}{2} - 12 \cdot \frac{1}{2} - 18\varphi''(3) + 12 \cdot \left(\frac{1}{2}\right)^2 + 12\varphi''(3) = 0 \quad \Leftrightarrow \quad \varphi''(3) = \frac{1}{6}$$

12.5   Lokale Parametrisierung einer Schnittkurve ⋆

Diskutieren Sie mit Hilfe des Satzes über implizite Funktionen für alle Punkte der
Schnittkurve C der Flächen (Paraboloid und Zylinder)

$$P: \ f(x,y,z) = x^2 + y^2 - z - 1 = 0, \quad Z: \ g(x,y,z) = x^2 + z^2 - 1 = 0$$

bzgl. welcher Variablen eine lokale Parametrisierung von C möglich ist.

Verweise: Implizite Funktionen, Totale Ableitung und Jacobi-Matrix

Lösungsskizze

Jacobi-Matrix

$$\frac{\partial(f,g)}{\partial(x,y,z)} = \begin{pmatrix} f_x & f_y & f_z \\ g_x & g_y & g_z \end{pmatrix} = \begin{pmatrix} 2x & 2y & -1 \\ 2x & 0 & 2z \end{pmatrix}$$

(i) Parametrisierung bzgl. x (Auflösung nach y, z):

Satz über implizite Funktionen $\quad\Longrightarrow\quad$ Existenz einer Parametrisierung $x \mapsto$
$(x, y(x), z(x))$, falls

$$\det\left(\frac{\partial(f,g)}{\partial(y,z)}\right) = \begin{vmatrix} 2y & -1 \\ 0 & 2z \end{vmatrix} = 4yz \neq 0 \quad \Leftrightarrow \quad y \neq 0 \wedge z \neq 0$$

explizite Form $z(x) = \delta\sqrt{1-x^2}$, $y(x) = \delta'\sqrt{1+z(x)-x^2}$ mit $\delta, \delta' \in \{-1,1\}$

(ii) Parametrisierung bzgl. y (Auflösung nach x, z):

$$\det\left(\frac{\partial(f,g)}{\partial(x,z)}\right) = \begin{vmatrix} 2x & -1 \\ 2x & 2z \end{vmatrix} = 2x(2z+1) \neq 0 \quad \Leftrightarrow \quad x \neq 0 \wedge z \neq -1/2$$

$0 = g - f = z^2 + z - y^2 \ \rightsquigarrow \ $ explizite Form $z(y) = -\frac{1}{2} + \delta\sqrt{1/4 + y^2}$, $x(y) =$
$\delta'\sqrt{1 - z(y)^2}$ mit $\delta, \delta' \in \{-1,1\}$

(iii) Parametrisierung bzgl. z (Auflösung nach x, y):

$$\det\left(\frac{\partial(f,g)}{\partial(x,y)}\right) = \begin{vmatrix} 2x & 2y \\ 2x & 0 \end{vmatrix} = -4xy \neq 0 \quad \Leftrightarrow \quad x \neq 0 \wedge y \neq 0$$

explizite Form $x(z) = \delta\sqrt{1-z^2}$, $y(z) = \delta'\sqrt{1+z-x(z)^2}$ mit $\delta, \delta' \in \{-1,1\}$

(iv) Singulärer Punkt:

bzgl. keiner der Variablen parametrisierbar, d.h.

$$yz = 0 \quad \wedge \quad x(2z+1) = 0 \quad \wedge \quad xy = 0$$

$z = 0 \implies x = 0 \implies g(0,y,0) = -1 \neq 0$ (Bedingungen nicht erfüllbar)
$z \neq 0 \implies y = 0$ und $0 = g(x,0,z) - f(x,0,z) = z^2 + z \implies z = -1$, $x = 0$
$\rightsquigarrow$ singulärer Punkt $(0,0,-1)$

12.6 Lokale Auflösbarkeit einer trivariaten Gleichung

Nach welchen Variablen lässt sich die Gleichung

$$xy^2 - yz^2 + 2zx^2 = 0$$

in einer Umgebung des Punktes $(1, 2, 2)$ eindeutig auflösen, d.h. welche Variablen sind als Funktionen der anderen Variablen darstellbar? Geben Sie die Gradienten dieser Funktionen in dem betrachteten Punkt an.

Verweise: Implizite Funktionen, Totale Ableitung und Jacobi-Matrix

Lösungsskizze

(i) Auflösbarkeit:

Gradient

$$f = xy^2 - yz^2 + 2zx^2, \quad \operatorname{grad} f = (y^2 + 4xz,\ 2xy - z^2,\ -2yz + 2x^2)^{\mathrm{t}}$$

Einsetzen von $(x, y, z) = (1, 2, 2)$ $\rightsquigarrow$

$$f_x = 12, \quad f_y = 0, \quad f_z = -6$$

Satz über implizite Funktionen $\implies$ Auflösbarkeit nach x oder z (entsprechende Komponente des Gradienten $\neq 0$)

$$x = \varphi(y, z), \quad z = \psi(x, y)$$

für $(y, z) \approx (2, 2)$ bzw. $(x, y) \approx (1, 2)$

(ii) Gradienten:

(ii-a) Gradient von $\varphi(y, z)$:

Differenzieren von $f(\varphi(y, z), y, z) = 0$ nach y und z sowie Auswerten im Punkt $(1, 2, 2)$ $\rightsquigarrow$

$$0 = f_x \varphi_y + f_y = 12\varphi_y + 0$$
$$0 = f_x \varphi_z + f_z = 12\varphi_z - 6,$$

d.h. $\operatorname{grad}\varphi(2, 2) = (\varphi_y(2, 2), \varphi_z(2, 2))^{\mathrm{t}} = (0, 1/2)^{\mathrm{t}}$

(ii-b) Gradient von $\psi(x, y)$:

analog $f(x, y, \psi(x, y)) = 0$ $\rightsquigarrow$

$$0 = f_x + f_z \psi_x = 12 - 6\psi_x, \quad 0 = f_y + f_z \psi_y = 0 - 6\psi_y,$$

d.h. $\operatorname{grad}\psi(1, 2) = (2, 0)^{\mathrm{t}}$

12.7   Auflösbarkeit von zwei nichtlinearen Gleichungen

Zeigen Sie, dass das Gleichungssystem

$$\cos(xyz) + x - 2y + z \; = \; 0$$
$$\sin(xyz) + 2x + y - z \; = \; 0$$

in einer Umgebung von $(x_0, y_0, z_0) = (1, 0, 2)$ nach y und z auflösbar ist, d.h. $y = \varphi(x)$, $z = \psi(x)$ für $x \approx x_0 = 1$, und bestimmen Sie $\varphi'(1)$ und $\psi'(1)$.

Verweise: Implizite Funktionen, Totale Ableitung und Jacobi-Matrix

Lösungsskizze

Ableiten der Gleichungen

$$f(x, \underbrace{\varphi(x)}_{y}, \underbrace{\psi(x)}_{z}) = 0, \quad g(x, \varphi(x), \psi(x)) = 0$$

nach x $\rightsquigarrow$ lineares Gleichungssystem

$$
\begin{aligned}
f_x + f_y \varphi' + f_z \psi' \; &= \; 0 \\
g_x + g_y \varphi' + g_z \psi' \; &= \; 0
\end{aligned}
\quad \Leftrightarrow \quad
\underbrace{\begin{pmatrix} f_y & f_z \\ g_y & g_z \end{pmatrix}}_{J}
\begin{pmatrix} \varphi' \\ \psi' \end{pmatrix}
= - \begin{pmatrix} f_x \\ g_x \end{pmatrix}
$$

Satz über implizite Funktionen

$\implies$ hinreichende Bedingung für Auflösbarkeit: $\det J(x_0, y_0, z_0) \neq 0$

Auswerten der partiellen Ableitungen bei $(x_0, y_0, z_0) = (1, 0, 2)$ $\rightsquigarrow$

$$
\begin{aligned}
f_x \; &= \; (-yz\sin(xyz) + 1)|_{(1,0,2)} \; = \; 1, \; f_y \; = \; -2, \; f_z \; = \; 1 \\
g_x \; &= \; (yz\cos(xyz) + 2)|_{(1,0,2)} \; = \; 2, \; g_y \; = \; 3, \quad g_z \; = \; -1
\end{aligned}
$$

und $\det J(1, 0, 2) = (-2) \cdot (-1) - 3 \cdot 1 = -1 \neq 0$ ✓

Einsetzen der Ableitungswerte in das lineare Gleichungssystem $\rightsquigarrow$

$$
\begin{pmatrix} -2 & 1 \\ 3 & -1 \end{pmatrix}
\begin{pmatrix} \varphi'(1) \\ \psi'(1) \end{pmatrix}
= - \begin{pmatrix} 1 \\ 2 \end{pmatrix}
$$

mit der Lösung

$$\varphi'(1) = -3, \quad \psi'(1) = -7$$

12.8 Implizite Differentiation und Tangentialebene

Eine Funktion $f\colon \mathbb{R}^2 \to \mathbb{R}$, $(x,y) \mapsto z = f(x,y)$ erfüllt die Gleichung

$$z + xe^{yz} + 1 = 0\,.$$

Bestimmen Sie eine Gleichung der Tangentialebene des Graphen von f an der Stelle $(1,0)$.

Verweise: Implizite Funktionen, Tangentialebene

Lösungsskizze

Punkt des Graphen an der Stelle $(x_0, y_0) = (1,0)$

$$z_0 + x_0 e^{y_0 z_0} + 1 = 0 \quad \Leftrightarrow \quad z_0 + e^0 + 1 = 0 \quad \Leftrightarrow \quad z_0 = -2$$

implizites Differenzieren nach x

$$\begin{aligned} 0 &= \frac{\mathrm{d}}{\mathrm{d}x}\left(z + xe^{yz} + 1\right) \\ &= z_x + e^{yz} + xyz_x e^{yz} \end{aligned}$$

Einsetzen von $x_0 = 1$, $y_0 = 0$, $z_0 = -2$

$$0 = z_x(1,0) + e^{0\cdot(-2)} + 0 = z_x(1,0) + 1\,,$$

d.h. $z_x(1,0) = -1$

analog: implizites Differenzieren nach y und Einsetzen von $(x_0, y_0, z_0) = (1,0,-2)$

$$z_y + x(z + yz_y)e^{yz} = 0 \quad \Longrightarrow \quad z_y(1,0) - 2 = 0 \quad \Longrightarrow \quad z_y(1,0) = 2$$

Gleichung der Tangentialebene: $(z - z_0) = z_x(x - x_0) + z_y(y - y_0)$

$$\rightsquigarrow \quad z + 2 = (-1)(x-1) + 2(y-0) \quad \Leftrightarrow \quad x - 2y + z + 1 = 0$$

bzw. $(-x + 2y - z)/\sqrt{6} = 1/\sqrt{6}$ (Hesse-Normalform)

13 Anwendungen partieller Ableitungen

Übersicht

© Springer-Verlag GmbH Deutschland, ein Teil von Springer Nature 2023
K. Höllig und J. Hörner, *Aufgaben und Lösungen zur Höheren Mathematik 2*,
https://doi.org/10.1007/978-3-662-67512-0_14

13.1   Kontrahierende univariate Abbildungen

Untersuchen Sie, ob die folgenden Abbildungen auf den angegebenen Intervallen kontrahierend sind.

$$\text{a)} \quad f(x) = \frac{x}{3 + x^2}, \ \mathbb{R} \qquad\qquad \text{b)} \quad f(x) = \frac{x^2}{3 + x}, \ [0, \infty)$$

Verweise: Kontrahierende Abbildung

Lösungsskizze

f kontrahierend auf D $\Leftrightarrow$ $f(D) \subseteq D$ und

$$|f(x) - f(y)| \leq c|x - y|, \quad x, y \in D$$

mit $c < 1$

erste Bedingung für beide Funktionen erfüllt $\rightsquigarrow$ nur zweite Bedingung zu prüfen

optimale Kontraktionskonstante für stetig differenzierbare Funktionen:

$$c = \|f'\|_\infty = \sup_{t \in D} |f'(t)|$$

(Ungleichung scharf für $|f'(t_k)| \to c$ und $|x_k - t_k|, |y_k - t_k| \to 0$)

a) $f(x) = \dfrac{x}{3 + x^2}, \ x \in D = \mathbb{R}$:

$$|f'(x)| = \left| \frac{3 + x^2 - 2x^2}{(3 + x^2)^2} \right| = \left| \frac{3 - x^2}{(3 + x^2)^2} \right| \leq \frac{1}{3 + x^2}$$

$\implies$ $c = \|f'\|_\infty \leq 1/3$, d.h. f kontrahierend

b) $f(x) = \dfrac{x^2}{3 + x}, \ x \in D = [0, \infty)$:

$$|f'(x)| = \left| \frac{2x(3 + x) - x^2}{(3 + x)^2} \right| = \frac{x^2 + 6x}{(x^2 + 6x + 9)} \xrightarrow[x \to \infty]{} 1$$

$\implies$ $\|f'\|_\infty = 1$, d.h. f nicht kontrahierend

Verkleinerung des Intervalls D $\rightsquigarrow$ Kontraktion

z.B. $D = [0, 1]$ $\rightsquigarrow$

$$\|f'\|_\infty = \frac{7}{7 + 9} < 1$$

13.2 Banachscher Fixpunktsatz für eine univariate Abbildung

Beweisen Sie die Konvergenz der Iteration

$$x_0 = 4, \quad x_{n+1} = \ln(3 - x_n/2),\ n = 0, 1, \dots,$$

und geben Sie eine obere Schranke für die Anzahl der für eine Genauigkeit von 10^{-3} benötigten Iterationen an.

Verweise: Banachscher Fixpunktsatz, Kontrahierende Abbildung

Lösungsskizze

Verifikation der Voraussetzungen des Banachschen Fixpunktsatzes für die Abbildung $x \mapsto g(x) = \ln(3 - x/2)$

■ Selbstabbildung einer abgeschlossenen Menge:

$$g(D) \subseteq D, \quad D = \overline{D}$$

■ Kontraktion:

$$|g(x) - g(y)| \le c\,|x - y|, \quad x, y \in D,\ c < 1$$

$\implies \quad \forall x_0 \in D \ \exists!$ Fixpunkt $\ x_\star = g(x_\star) = \lim_{n \to \infty} x_n \in D$

(i) Selbstabbildung:
$x_0 = 4$, $x_1 = 0$, $x_2 = \ln 3$, ...
$\implies$ naheliegende Wahl $D = [0, 4] = \overline{D}$

$$g'(x) = \frac{-1/2}{3 - x/2} = \frac{1}{x - 6}$$

$\implies \quad g$ monoton fallend auf D und $g(D) = [g(4), g(0)] = [0, \ln 3] \subseteq D$ ✓

(ii) Kontraktion:
Mittelwertsatz $\implies$

$$|g(x) - g(y)| = |g'(z)||x - y| \le c\,|x - y|$$

mit $c = \max_{z \in [0,4]} |g'(z)| = 1/2 < 1$ ✓

(iii) Schranke:
Banachscher Fixpunktsatz $\implies$

$$|x_n - x_\star| \le \frac{c^n}{1 - c}\,|x_1 - x_0| = 2^{1-n}\,|0 - 4| = 2^{3-n}$$

$\le 10^{-3}$ für

$$(3 - n)\ln 2 \le -3\ln 10 \quad \Leftrightarrow \quad n \ge 3\ln 20/\ln 2 \approx 12.9658$$

Es werden maximal 13 Schritte benötigt.

13.3   Gestörtes lineares Gleichungssystem ⋆

Zeigen Sie, dass das nichtlineare Gleichungssystem

$$x + 2y + \varepsilon/x = 4, \quad 3x + 4y - \varepsilon/y = 2$$

für hinreichend kleines ε eine eindeutige Lösung besitzt.

Verweise: Banachscher Fixpunktsatz, Kontrahierende Abbildung

Lösungsskizze

gestörtes lineares System

$$\underbrace{\begin{pmatrix} 1 & 2 \\ 3 & 4 \end{pmatrix}}_{A} \begin{pmatrix} x \\ y \end{pmatrix} + \varepsilon \underbrace{\begin{pmatrix} 1/x \\ -1/y \end{pmatrix}}_{f(x,y)} = \underbrace{\begin{pmatrix} 4 \\ 2 \end{pmatrix}}_{b}$$

Lösung des linearen Systems ($\varepsilon = 0$): $p = A^{-1}b = (-6,5)^t$

$\rightsquigarrow$ Iteration: $(x,y) \leftarrow g(x,y) = A^{-1}(b - \varepsilon f(x,y))$

prüfe die Voraussetzungen des Banachschen Fixpunktsatzes mit

$$D = \{(x,y) : \|(x+6, y-5)\| \le r\}, \quad \|(x,y)\| = \max(|x|,|y|)$$

$\implies$ eindeutige Lösung $(x_\star, y_\star) \in D$

(i) Selbstabbildung von D:

$$\|g(x,y) - (-6,5)\| \le |\varepsilon| \, \|A^{-1}\| \, \|f(x,y)\| \overset{!}{\le} r$$

Zeilensummennorm der inversen Matrix

$$A^{-1} = \frac{1}{2} \begin{pmatrix} -4 & 2 \\ 3 & -1 \end{pmatrix} \quad \rightsquigarrow \quad \|A^{-1}\| = 3$$

$(x,y) \in D \quad \implies \quad \|f(x,y)\| = \max(1/|x|, 1/|y|) \le 1/|5-r|$ für $r < 5$

$g(D) \subseteq D \quad \rightsquigarrow \quad$ Bedingung $|\varepsilon| \cdot 3/|5-r| \le r$ für $r < 5$

(ii) Kontraktion auf D:

$$\|g(\tilde{x}, \tilde{y}) - g(x,y)\| \le |\varepsilon| \, \|A^{-1}\| \, \|(1/\tilde{x} - 1/x, -1/\tilde{y} + 1/y)\|$$

$\frac{1}{\tilde{t}} - \frac{1}{t} = \frac{t - \tilde{t}}{\tilde{t}t} \quad \rightsquigarrow \quad$ obere Schranke $|\varepsilon| \cdot 3 \cdot \frac{1}{(5-r)^2} \|(\tilde{x}, \tilde{y}) - (x,y)\|$ für $r < 5$

Kontraktionsbedingung $\quad \rightsquigarrow \quad |\varepsilon| \cdot \frac{3}{|5-r|^2} < 1$ für $r < 5$

beide Bedingungen erfüllt für

$$|\varepsilon| < \min\left(\frac{r|5-r|}{3}, \frac{|5-r|^2}{3}\right) = \frac{|5-r|}{3} \min(r, |5-r|)$$

optimale Wahl von r (maximiert zulässiges ε): $r = 5/2 \quad \rightsquigarrow$

$$|\varepsilon| < 25/12 \approx 2.0833$$

13.4 Newton-Verfahren für ein System zweier nichtlinearer Gleichungen

Führen Sie zur Lösung des nichtlinearen Gleichungssystems

$$f(x,y) = (x + \ln(x+y) + \varepsilon, \, y + \ln(y-x) - 1)^{\mathrm{t}} = (0,0)^{\mathrm{t}}$$

einen Schritt des Newton-Verfahrens für den Startvektor $(x_0, y_0)^{\mathrm{t}} = (0,1)^{\mathrm{t}}$ durch und zeigen Sie zur Illustration der quadratischen Konvergenz, dass $|f(x_1, y_1)| = O(|f(x_0, y_0)|^2) =$ für $\varepsilon \to 0$. Berechnen Sie numerisch für $\varepsilon = 0.25$ eine Näherungslösung $(x_\star, y_\star)$ mit $|f(x_\star, y_\star)| < 10^{-8}$.

Verweise: Newton-Verfahren

Lösungsskizze

(i) Schritt des Newton-Verfahrens, $(x_0, y_0) = (0,1) \to (x_1, y_1)$:
$(x_1, y_1) = (x_0, y_0) - (\Delta x_0, \Delta y_0)$ mit $(\Delta x_0, \Delta y_0)^{\mathrm{t}}$ der Lösung des linearen Gleichungssystems $f'(x_0, y_0)(\Delta x_0, \Delta y_0)^{\mathrm{t}} = f(x_0, y_0)$
Einsetzen $\rightsquigarrow$

$$\underbrace{f(x_0, y_0)}_{0,1} = \begin{pmatrix} \varepsilon \\ 0 \end{pmatrix}, \qquad \underbrace{f'(0,1)}_{\text{Jacobi-Matrix}} = \begin{pmatrix} 1 + \frac{1}{x+y} & \frac{1}{x+y} \\ -\frac{1}{y-x} & 1 + \frac{1}{y-x} \end{pmatrix}\Bigg|_{x=0, y=1} = \begin{pmatrix} 2 & 1 \\ -1 & 2 \end{pmatrix}$$

und

$$\begin{pmatrix} 2 & 1 \\ -1 & 2 \end{pmatrix}\begin{pmatrix} \Delta x_0 \\ \Delta x_1 \end{pmatrix} = \begin{pmatrix} \varepsilon \\ 0 \end{pmatrix} \implies \begin{pmatrix} \Delta x_0 \\ \Delta x_1 \end{pmatrix} = \begin{pmatrix} 2\varepsilon/5 \\ \varepsilon/5 \end{pmatrix}$$

sowie $(x_1, y_1) = (0,1) - (2\varepsilon/5, \varepsilon/5) = (-2\varepsilon/5, 1 - \varepsilon/5)$

(ii) Abschätzung des Fehlers:
$\ln(1+t) = t + O(t^2) \implies$

$$f(x_1, y_1) = \begin{pmatrix} -2\varepsilon/5 + \ln(1 - 3\varepsilon/5) + \varepsilon \\ 1 - \varepsilon/5 + \ln(1 + \varepsilon/5) - 1 \end{pmatrix} = \begin{pmatrix} -2\varepsilon/5 - 3\varepsilon/5 + O(\varepsilon^2) + \varepsilon \\ 1 - \varepsilon/5 + \varepsilon/5 + O(\varepsilon^2) - 1 \end{pmatrix},$$

d.h. $|f(x_1, y_1)| = O(\varepsilon^2) = O(|f(x_0, y_0)|^2)$ ✓

(iii) Numerische Lösung mit MATLAB®

```
>> x=0; y=1; f = [0.25;0]; tol = 10^(-8);
>> while norm(f)>=tol
>>     df = [1+1/(x+y) 1/(x+y); -1/(y-x) 1+1/(y-x)];
>>     delta = df\f; x = x-delta(1); y = y-delta(2);
>>     f = [x+log(x+y)+0.25; y+log(y-x)-1];
>> end
```

$\rightsquigarrow \quad x_\star = -0.095701252463924, \, y_\star = 0.952717203622851$

13.5   Tangenten ebener Kurven

Bestimmen Sie die Tangenten der folgenden Kurven in den angegebenen Punkten.

$$\text{a)} \quad C: t \mapsto e^{2t}(\cos t, \sin(3t))^{t}, \quad t_0 = \pi$$

$$\text{b)} \quad C: y^2 = 5x^2 - x^4, \quad (x_0, y_0) = (1, 2)$$

Verweise: Tangente, Punkt-Richtungs-Form

Lösungsskizze

a) Parametrisierte Kurve, $p(t) = e^{2t}(\cos t, \sin(3t))^{t}$:

$$p'(t) = e^{2t} \begin{pmatrix} 2\cos t - \sin t \\ 2\sin(3t) + 3\cos(3t) \end{pmatrix}$$

Einsetzen von $t_0 = \pi$ $\rightsquigarrow$

$$p(\pi) = e^{2\pi} \begin{pmatrix} -1 \\ 0 \end{pmatrix}, \quad p'(\pi) = e^{2\pi} \begin{pmatrix} -2 \\ -3 \end{pmatrix}$$

$\rightsquigarrow$ Tangente: Gerade durch $p(\pi)$ in Richtung $p'(\pi)$, d.h.

$$g: \begin{pmatrix} x \\ y \end{pmatrix} = e^{2\pi} \begin{pmatrix} -1 \\ 0 \end{pmatrix} + t e^{2\pi} \begin{pmatrix} -2 \\ -3 \end{pmatrix}, \quad t \in \mathbb{R}$$

implizite Form (Elimination von t)

$$g: y = (x + e^{2\pi}) \cdot (3/2)$$

b) Implizit definierte Kurve, $f(x, y) = y^2 + x^4 - 5x^2 = 0$:

$$\operatorname{grad} f = (4x^3 - 10x, 2y)^{t}$$

Einsetzen von $(x_0, y_0) = (1, 2)$ $\rightsquigarrow$

$$\operatorname{grad} f(1, 2) = (-6, 4)^{t}$$

$\rightsquigarrow$ Tangente $g: \operatorname{grad} f(1, 2)^{t} (x - x_0, y - y_0) = 0$, d.h.

$$0 = (-6, 4) \begin{pmatrix} x - 1 \\ y - 2 \end{pmatrix} \quad \Leftrightarrow \quad 0 = -6x + 6 + 4y - 8 \quad \Leftrightarrow \quad -3x + 2y = 1$$

Parametrisierung (Richtung $\perp$ Gradient)

$$g: \begin{pmatrix} 1 \\ 2 \end{pmatrix} + t \begin{pmatrix} 2 \\ 3 \end{pmatrix}, \quad t \in \mathbb{R}$$

13.6 Krümmung ebener Kurven

Bestimmen Sie die Krümmungen der Kurven

$$C_l : x^2 = 4y^2 - y^4$$

$$C_r : t \mapsto (2\cos(3t), 3\sin(2t))$$

in den markierten Punkten.

Verweise: Krümmung

Lösungsskizze

(i) $C_l : x^2 = 4y^2 - y^4$, $(x_0, y_0) = (0, 2)$:

Formel für die Krümmung eines Funktionsgraphen $(x, y(x))$:

$$\kappa = \frac{|y''(x)|}{(1 + y'(x)^2)^{3/2}}$$

Berechnung der Ableitungen y', y'' durch implizites Differenzieren[1]:

$$2x = (8y - 4y^3)y', \quad 2 = (8y' - 12y^2 y')y' + (8y - 4y^3)y''$$

Einsetzen von $(x_0, y_0) = (0, 2)$ $\rightsquigarrow$

$$2 \cdot 0 = (16 - 32)y'(0) \implies y'(0) = 0$$

$$2 = (0 - 0) \cdot 0 + (16 - 32)y''(0) \implies y''(0) = -1/8$$

und $\kappa = \dfrac{1/8}{(1 + 0)^{3/2}} = \dfrac{1}{8}$

(ii) $C_r : t \mapsto p(t) = (2\cos(3t), 3\sin(2t))$, $t = 0$, $p(0) = (2, 0)$:

Formel für die Krümmung einer parametrisierten Kurve $t \mapsto p(t)$:

$$\kappa = \frac{|p'(t) \times p''(t)|}{|p'(t)|^3}$$

mit $a \times b = a_1 b_2 - a_2 b_1$ für Vektoren in der Ebene

Berechnung der Ableitungen

$$p'(t) = (-6\sin(3t), 6\cos(2t)), \quad p''(t) = (-18\cos(3t), -12\sin(2t)),$$

Einsetzen von $t = 0$ $\rightsquigarrow$ $\kappa = \dfrac{|(0, 6) \times (-18, 0)|}{|(0, 6)|^3} = \dfrac{6 \cdot 18}{6^3} = \dfrac{1}{2}$

Kontrolle mit Maple™

```
> with(VectorAnalysis):
> subs(t=0,Curvature(<2*cos(3*t),3*sin(2*t),0>,t));
```

---

[1]einfacher als das Differenzieren des expliziten Funktionsausdrucks $y = \sqrt{2 + \sqrt{4 - x^2}}$

13.7   Tangentialebenen für implizit und parametrisch definierte Flächen

Bestimmen Sie die Tangentialebenen an die durch

$$\text{a)} \quad xy^2 + yz^3 = 2, \quad (x_0, y_0, z_0) = (-1, 2, 1)$$
$$\text{b)} \quad (s,t) \mapsto (st^2,\, 1/t,\, s^2)^{\mathrm{t}}, \quad (s_0, t_0) = (2, 1)$$

implizit bzw. parametrisch definierten Flächen in den angegebenen Punkten.

Verweise: Tangentialebene, Implizite Funktionen

Lösungsskizze

a) Implizit definierte Fläche:

$$S: f(x,y,z) = xy^2 + yz^3 - 2 = 0$$

Gradient (parallel zur Flächennormale)

$$\operatorname{grad} f = (y^2,\, 2xy + z^3,\, 3yz^2)^{\mathrm{t}}$$

Einsetzen des Berührpunktes $(x_0, y_0, z_0) = (-1, 2, 1)$

$$f_x = 4,\; f_y = -3,\; f_z = 6$$

implizite Darstellung der Tangentialebene

$$\begin{aligned}
0 &= f_x\,(x - x_0) + f_y\,(y - y_0) + f_z\,(z - z_0) \\
&= 4(x + 1) - 3(y - 2) + 6(z - 1)
\end{aligned}$$

$$\Leftrightarrow \quad E: 4x - 3y + 6z = -4$$

b) Parametrisierte Fläche:

$$S: (s,t) \mapsto p(s,t) = (st^2,\, 1/t,\, s^2)^{\mathrm{t}}$$

Tangentenvektoren

$$p_s = (t^2,\, 0,\, 2s)^{\mathrm{t}}, \quad p_t = (2st,\, -1/t^2,\, 0)^{\mathrm{t}}$$

Einsetzen der Parameterwerte $(s_0, t_0) = (2, 1)$

$$p = (2,\, 1,\, 4)^{\mathrm{t}}, \quad p_s = (1,\, 0,\, 4)^{\mathrm{t}}, \quad p_t = (4,\, -1,\, 0)^{\mathrm{t}}$$

parametrische Darstellung der Tangentialebene

$$p + p_s(s - s_0) + p_t(t - t_0) = \begin{pmatrix} 2 \\ 1 \\ 4 \end{pmatrix} + \begin{pmatrix} 1 \\ 0 \\ 4 \end{pmatrix}(s - 2) + \begin{pmatrix} 4 \\ -1 \\ 0 \end{pmatrix}(t - 1)$$

$$\Leftrightarrow \quad E: (s,t) \mapsto (-4 + s + 4t,\, 2 - t,\, -4 + 4s)^{\mathrm{t}}$$

13.8 Schnittgerade zweier Tangentialebenen

Bestimmen Sie die Tangentialebenen der Flächen

$$S_1 : x^2 - 3z^2 = 1, \quad S_2 : x^2 + 2z^2 = 2y$$

im Punkt $(2, 3, -1)$ sowie deren Schnittgerade.

Verweise: Tangentialebene, Punkt-Richtungs-Form

Lösungsskizze

implizite Flächendarstellung

$$S : f(x, y, z) = 0$$

mit $f_1 = x^2 - 3z^2 - 1$, $f_2 = x^2 - 2y + 2z^2$

Gradienten im Punkt $(x_0, y_0, z_0) = (2, 3, -1)$

$$\operatorname{grad} f_1 = (2x, 0, -6z)^{\mathrm{t}} \rightsquigarrow \operatorname{grad} f_1(2, 3, -1) = (4, 0, 6)^{\mathrm{t}}$$
$$\operatorname{grad} f_2 = (2x, -2, 4z)^{\mathrm{t}} \rightsquigarrow \operatorname{grad} f_2(2, 3, -1) = (4, -2, -4)^{\mathrm{t}}$$

Tangentialebene

$$E : f_x(P)(x - x_0) + f_y(P)(y - y_0) + f_z(P)(z - z_0) = 0, \quad P = (x_0, y_0, z_0)$$

Einsetzen $\rightsquigarrow$

$$E_1 : \ 4(x - 2) + 6(z + 1) = 0$$
$$E_2 : \ 4(x - 2) - 2(y - 3) - 4(z + 1) = 0$$

bzw.

$$E_1 : 2x + 3z = 1, \quad E_2 : 2x - y - 2z = 3$$

Richtungsvektor d der Schnittgeraden $g \perp \operatorname{grad} f_k(P)$ (grad f: Normale der Ebene)
$\Longrightarrow$

$$d = \begin{pmatrix} 2 \\ 0 \\ 3 \end{pmatrix} \times \begin{pmatrix} 2 \\ -1 \\ -2 \end{pmatrix} = \begin{pmatrix} 3 \\ 10 \\ -2 \end{pmatrix}$$

$\rightsquigarrow$ Punkt-Richtungsform der Schnittgeraden

$$g : \begin{pmatrix} 2 \\ 3 \\ -1 \end{pmatrix} + t \begin{pmatrix} 3 \\ 10 \\ -2 \end{pmatrix}, \quad t \in \mathbb{R}$$

13.9 Fehlerfortpflanzung bei der Lösung einer quadratischen Gleichung

Schätzen Sie den absoluten und den relativen Fehler bei der Bestimmung der kleineren Lösung der quadratischen Gleichung

$$t^2 - 2pt + q = 0$$

bei einem Fehler der Koeffizienten $p = 3$ und $q = 8$ von 3%.

Verweise: Partielle Ableitungen, Fehlerfortpflanzung bei multivariaten Funktionen

Lösungsskizze

kleinere Lösung

$$t = f(p,q) = p - \sqrt{p^2 - q} = 3 - \sqrt{9 - 8} = 2$$

(i) Absoluter Fehler:

partielle Ableitungen

$$f_p = 1 - \frac{p}{\sqrt{p^2 - q}} \quad \leadsto \quad f_p(3,8) = -2$$

$$f_q = \frac{1}{2\sqrt{p^2 - q}} \quad \leadsto \quad f_q(3,8) = \frac{1}{2}$$

$\leadsto$ Schätzung

$$|\Delta t| \approx |f_p|\,|\Delta p| + |f_q|\,|\Delta q|$$
$$= 2 \cdot (3 \cdot 3/100) + \frac{1}{2} \cdot (8 \cdot 3/100) = \frac{3}{10} \,\widehat{=}\, 30\%$$

(ii) Relativer Fehler:

Konditionszahlen

$$c_p = |f_p|\frac{|p|}{|t|} = 2 \cdot \frac{3}{2} = 3$$

$$c_q = |f_q|\frac{|q|}{|t|} = \frac{1}{2} \cdot \frac{8}{2} = 2$$

$\leadsto$ Schätzung

$$\frac{|\Delta t|}{|t|} \approx c_p \frac{|\Delta p|}{|p|} + c_q \frac{|\Delta q|}{|q|} = 3 \cdot \frac{3}{100} + 2 \cdot \frac{3}{100} = \frac{15}{100}$$

relativer Fehler $\approx 15\%$

14 Taylor-Entwicklung

Übersicht

© Springer-Verlag GmbH Deutschland, ein Teil von Springer Nature 2023
K. Höllig und J. Hörner, *Aufgaben und Lösungen zur Höheren Mathematik 2*,
https://doi.org/10.1007/978-3-662-67512-0_15

14.1 Bivariate quadratische Taylor-Approximation mit Hilfe bekannter Entwicklungen

Entwickeln Sie

$$\text{a)} \quad \exp(x - y^2) \qquad \text{b)} \quad (x + \exp(y))^2$$

im Punkt $(x_0, y_0) = (2, 1)$ bis zu Termen zweiter Ordnung.

Verweise: Taylor-Approximation

Lösungsskizze

benutze die univariate Entwicklung

$$e^t = e^{t_0}\, e^{t-t_0} = e^{t_0}\left(1 + (t - t_0) + (t - t_0)^2/2 + \cdots\right)$$

entwickle $f(g(x,y))$ durch Einsetzen der Entwicklung von g in die Entwicklung von f im Punkt $t_0 = g(x_0, y_0)$

a) $f(t) = e^t$, $g(x,y) = x - y^2$, $(x_0, y_0) = (2,1)$:
$t_0 = x_0 - y_0^2 = 1 \quad \leadsto \quad$ Entwicklungen

$$
\begin{aligned}
g(x,y) &= \left((x - 2) + 2\right) - \left((y - 1)^2 + 2(y - 1) + 1\right) \\
f(t) &= e^1 \left[1 + (t - 1) + (t - 1)^2/2 + \cdots\right]
\end{aligned}
$$

Einsetzen von

$$t - 1 = g(x,y) - 1 = \left\{(x - 2) - 2(y - 1) - (y - 1)^2\right\} + \cdots$$

und Vernachlässigung von Termen mehr als zweiter Ordnung $\leadsto$

$$
\begin{aligned}
& e^{x - y^2} \\
&= e\left[1 + \left\{(x - 2) - 2(y - 1) - (y - 1)^2\right\} + \left\{\cdots\right\}^2/2 + \cdots\right] \\
&= e + e(x - 2) - 2e(y - 1) \\
&\quad + \frac{e}{2}(x - 2)^2 - 2e(x - 2)(y - 1) + e(y - 1)^2 + \cdots
\end{aligned}
$$

b) $f(t) = t^2$, $g(x,y) = x + e^y$, $(x_0, y_0) = (2,1)$:
univariate Entwicklungen mit $r = x - 2$, $s = y - 1$

$$
\begin{aligned}
x &= (x - 2) + 2 = 2 + r \\
e^y &= e\left(1 + (y - 1) + (y - 1)^2/2 + \cdots\right) = e\left(1 + s + s^2/2 + \cdots\right)
\end{aligned}
$$

Quadrieren von $t = x + e^y$ und Vernachlässigung von Termen mehr als zweiter Ordnung $\leadsto$

$$
\begin{aligned}
(x + e^y)^2 &= \\
\left((2 + e) + r + es + es^2/2 + \cdots\right)^2 &= \\
(2 + e)^2 + 2(2 + e)r + 2(2 + e)es + r^2 &+ 2ers + (2e + 2e^2)s^2 + \cdots
\end{aligned}
$$

14.2 Restglied eines bivariaten quadratischen Taylor-Polynoms

Bestimmen Sie das quadratische Taylor-Polynom p der Funktion

$$f(x,y) = \sin(x - \cos y)$$

im Punkt $(1,0)$ und geben Sie eine Abschätzung für den Fehler $f(1.2, 0.1) - p(1.2, 0.1)$ an.

Verweise: Taylor-Approximation

Lösungsskizze
(i) Ableitungen:
$S = \sin(x - \cos y)$, $C = \cos(x - \cos y)$, $s = \sin y$, $c = \cos y$

$$f_x = C, \quad f_y = Cs$$
$$f_{xx} = -S, \; f_{xy} = -Ss, \; f_{yy} = -Ss^2 + Cc$$

(ii) Taylor-Polynom:
Auswerten im Punkt $(1,0)$ $\quad\rightsquigarrow\quad S = s = 0, C = c = 1$
nicht-verschwindende Ableitungen im Entwicklungspunkt

$$f_x = 1, \quad f_{yy} = 1$$

$\rightsquigarrow$

$$p(x,y) = (x-1) + \frac{1}{2}y^2$$

(iii) Quadratische Approximation:

$$f(1.2, 0.1) \approx p(1.2, 0.1) = 0.2 + \frac{1}{2}0.1^2 = 0.205$$

Taylor-Restglied

$$R = \sum_{|\alpha|=3} \frac{1}{\alpha!} \partial^\alpha f(u)(x - x_0, y - y_0)^\alpha, \quad u = (x_0, y_0) + \theta(x - x_0, y - y_0)$$

dritte Ableitungen

$$f_{xxx} = -C, \, f_{xxy} = -Cs, \, f_{xyy} = -Cs^2 - Sc, \, f_{yyy} = -Cs^3 - 3Ssc - Cs$$

Abschätzung der Ableitungen: $|S|, |s|, |C|, |c| \leq 1 \implies$

$$|f_{xxx}| \leq 1, \quad |f_{xxy}| \leq 1, \quad |f_{xyy}| \leq 2, \quad |f_{yyy}| \leq 5$$

$\Delta = (x,y) - (x_0, y_0) = (1.2, 0.1) - (1,0) = (0.2, 0.1) \quad \rightsquigarrow \quad$ Schranke für das Restglied

$$|R| \leq \frac{1}{(3,0)!}\left|\Delta^{(3,0)}\right| + \frac{1}{(2,1)!}\left|\Delta^{(2,1)}\right| + \frac{2}{(1,2)!}\left|\Delta^{(1,2)}\right| + \frac{5}{(0,3)!}\left|\Delta^{(0,3)}\right|$$

$$= \frac{0.008}{6} + \frac{0.004}{2} + \frac{0.004}{2} + \frac{0.005}{6} \approx 0.006167$$

$((\alpha_1, \alpha_2)! = \alpha_1! \alpha_2!, \; \Delta^\alpha = \Delta_1^{\alpha_1} \Delta_2^{\alpha_2})$

14.3   Quadratisches Taylor-Polynom einer trivariaten Funktion

Bestimmen Sie den Gradienten und die Hesse-Matrix der Funktion

$$f(x, y, z) = \frac{x}{y + z^2}$$

und geben Sie das quadratische Taylor-Polynom im Punkt $(2, 1, 0)$ an.

Verweise: Taylor-Approximation, Hesse-Matrix

Lösungsskizze

(i) Gradient:

$$f_x = \frac{1}{y + z^2}, \quad f_y = -\frac{x}{(y + z^2)^2}, \quad f_z = -\frac{2xz}{(y + z^2)^2}$$

Auswerten bei $(2, 1, 0)$ $\rightsquigarrow$ Gradient G ($g_k = \partial_k f$), d.h.

$$G = \operatorname{grad} f(2, 1, 0) = (1, -2, 0)^t$$

(ii) Hesse-Matrix:

$$f_{xx} = 0, \qquad f_{yy} = \frac{2x}{(y + z^2)^3}, \qquad f_{zz} = \frac{2x(3z^2 - y)}{(y + z^2)^3}$$

$$f_{xy} = -\frac{1}{(y + z^2)^2}, \quad f_{xz} = -\frac{2z}{(y + z^2)^2}, \quad f_{yz} = \frac{4xz}{(y + z^2)^3}$$

Auswerten bei $(2, 1, 0)$ $\rightsquigarrow$ Matrix H der zweiten Ableitungen ($h_{j,k} = \partial_j \partial_k f$), d.h.

$$H = (\mathrm{H}\, f)(2, 1, 0) = \begin{pmatrix} 0 & -1 & 0 \\ -1 & 4 & 0 \\ 0 & 0 & -4 \end{pmatrix}$$

(iii) Taylor-Polynom:

$$p(x, y, z) = f(x_0, y_0, z_0) + G^t \Delta + \frac{1}{2} \Delta^t H \Delta, \quad \Delta = \begin{pmatrix} x - x_0 \\ y - y_0 \\ z - z_0 \end{pmatrix}$$

Einsetzen $\rightsquigarrow$

$$p(x, y, z) = f(2, 1, 0) + G^t \begin{pmatrix} x - 2 \\ y - 1 \\ z - 0 \end{pmatrix} + \tfrac{1}{2}(x - 2, y - 1, z - 0) H \begin{pmatrix} x - 2 \\ y - 1 \\ z - 0 \end{pmatrix}$$

$$= 2 + (x - 2) - 2(y - 1) - (x - 2)(y - 1) + 2(y - 1)^2 - 2z^2$$

14.4 Jacobi-Matrix und Abschätzung des Taylor-Restglieds

Bestimmen Sie die Jacobi-Matrix der Funktion

$$f(x,y) = \begin{pmatrix} x^2/y \\ xy^2 \end{pmatrix}$$

im Punkt $(3,2)$ und illustrieren Sie die Gültigkeit der Fehlerordnung für die beiden Komponenten des Restglieds der linearen Taylor-Approximation.

Verweise: Totale Ableitung und Jacobi-Matrix, Taylor-Approximation

Lösungsskizze

(i) Jacobi-Matrix:

$$f(x,y) = \begin{pmatrix} x^2/y \\ xy^2 \end{pmatrix}, \quad (Jf)(x,y) = \begin{pmatrix} 2x/y & -x^2/y^2 \\ y^2 & 2xy \end{pmatrix}$$

Auswertung im Punkt $(3,2)$

$$f(3,2) = \begin{pmatrix} 9/2 \\ 12 \end{pmatrix}, \quad (Jf)(3,2) = \begin{pmatrix} 3 & -9/4 \\ 4 & 12 \end{pmatrix}$$

(ii) Restglied:

$$R(s,t) = f(3+s, 2+t) - f(3,2) - (Jf)(3,2)\begin{pmatrix} s \\ t \end{pmatrix}$$

$$= \begin{pmatrix} (3+s)^2/(2+t) \\ (3+s)(2+t)^2 \end{pmatrix} - \begin{pmatrix} 9/2 \\ 12 \end{pmatrix} - \begin{pmatrix} 3 & -9/4 \\ 4 & 12 \end{pmatrix}\begin{pmatrix} s \\ t \end{pmatrix}$$

erste Komponente

$$R_1(s,t) = \frac{1}{2+t}[(9 + 6s + s^2) - (9/2)(2+t) - (3s - 9t/4)(2+t)]$$

$$= \frac{1}{2+t}[s^2 - 3st + 9t^2/4]$$

zweite Komponente

$$R_2(s,t) = (12 + 12t + 3t^2 + 4s + 4st + st^2) - 12 - (4s + 12t)$$

$$= 3t^2 + 4st + st^2$$

Abschätzung für $|s|, |t| \leq r < 1$

$$|R_1| \leq (1 + 3 + 9/4)r^2, \quad |R_2| \leq (3 + 4 + 1)r^2$$

$$\rightsquigarrow \quad |R| = O(|(s,t)|)^2$$

14.5   Taylor-Reihe einer bivariaten Wurzelfunktion ★

Entwickeln Sie $1/\sqrt{2x + t^2}$ in eine Taylor-Reihe um $(x_0, t_0) = (2, 0)$.

Verweise: Taylor-Approximation

Lösungsskizze

Substitution $y = t^2$ zur Vereinfachung der Entwicklung $\rightsquigarrow$ Taylor-Reihe

$$f(x, y) = \underbrace{\frac{1}{\sqrt{2x + y}}}_{A^{-1/2}} = \sum_{\alpha, \beta \geq 0} \frac{\partial^{(\alpha, \beta)} f(x_0, y_0)}{\alpha!\, \beta!} (x - x_0)^\alpha (y - y_0)^\beta$$

mit $x_0 = 2$, $y_0 = t_0 = 0$ und $A = 2x + y$

Ableiten nach x (innere Ableitung $A_x = 2$) $\rightsquigarrow$

$$\partial_x f = (-1/2)\, A^{-3/2} \cdot 2 = -A^{-3/2}$$
$$\partial_x^2 f = (-1)(-3/2)\, A^{-5/2} \cdot 2 = (-1)(-3)\, A^{-5/2}$$
$$\cdots$$
$$\partial_x^\alpha f = (-1)(-3) \cdots (-(2\alpha - 1))\, A^{-\alpha - 1/2}$$

Ableiten nach y $\rightsquigarrow$

$$\partial_y A^{-\alpha - 1/2} = \left(-\frac{2\alpha + 1}{2} \right) A^{-\alpha - 3/2}$$
$$\cdots$$
$$\partial_y^\beta A^{-\alpha - 1/2} = \left(-\frac{2\alpha + 1}{2} \right) \cdots \left(-\frac{2\alpha + 2\beta - 1}{2} \right) A^{-\alpha - \beta - 1/2}$$

Einsetzen des Entwicklungspunktes $\rightsquigarrow$ $A = 4$, $A^{-\alpha - \beta - 1/2} = 2^{-2\alpha - 2\beta - 1}$

Vereinfachung mit Hilfe von

$$1 \cdot 3 \cdots (2n - 1) = \frac{1 \cdot 2 \cdot 3 \cdot 4 \cdots (2n - 1) \cdot (2n)}{2 \cdot 4 \cdots (2n)} = \frac{(2n)!}{2^n\, n!}, \quad n = \alpha + \beta$$

$\rightsquigarrow$

$$\partial^{(\alpha, \beta)} f(2, 0) = (-1)^{\alpha + \beta} \frac{(2\alpha + 2\beta)!}{(\alpha + \beta)!}\, 2^{-\beta - (\alpha + \beta) - 2\alpha - 2\beta - 1}$$

Rücksubstitution $t^2 = y$ $\rightsquigarrow$ Taylor-Reihe

$$\frac{1}{\sqrt{2x + t^2}} = \sum_{\alpha, \beta \geq 0} \frac{(-1)^{\alpha + \beta}}{\alpha!\, \beta!} \frac{(2\alpha + 2\beta)!}{(\alpha + \beta)!}\, 2^{-3\alpha - 4\beta - 1} (x - 2)^\alpha t^{2\beta}$$

erste Terme

$$\frac{1}{2} - \frac{1}{8}(x - 2) + \frac{3}{64}(x - 2)^2 - \frac{1}{16}t^2 - \frac{5}{256}(x - 2)^3 + \frac{3}{64}(x - 2)t^2 + \cdots$$

14.6 Auflösbarkeit einer nichtlinearen Gleichung und Taylor-Approximation

Zeigen Sie, dass die Gleichung

$$\ln(3\varepsilon + x) = \varepsilon^2 x$$

für kleines ε eine eindeutige Lösung $x = \varphi(\varepsilon)$ besitzt, und approximieren Sie $\varphi(0.1)$ durch quadratische Taylor-Entwicklung.

Verweise: Implizite Funktionen, Taylor-Approximation

Lösungsskizze
(i) Auflösbarkeit:

$$f(x,\varepsilon) = \ln(3\varepsilon + x) - \varepsilon^2 x, \quad f_x(x,\varepsilon) = \frac{1}{3\varepsilon + x} - \varepsilon^2$$

Lösung $x = 1$ für $\varepsilon = 0$ $\Leftrightarrow$ $f(1,0) = 0$ bzw. $\varphi(0) = 1$
$f_x(1,0) = 1 \neq 0$, Satz über implizite Funktionen $\implies$ lokale Auflösbarkeit, d.h.

$$\exists \varphi : f(x,\varepsilon) = 0 \Leftrightarrow x = \varphi(\varepsilon), \varepsilon \approx 0$$

(ii) Taylor-Polynom:
Berechnung der Ableitungswerte $\varphi'(0)$, $\varphi''(0)$ durch implizites Differenzieren der Gleichung $0 = f(\varphi(\varepsilon), \varepsilon) = \ln(3\varepsilon + \varphi(\varepsilon)) - \varepsilon^2 \varphi(\varepsilon)$

$$0 = \frac{\mathrm{d}f}{\mathrm{d}\varepsilon} = \frac{3 + \varphi'(\varepsilon)}{3\varepsilon + \varphi(\varepsilon)} - 2\varepsilon\varphi(\varepsilon) - \varepsilon^2 \varphi'(\varepsilon)$$

$$0 = \frac{\mathrm{d}^2 f}{\mathrm{d}\varepsilon^2} = \frac{\varphi''(\varepsilon)(3\varepsilon + \varphi(\varepsilon)) - (3 + \varphi'(\varepsilon))(3 + \varphi'(\varepsilon))}{(3\varepsilon + \varphi(\epsilon))^2} - 2\varphi(\varepsilon) + O(\varepsilon)$$

Einsetzen von $\varepsilon = 0$ und sukzessives Auflösen der Gleichungen nach $\varphi'(0)$ und $\varphi''(0)$
$\rightsquigarrow$

$$\varphi(0) = 1, \quad \varphi'(0) = -3, \quad \varphi''(0) = 2$$

Taylor-Polynom

$$\begin{aligned} p(\varepsilon) &= \varphi(0) + \varphi'(0)\varepsilon + \frac{1}{2}\varphi''(0)\varepsilon^2 \\ &= 1 - 3\varepsilon + \varepsilon^2 \end{aligned}$$

$\rightsquigarrow$ Approximation

$$\varphi(0.1) \approx p(0.1) = 1 - 3 \cdot 0.1 + 0.1^2 = 0.71$$

Fehler (Diskrepanz bei Einsetzen in die Gleichung $f(x,\varepsilon) = 0$)

$$f(0.71, 0.1) = \ln(3 \cdot 0.1 + 0.71) - 0.1^2 \cdot 0.71 \approx 0.002850$$

14.7   Lineare Taylor-Approximation einer inversen Matrix ⋆

Bestimmen Sie die lineare Taylor-Approximation der Inversen der Matrix

$$A(t) = \begin{pmatrix} e^t & \cos t \\ \sin t & 1 \end{pmatrix}$$

an der Stelle $t = 0$.

Verweise: Taylor-Polynom, Inverse Matrix

Lösungsskizze

Differentiation von $A(t)B(t) = E_{2\times2}$ mit $B(t) = A(t)^{-1}$ und $E_{2\times2}$ der Einheitsmatrix $\implies$

$$A'B + AB' = 0_{2\times2}$$

Auswerten an der Stelle $t = 0$ ⇝

$$B(0) = A(0)^{-1}, \quad B'(0) = -A(0)^{-1}A'(0) \underbrace{B(0)}_{=A(0)^{-1}}$$

Einsetzen der konkreten Matrizen   ⇝

$$A(0) = \begin{pmatrix} 1 & 1 \\ 0 & 1 \end{pmatrix}, \quad A'(0) = \begin{pmatrix} e^t & -\sin t \\ \cos t & 0 \end{pmatrix}\Bigg|_{t=0} = \begin{pmatrix} 1 & 0 \\ 1 & 0 \end{pmatrix}$$

sowie

$$B(0) = A(0)^{-1} = \begin{pmatrix} 1 & -1 \\ 0 & 1 \end{pmatrix}$$

$$B'(0) = -\begin{pmatrix} 1 & -1 \\ 0 & 1 \end{pmatrix}\begin{pmatrix} 1 & 0 \\ 1 & 0 \end{pmatrix}\begin{pmatrix} 1 & -1 \\ 0 & 1 \end{pmatrix} = \begin{pmatrix} 0 & 0 \\ 1 & -1 \end{pmatrix}$$

⇝   Entwicklung

$$B(t) = \underbrace{\begin{pmatrix} 1 & -1 \\ 0 & 1 \end{pmatrix}}_{B(0)} + \underbrace{\begin{pmatrix} 0 & 0 \\ 1 & -1 \end{pmatrix}}_{B'(0)} t + O(t^2) = \begin{pmatrix} 1 & -1 \\ t & 1-t \end{pmatrix} + O(t^2)$$

Alternative Lösung

Der „direkte Weg“, Bilden der Inversen

$$B(t) = \begin{pmatrix} e^t & \cos t \\ \sin t & 1 \end{pmatrix}^{-1} = \frac{1}{e^t - \cos t \sin t}\begin{pmatrix} 1 & -\cos t \\ -\sin t & e^t \end{pmatrix},$$

und anschließende Entwicklung ist natürlich möglich, aber (wesentlich) umständlicher.

15 Extremwerte

Übersicht

© Springer-Verlag GmbH Deutschland, ein Teil von Springer Nature 2023

K. Höllig und J. Hörner, *Aufgaben und Lösungen zur Höheren Mathematik 2*,

https://doi.org/10.1007/978-3-662-67512-0_16

15.1 Kritische Punkte bivariater quadratischer Funktionen

Bestimmen Sie die kritischen Punkte der folgenden Funktionen und deren Typ.

a) $f(x_1, x_2) = x_1^2 - 2x_1x_2 + 3x_2^2 - 4x_1 + 5x_2$

b) $g(x_1, x_2) = x_1^2 - 4x_1x_2 + 2x_2^2 + 5x_1 - 3x_2$

c) $h(x_1, x_2) = -3x_1^2 + 4x_1x_2 - 2x_2^2 + 3x_1 - 5x_2$

Verweise: Kritischer Punkt

Lösungsskizze

quadratische Funktionen

$$x \mapsto \frac{1}{2}x^t A x - b^t x, \quad \det A \neq 0$$

Gradient: $Ax - b$ ↝ Der einzige kritische Punkt $x^\star$ ist Lösung des linearen Gleichungssystems $Ax^\star = b$.

globales Extremum oder Sattelpunkt je nach Vorzeichen der Eigenwerte von A

a) $f(x) = x_1^2 - 2x_1x_2 + 3x_2^2 - 4x_1 + 5x_2$:

$$A = \begin{pmatrix} 2 & -2 \\ -2 & 6 \end{pmatrix}, \quad b = \begin{pmatrix} 4 \\ -5 \end{pmatrix} \implies x^\star = \frac{1}{4}\begin{pmatrix} 7 \\ -1 \end{pmatrix}$$

Bemerkung: $a_{1,2} = a_{2,1} = -2$ wegen des doppelten Auftretens des gemischten Terms $\frac{1}{2}x_1 a_{1,2} x_2 = \frac{1}{2}x_2 a_{2,1} x_1$ im Gegensatz zu den nur einfach auftretenden Diagonaltermen $\frac{1}{2}x_k a_{k,k} x_k$.

$\det A = 8 > 0 \implies$ (globales) Extremum

$\text{Spur } A = 8 > 0 \implies$ Minimum

$(\det A = \lambda_1\lambda_2, \text{Spur } A = \lambda_1 + \lambda_2 \implies \lambda_1, \lambda_2 > 0)$

b) $g(x) = x_1^2 - 4x_1x_2 + 2x_2^2 + 5x_1 - 3x_2$:

$$A = \begin{pmatrix} 2 & -4 \\ -4 & 4 \end{pmatrix}, \quad b = \begin{pmatrix} -5 \\ 3 \end{pmatrix} \implies x^\star = \frac{1}{4}\begin{pmatrix} 4 \\ 7 \end{pmatrix}$$

$\det A = -8 < 0 \implies$ Sattelpunkt

(Eigenwerte mit verschiedenen Vorzeichen)

c) $h(x_1, x_2) = -3x_1^2 + 4x_1x_2 - 2x_2^2 + 3x_1 - 5x_2$:

$$A = \begin{pmatrix} -6 & 4 \\ 4 & -4 \end{pmatrix}, \quad b = \begin{pmatrix} -3 \\ 5 \end{pmatrix} \implies x^\star = \frac{1}{4}\begin{pmatrix} -4 \\ -9 \end{pmatrix}$$

$\det A = 8 > 0 \implies$ (globales) Extremum

$\text{Spur } A = -10 < 0 \implies$ Maximum

(beide Eigenwerte negativ)

15.2 Kritische Punkte eines bivariaten Polynoms

Bestimmen Sie die kritischen Punkte des Polynoms

$$p(x, y) = x^4 - x^2 + 2xy + y^2$$

sowie deren Typ.

Verweise: Kritischer Punkt

Lösungsskizze

(i) Kritische Punkte $(\operatorname{grad} p = (0, 0)^t)$:

Nullstellen des Gradienten $\rightsquigarrow$ Gleichungen

$$
\begin{aligned}
p_x &= 4x^3 - 2x + 2y = 0 \\
p_y &= 2x + 2y = 0
\end{aligned}
$$

Einsetzen von $y = -x$ (zweite Gleichung) in die erste Gleichung $\rightsquigarrow$

$$4x^3 - 2x - 2x = 0 \quad \Leftrightarrow \quad x^3 - x = 0$$

$\rightsquigarrow$ Lösungen $x_1 = 0$, $x_2 = 1$, $x_3 = -1$

$y = -x$ $\rightsquigarrow$ kritische Punkte (x_k, y_k) und zugehörige Polynomwerte

$$(0,0), \; p(0,0) = 0, \quad (1,-1), \; p(1,-1) = -1, \quad (-1,1), \; p(-1,1) = -1$$

(ii) Typ (lokales Minimum/Maximum oder Sattelpunkt):

Klassifizierung mit Hilfe der Hesse-Matrix der zweiten partiellen Ableitungen ($\rightsquigarrow$ hinreichende Bedingungen)

$$
\mathrm{H}\, p = \begin{pmatrix} p_{xx} & p_{xy} \\ p_{xy} & p_{yy} \end{pmatrix} = \begin{pmatrix} 12x^2 - 2 & 2 \\ 2 & 2 \end{pmatrix}
$$

- $(0, 0)$:
  $\det(\mathrm{H}\, p)(0, 0) = (-2) \cdot 2 - 2 \cdot 2 = -8 < 0$ $\rightsquigarrow$ Sattelpunkt
- $(1, -1)$, $(-1, 1)$:
  $\det(\mathrm{H}\, p)(1, -1) = \det(\mathrm{H}\, p)(-1, 1) = (12 - 2) \cdot 2 - 2 \cdot 2 = 16 > 0$ $\rightsquigarrow$ lokale Extrema
  $\operatorname{Spur}(\mathrm{H}\, p)(1, -1) = \operatorname{Spur}(\mathrm{H}\, p)(-1, 1) = (12 - 2) + 2 = 12 > 0$ $\rightsquigarrow$ lokale Minima

ebenfalls globale Minima, da p nach unten beschränkt ist:

$$
\begin{aligned}
p(x, y) &= x^4 - 2x^2 + (x^2 + 2xy + y^2) \\
&= [x^4 - 2x^2] + (x + y)^2 \geq \min_{x \in \mathbb{R}}[x^4 - 2x^2] = -1
\end{aligned}
$$

15.3   Nullstellenmenge und kritische Punkte einer bivariaten Funktion

Skizzieren Sie die Nullstellenmenge und Vorzeichenverteilung der Funktion

$$f(x,y) = (y^2 - x)(3y - x)$$

und bestimmen Sie die kritischen Punkte und deren Typ.

Verweise: Kritischer Punkt

Lösungsskizze

Nullstellenmenge: Parabel $P : y^2 = x$,   Gerade $G : 3y = x$

Bestimmung des Vorzeichens durch Testen geeigneter Punkte (Vorzeichenwechsel entlang von P und G); z.B. $x < 0$ und $y > 0 \rightsquigarrow f > 0$ im zweiten Quadranten

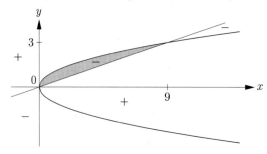

alternierendes Vorzeichen um $(0,0)$ und $(9,3)$ $\rightsquigarrow$ Sattelpunkte

beschränkter grauer Bereich D mit $f < 0$ $\implies$ $\exists$ Minimum (x_m, y_m) in D

Bestimmung des Minimums aus der notwendigen Bedingung grad $f = (0,0)^t$
$f = 3y^3 - xy^2 - 3xy + x^2$ $\rightsquigarrow$

$$0 = f_x = -y^2 - 3y + 2x, \quad 0 = f_y = 9y^2 - 2xy - 3x$$

Einsetzen von $x = (y^2 + 3y)/2$ (erste Gleichung) in die zweite Gleichung $\rightsquigarrow$

$$0 = 9y^2 - (y^2 + 3y)y - 3(y^2 + 3y)/2 = -y\left(y^2 - 9y/2 + 9/2\right)$$

bekannte Lösungen $y_1 = 0$ und $y_2 = 3$ (Sattelpunkte)
  $\rightsquigarrow$ dritte Lösung $y_3 = (9/2)/3 = 3/2$
zugehörige x-Koordinate und Funktionswert

$$x_3 = ((3/2)^2 + 3(3/2))/2 = 27/8, \quad f(27/8, 3/2) = -81/64$$

notwendige Bedingung für ein lokales Minimum (grad $f = (0,0)^t$) hinreichend, da nur in einem Punkt erfüllt $\rightsquigarrow$ $(x_m, y_m) = (x_3, y_3)$
kein globales Minimum, da $f(x,y)$ für $x = 0$ und $y \to -\infty$ nach unten unbeschränkt ist

15.4 Extremwerte eines trivariaten Polynoms

Bestimmen Sie die Extrema der Funktion $f(x, y, z) = x^2 + xy + y^4 - yz + z^2$.

Verweise: Extrema multivariater Funktionen, Hesse-Matrix

Lösungsskizze

(i) Qualitatives Verhalten:

$|ab| \leq (a^2 + b^2)/2 \implies$

$$
\begin{aligned}
f(x, y, z) &= x^2 + xy + y^4 - yz + z^2 \\
&\geq x^2 - (x^2 + y^2)/2 + y^4 - (y^2 + z^2)/2 + z^2
\end{aligned}
$$

$\implies \quad f \geq \min_y (y^4 - y^2) = -1/4, \quad f \to \infty$ für $|(x, y, z)| \to +\infty$

$\implies \quad$ Existenz eines globalen Minimums

(ii) Gradient und Hesse-Matrix:

$$
\operatorname{grad} f = \begin{pmatrix} 2x + y \\ x + 4y^3 - z \\ -y + 2z \end{pmatrix}, \quad
H f = \begin{pmatrix} 2 & 1 & 0 \\ 1 & 12y^2 & -1 \\ 0 & -1 & 2 \end{pmatrix}
$$

(iii) Kritische Punkte:

$\operatorname{grad} f = 0 \quad \Leftrightarrow$

$$
f_x = 2x + y = 0, \quad f_y = x + 4y^3 - z = 0, \quad f_z = -y + 2z = 0
$$

Elimination von x und z mit der ersten und letzten Gleichung $\quad \rightsquigarrow$

$$
0 = f_y = (-y/2) + 4y^3 - (y/2) = 4y^3 - y \quad \Leftrightarrow \quad y = 0, \pm 1/2
$$

Einsetzen in $f_x = 0 = f_z \quad \rightsquigarrow \quad$ kritische Punkte $(x_1, y_1, z_1) = (0, 0, 0)$ sowie

$$
(x_2, y_2, z_2) = (-1/4, 1/2, 1/4), \quad (x_3, y_3, z_3) = (1/4, -1/2, -1/4)
$$

Funktionswerte

$$
f_1 = 0, \; f_2 = -1/16, \; f_3 = -1/16
$$

$\implies \quad$ globale Minima (kritische Punkte mit dem niedrigsten Funktionswert, da $f \geq c > -\infty$) bei den Punkten 2 und 3

(iv) Typ des ersten Punktes:

Einsetzen in die Hesse-Matrix

$$
H_1 = \begin{pmatrix} 2 & 1 & 0 \\ 1 & 0 & -1 \\ 0 & -1 & 2 \end{pmatrix}
$$

$\prod \lambda_k = \det H = -4 \quad \implies \quad$ einer oder drei negative Eigenwerte

$\sum \lambda_k = \operatorname{Spur} H = 4 > 0$

$\implies \quad$ zwei positive und ein negativer Eigenwert

$\implies \quad$ Sattelpunkt

15.5 Minimum einer quadratischen Funktion auf einem Rechteck

Minimieren Sie $f(x, y) = x^2 - 2xy - y^2$ auf dem Rechteck $[0, 3] \times [0, 2]$.

Verweise: Extrema multivariater Funktionen

Lösungsskizze

f stetig, R kompakt (beschränkt und abgeschlossen) $\implies$ $\exists$ Minimum
$(x_\star, y_\star) \in R$

Bestimmung durch Ermitteln aller möglichen Extremstellen (x_k, y_k) und Vergleich der Funktionswerte

(i) Punkte im Innern von R, d.h. $x \in (0, 3)$, $y \in (0, 2)$:
notwendige Bedingung

$$\operatorname{grad} f = (2x - 2y, \, -2x - 2y)^{\mathrm{t}} = (0, \, 0)^{\mathrm{t}}$$

$\rightsquigarrow$ $(x, y) = (0, 0)$, nicht zulässig ($\notin (0, 3) \times (0, 2)$)

(ii) Punkte auf den vier Rändern:

- $x \in [0, 3]$, $y = 0$:
$$f(x, 0) = x^2$$

$\rightsquigarrow$ Minimum bei $(x_1, y_1) = (0, 0)$ mit Funktionswert $f_1 = 0$
- $x \in [0, 3]$, $y = 2$:

$$f(x, 2) = x^2 - 4x - 4, \quad f_x(x, 2) = 2x - 4$$

$f_x = 0$ $\rightsquigarrow$ Minimum bei $(x_2, y_2) = (2, 2)$ mit Wert $f_2 = -8$ (Werte an den Intervallenden $x = 0$ und $x = 3$ sind größer)
- $x = 0$, $y \in [0, 2]$:
$$f(0, y) = -y^2$$

Minimum bei $(x_3, y_3) = (0, 2)$ mit Wert $f_3 = -4$
- $x = 3$, $y \in [0, 2]$:
$$f(3, y) = 9 - 6y - y^2 = 18 - (y + 3)^2$$

monoton $\rightsquigarrow$ Minimum bei $(x_4, y_4) = (3, 2)$ mit Funktionswert $f_4 = -7$

Vergleich der Funktionswerte $\rightsquigarrow$

$$\min_{(x,y) \in R} f(x, y) = f(2, 2) = -8$$

15.6 Extrema einer bivariaten Funktion entlang einer Kurve

Bestimmen Sie die Extrema der Funktion

$$f(x, y) = xy$$

unter der Nebenbedingung $g(x, y) = 2x^4 - 3x^2 + 2y^2 = 0$.

Verweise: Lagrange-Multiplikatoren, Extrema multivariater Funktionen

Lösungsskizze

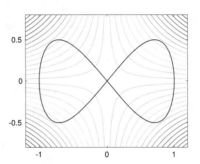

(i) Qualitative Betrachtungen:
$C : g(x, y) = 0$ kompakt (geschlossene Kurve),
f stetig
$\Longrightarrow$ $\exists$ (globales) Minimum und Maximum

(ii) Lagrange-Bedingung (notwendig für Extrema):
Gradienten von Zielfunktion und Nebenbedingung parallel, d.h.

$$\operatorname{grad} f = \lambda \operatorname{grad} g \quad \Longleftrightarrow \quad \begin{pmatrix} y \\ x \end{pmatrix} = \lambda \begin{pmatrix} 8x^3 - 6x \\ 4y \end{pmatrix}$$

$x = 0 \lor y = 0 \quad \rightsquigarrow \quad$ triviale Lösung $(x_1, y_1) = (0, 0)$
Elimination von λ für $y \neq 0 \quad \rightsquigarrow$

$$\lambda = x/(4y), \quad y = \frac{x}{4y}(8x^3 - 6x) \Longleftrightarrow 2y^2 = 4x^4 - 3x^2$$

Einsetzen in die Nebenbedingung $g(x, y) = 2x^4 - 3x^2 + 2y^2 = 0 \quad \rightsquigarrow$

$$0 = 2x^4 - 3x^2 + (4x^4 - 3x^2) = 6x^4 - 6x^2$$

Lösungen

$$(x_{2,3}, y_{2,3}) = \pm(1, 1/\sqrt{2}), \ (x_{4,5}, y_{4,5}) = \pm(1, -1/\sqrt{2})$$

(iii) Extrema:
Vergleich der Funktionswerte

$$f_1 = 0, \ f_2 = f_3 = 1/\sqrt{2}, \ f_4 = f_5 = -1/\sqrt{2}$$

$\Longrightarrow$ Maximum (Minimum) bei zweitem und dritten (vierten und fünften) Punkt
erster Punkt: kein lokales Extremum, da positive und negative Werte in beliebiger
Umgebung

15.7   Abstand eines Kegelschnitts vom Ursprung

Bestimmen Sie den Abstand der Schnittkurve des Kegels $K : x^2 + y^2 - 2z^2 = 0$
und der Ebene $E : 2x - 2y - z = 3$ vom Ursprung.

Verweise: Lagrange-Multiplikatoren, Extrema multivariater Funktionen

Lösungsskizze

Quadrat des Abstandes: $f(x, y, z) = x^2 + y^2 + z^2$

Minimierung unter den Nebenbedingungen

$$g(x, y, z) = x^2 + y^2 - 2z^2 = 0, \quad h(x, y, z) = 2x - 2y - z - 3 = 0$$

Lagrange-Bedingung (notwendig) für ein Minimum

$$(0, 0, 0)^t = \operatorname{grad} f + \lambda \operatorname{grad} g + \varrho \operatorname{grad} h$$
$$= (2x, 2y, 2z)^t + \lambda(2x, 2y, -4z)^t + \varrho(2, -2, -1)^t$$

Ausdrücken der Variablen durch die Lagrange-Multiplikatoren λ und ϱ

$$x = -\frac{\varrho}{1 + \lambda}, \quad y = \frac{\varrho}{1 + \lambda}, \quad z = \frac{\varrho}{2 - 4\lambda}, \quad \lambda \neq -1, 1/2$$

($\lambda = -1 \vee \lambda = 1/2 \quad \rightsquigarrow \quad \varrho = 0$ und führt zu einem Widerspruch)

Einsetzen in die Nebenbedingungen $g = 0$ und $h = 0 \quad \rightsquigarrow$

$$\frac{\varrho^2}{(1 + \lambda)^2} + \frac{\varrho^2}{(1 + \lambda)^2} - \frac{2\varrho^2}{(2 - 4\lambda)^2} = 0$$

$$-\frac{2\varrho}{1 + \lambda} - \frac{2\varrho}{1 + \lambda} - \frac{\varrho}{2 - 4\lambda} - 3 = 0$$

$\varrho = 0$ nicht möglich $\quad \rightsquigarrow \quad$ Gleichung für λ durch Multiplikation von $g = 0$ mit
$(1 + \lambda)^2(2 - 4\lambda)^2/\varrho^2$

$$0 = (2 - 4\lambda)^2 + (2 - 4\lambda)^2 - 2(1 + \lambda)^2 \quad \Leftrightarrow \quad 0 = 30\lambda^2 - 36\lambda + 6$$

$\rightsquigarrow \quad \lambda_1 = 1, \lambda_2 = 1/5$ und $\varrho_1 = -2, \varrho_2 = -18/25$ durch Einsetzen von λ_k in $h = 0$
zugehörige kritische Punkte und quadrierte Abstände

$$(x_1, y_1, z_1) = (1, -1, 1), \, f_1 = 3, \quad (x_2, y_2, z_2) = (3/5, -3/5, -3/5), \, f_2 = \frac{27}{25}$$

Ein Minimum existiert, da es mit dem Minimum auf der kompakten beschränkten
Menge

$$D : g = 0 \wedge h = 0 \wedge x^2 + y^2 + z^2 \leq f_1$$

übereinstimmt.

$\implies$ Das (globale) Minimum wird an einem der kritischen Punkte angenommen,
d.h. $\sqrt{f_2} = 3\sqrt{3}/5 \approx 1.0392$ ist der minimale Abstand.

15.8 Extrema einer trivariaten linearen Funktion unter einer quadratischen Nebenbedingung

Minimieren Sie

$$f(x, y, z) = x - 2y + 3z$$

unter der Nebenbedingung $2x^2 + y^2 + z^2 = 6$.

Verweise: Lagrange-Multiplikatoren, Extrema multivariater Funktionen

Lösungsskizze

zulässige Menge D

$$\text{Ellipsoid}: \quad g(x, y, z) = 2x^2 + y^2 + z^2 - 6 = 0$$

D kompakt (beschränkt und abgeschlossen) $\implies$ $\exists$ Minimum und Maximum
Extremstellen erfüllen die Lagrange-Bedingung

$$\operatorname{grad} f + \lambda \operatorname{grad} g = (0, 0, 0)^{\mathrm{t}}$$

λ: Lagrange-Multiplikator
Bilden der Gradienten von f und g $\rightsquigarrow$

$$(1, -2, 3) + \lambda(4x, 2y, 2z) = (0, 0, 0)$$

Auflösen der drei Gleichungen nach x, y und z

$$x = -1/(4\lambda), \quad y = 1/\lambda, \quad z = -3/(2\lambda)$$

Einsetzen in die Nebenbedingung

$$0 = g(x, y, z) = 2\frac{1}{16\lambda^2} + \frac{1}{\lambda^2} + \frac{9}{4\lambda^2} - 6 = \frac{27}{8\lambda^2} - 6,$$

d.h. $\lambda = \lambda_1 = -3/4$ oder $\lambda = \lambda_2 = 3/4$
zugehörige kritische Punkte (mögliche Extremstellen) und Funktionswerte

$$(x_1, y_1, z_1) = (1/3, -4/3, 2), \quad f_1 = 9,$$
$$(x_2, y_2, z_2) = (-1/3, 4/3, -2), \quad f_2 = -9$$

Da nur genau zwei Punkte die Lagrange-Bedingung erfüllen, müssen diese mit den Extremstellen übereinstimmen.

Alternative Lösung

Elimination einer Variablen mit der Nebenbedingung (z.B. $z = \pm\sqrt{6 - 2x^2 - y^2}$) und Minimierung einer Funktion von zwei Variablen (umständlicher!)

15.9   Extrema einer Funktion auf der Sphäre

Bestimmen Sie das Maximum der Funktion

$$f(x, y) = xy^2 z^3$$

auf der Menge $D : x^2 + y^2 + z^2 = 1$, $x, y, z \geq 0$.

Äußern Sie eine Vermutung, wie die Lösung der analogen Aufgabe $x_1 x_2^2 \cdots x_n^n \to$ max, $|x| = 1$, in n Variablen lautet.

Verweise: Lagrange-Multiplikatoren, Extrema multivariater Funktionen

Lösungsskizze

D kompakt $\implies$ Existenz eines Maximums

$f = 0$ auf dem Rand von D (mindestens eine der Variablen x, y, z ist null) $\implies$ Maximum im Innern, d.h.

$$g(x, y, z) = x^2 + y^2 + z^2 = 1, \quad x, y, z > 0$$

Lagrange-Bedingung (notwendig)

$$\operatorname{grad} f = \lambda \operatorname{grad} g \quad \Longleftrightarrow \quad \begin{aligned} y^2 z^3 &= 2\lambda x \\ 2xyz^3 &= 2\lambda y \\ 3xy^2 z^2 &= 2\lambda z \end{aligned}$$

Division von Gleichung 2 durch Gleichung 1 und von Gleichung 3 durch Gleichung 2 $\rightsquigarrow$

$$\frac{2x}{y} = \frac{y}{x}, \frac{3y}{2z} = \frac{z}{y} \quad \text{bzw.} \quad y^2 = 2x^2,\, z^2 = \frac{3}{2} y^2 = 3x^2 \tag{1}$$

Einsetzen in die Nebenbedingung $g(x, y, z) = 1$ $\rightsquigarrow$

$$x^2 + 2x^2 + 3x^2 = 1, \quad \text{d.h.}\ x = 1/\sqrt{6},\, y = \sqrt{2}/\sqrt{6},\, z = \sqrt{3}/\sqrt{6}$$

Allgemeiner Fall

Bei analoger Vorgehensweise erhält man anstelle von Gleichungen (1)

$$x_2^2 = 2x_1^2,\, x_3^2 = 3x_1^2,\, \ldots,\, x_n^2 = n x_1^2$$

und nach Einsetzen in die Bedingung $x_1^2 + \cdots + x_n^2 = 1$ die Lösung $x_k = \sqrt{k}/\sqrt{n(n+1)/2}$.

15.10   Quadratisches Optimierungsproblem

Minimieren Sie

$$2x_1^2 + 2x_1x_3 + 2x_2^2 + x_2x_3 + 3x_3^2 + 3x_1 - 8x_2 + 2x_3$$

unter den Nebenbedingungen $-x_1 + 3x_2 - 2x_3 = 7$, $-3x_1 + 2x_2 - x_3 = 2$.

Verweise: Lagrange-Multiplikatoren, Extrema multivariater Funktionen

Lösungsskizze

(i) Matrix-Form des Optimierungsproblems:

$$f(x) = \frac{1}{2}x^t Gx - c^t x \to \min, \quad g(x) = Ax - b = 0$$

mit

$$G = \begin{pmatrix} 4 & 0 & 2 \\ 0 & 4 & 1 \\ 2 & 1 & 6 \end{pmatrix}, \quad c = \begin{pmatrix} -3 \\ 8 \\ -2 \end{pmatrix}, \quad A = \begin{pmatrix} -1 & 3 & -2 \\ -3 & 2 & -1 \end{pmatrix}, \quad b = \begin{pmatrix} 7 \\ 2 \end{pmatrix}$$

Kriterium von Gerschgorin $\rightsquigarrow$ Schranken für die Eigenwerte von G

$$\lambda_k \in [4 - 2, 4 + 2] \cup [6 - 3, 6 + 3] = [2, 9]$$

$\lambda_k > 0$ $\implies$ Existenz eines eindeutigen globalen Minimums von f auf $\mathbb{R}^3$ und damit auch auf der eingeschränkten Menge

(ii) Lagrange-Bedingung:
$f'(x) + \lambda^t g'(x) = 0$ mit $f'(x) = x^t G - c^t$ und $g'(x) = A$ $\rightsquigarrow$

$$Gx + A^t \lambda = c$$

$\rightsquigarrow$ lineares Gleichungssystem aus Lagrange- und Nebenbedingung

$$\left(\begin{array}{c|c} G & A^t \\ \hline A & 0 \end{array} \right) \begin{pmatrix} x \\ \lambda \end{pmatrix} = \begin{pmatrix} c \\ b \end{pmatrix}$$

bzw. nach Einsetzen der konkreten Daten

$$\left(\begin{array}{ccc|cc} 4 & 0 & 2 & -1 & -3 \\ 0 & 4 & 1 & 3 & 2 \\ 2 & 1 & 6 & -2 & -1 \\ \hline -1 & 3 & -2 & 0 & 0 \\ -3 & 2 & -1 & 0 & 0 \end{array} \right) \begin{pmatrix} x_1 \\ x_2 \\ x_3 \\ \lambda_1 \\ \lambda_2 \end{pmatrix} = \begin{pmatrix} -3 \\ 8 \\ -2 \\ 7 \\ 2 \end{pmatrix}$$

eindeutige Lösung

$$x_{\min} = (1, 2, -1)^t, \quad \lambda = (-1, 2)^t$$

minimaler Wert: $f(x_{\min}) = -6$

15.11   Extrema einer linearen Funktion unter Ungleichungsnebenbedingungen

Bestimmen Sie geometrisch die Extrema der Funktion $f(x,y) = -x + y/2$ unter den Nebenbedingungen $g(x,y) = y - x^2 \geq 0$ und $h(x,y) = x - y + 2 \geq 0$. Zeigen Sie, dass die Lösungen die Kuhn-Tucker-Bedingungen erfüllen.

Verweise: Kuhn-Tucker-Bedingungen

Lösungsskizze

(i) Geometrische Lösung:
zulässige Menge

$D: g(x,y) = y - x^2 \geq 0,\ h(x,y) = x - y + 2 \geq 0$

parallele Niveaulinien von f (Geraden) $\Longrightarrow$ kein Extremum im Innern von D

f extremal bei $(x,y) \in \partial D$ $\Longrightarrow$ Eine Niveaugerade von f schneidet D nur in diesem Randpunkt.

$\rightsquigarrow$ Maximum bei $(-1,1)$ und Minimum bei $(1,1)$,
Funktionswerte $f(-1,1) = 3/2$, $f(1,1) = -1/2$

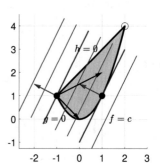

(ii) Kuhn-Tucker-Bedingungen für die Gradienten (Pfeile in der Abbildung):
f extremal bei (x,y) $\Longrightarrow$

(1) $\operatorname{grad} f(x,y) = \lambda \operatorname{grad} g(x,y) + \varrho \operatorname{grad} h(x,y)$

(2) $\lambda g(x,y) = 0,\quad \varrho h(x,y) = 0$

(3)   gleiches Vorzeichen von λ und ϱ (positiv für ein Minimum, negativ für ein Maximum)

Voraussetzung: Lineare Unabhängigkeit der Gradienten der aktiven Nebenbedingungen (Multiplikator $\neq 0$); Gradient nicht Null bei nur einer aktiven Nebenbedingung

- Minimum bei $(x,y) = (1,1)$ auf der Randkurve $G : g = 0$:
  $h(1,1) > 0 \underset{(2)}{\Longrightarrow} \varrho = 0$ (nur g aktiv) und somit

$$\operatorname{grad} f(1,1) \underset{(1)}{=} (-1,1/2)^{\mathrm t} \overset{!}{=} \lambda \operatorname{grad} g(1,1) = \lambda(-2,1)^{\mathrm t}$$

  $\checkmark$ mit $\lambda = 1/2 \underset{(3)}{>} 0$ (korrektes Vorzeichen für ein Minimum)

- Maximum bei $(x,y) = (-1,1)$ dem Schnittpunkt der Randkurven $G : g = 0$ und $H : h = 0$:

  beide Nebenbedingungen aktiv
$$\operatorname{grad} f(-1,1) \underset{(1)}{=} (-1,1/2)^{\mathrm t} \overset{!}{=} \lambda \operatorname{grad} g(-1,1) + \varrho \operatorname{grad} h(-1,1)$$

$$= \lambda(2,1)^{\mathrm t} + \varrho(1,-1)^{\mathrm t}$$

  $\checkmark$ mit $\lambda = -1/6 \underset{(3)}{<} 0$ und $\varrho = -2/3 \underset{(3)}{<} 0$ (korrekte Vorzeichen für ein Maximum)

Voraussetzung an die Gradienten der Nebenbedingungen in beiden Fällen erfüllt

15.12 US-Mailbox ★

Die abgebildete Mailbox besteht aus einem Quader und einem Halbzylinder und ist doppelt so lang wie breit. Bestimmen Sie den Radius r des Zylinders und die Höhe h des Quaders, so dass die Oberfläche bei einem vorgegebenen Volumen von $36000\,\mathrm{cm}^3$ minimal wird (Material sparende Konstruktion).

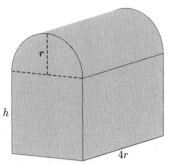

Verweise: Lagrange-Multiplikatoren, Extrema multivariater Funktionen

Lösungsskizze

Minimierung der Oberfläche (5 Rechtecke, halber Zylindermantel, 2 Halbkreise)

$$S = (2r)(4r) + 2(2r)h + 2(4r)h + \pi r(4r) + 2\pi \frac{1}{2}r^2 = (8 + 5\pi)r^2 + 12rh$$

bei konstantem Volumen (Quader und Halbzylinder)

$$V = (2r)(4r)h + (\pi r^2/2)(4r) = 8r^2 h + 2\pi r^3, \quad V = c = 36000$$

Lagrange-Bedingung für Extrema

$$0 = \frac{\partial S}{\partial r} + \lambda \frac{\partial (V - c)}{\partial r} = (16 + 10\pi)r + 12h + \lambda(16rh + 6\pi r^2)$$

$$0 = \frac{\partial S}{\partial h} + \lambda \frac{\partial (V - c)}{\partial h} = 12r + \lambda(8r^2)$$

zweite Bedingung $\implies \lambda = -3/(2r)$, Einsetzen in die erste Bedingung $\implies$

$$0 = (16 + 10\pi)r + 12h - \frac{3}{2}(16h + 6\pi r), \quad \text{d.h.} \quad h = \underbrace{\frac{16 + \pi}{12}}_{\gamma}\, r$$

Einsetzen in die Nebenbedingung $V = c$ $\leadsto$

$$36000 = 8r^2 \frac{16 + \pi}{12}r + 2\pi r^3 = \frac{32 + 8\pi}{3}r^3 \quad \Leftrightarrow \quad 27000 = (8 + 2\pi)r^3$$

und folglich

$$r = \frac{30}{\sqrt[3]{8 + 2\pi}} \approx 12.3646, \quad h = \gamma\, r = \frac{5(16 + \pi)}{2\sqrt[3]{8 + 2\pi}} \approx 19.7232$$

Einsetzen $\leadsto$

$$S_{\min} = (8 + 5\pi)r^2 + 12\gamma r^2 = (8 + 5\pi + 16 + \pi)r^2$$

$$= 3(8 + 2\pi)\left(\frac{30}{\sqrt[3]{8 + 2\pi}}\right)^2 = 2700\sqrt[3]{8 + 2\pi} \approx 6551$$

16 Tests

Übersicht

Ergänzend zu den Tests in diesem Kapitel finden Sie unter dem Link unten auf der Seite eine interaktive Version dieser Tests als elektronisches Zusatzmaterial. Sie können dort Ihre Ergebnisse zu den Aufgaben in ein interaktives PDF-Dokument eintragen und erhalten unmittelbar eine Rückmeldung, ob die Resultate korrekt sind.

Ergänzende Information Die elektronische Version dieses Kapitels enthält Zusatzmaterial, auf das über folgenden Link zugegriffen werden kann https://doi.org/10.1007/978-3-662-67512-0_17.

© Springer-Verlag GmbH Deutschland, ein Teil von Springer Nature 2023
K. Höllig und J. Hörner, *Aufgaben und Lösungen zur Höheren Mathematik 2*,
https://doi.org/10.1007/978-3-662-67512-0_17

16.1   Stetigkeit, partielle Ableitungen und Jacobi-Matrix

Aufgabe 1:

Untersuchen Sie, ob die folgenden Funktionen im Punkt $(x, y) = (0, 0)$ stetig sind:

$$f(x,y) = \frac{xy + x^2 y^2}{x^2 + y^2}, \quad g(x,y) = \frac{x^2 y - xy^2}{x^2 + y^2}.$$

Aufgabe 2:

Bestimmen Sie den Grenzwert der durch

$$p_0 = (0,0), \quad p_{k+1} = p_k + 2^{-k}(\cos(k\pi/2), \sin(k\pi/2)), \; k = 0, 1, \dots,$$

definierten Folge.

Aufgabe 3:

Bestimmen Sie die ersten und zweiten partiellen Ableitungen der Funktion $f(x,y) = x/(y - x)$.

Aufgabe 4:

Bestimmen Sie die partiellen Ableitungen der Funktion $f(x, y, z) = x^{(y^z)}$ für $x, y, z > 0$.

Aufgabe 5:

Berechnen Sie $\partial_1^2 \partial_2^3 (x_1 e^{i(3x_1 - x_2)})$.

Aufgabe 6:

Berechnen Sie ΔR^3, $\Delta = \partial_1^2 + \cdots + \partial_n^2$, $R = x_1^2 + \cdots + x_n^2$.

Aufgabe 7:

Bestimmen Sie die Jacobi-Matrix der Funktion

$$\begin{pmatrix} f(x,y) \\ g(x,y) \end{pmatrix} = \begin{pmatrix} 2^{xy} \\ xy^2 \end{pmatrix}.$$

Aufgabe 8:

Bestimmen Sie die Jacobi-Matrix der Funktion

$$f(x) = \begin{pmatrix} \sqrt{x_1^2 + x_2^2} \\ \dfrac{1}{x_2^2 + x_3^2} \end{pmatrix}$$

an der Stelle $x = (0, -1, 2)^{\mathrm{t}}$.

Aufgabe 9:
Bestimmen Sie die Jacobi-Matrix der Funktion

$$f : (x_1, \ldots, x_n)^{\mathrm{t}} \mapsto x/|x|, \quad |x| = \sqrt{x_1^2 + \cdots + x_n^2}\,.$$

Lösungshinweise

Aufgabe 1:
Wenn Sie (durch Einsetzen einer Reihe von Punkten oder durch grafische Darstellung) vermuten, dass für eine Funktion $h(x,y,z)$ ein Grenzwert h_0 für $(x,y,z) \to (0,0,0)$ existiert, versuchen Sie $|h(x,y,z) - h_0|$ durch eine Abschätzung zu vereinfachen, um das Stetigkeitskriterium

$$|(x,y,z) - (0,0,0)| < \delta(\varepsilon) \implies |h(x,y,z) - h_0| < \varepsilon$$

leichter nachweisen zu können. Andernfalls konstruieren Sie Wege $(x(t), y(t), z(t)) \to (0,0,0)$, die zu unterschiedlichen Grenzwerten von $h(x(t), y(t), z(t))$ oder zur Divergenz der Funktionswerte führen.

Aufgabe 2:
Berechnen Sie die ersten 6 Folgenelemente, um eine Gesetzmäßigkeit zu erkennen. Zeigen Sie dann, dass sich der Grenzwert als Reihe $(a,b)[1 + q + q^2 + \cdots]$ darstellen, und somit mit der Formel $[\ldots] = 1/(1-q)$ bestimmen lässt.

Aufgabe 3:
Verwenden Sie die Quotientenregel $(p/q)_z = (p_z q - p q_z)/q^2$ mit $z = x, y$.

Aufgabe 4:
Verwenden Sie die Ableitungsregeln für Potenzen und die Kettenregel,

$$\frac{\mathrm{d}}{\mathrm{d}t} t^a = a t^{a-1}, \quad \frac{\mathrm{d}}{\mathrm{d}t} a^t = \ln a \, a^t, \quad \frac{\mathrm{d}}{\mathrm{d}t} f(s(t)) = \frac{\mathrm{d}f}{\mathrm{d}s} \frac{\mathrm{d}s}{\mathrm{d}t}.$$

Kontrollieren Sie Ihre Ergebnisse mit dem Maple^TM -Befehl `D[k]f` zur Differentiation der Funktion `f:=(x,y,z)->x^(y^z)` nach der k-ten Variablen.

Aufgabe 5:
Benutzen Sie $\partial_k e^{a_1 x_1 + a_2 x_2} = a_k e^{a_1 x_1 + a_2 x_2}$ bzw. allgemeiner $\partial_1^m \partial_2^n e^{a_1 x_1 + a_2 x_2} = a_1^m a_2^n e^{a_1 x_1 + a_2 x_2}$.

Aufgabe 6:
Nach der Kettenregel ist $\partial_k R^m = m R^{m-1} \partial_k R$ und $\partial_k R = 2 x_k$.

Aufgabe 7:
Verwenden Sie zur Differentiation von f bei der Bestimmung der Jacobi-Matrix

$$\begin{pmatrix} f_x & f_y \\ g_x & g_y \end{pmatrix}$$

die Regel $\frac{\mathrm{d}}{\mathrm{d}t} a^t = a^t \ln a$.

Aufgabe 8:
Die j-te Zeile der Jacobi-Matrix f' enthält die partiellen Ableitungen der j-ten Komponente von f, d.h. $f'_{j,k} = \partial_k f_j$, $k = 1,2$. Bei der Berechnung ist die Regel $\frac{\mathrm{d}}{\mathrm{d}t}(t^2 + c)^p = (2pt)(t^2 + c)^{p-1}$ nützlich.

Aufgabe 9:
Benutzen Sie zur Berechnung von

$$\partial_\ell f_k(x) = \partial_\ell \left(x_k (x_1^2 + \cdots + x_n^2)^{-1/2} \right)$$

die Produkt- und Kettenregel sowie dass $\partial_\ell x_k = \delta_{k,\ell}$ mit δ dem Kronecker-Symbol.

16.2   Kettenregel und Richtungsableitung

Aufgabe 1:
Bestimmen Sie die ersten und zweiten partiellen Ableitungen der radialsymmetrischen Funktion

$$f(x) = e^{-r}, \quad r = \sqrt{x_1^2 + \cdots + x_n^2}.$$

Aufgabe 2:
Bestimmen Sie die Ableitung der Funktion

$$f(x, y) = x^2 y^3, \quad x = \cos\varphi, \, y = \sin\varphi$$

nach φ. An welchen Punkten ist $df/d\varphi$ null?

Aufgabe 3:
Berechnen Sie für die affine Abbildung $x \mapsto y = Ax + b$, die das Dreieck mit den Eckpunkten $(0,0)^t$, $(1,0)^t$, $(0,1)^t$ auf das Dreieck mit den Eckpunkten $(5,6)^t$, $(6,9)^t$, $(7,10)^t$ abbildet, und die Funktion $f(y) = 7y_1 + 8y_2 + 9$ den Gradienten von $g(x) = f(Ax + b)$.

Aufgabe 4:
Bestimmen Sie für die Funktionen

$$x \mapsto y = f(x) = \begin{pmatrix} \sqrt{x_1 + x_2} \\ \sqrt{x_2 + x_3} \\ \sqrt{x_3 + x_4} \end{pmatrix}, \quad y \mapsto z = g(y) = \begin{pmatrix} \frac{1}{y_1 - y_2} \\ \frac{1}{y_2 - y_3} \end{pmatrix}$$

und $h = g \circ f$ die Jacobi-Matrizen $Jf(x_\star)$, $Jg(f(x_\star))$ und $Jh(x_\star)$ für $x_\star = (0, 1, 3, 6)^t$.

Aufgabe 5:
Bestimmen Sie für

$$f(x) = \begin{pmatrix} \frac{x_1^2}{2 - x_2} \\ \frac{x_2^2}{2 - x_1} \end{pmatrix}$$

die Jacobi-Matrix der Funktion $x \mapsto (f \circ f)(x) = f(f(x))$ im Punkt $x = (1, 1)^t$.

Aufgabe 6:
Bestimmen Sie den Gradienten der linearen Funktion, die an den Punkten $(1, 0)$, $(0, 1)$, $(3, 2)$ die Werte 1, -2, 3 hat.

Aufgabe 7:

Bestimmen Sie Ableitung der Funktion

$$f(x) = \begin{pmatrix} x_1 & x_2 \end{pmatrix} \begin{pmatrix} 2 & 1 \\ 1 & -3 \end{pmatrix} \begin{pmatrix} x_1 \\ x_2 \end{pmatrix} + \begin{pmatrix} -2 & 3 \end{pmatrix} \begin{pmatrix} x_1 \\ x_2 \end{pmatrix}$$

in Richtung des Vektors $(-1,2)^{\mathrm{t}}$ für $x = (-2,1)^{\mathrm{t}}$.

Aufgabe 8:

Bestimmen Sie die maximale Steigung der Funktion

$$f(x) = \frac{1}{3+r^2}, \quad r = \sqrt{x_1^2 + \cdots + x_n^2}.$$

Lösungshinweise

Aufgabe 1:
Nach der Kettenregel gilt $\partial_\ell f(r) = f'(r)\partial_\ell r$ und $\partial_\ell r = x_\ell/r$.

Aufgabe 2:
Verwenden Sie die Kettenregel $\frac{df}{d\varphi} = f_x \frac{dx}{d\varphi} + f_y \frac{dy}{d\varphi}$, und berücksichtigen Sie bei der Vereinfachung des entstehenden Ausdrucks, dass $x^2 + y^2 = 1$.

Aufgabe 3:
Bestimmen Sie durch Einsetzen von $x = (0,0)^t \mapsto y = (5,6)^t$, $x = (1,0)^t \mapsto y = (6,9)^t$, $x = (0,1)^t \mapsto y = (7,10)^t$ die linearen Funktionen $y_1 = a_{1,1}x_1 + a_{1,2}x_2 + b_1$, $y_2 = a_{2,1}x_1 + a_{2,2}x_2 + b_2$. Differenzieren Sie dann $g(x) = f(y(x))$ mit der Kettenregel:

$$\frac{\partial g}{\partial x_1} = \frac{\partial f}{\partial y_1}\frac{\partial y_1}{\partial x_1} + \frac{\partial f}{\partial y_2}\frac{\partial y_2}{\partial x_1}$$

$$\frac{\partial g}{\partial x_2} = \frac{\partial f}{\partial y_1}\frac{\partial y_1}{\partial x_2} + \frac{\partial f}{\partial y_2}\frac{\partial y_2}{\partial x_2}.$$

Aufgabe 4:
Das Element $(J\,p)_{j,k}$ der Jacobi-Matrix einer Funktion p ist die partielle Ableitung der j-ten Komponente von p nach der k-ten Variablen. Die Jacobi-Matrix einer zusammengesetzten Funktion $h = g \circ f$ mit $x \mapsto y = f(x) \mapsto g(y)$ ist das Matrix-Produkt der Jacobi-Matrizen von g und f: $J\,h(x) = J\,g(y)\,J\,f(x)$.

Aufgabe 5:
Da $f(1,1) = (1,1)^t$ ist bei der Anwendung der Kettenregel

$$J(f \circ f)(x) = J\,f(f(x))\,J\,f(x)$$

für $x = (1,1)^t$ nur eine Jacobi-Matrix zu berechnen und dann zu quadrieren.

Aufgabe 6:
Für eine lineare Funktion f ist die Approximation

$$f(q) - f(p) = \operatorname{grad} f(p)^t v + O(|v|^2), \quad v = q - p$$

exakt und der Gradient konstant. Einsetzen von $q = (0,1)^t$ bzw. $q = (3,2)^t$ und $p = (1,0)^t$ sowie der entsprechenden Funktionswerte resultiert in ein lineares Gleichungssystem für die Komponenten von $\operatorname{grad} f$.

Aufgabe 7:
Die Ableitung von f in Richtung v ist $f'(x)v$, wobei Sie eine quadratische Funktion $f(x) = x^t A x + b^t x$ analog zu einem quadratischen Polynom $ax^2 + bx$ differenzieren können (und Ihr Ergebnis mit der Indexschreibweise (leicht) überprüfen).

Aufgabe 8:

Die Steigung von f in Richtung v, $f'(x)v/|v|$, ist maximal für $v = f'(x)^{\mathrm{t}}$: $s_{\max}(x) = |f'(x)|$. Für die gegebene radiale Funktion f können Sie das Extremum von $s_{\max}$ durch eine eindimensionale Maximierung bestimmen.

16.3   Inverse und Implizite Funktionen

Aufgabe 1:

Bestimmen Sie die Jacobi-Matrix der Umkehrfunktion g der Funktion

$$x \mapsto y = f(x) = \begin{pmatrix} x_1^2 + \ln x_2 \\ e^{x_1} + x_2^2 \end{pmatrix}$$

im Punkt $y = f(0,1)$.

Aufgabe 2:

Das nichtlineare Gleichungssystem

$$\begin{aligned} x^3 + y^3 - xy^2 &= u \\ x^3 - y^3 - x^2y &= v \end{aligned}$$

hat für $(u,v) = (1,-1)$ die Lösung $(x,y) = (1,1)$. Bestimmen Sie mit Hilfe der Jacobi-Matrix eine Näherungslösung (x_*, y_*) für $(u,v) = (1.1, -0.9)$.

Aufgabe 3:

Bestimmen Sie für die Abbildung

$$\begin{pmatrix} u \\ v \end{pmatrix} \mapsto \begin{pmatrix} x(u,v) \\ y(u,v) \end{pmatrix} = \begin{pmatrix} u^2 v \\ uv^2 \end{pmatrix}$$

den Gradienten der ersten Komponente $u(x,y)$ der Umkehrabbildung an der Stelle $(x(1,2), y(1,2))^{\mathrm{t}}$.

Aufgabe 4:

Zeigen Sie, dass die Gleichung

$$\cos(x + y^2) + \sin(x^2 + y) = 1$$

in einer Umgebung von $(x,y) = (0,0)$ nach y auflösbar ist, $y = p(x)$, und berechnen Sie $p'(0)$ und $p''(0)$.

Aufgabe 5:

Bestimmen Sie für die durch

$$\ln(x + 2y + 3z) = xyz, \quad (x,y,z) \approx (0,2,-1),$$

implizit definierte Funktion $z = p(x,y)$ den Gradienten $(p_x(0,2), p_y(0,2))^{\mathrm{t}}$.

Aufgabe 6:
Bestimmen Sie die Richtung d der Tangente der als Schnitt der Flächen

$$E : x - 5y + z = -6, \quad F : 3x^4 + y^2 = 7$$

definierten Kurve im Punkt $(1, 2, 3)$.

Aufgabe 7:
Zeigen Sie, dass das Gleichungssystem

$$x^2 - y^2 + \varepsilon x^3 = 0$$
$$xy - \varepsilon y^3 - 1 = 0$$

für $(x, y, \varepsilon) \approx (1, 1, 0)$ nach x und y auflösbar ist, und approximieren Sie die Lösung mit einem Fehler $\leq c\varepsilon^2$. Überprüfen Sie Ihre Näherung mit Maple^{TM} .

Lösungshinweise

Aufgabe 1:
Die Jacobi-Matrix der Umkehrfunktion $g = f^{-1}$ ist die Inverse der Jacobi-Matrix $\mathrm{J}\,f = (\partial_x f, \partial_y f)$ von f: $\mathrm{J}\,g(f(x,y)) = (\mathrm{J}\,f(x,y))^{-1}$.

Aufgabe 2:
Das nichtlineare Gleichungssystem lässt sich als Abbildung $(x,y)^{\mathrm{t}} \mapsto (u,v)^{\mathrm{t}} = f(x,y)$ interpretieren. Ausgehend von der Lösung $(x,y)^{\mathrm{t}} = (1,1)^{\mathrm{t}}$ zu $(u,v)^{\mathrm{t}} = (1,-1)^{\mathrm{t}}$ kann man eine Näherung der Lösung zu $(u,v)^{\mathrm{t}} = (1.1,-0.9)^{\mathrm{t}}$ durch lineare Approximation der Umkehrfunktion $g = f^{-1}$ erhalten:

$$g(1.1,-0.9) \approx \underbrace{g(1,-1)}_{(1,1)^{\mathrm{t}}} + g'(1,-1)(0.1,0.1)^{\mathrm{t}},$$

wobei $g'(1,-1) = f'(1,1)^{-1}$ nach dem Satz über inverse Funktionen.

Aufgabe 3:
Verwenden Sie die Satz über inverse Funktionen:

$$\left. \begin{pmatrix} u_x & u_y \\ v_x & v_y \end{pmatrix} \right|_{(x(1,2),y(1,2))} = \left(\left. \begin{pmatrix} x_u & x_v \\ y_u & y_v \end{pmatrix} \right|_{(1,2)} \right)^{-1}.$$

Vermeiden Sie den **Fehler** $\partial u/\partial x = (\partial x/\partial u)^{-1}$.

Aufgabe 4:
Überprüfen Sie das hinreichende Kriterium des Satzes über implizite Funktionen für die lokale Auflösbarkeit einer Gleichung $f(x,y) = 0$ nach y in einer Umgebung von (x_0, y_0):

$$f(x,y) = 0,\ f_y(x_0,y_0) \neq 0 \quad \Longrightarrow \quad \exists p : y = p(x),\ x \approx x_0.$$

Die Ableitungen $p^{(k)}(x_0)$ erhalten Sie durch Differenzieren von $f(x,p(x)) = 0$ mit der Kettenregel.

Aufgabe 5:
Durch Differenzieren von

$$\ln(x + 2y + 3p(x,y)) - xyp(x,y) = 0$$

nach x und nach y und anschließendes Einsetzen von $(x,y) = (0,2)$, $p(0,2) = -1$ erhalten Sie zwei Gleichungen, aus denen Sie $p_x(0,2)$ und $p_y(0,2)$ bestimmen können.

Aufgabe 6:
Die Tangentenrichtung ist orthogonal zu den Flächennormalen im betrachteten Punkt und kann damit als Vektorprodukt der Gradienten der die Flächen definierenden Funktionen berechnet werden.

Aufgabe 7:
Hinreichend für die Auflösbarkeit nach x und y ist nach dem Satz über implizite Funktionen, dass für $f(x, y, \varepsilon) = (x^2 - y^2 + \varepsilon x^3, xy - \varepsilon y^3 - 1)^t$ die Matrix $(f_x(1,1,0), f_y(1,1,0))$ (Spalten 1 und 2 der Jacobi-Matrix f') invertierbar ist. Durch Differenzieren von $f(x(\varepsilon), y(\varepsilon), \varepsilon)$ und Einsetzen von $x(0) = 1$, $y(0) = 1$, $\varepsilon = 0$ erhalten Sie zwei Gleichungen für $x'(0)$ und $y'(0)$. Zur Probe können Sie die damit berechneten linearen Approximationen in das Gleichungssystem einsetzen und mit Hilfe von Maple™ prüfen, dass der Fehler die Ordnung $O(\varepsilon^2)$ hat.

16.4   Anwendungen partieller Ableitungen

Aufgabe 1:
Für welche b ist $f(x) = x/2 - x^2$ eine kontrahierende Abbildung auf $[0, b]$?

Aufgabe 2:
Beweisen Sie die Konvergenz der Iteration

$$x_0 = 1, \quad x_{k+1} = \sqrt{2 + x_k}, \; k = 0, 1, \dots .$$

Aufgabe 3:
Zeigen Sie, dass das nichtlineare Gleichungssystem

$$x_k = g_k(x) = k + \cos(x_k/2) + \sin(x_{k+1})/3, \quad k = 1, \dots, n, \quad x_{n+1} = x_1 ,$$

mit einer Fixpunktiteration gelöst werden kann, und bestimmen Sie die Lösung für $n = 4$ mit MATLAB® mit einem Fehler $< 10^{-3}$.

Aufgabe 4:
Bestimmen Sie die Lösung (x, y) mit $x, y > 0$ des nichtlinearen Gleichungssystems

$$x^2 - xy + 2y^2 = 3, \quad xy - 2x + y = -1$$

mit dem Newton-Verfahren auf 10 Nachkommastellen genau.

Aufgabe 5:
Für welche Startwerte auf der x-Achse findet die Methode des steilsten Abstiegs das Minimum der Funktion $f(x, y) = x^2 + xy + y^2 - 3x$ im ersten Schritt?

Aufgabe 6:
Bestimmen Sie eine Gleichung der Tangente an die Zissoide $C : (4 - x)y^2 = x^3$ im Punkt $(2, 2)$.

Aufgabe 7:
Bestimmen Sie die Tangentenrichtungen des „Dreiblatts", einer Kurve, die durch

$$t \mapsto 2 \sin t \cos(2t) \begin{pmatrix} \cos t \\ \sin t \end{pmatrix}$$

parametrisiert wird, im singulären Punkt $(0, 0)$.

Aufgabe 8:
Bestimmen Sie eine Gleichung der Tangentialebene der Fläche $S : x_1 x_2 + 2x_2 x_3 + 3x_3 x_1 + 5 = 0$ im Punkt $x = (1, -2, 3)$.

Aufgabe 9:

Bestimmen Sie die Hesse-Normalform der Tangentialebene des durch

$$(u,v)^{\mathrm{t}} \mapsto f(u,v) = (\cosh u \cos v, \cosh u \sin v, u)^{\mathrm{t}}$$

parametrisierten Katonoids im Punkt $f(\ln 2, \pi)$.

Lösungshinweise

Aufgabe 1:

Die Abbildung f ist kontrahierend auf $[0, b]$, wenn

$$|f(y) - f(x)| \leq \underbrace{c}_{<1} |y - x|, \quad x, y \in [0, b] \,.$$

Bestimmen Sie den Quotienten $|f(y) - f(x)|/|y - x|$ explizit und finden Sie die bestmögliche Schranke für $x, y \in [0, b]$. Beurteilen Sie dann, für welche b diese Schranke kleiner als 1 ist.

Aufgabe 2:

Verifizieren Sie für ein geeignetes abgeschlossenes Intervall D die Voraussetzungen des Banachschen Fixpunktsatzes:

$$g(D) \subseteq D \quad \wedge \quad |g(y) - g(x)| \leq \underbrace{c}_{<1} |y - x| \text{ für } x, y \in D \,.$$

Aufgabe 3:

Zeigen Sie mit Hilfe des Mittelwertsatzes ($\cos r - \cos s = -\sin t (r - s)$, etc.), dass die Iterationsabbildung g bzgl. der Maximumnorm auf $\mathbb{R}^n$ kontrahierend ist und damit der Banachsche Fixpunktsatz anwendbar ist. Die Funktion g können Sie in MATLAB® als „inline-function" definieren: g = @(x) ....

Aufgabe 4:

Bestimmen Sie zunächst grafisch die ungefähre Lage der Lösung, indem Sie mit Hilfe der MATLAB® -Funktion contour die Null-Niveaulinien von f und g schneiden. Mit der so gewonnenen Näherung können Sie die Newton-Iteration beginnen. Verwenden Sie den Backslash-Operator zur Lösung des linearen Gleichungssystems für das Newton-Update.

Aufgabe 5:

Bestimmen Sie zunächst die Minimalstelle $(x_*, y_*)^t$ von f aus der notwendigen Bedingung $\operatorname{grad} f(x_*, y_*) = (0, 0)^t$. Untersuchen Sie dann, für welche Startwerte $(x, 0)^t$ der Punkt $(x_*, y_*)^t$ in Richtung der ersten Suchrichtung $-\operatorname{grad} f(x, 0)$ liegt.

Aufgabe 6:

Die Tangente g an eine Kurve $C : f(x, y) = 0$ im Punkt (x_0, y_0) hat die implizite Darstellung

$$g : f_x(x_0, y_0)(x - x_0) + f_y(x_0, y_0)(y - y_0) = 0 \,.$$

Aufgabe 7:

Vereinfachen Sie die Parametrisierung mit Hilfe der trigonometrischen Identitäten $\sin(2t) = 2 \sin t \cos t$, $2 \sin^2 t = 1 - \cos(2t)$, und bestimmen Sie das Periodizitätsintervall. Die Parameterwerte t für die Tangentenvektoren $(x'(t), y'(t))^t$ erhalten Sie durch Nullsetzen der Radiusfunktion (Abstand zum Ursprung).

Aufgabe 8:

Die Tangentialebene E einer Fläche $S : f(x_1, x_2, x_3) = 0$ im Punkt $x = a$ hat die implizite Darstellung

$$E : \partial_1 f(a)(x_1 - a_1) + \partial_2 f(a)(x_2 - a_2) + \partial_3 f(a)(x_3 - a_3) = 0.$$

Aufgabe 9:

Die Tangentialebene E im Punkt $p = f(u_0, v_0)$ einer durch f parametrisierten Fläche wird von den partiellen Ableitungen $\partial_u f(u_0, v_0)$ und $\partial_v f(u_0, v_0)$ aufgespannt. Die Normale ξ ist das Vektorprodukt dieser Vektoren. Damit ist die Hesse-Normalform

$$\sigma x^t \xi^\circ = \sigma p^t \xi^\circ, \quad \xi^\circ = \xi / |\xi|,$$

mit dem Vorzeichen $\sigma \in \{-1, 1\}$ so gewählt, dass die rechte Seite nicht negativ ist.

16.5   Taylor-Entwicklung

Aufgabe 1:
Bestimmen Sie die Taylor-Darstellung des Polynoms $x(2y - 3x)$ im Punkt $(1, 2)$.

Aufgabe 2:
Entwickeln Sie $\exp(\sin x \cos y)$ um $x = 0$, $y = 0$ bis zu Termen dritter Ordnung einschließlich.

Aufgabe 3:
Approximieren Sie für $f(x, y) = e^{-x/y}$ den Wert $f(0.1, 1.1)$ mit der linearen Taylor-Approximation im Punkt $(0, 1)$ und vergleichen Sie den Fehler mit der Fehlerschranke, die Sie durch eine Abschätzung des Taylor-Restglieds erhalten.

Aufgabe 4:
Berechnen Sie $\displaystyle \lim_{(x,y) \to (0,0)} \frac{\sin(xy)}{\cos(x + y) - \cos(x - y)}$.

Aufgabe 5:
Bestimmen Sie den Gradient, die Hesse-Matrix und die quadratische Taylor-Approximation der Funktion

$$f(x, y) = \frac{\ln(1 + x)}{1 + \ln y}$$

im Punkt $(0, 1)$.

Aufgabe 6:
Bestimmen Sie die quadratische Taylor-Approximation der Funktion

$$f(x, y, z) = \sqrt{xy + 2z}$$

im Punkt $(0, 1, 2)$.

Aufgabe 7:
Bestimmen Sie eine quadratische Taylor-Approximation[a]

$$t \mapsto (x(t),\, y(t)) = (1 + at + bt^2,\, 0 + ct + dt^2)$$

des Einheitskreises im Punkt $(1, 0)$ mit $x(t)^2 + y(t)^2 = 1 + O(t^4)$, $t \to 0$.

---

[a]Für Polynomgrad n ist die Fehlerordnung $2n$ erzielbar anstelle der üblichen Fehlerordnung $n + 1$ für Taylor-Polynome. Es wird vermutet, dass dies für Taylor-Approximationen beliebiger glatter Kurven richtig bleibt.

Aufgabe 8:
Entwickeln Sie

$$f(x,y) = \frac{1}{2 - 3x + 4y}$$

in eine Taylor-Reihe im Punkt $(0,0)$.

Lösungshinweise

Aufgabe 1:

Substituieren Sie, alternativ zur Berechnung der partiellen Ableitungen im Entwicklungspunkt $(1, 2)$, $x = 1 + u$, $y = 2 + v$. Nach Ausmultiplizieren erhalten Sie die Entwicklung nach Potenzen von $x - 1$ und $y - 2$.

Aufgabe 2:

Setzen Sie die Entwicklungen

$$\sin x = x - x^3/6 + \cdots, \quad \cos y = 1 - y^2/2 + \cdots$$

in die Entwicklung $\exp t = 1 + t + t^2/2 + t^3/6 + \cdots$ ein.

Aufgabe 3:

Das Taylor-Restglied für die lineare Approximation

$$f(0 + 0.1, 1 + 0.1) \approx f(0, 1) + f_x(0, 1) \cdot 0.1 + f_y(0, 1) \cdot 0.1$$

hat die Form

$$R = \frac{1}{2} f_{xx}(u, v) 0.1^2 + f_{xy}(u, v) 0.1^2 + \frac{1}{2} f_{yy}(u, v) 0.1^2$$

mit $u \in [0, 0.1]$ und $v \in [1, 1.1]$.

Aufgabe 4:

Vereinfachen Sie den Bruch mit Hilfe des Additionstheorems $\cos(x \pm y) = \cos x \cos y \mp \sin x \sin y$. Verwenden Sie dann die univariate Taylor-Approximation $\sin t = t + O(|t|^3)$ und kürzen Sie durch den Term niedrigster Ordnung.

Aufgabe 5:

Mit dem Gradienten und der Hesse-Matrix lässt sich die quadratische Taylor-Approximation von $f(0 + u, 1 + v)$ in der Form

$$\begin{pmatrix} f_x(0,1) & f_y(0,1) \end{pmatrix} \begin{pmatrix} u \\ v \end{pmatrix} + \frac{1}{2} \begin{pmatrix} u & v \end{pmatrix} \begin{pmatrix} f_{xx}(0,1) & f_{xy}(0,1) \\ f_{xy}(0,1) & f_{yy}(0,1) \end{pmatrix} \begin{pmatrix} u \\ v \end{pmatrix}$$

schreiben.

Aufgabe 6:
Bestimmen Sie die partiellen Ableitungen von $f = t^{1/2}$, $t = xy + 2z$, mit der Kettenregel:

$$\partial_u t^s = s t^{s-1} \partial_u t \quad \text{mit} \quad u = x, y, z \quad \text{und} \quad \partial_x t = y,\ \partial_y t = x,\ \partial_z t = 2\,.$$

Nach Auswertung am Entwicklungspunkt $(x, y, z) = (0, 1, 2)$ $(t = 4)$ erhalten Sie das Taylor-Polynom

$$\sum_{\alpha_1 + \alpha_2 + \alpha_3 \leq 2} \frac{\partial^\alpha f(0, 1, 2)}{\alpha_1! \alpha_2! \alpha_3!} x^{\alpha_1} (y - 1)^{\alpha_2} (z - 2)^{\alpha_3}\,.$$

Aufgabe 7:
Die Koeffizienten a, b, c, d lassen sich durch Koeffizientenvergleich bestimmen und sind nur bis auf einen Faktor eindeutig durch die geforderte Fehlerordnung bestimmt.

Aufgabe 8:
Die partiellen Ableitungen von $f(x, y) = (2 - 3x + 4y)^{-1}$ nach x und y sind bis auf die verschiedenen Faktoren (-3) und 4 von der inneren Ableitung der Kettenregel identisch. Werten Sie alle Ableitungen am Entwicklungspunkt $(0, 0)$ aus, und setzen Sie die Werte in die Taylor-Reihe

$$f(x, y) \sim \sum_{j, k \geq 0} \frac{\partial_y^k \partial_x^j f(0, 0)}{j!\, k!}\, x^j\, y^k$$

ein.

16.6   Extremwerte

Aufgabe 1:

Bestimmen Sie den kritischen Punkt der quadratischen Funktion

$$f(x, y, z) = x^2 - xy + 2y^2 + yz + 3z^2 + x - z$$

sowie dessen Typ.

Aufgabe 2:

Bestimmen Sie das Maximum der Funktion

$$f(x, y) = \sin(x + y) - \sin x - \sin y \,.$$

Aufgabe 3:

Skizzieren Sie die Nullstellenmenge und Vorzeichenverteilung der Funktion

$$f(x, y) = xy - 2x^2 y - 3xy^2 \,,$$

und bestimmen Sie das lokale Extremum sowie dessen Typ.

Aufgabe 4:

Schreiben Sie ein MATLAB® -Programm, das den Punkt (x_1, x_2) bestimmt, für den die Summe der Abstände zu Punkten P_k minimal ist. Überprüfen Sie das Ergebnis durch Berechnung des Gradienten.

Aufgabe 5:

Bestimmen Sie das Minimum von xy auf der Ellipse $C: x^2 + ay^2 = 1$, $a > 0$.

Aufgabe 6:

Bestimmen Sie die am nächsten zu $(1, 0, 3)^t$ gelegene Lösung des linearen Gleichungssystems

$$x_1 + x_2 + x_3 = 0, \quad x_1 - x_2 + x_3 = 0 \,.$$

Aufgabe 7:

Bestimmen Sie den Abstand des hyperbolischen Zylinders $S: 3xy + 4zy = 5$ vom Ursprung.

Aufgabe 8:

Bestimmen Sie durch Zeichnen der Niveaulinien mit MATLAB® grafisch das Minimum und Maximum der Funktion $f(x, y) = x^2 - y^2$ auf dem Dreieck mit den Eckpunkten $(-1, 1)$, $(2, 1)$, $(2, 2)$ und verifizieren Sie, dass die Extremstellen die Kuhn-Tucker-Bedingungen erfüllen.

Aufgabe 9:

Berechnen Sie $\displaystyle\max_{x\neq(0,0,0,0)} \frac{(\sum_{k=1}^{4} x_k)^4}{\sum_{k=1}^{4} x_k^4}$.

Lösungshinweise

Aufgabe 1:

Für die quadratische Funktion f führt die Bedingung grad $f = (0,0,0)^{\mathrm{t}}$ für einen kritischen Punkt auf ein lineares Gleichungssystem. Der Typ wird durch die Eigenwerte der Hesse-Matrix bestimmt. Sind alle Eigenwerte positiv (negativ), so handelt es sich um ein Minimum (Maximum), das für eine quadratische Funktion global ist.

Aufgabe 2:

Für eine glatte, doppelt 2π-periodische Funktion f existiert ein Maximum und kann durch Vergleich der Funktionswerte an den kritischen Punkten in $[0, 2\pi]^2$ bestimmt werden. Mit Hilfe des Additionstheorems für die Sinus-Funktion lassen sich f, f_x und f_y durch $\sin x$, $\cos x$, $\sin y$ und $\cos y$ ausdrücken. Dies ermöglicht die (nicht ganz einfache ...) explizite Lösung des Gleichungssystems $f_x = f_y = 0$.

Aufgabe 3:

Aus der faktorisierten Darstellung

$$f(x,y) = xy(1 - 2x - 3y)$$

ist die Nullstellenmenge ersichtlich. Die Vorzeichenverteilung erhält man durch Testen an jeweils einem Punkt in den durch die Nullstellenmenge definierten Bereichen. Schließlich bestimmt man die Extremstelle(n) aus der notwendigen Bedingung $f_x = f_y = 0$.

Aufgabe 4:

Die Abstandssumme kann mit folgender MATLAB® -Funktion berechnet werden.

```
function d = distance(x,P)
d = 0;
for k=1:size(P,1)
    d = d+norm(x-P(1,:));
end
```

Mit etwas „ MATLAB® -Artistik" wäre auch eine Definition als `inline-function` (**eine** Programmzeile) möglich. Zur Minimierung kann die MATLAB® -Funktion `fminsearch` verwendet werden.

Aufgabe 5:

Sie erhalten das Minimum einer Funktion f unter der Nebenbedingung $g = 0$ durch Vergleich der Funktionswerte an den Punkten, die die (notwendige) Lagrange-Bedingung

$$\mathrm{grad}\, f = \lambda \,\mathrm{grad}\, g$$

erfüllen.

Aufgabe 6:

Für eine Minimalstelle x von $|x - b|^2$ unter der Nebenbedingung $Ax = (0,0,\ldots)^t$ gilt die Lagrange-Bedingung

$$2(x^t - b^t) = \lambda^t A.$$

In Verbindung mit der Nebenbedingung erhält man ein lineares Gleichungssystem für x und den Lagrange-Multiplikator λ.

Aufgabe 7:

Eine Extremstelle (x, y, z) der quadrierten Abstandsfunktion $x^2 + y^2 + z^2$ unter einer Nebenbedingung $g(x, y, z) = 0$ erfüllt die Lagrange-Bedingung

$$2(x, y, z)^t = \lambda \operatorname{grad} g(x, y, z).$$

Für das betrachtete Beispiel können Sie zunächst aus dieser Gleichung λ eliminieren und dann mit Hilfe der Nebenbedingung die Extremstellen bestimmen.

Aufgabe 8:

Verwenden Sie die MATLAB® -Funktionen `meshgrid` und `contour` zum Zeichnen der Niveaulinien von f. An einem lokalen Minimum (Maximum) schneiden keine benachbarten Niveaulinien zu einem kleineren (größeren) Funktionswert das Dreieck D, auf dem die Extrema bestimmt werden sollen.

Die Kuhn-Tucker-Bedingungen für ein lokales Minimum (Maximum) bei $(x, y) \in D$ lauten

$$\operatorname{grad} f(x, y) = \sum_{k=1}^{3} \lambda_k g_k(x, y), \quad \underbrace{\lambda_k}_{\geq 0 (\leq 0)} g_k(x, y) = 0$$

mit $D : g_k(x, y) \geq 0$. Es ist also zu prüfen, dass sich an einem Extremum $\operatorname{grad} f$ als Linearkombination der Gradienten der aktiven Nebenbedingungen ($g_k(x, y) = 0$) darstellen lässt, wobei die Koeffizienten λ_k das entsprechende Vorzeichen haben.

Aufgabe 9:

Aufgrund der Invarianz des Quotienten unter einer Skalierung $x \to sx$ können Sie das äquivalente Problem

$$f(x) = \left(\sum_{k=1}^{4} x_k\right)^4 \to \max \quad \text{für} \quad g(x) = \left(\sum_{k=1}^{4} x_k^4\right) - 1 = 0$$

betrachten, wobei $x_k \geq 0$ angenommen werden kann. Aus der Lagrange-Bedingung können Sie unmittelbar $x_1 = x_2 = x_3 = x_4$ folgern und dann die Extremstelle x aus der Nebenbedingung bestimmen.

Teil III

Mehrdimensionale Integration

17 Volumina und Integrale über Elementarbereiche

Übersicht

© Springer-Verlag GmbH Deutschland, ein Teil von Springer Nature 2023
K. Höllig und J. Hörner, *Aufgaben und Lösungen zur Höheren Mathematik 2*,
https://doi.org/10.1007/978-3-662-67512-0_18

17.1 Elementare Doppelintegrale

Berechnen Sie

a) $\displaystyle\int_0^1 \int_2^3 \frac{x}{y}\,\mathrm{d}y\,\mathrm{d}x$ b) $\displaystyle\int_{-2}^4 \int_1^5 x^3 - y^2\,\mathrm{d}y\,\mathrm{d}x$

c) $\displaystyle\int_1^2 \int_x^{x^2} \frac{y}{x^4}\,\mathrm{d}y\,\mathrm{d}x$ d) $\displaystyle\int_{2a}^{3a} \int_{-3}^3 (x+y)^2\,\mathrm{d}y\,\mathrm{d}x$

Verweise: Mehrdimensionales Integral, Satz von Fubini

Lösungsskizze

a)

$$\int_0^1 \left(\int_2^3 \frac{x}{y}\,\mathrm{d}y\right)\mathrm{d}x = \int_0^1 [x \ln y]_2^3\,\mathrm{d}x = \int_0^1 x(\ln 3 - \ln 2)\,\mathrm{d}x$$

$$= \left[\frac{x^2}{2}\right]_0^1 \ln\frac{3}{2} = \frac{1}{2}\ln\frac{3}{2} = \ln\sqrt{\frac{3}{2}}$$

alternativ: Ausnutzung der Produktform des Integranden
$\int\int f(x)g(y)\,\mathrm{d}y\mathrm{d}x = \int f(x)\,\mathrm{d}x \int g(y)\,\mathrm{d}y$ ⤳

$$\int_0^1 x\,\mathrm{d}x \int_2^3 \frac{1}{y}\,\mathrm{d}y = \left[\frac{x^2}{2}\right]_0^1 [\ln y]_2^3 = \frac{1}{2}\ln(3/2)$$

b)
Linearität   ⤳

$$\int_{-2}^4 \int_1^5 x^3 - y^2\,\mathrm{d}y\mathrm{d}x = (5-1)\int_{-2}^4 x^3\,\mathrm{d}x - (4+2)\int_1^5 y^2\,\mathrm{d}y$$

$$= 4\left[\frac{x^4}{4}\right]_{-2}^4 - 6\left[\frac{y^3}{3}\right]_1^5$$

$$= (256 - 16) - (250 - 2) = -8$$

c)

$$\int_1^2 \left(\int_x^{x^3} \frac{y}{x^4}\,\mathrm{d}y\right)\mathrm{d}x = \int_1^2 x^{-4}\left[\frac{y^2}{2}\right]_x^{x^3}\,\mathrm{d}x = \frac{1}{2}\int_1^2 x^2 - \frac{1}{x^2}\,\mathrm{d}x$$

$$= \frac{1}{2}\left[\frac{x^3}{3} + \frac{1}{x}\right]_1^2 = \frac{(8/3 + 1/2) - (1/3 + 1)}{2} = \frac{11}{12}$$

d)

$$\int_{2a}^{3a} \left(\int_{-3}^3 (x+y)^2\,\mathrm{d}y\right)\mathrm{d}x = \int_{2a}^{3a} \underbrace{\frac{(x+3)^3 - (x-3)^3}{3}}_{6x^2+18}\,\mathrm{d}x$$

$$= \left[2x^3 + 18x\right]_{2a}^{3a} = 38a^3 + 18a$$

17.2 Trigonometrische Doppelintegrale

Berechnen Sie

$$\text{a)} \int_{\pi/2}^{2\pi} \int_0^{\pi/2} \cos(2x + 3y)\, \mathrm{d}x\mathrm{d}y \qquad \text{b)} \int_{-\pi}^{\pi} \int_0^{\pi/2} \sin^2 x \cos^3 y \, \mathrm{d}y\mathrm{d}x$$

Verweise: Satz von Fubini

Lösungsskizze

a) $I = \int_{\pi/2}^{2\pi} \int_0^{\pi/2} \cos(2x + 3y)\, \mathrm{d}x\mathrm{d}y$:

Inneres Integral

$$\int_0^{\pi/2} \dots \mathrm{d}x = \left[\frac{1}{2} \sin(2x + 3y) \right]_{x=0}^{x=\pi/2} = \frac{\sin(\pi + 3y)}{2} - \frac{\sin(3y)}{2} = -\sin(3y)\,,$$

da $\sin(\varphi + \pi) = -\sin(\varphi)$

Äußeres Integral

$$I = -\int_{\pi/2}^{2\pi} \sin(3y)\, \mathrm{d}y = \left[\frac{1}{3} \cos(3y) \right]_{\pi/2}^{2\pi}$$

$$= \frac{\cos(6\pi)}{3} - \frac{\cos(3\pi/2)}{3} = \frac{1}{3} - 0 = \frac{1}{3}$$

b) $\int_{-\pi}^{\pi} \int_0^{\pi/2} \sin^2 x \cos^3 y \, \mathrm{d}y\mathrm{d}x$:

Produktform des Integranden, $f(x)g(y)$ $\implies$

Integral über das Rechteck $[-\pi, \pi] \times [0, \pi/2]$ als Produkt berechenbar

$$I = \left(\int_{-\pi}^{\pi} \sin^2 x \, \mathrm{d}x \right) \left(\int_0^{\pi/2} \cos^3 y \, \mathrm{d}y \right) = I_x \, I_y$$

$\int_{-\pi}^{\pi} \sin^2 x \, \mathrm{d}x = \int_{-\pi}^{\pi} \cos^2 x \, \mathrm{d}x$, $\sin^2 x + \cos^2 x = 1$ $\implies$

$$I_x = \frac{1}{2} \cdot 2\pi = \pi$$

$\cos^3 y = \cos y (1 - \sin^2 y)$ $\implies$

$$I_y = \left[\sin y - \frac{1}{3} \sin^3 y \right]_0^{\pi/2} = \left(1 - \frac{1}{3} \right) - 0 = \frac{2}{3}$$

$\leadsto$ $I = I_x I_y = 2\pi/3 = 2.0943\dots$

17.3 Doppelintegrale mit Exponentialfunktionen

Berechnen Sie

$$\text{a)} \quad \int_0^2 \int_0^1 x^2 e^{xy/2}\, dy dx \qquad\qquad \text{b)} \quad \int_1^2 \int_0^1 y^3 e^{xy^2}\, dy dx$$

Verweise: Satz von Fubini, Partielle Integration

Lösungsskizze

a) $I = \int_0^2 \int_0^1 x^2 e^{xy/2}\, dy dx$:

$\frac{d}{dy} e^{cy}/c = e^{cy}$ mit $c = x/2$ $\quad\rightsquigarrow\quad$ inneres Integral

$$\int_0^1 \dots\, dy = \left[x^2 \frac{e^{xy/2}}{x/2} \right]_{y=0}^{y=1} = \left\{ 2x\, e^{x/2} - 2x \right\}$$

partielle Integration, $\int_a^b f(x) g'(x)\, dx = [f(x)g(x)]_a^b - \int_a^b f'(x) g(x)\, dx$, mit $f(x) = 2x$, $g(x) = e^{x/2}$ $\quad\rightsquigarrow$

$$\int_0^2 2x\, e^{x/2}\, dx = \left[(2x)(2e^{x/2}) \right]_0^2 - \int_0^2 2(2e^{x/2})\, dx$$

$$= (8e - 0) - \left[8e^{x/2} \right]_0^2 = 8e - (8e - 8) = 8$$

Addition des Integrals über $-2x$ $\quad\rightsquigarrow$

$$I = \int_0^2 \{\dots\}\, dx = 8 - \int_0^2 2x\, dx = 8 - \left[x^2 \right]_0^2 = 8 - (4 - 0) = 4$$

b) $I = \int_1^2 \int_0^1 y^3 e^{xy^2}\, dy dx$:

einfachere Berechnung nach Vertauschung der Integrationsreihenfolge

$$I = \int_0^1 \left\{ \int_1^2 y^3 e^{xy^2}\, dx \right\} dy$$

$\frac{d}{dx} e^{cx} = c e^{cx}$ mit $c = y^2$ $\quad\Longrightarrow$

$$\{\dots\} = \left[y e^{xy^2} \right]_{x=1}^{x=2} = y e^{2y^2} - y e^{y^2}$$

$\frac{d}{dy} e^{cy^2} = 2 c y e^{cy^2}$ mit $c = 2$ und $c = 1$ $\quad\Longrightarrow$

$$I = \left[\frac{1}{4} e^{2y^2} - \frac{1}{2} e^{y^2} \right]_0^1 = \left(\frac{e^2}{4} - \frac{e}{2} \right) - \left(\frac{1}{4} - \frac{1}{2} \right)$$

$$= \frac{e^2 - 2e + 1}{4} = (e-1)^2/4 = 0.7381\dots$$

17.4 Doppelintegral einer rationalen Funktion

Berechnen Sie

$$\int_1^2 \int_0^1 \frac{x-y}{x+y}\,\mathrm{d}y\mathrm{d}x$$

Verweise: Satz von Fubini, Partielle Integration, Elementare rationale Integranden

Lösungsskizze

Umformung des Integranden $\rightsquigarrow$ elementare rationale Ausdrücke

$$\frac{x-y}{x+y} = \frac{-x-y+2x}{x+y} = -1 + \frac{2x}{x+y}$$

inneres Integral

$$\int_0^1 \frac{x-y}{x+y}\,\mathrm{d}y = \int_0^1 -1 + \frac{2x}{x+y}\,\mathrm{d}y = [-y + 2x\ln|x+y|]_{y=0}^{y=1}$$
$$= (-1 + 2x\ln|x+1|) - (0 + 2x\ln|x|)$$
$$= -1 + 2x(\ln|x+1| - \ln|x|)$$

erstes äußeres Teilintegral

$$I_1 = \int_1^2 -1\,\mathrm{d}x = -1$$

partielle Integration, $\int_a^b f'(x)g(x)\,\mathrm{d}x = [f(x)g(x)]_a^b - \int_a^b f(x)g'(x)\,\mathrm{d}x$, des zweiten äußeren Teilintegrals mit $f(x) = 2x$, $g(x) = \ln|x+1| - \ln|x|$ $\rightsquigarrow$

$$I_2 = \int_1^2 2x(\ln|x+1| - \ln|x|)\,\mathrm{d}x$$
$$= \left[x^2(\ln|x+1| - \ln|x|)\right]_1^2 - \int_1^2 x^2\left(\frac{1}{x+1} - \frac{1}{x}\right)\,\mathrm{d}x$$

erster Term:
$$I_{2,1} = (4\ln 3 - 4\ln 2) - (\ln 2 - 0) = 4\ln 3 - 5\ln 2$$

zweiter Term: $x^2/(x+1) = (x^2 - 1 + 1)/(x+1) = x - 1 + 1/(x+1)$ $\rightsquigarrow$

$$I_{2,2} = \int_1^2 -(x-1) - \frac{1}{x+1} + x\,\mathrm{d}x = \int_1^2 1 - \frac{1}{x+1}\,\mathrm{d}x$$
$$= [x - \ln|x+1|]_1^2 = (2 - \ln 3) - (1 - \ln 2) = 1 - \ln 3 + \ln 2$$

Zusammenfassen der Teilintegrale $\rightsquigarrow$

$$I_1 + I_{2,1} + I_{2,2} = (-1) + (4\ln 3 - 5\ln 2) + (1 - \ln 3 + \ln 2)$$
$$= 3\ln 3 - 4\ln 2 = 0.5232\ldots$$

17.5 Vertauschung der Integrationsreihenfolge bei Doppelintegralen

Integrieren Sie

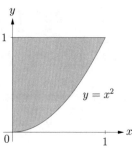

$y = x^2$

a) $x \cos(y^2)$

b) $e^{(x-1)^2}/\sqrt{y}$

über das abgebildete Gebiet.

Verweise: Satz von Fubini, Integrationsbereich, Mehrdimensionales Integral

Lösungsskizze

Integrationsbereich:

äquivalente Beschreibungen je nach Integrationsreihenfolge

(D1) $0 \leq x \leq 1$, $x^2 \leq y \leq 1$

(D2) $0 \leq y \leq 1$, $0 \leq x \leq \sqrt{y}$

a) $f(x,y) = x \cos(y^2)$:

$$\int_0^1 \int_{x^2}^1 f(x,y)\,\mathrm{d}y\mathrm{d}x$$

⤳   keine Stammfunktion für $\cos(y^2)$, inneres Integral nicht berechenbar

⤳   Vertauschung der Integrationreihenfolge gemäß (D2)

$$\int_0^1 \int_0^{\sqrt{y}} x \cos(y^2)\,\mathrm{d}x\mathrm{d}y = \int_0^1 \left[x^2/2\right]_0^{\sqrt{y}} \cos(y^2)\,\mathrm{d}y$$

$$= \int_0^1 \frac{y}{2} \cos(y^2)\,\mathrm{d}y = \left[\frac{\sin(y^2)}{4}\right]_0^1 = \frac{\sin(1)}{4}$$

b) $f(x,y) = e^{(x-1)^2}/\sqrt{y}$:

$$\int_0^1 \int_0^{\sqrt{y}} f(x,y)\,\mathrm{d}x\mathrm{d}y$$

⤳   keine Stammfunktion für $e^{(x-1)^2}$, inneres Integral nicht berechenbar

⤳   Vertauschung der Integrationreihenfolge gemäß (D1)

$$\int_0^1 \int_{x^2}^1 \frac{e^{(x-1)^2}}{\sqrt{y}}\,\mathrm{d}y\mathrm{d}x = \int_0^1 e^{(x-1)^2} \left[2\sqrt{y}\right]_{x^2}^1\,\mathrm{d}x$$

$$= \int_0^1 e^{(x-1)^2}(2 - 2x)\,\mathrm{d}x = \left[-e^{(x-1)^2}\right]_0^1 = e - 1$$

17.6 Elementare Dreifachintegrale

Berechnen Sie

a) $\displaystyle\int_0^1 \int_0^1 \int_1^2 \frac{\mathrm{d}z\mathrm{d}y\mathrm{d}x}{(x+y+z)^3}$ b) $\displaystyle\int_1^2 \int_0^{\pi/2} \int_2^4 \sin(2y)2^{z-x}\,\mathrm{d}z\mathrm{d}y\mathrm{d}x$

Verweise: Mehrdimensionales Integral, Satz von Fubini

Lösungsskizze
a)
sukzessive Integration über z, y und x

$$I = I_x = \int_0^1 \overbrace{\left(\int_0^1 \underbrace{\left(\int_1^2 (x+y+z)^{-3}\,\mathrm{d}z \right)}_{I_z} \mathrm{d}y \right)}^{I_y} \mathrm{d}x$$

(konstante Integrationsgrenzen $\rightsquigarrow$ auch beliebige andere Integrationsreihenfolge möglich)

$$
\begin{aligned}
I_z &= \left[-(x+y+z)^{-2}/2 \right]_1^2 = -(x+y+2)^{-2}/2 + (x+y+1)^{-2}/2 \\
I_y &= \left[(x+y+2)^{-1}/2 - (x+y+1)^{-1}/2 \right]_0^1 = \frac{1/2}{x+3} - 2\frac{1/2}{x+2} + \frac{1/2}{x+1} \\
I_x &= \left[\frac{\ln(x+3)}{2} - \ln(x+2) + \frac{\ln(x+1)}{2} \right]_0^1 = \frac{\ln(4/3)}{2} - \ln(3/2) + \frac{\ln(2/1)}{2}
\end{aligned}
$$

$\rightsquigarrow \quad I = \frac{1}{2}\ln((4/3)(3/2)^{-2}(2/1)) = \frac{1}{2}\ln(32/27) \approx 0.08495$

b)
Produktform des Integranden $f(x,y,z) = 2^{-x}\sin(2y)\,2^z$ bei konstanten Integrationsgrenzen $\rightsquigarrow$ Produktform des Integrals

$$I = \left(\int_1^2 2^{-x}\,\mathrm{d}x \right) \left(\int_0^{\pi/2} \sin(2y)\,\mathrm{d}y \right) \left(\int_2^4 2^z\,\mathrm{d}z \right) = I_x\,I_y\,I_z$$

$\int a^{\pm t}\,\mathrm{d}t = \pm a^{\pm t}/\ln a + C \quad \rightsquigarrow$

$$
\begin{aligned}
I_x &= \left[-2^{-x}/\ln 2 \right]_1^2 = (-1/4 + 1/2)/\ln 2 = 1/(4\ln 2) \\
I_y &= \left[-\cos(2y)/2 \right]_0^{\pi/2} = -(-1/2) + (1/2) = 1 \\
I_z &= \left[2^z/\ln 2 \right]_2^4 = (16 - 4)/\ln 2 = 12/\ln 2
\end{aligned}
$$

$\rightsquigarrow \quad I = \frac{1}{4\ln 2} \cdot 1 \cdot \frac{12}{\ln 2} = 3/(\ln 2)^2 \approx 6.2441$

17.7   Integration über die Vereinigungsmenge zweier Ellipsen

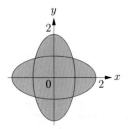

Integrieren Sie $f(x, y) = |x| + |y|$ über die Vereini-
gungsmenge der abgebildeten Ellipsen mit Halbachsenlängen 1 und 2.

Verweise: Integrationsbereich, Mehrdimensionales Integral

Lösungsskizze

Gleichungen der Ellipsen
$$E_1 : x^2/4 + y^2 = 1, \quad E_2 : x^2 + y^2/4 = 1$$

Symmetrie von Gebiet und Funktion $f \quad \rightsquigarrow \quad$ Integration über ein Achtel der Vereinigungsmenge, z.B. den Teilbereich D im ersten Quadranten oberhalb der Win-
kelhalbierenden $(x = y)$ und dem rechten Segment der Ellipse E_2 $(y = \sqrt{4 - 4x^2})$

Schnittpunkt der Ellipsen im Teilbereich D

$$x = y = t > 0 \quad \rightsquigarrow \quad t^2/4 + t^2 = 1, \text{ d.h. } t = 2/\sqrt{5}$$

$\rightsquigarrow \quad$ Darstellung des Integrationsbereichs

$$D : 0 \le x \le t, \, x \le y \le \sqrt{4 - 4x^2}$$

Teilintegral

$$\iint\limits_D f = \int_0^t \int_x^{\sqrt{4-4x^2}} x + y \, \mathrm{d}y \mathrm{d}x = \int_0^t \left[xy + y^2/2 \right]_{y=x}^{\sqrt{4-4x^2}} \mathrm{d}x$$

$$= \int_0^t \left(x\sqrt{4 - 4x^2} + 2 - 2x^2 \right) - \left(x^2 + x^2/2 \right) \mathrm{d}x$$

$$= \left[-(4 - 4x^2)^{3/2}/12 + 2x - 7x^3/6 \right]_0^{2/\sqrt{5}}$$

$$= \left(-(2/\sqrt{5})^3/12 + 4/\sqrt{5} - 28/(15\sqrt{5}) \right) - \left(-8/12 \right)$$

Vereinfachung $\rightsquigarrow \quad$ Gesamtintegral

$$8 \iint\limits_D f = 8 \left(\frac{-2 + 60 - 28}{15\sqrt{5}} + \frac{2}{3} \right) = \frac{16}{\sqrt{5}} + \frac{16}{3}$$

$$= 16(\sqrt{5}/5 + 1/3) \approx 12.4888$$

17.8 Integral über einen Pyramidenstumpf

Beschreiben Sie den abgebildeten Pyramidenstumpf D mit den Ecken $(0,0,0)$, $(2,0,0)$, $(0,2,0)$, $(0,0,1)$, $(1,0,1)$, $(0,1,1)$ als Elementarbereich und integrieren Sie e^{x+y+z} über D.

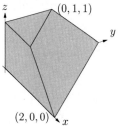

Verweise: Integrationsbereich, Mehrdimensionales Integral

Lösungsskizze

Projektion auf die yz-Ebene, begrenzt durch die Gerade $g: y = 2 - z$

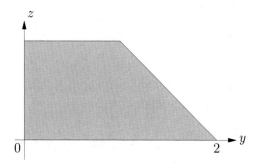

begrenzende Ebene $E: x + y + z = 2$ durch die Ecken $\rightsquigarrow$ Elementarbereich

$$D: \quad 0 \leq z \leq 1, \, 0 \leq y \leq 2 - z, \, 0 \leq x \leq 2 - y - z$$

benutze: $\int_a^b e^{c+t}\, \mathrm{d}t = e^{c+b} - e^{c+a}$

Integral über D

$$
\begin{aligned}
I &= \int_0^1 \int_0^{2-z} \int_0^{2-y-z} e^{x+y+z}\, \mathrm{d}x\mathrm{d}y\mathrm{d}z \\
&= \int_0^1 \int_0^{2-z} e^2 - e^{y+z}\, \mathrm{d}y\mathrm{d}z \\
&= \int_0^1 e^2(2-z) - e^2 + e^z\, \mathrm{d}z \\
&= e^2(2 - 1/2) - e^2 + e^1 - e^0 \\
&= e^2/2 + e - 1 \approx 5.4128
\end{aligned}
$$

17.9   Quadraturformel für ein Dreieck

Bestimmen Sie die Gewichte $w_{j,k}$, so dass die Approximation

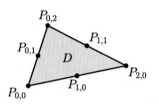

$$\iint\limits_{D} f \approx \operatorname{area} D \sum_{j+k \leq 2} w_{j,k} f(P_{j,k})$$

für alle Polynome mit totalem Grad ≤ 2 exakt ist.

Verweise: Mehrdimensionales Integral

Lösungsskizze

Invarianz der Quadraturformel unter affinen Abbildungen $\rightsquigarrow$ betrachte o.B.d.A. das Standarddreieck

$$D_\star : 0 \leq x \leq 1,\, 0 \leq y \leq 1 - x, \quad \operatorname{area} D_\star = 1/2$$

mit den Auswertungspunkten

$$P_{j,k} = (x_{j,k}, y_{j,k}) : (0,0),\, (1/2,0),\, (1,0),\, (0,1/2),\, (1/2,1/2),\, (0,1)$$

Exaktheit für alle Monome $x^\ell y^m$ mit totalem Grad ≤ 2 (Basis für den Polynomraum) $\rightsquigarrow$ lineares Gleichungssystem (6×6)

$$\int_0^1 \int_0^{1-x} x^\ell y^m \,\mathrm{d}y\mathrm{d}x = \frac{1}{2} \sum_{j+k \leq 2} w_{j,k}\, x_{j,k}^\ell y_{j,k}^m, \quad \ell + m \leq 2$$

Symmetrie $\implies$ $w_{0,0} = w_{0,2} = w_{2,0} =: s,\ w_{0,1} = w_{1,0} = w_{1,1} =: t$ $\implies$
Zwei (geeignet gewählte) Gleichungen sind ausreichend:

$$\ell = 0,\, m = 0: \quad \frac{1}{2} = \frac{1}{2}(3s + 3t)$$

$$\ell = 2,\, m = 0: \quad \int_0^1 \int_0^{1-x} x^2 y^0 \,\mathrm{d}y\mathrm{d}x = \frac{1}{12} = \frac{1}{2} \sum_{j+k \leq 2} w_{j,k}\, x_{j,k}^2 y_{j,k}^0$$

$$= \frac{1}{2} \underbrace{(t \cdot (1/2)^2 + t \cdot (1/2)^2}_{j=1,k=0,1} + \underbrace{s \cdot 1}_{j=2,k=0}) = \frac{1}{4}t + \frac{1}{2}s$$

Lösung: $s = 0,\ t = 1/3$ ($\rightsquigarrow$ sehr effiziente Approximation aufgrund des Wegfalls von drei Summanden)

Alternative Lösung

Testen der Quadraturformel mit Lagrange-Polynomen p, die an einem Auswertungspunkt P gleich **1** und an allen anderen Punkten null sind ($\implies$ Die Summe in der Quadraturformel enthält nur das Gewicht zu P als einzigen Summanden.)
z.B. $P = (1/2, 0)$ $\rightsquigarrow$ $p(x,y) = 4x(1 - x - y)$ und

$$\int_0^1 \int_0^{1-x} 4x(1 - x - y) \,\mathrm{d}y\mathrm{d}x = \frac{1}{2} \cdot t \cdot \mathbf{1}$$

$$\implies \quad t = 1/3 \quad \checkmark$$

17.10   Integration über einen Tetraeder

Beschreiben Sie den Tetraeder T mit den Eckpunkten

$$(0,0,0),\ (1,0,0),\ (0,2,0),\ (0,0,3)$$

als Elementarbereich und integrieren Sie $f(x,y,z) = xz + y^2$ über T.

Verweise: Integrationsbereich, Mehrdimensionales Integral

Lösungsskizze

T: Schnittmenge von Halbräumen

$$x \geq 0, \quad y \geq 0, \quad z \geq 0, \quad x + y/2 + z/3 \leq 1$$

⤳   verschiedene Beschreibungen als Elementarbereich, z.B.

(E1) $0 \leq x \leq 1, \quad 0 \leq z \leq 3 - 3x, \quad 0 \leq y \leq 2 - 2x - 2z/3$

(E2) $0 \leq y \leq 2, \quad 0 \leq x \leq 1 - y/2, \quad 0 \leq z \leq 3 - 3x - 3y/2$

Vereinfachung der Rechnung durch günstige Wahl der Integrationsreihenfolge

(i) Integral von xz über T:

Darstellung (E1)   ⤳

$$I_1 = \int_0^1 \int_0^{3-3x} \int_0^{2-2x-2z/3} xz \, \mathrm{d}y\mathrm{d}z\mathrm{d}x = \int_0^1 \int_0^{3-3x} xz(2 - 2x - 2z/3) \, \mathrm{d}z\mathrm{d}x$$

Partielle Integration mit $u(z) = xz$, $v'(z) = 2 - 2x - 2z/3$ und $u(0) = 0$, $v(3-3x) = 0$

⤳

$$I_1 = \int_0^1 \int_0^{3-3x} \frac{3}{4}x(2 - 2x - 2z/3)^2 \, \mathrm{d}z\mathrm{d}x$$

$$= -\int_0^1 \left[\frac{3}{8}x(2 - 2x - 2z/3)^3\right]_{z=0}^{3-3x} \mathrm{d}x = \int_0^1 \frac{3}{8}x(2 - 2x)^3 \, \mathrm{d}x = \frac{3}{20}$$

(ii) Integral von y^2 über T:

Darstellung (E2)   ⤳

$$I_2 = \int_0^2 \int_0^{1-y/2} \int_0^{3-3x-3y/2} y^2 \, \mathrm{d}z\mathrm{d}x\mathrm{d}y$$

$$= \int_0^2 \int_0^{1-y/2} y^2(3 - 3x - 3y/2) \, \mathrm{d}x\mathrm{d}y$$

$$= -\int_0^2 \left[\frac{y^2(3 - 3x - 3y/2)^2}{6}\right]_{x=0}^{1-y/2} \mathrm{d}y = \int_0^2 \frac{y^2(3 - 3y/2)^2}{6} \, \mathrm{d}y = \frac{2}{5}$$

Summe der Integrale

$$\iiint\limits_T xz + y^2 \, \mathrm{d}x\mathrm{d}y\mathrm{d}z = I_1 + I_2 = \frac{3}{20} + \frac{2}{5} = \frac{11}{20}$$

17.11   Volumen eines Polyeders

Bestimmen Sie die Volumina der Teilkörper, die durch Schnitt der Ebene $E:\ x + 2y + 2z = 3$ mit dem Einheitswürfel $[0,1]^3$ entstehen.

Verweise: Integrationsbereich, Mehrdimensionales Integral

Lösungsskizze

(i) Skizze:

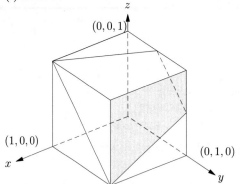

Kantenschnitte
$(1,1,0),\ (0,1/2,1)$
$(1,0,1),\ (0,1,1/2)$

(ii) Darstellung als Elementarbereich:

P: Polyeder, der den Ursprung nicht enthält

Grundfläche (grau) in $[0,1] \times \{1\} \times [0,1]$

$$G:\quad 0 \le x \le 1, \quad y = 1, \quad \frac{1-x}{2} \le z \le 1$$

Höhe des Polyeders über G

$$h(x,z) = 1 - \underbrace{\frac{3-x-2z}{2}}_{\substack{y\text{-Koordinate des}\\ \text{Punktes auf } E}} = -\frac{1}{2} + \frac{x}{2} + z$$

(iii) Volumina:

$$\begin{aligned}
\operatorname{vol} P &= \int_0^1 \int_{(1-x)/2}^1 -\frac{1}{2} + \frac{x}{2} + z \, \mathrm{d}z\mathrm{d}x \\
&= \int_0^1 \left[\left(-\frac{1}{2} + \frac{x}{2}\right) z + \frac{z^2}{2} \right]_{z=(1-x)/2}^1 \mathrm{d}x \\
&= \int_0^1 \left(-\frac{1}{2} + \frac{x}{2}\right)\left(1 - \frac{1-x}{2}\right) + \frac{1}{2} - \frac{(1-x)^2}{8} \, \mathrm{d}x \\
&= \int_0^1 \frac{1}{8} + \frac{x}{4} + \frac{x^2}{8} \, \mathrm{d}x = \frac{7}{24}
\end{aligned}$$

Volumen des komplementären Teilkörpers $[0,1]^3 \backslash P$: $1 - 7/24 = 17/24$

17.12 Darstellung und Volumen eines Schnittkörpers ⋆

Beschreiben Sie die Schnittmenge dreier parabolischer Zylinder,

$$D: \quad x^2 \le y, \quad y^2 \le z, \quad z^2 \le x$$

als Elementarbereich und bestimmen Sie das Volumen. Fertigen Sie eine Skizze an.

Verweise: Integrationsbereich, Mehrdimensionales Integral

Lösungsskizze

(i) Elementarbereich:

$x, y, z \ge 0 \quad \rightsquigarrow$

$$x \le y^{1/2} \le z^{1/4} \le x^{1/8}$$

$0 \le x \le x^{1/8} \quad \Longrightarrow \quad x \le 1$ und

$$D: \quad 0 \le x \le 1, \quad x^2 \le y \le x^{1/4}, \quad y^2 \le z \le x^{1/2}$$

(ii) Skizze:

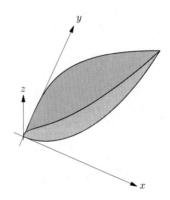

je 2 Randflächen $\quad \rightsquigarrow \quad$ Kanten C
z.B.: $y = x^2 \wedge z = y^2 \quad \rightsquigarrow$
$\quad C: t \mapsto (t, t^2, t^4), 0 \le t \le 1$
analog weitere Kanten:
$\quad t \mapsto (t^4, t, t^2), \, t \mapsto (t^2, t^4, t)$

(iii) Volumen:

$$\text{vol}\, D = \int_0^1 \int_{x^2}^{x^{1/4}} \int_{y^2}^{x^{1/2}} 1 \, \mathrm{d}z \mathrm{d}y \mathrm{d}x$$

$$= \int_0^1 \int_{x^2}^{x^{1/4}} x^{1/2} - y^2 \, \mathrm{d}y \mathrm{d}x$$

$$= \int_0^1 x^{1/2}(x^{1/4} - x^2) - \frac{1}{3}(x^{3/4} - x^6) \, \mathrm{d}x$$

Vereinfachung des Integranden $\quad \rightsquigarrow$

$$\int_0^1 \frac{2}{3}x^{3/4} - x^{5/2} + \frac{1}{3}x^6 \, \mathrm{d}x = \frac{2}{3}\frac{4}{7} - \frac{2}{7} + \frac{1}{3}\frac{1}{7} = \frac{1}{7}$$

17.13   Volumina von Rohranschlussstücken

Bestimmen Sie die Volumina der abgebildeten Körper, die durch Vereinigung von
zwei bzw. drei achsenparallelen Zylindern
mit Radius 1 und Höhe 4 entstehen.

Verweise: Integrationsbereich, Satz von Fubini

Lösungsskizze

(i) Zwei Zylinder mit Achsen in x- und y-Richtung:

$$Z_x : y^2 + z^2 \leq 1, \, |x| \leq 2, \quad Z_y : x^2 + z^2 \leq 1, \, |y| \leq 2$$

Berechnung des Volumens der Vereinigungsmenge mit Hilfe des Volumens des
Durchschnitts:

(1) $\operatorname{vol}(Z_x \cup Z_y) = \operatorname{vol} Z_x + \operatorname{vol} Z_y - \operatorname{vol} Z_{xy}, \quad Z_{xy} = Z_x \cap Z_y$

(Abziehen von $\operatorname{vol} Z_{xy}$, da dieses Volumen in beiden ersten Summanden enthalten
ist, also dort doppelt berücksichtigt wird)

Darstellung des Durchschnitts

$$Z_{xy} : y^2 + z^2 \leq 1, \, x^2 + z^2 \leq 1$$

(Die Ungleichungen $|x| \leq 2$ und $|y| \leq 2$ müssen nicht berücksichtigt werden, da sie
keine weitere Einschränkung bedeuten.) als Elementarbereich:

$$Z_{xy} : -1 \leq z \leq 1, \, -\sqrt{1-z^2} \leq y \leq \sqrt{1-z^2}, \, -\sqrt{1-z^2} \leq x \leq \sqrt{1-z^2}$$

⤳   Dreifachintegral für das Volumen

$$
\begin{aligned}
\operatorname{vol} Z_{xy} &= \int_{-1}^{1} \int_{-\sqrt{1-z^2}}^{\sqrt{1-z^2}} \int_{-\sqrt{1-z^2}}^{\sqrt{1-z^2}} 1 \, \mathrm{d}x\mathrm{d}y\mathrm{d}z \\
&= \int_{-1}^{1} (2\sqrt{1-z^2})(2\sqrt{1-z^2}) \, \mathrm{d}z = \int_{-1}^{1} 4 - 4z^2 \, \mathrm{d}z \\
&= \left[4z - \frac{4}{3}z^3 \right]_{z=-1}^{z=1} = \left(4 - \frac{4}{3} \right) - \left(-4 + \frac{4}{3} \right) = \frac{16}{3}
\end{aligned}
$$

Einsetzen von $\operatorname{vol} Z_x = \operatorname{vol} Z_y = \pi r^2 h = 4\pi$ und $\operatorname{vol} Z_{xy} = 16/3$ in (1)   ⤳

$$\operatorname{vol}(Z_x \cup Z_y) = 4\pi + 4\pi - 16/3 = 8\pi - 16/3 \approx 19.7994$$

(ii) Drei Zylinder mit Achsen in x-, y- und z-Richtung:

$$Z_x : y^2 + z^2 \leq 1, \, |x| \leq 2, \, Z_y : x^2 + z^2 \leq 1, \, |y| \leq 2, \, Z_z : x^2 + y^2 \leq 1, \, |z| \leq 2$$

Berechnung des Volumens der Vereinigungsmenge analog zu (i) mit Hilfe der Volumina von Durchschnitten:

$$V = \text{vol}(Z_x \cup Z_y \cup Z_z) = (\text{vol}\, Z_x + \text{vol}\, Z_y + \text{vol}\, Z_z) -$$
$$(\text{vol}\, Z_{xy} + \text{vol}\, Z_{yz} + \text{vol}\, Z_{zx}) + \text{vol}\, Z_{xyz}, \quad Z_{xyz} = Z_x \cap Z_y \cap Z_z$$

Begründung dieser Identität mit Hilfe eines Venn-Diagramms:

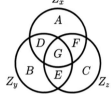

$$Z_x \,\hat{=}\, A \cup D \cup G \cup F, \; Z_{xy} \,\hat{=}\, D \cup G, \; Z_{xyz} \,\hat{=}\, G, \quad \dots$$

Aufspaltung der Volumina $(\text{vol}\, Z_{xy} \,\hat{=}\, \text{vol}\, D + \text{vol}\, G, \text{ etc.})$
$\implies$ Gesamtfaktor 1 für jedes Teilvolumen   ✓
bereits in (i) berechnet:

$$\text{vol}\, Z_x = \text{vol}\, Z_y = \text{vol}\, Z_z = 4\pi, \quad \text{vol}\, Z_{xy} = \text{vol}\, Z_{yz} = \text{vol}\, Z_{zx} = 16/3$$

Symmetrie $\implies$ betrachte den in der rechten Hälfte des ersten Oktanten, $H: x, y, z \geq 0, \, y \leq x$, enthaltenen Teil D von Z_{xyz} (1/16 des Volumens von Z_{xyz})

$$D = H \cap Z_{xyz} : y^2 + z^2 \leq 1, \; z^2 + x^2 \leq 1, \; x^2 + y^2 \leq 1, \quad x, y, z \geq 0, \, y \leq x$$

vereinfachte Beschreibung ($y^2 + z^2 \leq 1$ redundant wegen $y \leq x$ und $x^2 + z^2 \leq 1$)

$$D : 0 \leq x \leq 1, \, 0 \leq y \leq \min(x, \sqrt{1-x^2}), \, 0 \leq z \leq \sqrt{1-x^2}$$

⤳   Dreifachintegral für das Volumen des Durchschnitts

$$\text{vol}\, D = \int_0^1 \int_0^{\min(x,\sqrt{1-x^2})} \int_0^{\sqrt{1-x^2}} 1 \, dz\,dy\,dx$$

$\min(x, \sqrt{1-x^2}) = x$ für $0 \leq x \leq 1/\sqrt{2}$ und $= \sqrt{1-x^2}$ für $1/\sqrt{2} \leq x \leq 1$ ⤳

$$\text{vol}\, D = \int_0^{1/\sqrt{2}} \int_0^x \sqrt{1-x^2} \, dy\,dx + \int_{1/\sqrt{2}}^1 \int_0^{\sqrt{1-x^2}} \sqrt{1-x^2} \, dy\,dx$$

$$= \int_0^{1/\sqrt{2}} x\sqrt{1-x^2} \, dx + \int_{1/\sqrt{2}}^1 (1-x^2) \, dx$$

$$= \left[-\frac{1}{3}(1-x^2)^{3/2} \right]_{x=0}^{x=1/\sqrt{2}} + \left[x - \frac{1}{3}x^3 \right]_{x=1/\sqrt{2}}^{x=1}$$

$$= 1 - 1/\sqrt{2}$$

Einsetzen in den Ausdruck für V ⤳

$$V = 3 \cdot (4\pi) - 3 \cdot (16/3) + 16 \cdot \underbrace{(1 - 1/\sqrt{2})}_{\text{vol}\, Z_{xyz}/16} = 12\pi - 8\sqrt{2} \approx 26.3854$$

18 Transformationssatz

Übersicht

© Springer-Verlag GmbH Deutschland, ein Teil von Springer Nature 2023

K. Höllig und J. Hörner, *Aufgaben und Lösungen zur Höheren Mathematik 2*,

https://doi.org/10.1007/978-3-662-67512-0_19

18.1 Integration über Parallelogramme

Integrieren Sie $f(x, y) = xy$
über die abgebildeten Parallelo-
gramme.

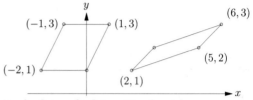

Verweise: Transformation mehrdimensionaler Integrale, Integrationsbereich

Lösungsskizze

(i) Linkes Parallelogramm P_1:

Unterteilung in 3 Elementarbereiche

$D_1 :$ $-2 \leq x \leq -1,\ 1 \leq y \leq 5 + 2x$

$D_2 :$ $[-1, 0] \times [1, 3]$

$D_3 :$ $0 \leq x \leq 1,\ 1 + 2x \leq y \leq 3$

$\rightsquigarrow$ 3 Teilintegrale

$$
\begin{aligned}
I_1 &= \int_{-2}^{-1} \int_{1}^{5+2x} xy\, \mathrm{d}y\mathrm{d}x = \int_{-2}^{-1} x\left[y^2/2\right]_1^{5+2x} \mathrm{d}x \\
&= \int_{-2}^{-1} x(5+2x)^2/2 - x/2\, \mathrm{d}x = \int_{-2}^{-1} 2x^3 + 10x^2 + 12x\, \mathrm{d}x = -\frac{13}{6}
\end{aligned}
$$

$$
I_2 = \int_{-1}^{0} \int_{1}^{3} xy\, \mathrm{d}y\mathrm{d}x = \int_{-1}^{0} 4x\, \mathrm{d}x = -2
$$

$$
I_3 = \int_{0}^{1} \int_{1+2x}^{3} xy\, \mathrm{d}y\mathrm{d}x = \int_{0}^{1} \frac{9}{2}x - \frac{(1+2x)^2}{2} x\, \mathrm{d}x = \frac{5}{6}
$$

gesamtes Integral: $I_1 + I_2 + I_3 = -\frac{13}{6} - 2 + \frac{5}{6} = -\frac{10}{3}$

(ii) Rechtes Parallelogramm P_2:

Bild des Einheitsquadrates $Q = [0, 1]^2$ unter der linearen Abbildung

$$
\Phi : \begin{pmatrix} s \\ t \end{pmatrix} \mapsto \begin{pmatrix} x \\ y \end{pmatrix} = \begin{pmatrix} 2 \\ 1 \end{pmatrix} + \underbrace{\begin{pmatrix} 3 & 1 \\ 1 & 1 \end{pmatrix}}_{A} \begin{pmatrix} s \\ t \end{pmatrix}
$$

Transformationssatz für mehrdimensionale Integrale $\iint_{P_2} f\, \mathrm{d}P_2 = \iint_{Q} f{\circ}\Phi\, |\det \Phi'|\, \mathrm{d}Q$,
Flächenelement $|\det \Phi'| = |\det A| = 2$ $\rightsquigarrow$

$$
\int_{0}^{1} \int_{0}^{1} \underbrace{(2 + 3s + t)(1 + s + t)}_{xy} \cdot 2\, \mathrm{d}s\mathrm{d}t
$$

$$
= \int_{0}^{1} \int_{0}^{1} 4 + 10s + 6t + 6s^2 + 8st + 2t^2\, \mathrm{d}s\mathrm{d}t
$$

$$
= \int_{0}^{1} 4 + 5 + 6t + 2 + 4t + 2t^2\, \mathrm{d}t = \frac{50}{3}
$$

18.2 Integral einer quadratischen Funktion über ein Dreieck

Integrieren Sie die Funktion $f(x,y) = xy$ über das Dreieck mit den Eckpunkten $(1,4)$, $(3,2)$, $(-1,0)$.

Verweise: Transformation mehrdimensionaler Integrale, Simplex

Lösungsskizze

(i) Parametrisierung des Dreiecks:

$$D: \begin{pmatrix} x \\ y \end{pmatrix} = s \begin{pmatrix} 1 \\ 4 \end{pmatrix} + t \begin{pmatrix} 3 \\ 2 \end{pmatrix} + (1-s-t) \begin{pmatrix} -1 \\ 0 \end{pmatrix} = \begin{pmatrix} 2s + 4t - 1 \\ 4s + 2t \end{pmatrix}$$

mit $(s,t) \in \Delta : 0 \leq s \leq 1, 0 \leq t \leq 1-s$

Jacobi-Matrix und Funktionaldeterminante von $\Phi : \Delta \to D, \quad (s,t) \mapsto (x,y)$

$$J\Phi = \begin{pmatrix} \Phi_s & \Phi_t \end{pmatrix} = \begin{pmatrix} 2 & 4 \\ 4 & 2 \end{pmatrix}, \quad \det(J\Phi) = -12$$

(ii) Integration mit Hilfe des Transformationssatzes:

$\iint_D f \, dxdy = \iint_\Delta f \circ \Phi \, |\det J\Phi| \, dsdt \quad \rightsquigarrow$

$$\int_0^1 \int_0^{1-s} \underbrace{(2s+4t-1)(4s+2t)}_{xy} \cdot 12 \, dtds$$

$$= \int_0^1 \int_0^{1-s} (96s^2 - 48s) + (240s - 24)t + 96t^2 \, dtds$$

$$= \int_0^1 (96s^2 - 48s)(1-s) + (120s - 12)(1-s)^2 + 32(1-s)^3 \, ds$$

Vereinfachung des Integranden $\quad \rightsquigarrow$

$$\int_0^1 20 - 12s^2 - 8s^3 \, ds = 20 - 4 - 2 = 14$$

Alternative Lösung

Verwendung der für quadratische Funktionen exakten Quadraturformel

$$\iint_D f = \frac{\text{area } D}{3} \sum_k f(x_k, y_k)$$

mit (x_k, y_k) den Mittelpunkten der Dreieckskanten

Einsetzen $\quad \rightsquigarrow$

$$\frac{12/2}{3} (f(2,3) + f(1,1) + f(0,2)) = 2(2 \cdot 3 + 1 \cdot 1 + 0 \cdot 2) = 14 \quad \checkmark$$

18.3   Transformationssatz für ein Gebiet in Polarkoordinaten

Integrieren Sie die Funktion $f(x,y) = x^2 + y^2$ über das durch die Kardioide

$$C: \quad \varphi \mapsto (1 + \cos \varphi)(\cos \varphi, \sin \varphi), \quad |\varphi| \leq \pi,$$

begrenzte Gebiet.

Verweise: Transformation mehrdimensionaler Integrale

Lösungsskizze

(i) Parametrisierung des Integrationsgebietes in Polarkoordinaten:

$$D: \quad (x,y) = r(1+C)(C,S), \quad (r,\varphi) \in R = [0,1] \times [-\pi, \pi]$$

mit $C = \cos \varphi$, $S = \sin \varphi$

Jacobi-Matrix und Funktionaldeterminante der Transformation $\Phi : (r,\varphi) \mapsto (x,y)$

$$J\Phi = \begin{pmatrix} (1+C)C & r(-S)C - r(1+C)S \\ (1+C)S & r(-S)S + r(1+C)C \end{pmatrix}$$

$$\det J\Phi = r(1+C)(-S) \begin{vmatrix} C & C \\ S & S \end{vmatrix} + r(1+C)^2 \begin{vmatrix} C & -S \\ S & C \end{vmatrix} = r(1+C)^2$$

(ii) Integration mit Hilfe des Transformationssatzes:

$\iint\limits_{D} f \, \mathrm{d}x\mathrm{d}y = \iint\limits_{R} f \circ \Phi \, |\det J\Phi| \, \mathrm{d}r\mathrm{d}\varphi \quad \rightsquigarrow$

$$\int_{-\pi}^{\pi} \int_{0}^{1} \left[(r(1+C)C)^2 + (r(1+C)S)^2 \right] \left| r(1+C)^2 \right| \, \mathrm{d}r\mathrm{d}\varphi$$

$$= \int_{-\pi}^{\pi} \int_{0}^{1} r^3 (1+C)^4 \, \mathrm{d}r\mathrm{d}\varphi$$

$[\ldots] = x^2 + y^2 = f(x,y)$

Produktform des Integrals $\rightsquigarrow$ separate Integration über r und φ

$$I_r = \int_{0}^{1} r^3 \, \mathrm{d}r = \frac{1}{4}$$

$$I_\varphi = \int_{-\pi}^{\pi} (1 + \cos \varphi)^4 \, \mathrm{d}\varphi$$

$$= \int_{-\pi}^{\pi} (1 + 4\cos \varphi + 6(\cos \varphi)^2 + 4(\cos \varphi)^3 + (\cos \varphi)^4 \, \mathrm{d}\varphi$$

$$= 2\pi + 0 + 6\pi + 0 + 3\pi/4 = \frac{35}{4}\pi$$

$\rightsquigarrow \quad \iint\limits_{D} f \, \mathrm{d}x\mathrm{d}y = I_r \cdot I_\varphi = \frac{35}{16}\pi$

18.4 Integral einer linearen Funktion über einen Spat

Berechnen Sie das Integral der linearen Funktion $f(x) = -2x_1 + 4x_2 + x_3 - 3$ über den von den Vektoren

$$u = (0, -2, 1)^{\mathrm{t}}, \quad v = (3, 4, -4)^{\mathrm{t}}, \quad w = (1, -2, 1)^{\mathrm{t}}$$

aufgespannten und um $p = (-2, 1, -1)$ verschobenen Spat.

Verweise: Transformation mehrdimensionaler Integrale, Parallelepiped

Lösungsskizze

Parametrisierung des Spats D als Bild des Einheitswürfels $[0, 1]^3$ unter einer affinen Abbildung S

$$
\begin{aligned}
y \mapsto x \;=\; & S(y) = u y_1 + v y_2 + w y_3 + p \\
= \; & \underbrace{(u, v, w)}_{A}\, y + p
\end{aligned}
$$

mit $0 \le y_k \le 1$

Transformationssatz für Mehrfachintegrale $\;\rightsquigarrow$

$$\iiint_D (b^{\mathrm{t}} x + c)\, \mathrm{d}x = \int_0^1 \int_0^1 \int_0^1 \underbrace{\left(b^{\mathrm{t}}(Ay + p) + c\right)}_{(b^{\mathrm{t}}A)y + (b^{\mathrm{t}}p + c)} |\det A|\, \mathrm{d}y_3 \mathrm{d}y_2 \mathrm{d}y_1$$

mit $A = (\mathrm{J}\, S)(y)$ der Jacobi-Matrix der affinen Abbildung S

Einsetzen von

$$A = \begin{pmatrix} 0 & 3 & 1 \\ -2 & 4 & -2 \\ 1 & -4 & 1 \end{pmatrix}, \quad p = \begin{pmatrix} -2 \\ 1 \\ -1 \end{pmatrix}, \quad b = \begin{pmatrix} -2 \\ 4 \\ 1 \end{pmatrix}, \quad c = -3$$

$\rightsquigarrow \quad \det A = 0 - 6 + 8 - 0 + 6 - 4 = 4$ und

$$b^{\mathrm{t}} A = (-7, 6, -9), \quad b^{\mathrm{t}} p + c = 7 - 3 = 4$$

transformiertes Integral

$$I = \int_0^1 \int_0^1 \int_0^1 (-7y_1 + 6y_2 - 9y_3 + 4) \cdot 4\, \mathrm{d}y_3 \mathrm{d}y_2 \mathrm{d}y_1$$

$\int_0^1 \int_0^1 \int_0^1 y_k\, \mathrm{d}y_3 \mathrm{d}y_2 \mathrm{d}y_1 = \int_0^1 y_k\, \mathrm{d}y_k = 1/2$ für $k = 1, 2, 3 \quad \rightsquigarrow$

$$I = (-7/2 + 6/2 - 9/2) \cdot 4 + 4 \cdot 4 = -5 \cdot 4 + 4 \cdot 4 = -4$$

18.5   Integration eines Polynoms über einen polynomial parametrisierten ebenen Bereich

Skizzieren Sie das Bild D von $[0,1]^2$ unter der Abbildung

$$\Phi : \begin{pmatrix} u \\ v \end{pmatrix} \mapsto \begin{pmatrix} x \\ y \end{pmatrix} = \begin{pmatrix} u - v^2 \\ v + 2u \end{pmatrix}$$

und integrieren Sie $f(x,y) = x + y^2$ über D.

Verweise: Transformation mehrdimensionaler Integrale, Totale Ableitung und Jacobi-Matrix

Lösungsskizze

(i) Integrationsbereich:
Bilder der Randsegmente des Einheitsquadrates
$[0,1]^2$

$$(u,0) \rightarrow (u, 2u)$$
$$(1,v) \rightarrow (1 - v^2, v + 2)$$
$$(u,1) \rightarrow (u - 1, 1 + 2u)$$
$$(0,v) \rightarrow (-v^2, v)$$

mit $u,v \in [0,1]$
$\implies$ $D = \Phi([0,1]^2)$ berandet durch Geraden-
und Parabelsegmente

(ii) Integral:
Transformationssatz

$$\iint\limits_{D} f(x,y)\,\mathrm{d}x\mathrm{d}y = \iint\limits_{[0,1]^2} f(x(u,v), y(u,v))\,|\det \mathrm{J}\,\Phi(u,v)|\,\mathrm{d}u\mathrm{d}v$$

Funktion $f(x(u,v), y(u,v))$

$$x(u,v) + y(u,v)^2 = (u - v^2) + (v + 2u)^2 = u + 4uv + 4u^2$$

Jacobi-Matrix und Determinante

$$\mathrm{J}\,\Phi(u,v) = \begin{pmatrix} 1 & -2v \\ 2 & 1 \end{pmatrix}, \quad \det \mathrm{J}\,\Phi(u,v) = 1 + 4v \geq 0 \text{ in } [0,1]^2$$

$\rightsquigarrow$ Integral

$$I = \iint\limits_{[0,1]^2} (u + 4uv + 4u^2)(1 + 4v)\,\mathrm{d}u\mathrm{d}v$$

$$= \int_0^1 \int_0^1 u + 4uv + 4u^2 + 4uv + 16uv^2 + 16u^2v\,\mathrm{d}u\mathrm{d}v$$

$\int_0^1 \int_0^1 u^m v^n\,\mathrm{d}u\mathrm{d}v = (m+1)^{-1}(n+1)^{-1}$ $\implies$

$$I = \frac{1}{2} + 1 + \frac{4}{3} + 1 + \frac{8}{3} + \frac{8}{3} = \frac{55}{6}$$

18.6 Volumen verschiedener Tori ⋆

Die abgebildeten Körper entstehen aus dem Torus

$$T: \begin{pmatrix} \varphi \\ \varrho \\ \vartheta \end{pmatrix} \mapsto p(\varphi, \varrho, \vartheta) = R \begin{pmatrix} \cos\varphi \\ \sin\varphi \\ 0 \end{pmatrix} + \varrho\cos\vartheta \begin{pmatrix} \cos\varphi \\ \sin\varphi \\ 0 \end{pmatrix} + \varrho\sin\vartheta \begin{pmatrix} 0 \\ 0 \\ 1 \end{pmatrix},$$

$0 \le \varrho \le r$, $0 \le \varphi, \vartheta \le 2\pi$, durch Variieren der Radien R und r.

$$R = R_0 + a\sin(n\varphi),\ r = r_0 \qquad\qquad R = R_0,\ r = r_0 + a\sin(n\varphi)$$

Berechnen Sie die Volumen der beiden Körper in Abhängigkeit von den Parametern $a > 0$, $n \in \mathbb{N}$ mit $R_0 - a - r_0 > 0$ (Vermeidung von Überschneidungen).

Verweise: Transformationssatz, Eigenschaften von Determinanten

Lösungsskizze

Berechnung der Volumen mit dem Transformationssatz:

$$\text{vol}\,T = \iiint\limits_D |\det(\mathrm{J}\,p)|\,\mathrm{d}D$$

mit $p: D \mapsto T$ einer Parametrisierung des Torus und J der Jacobi-Matrix

(i) Volumenelement für eine Parametrisierung eines Torus mit variablen Radien:

$$\begin{pmatrix} \varphi \\ \varrho \\ \vartheta \end{pmatrix} \mapsto p(\varphi, \varrho, \vartheta) = R(\varphi) \begin{pmatrix} c \\ s \\ 0 \end{pmatrix} + \varrho C \begin{pmatrix} c \\ s \\ 0 \end{pmatrix} + \varrho S \begin{pmatrix} 0 \\ 0 \\ 1 \end{pmatrix}$$

mit $c = \cos\varphi$, $s = \sin\varphi$, $C = \cos\vartheta$, $S = \sin\vartheta$

partielle Ableitungen

$$p_\varphi = \underbrace{R' \begin{pmatrix} c \\ s \\ 0 \end{pmatrix}}_{a} + \underbrace{R \begin{pmatrix} -s \\ c \\ 0 \end{pmatrix} + \varrho C \begin{pmatrix} -s \\ c \\ 0 \end{pmatrix}}_{b}$$

$$p_\varrho = C \begin{pmatrix} c \\ s \\ 0 \end{pmatrix} + S \begin{pmatrix} 0 \\ 0 \\ 1 \end{pmatrix}, \qquad p_\vartheta = -\varrho S \begin{pmatrix} c \\ s \\ 0 \end{pmatrix} + \varrho C \begin{pmatrix} 0 \\ 0 \\ 1 \end{pmatrix}$$

$a, p_\varrho, p_\vartheta$ koplanar, enthalten in der von $(c, s, 0)^t$ und $(0, 0, 1)^t$ aufgespannten Ebene
$\Longrightarrow$

$$\det(Jp) = \det(\underbrace{a + b}_{p_\varphi}, p_\varrho, p_\vartheta) = \underbrace{\det(a, p_\varrho, p_\vartheta)}_{=0} + \det(b, p_\varrho, p_\vartheta) = \det(b, p_\varrho, p_\vartheta)$$

$b \perp p_\varrho$, $b \perp p_\vartheta$ und wegen

$$p_\varrho^t p_\vartheta = C(-\varrho S)(c^2 + s^2) + S(\varrho C) = 0$$

ebenfalls $p_\varrho \perp p_\vartheta \quad \Longrightarrow$

$$|\det(J\,p)| = |b|\,|p_\varrho|\,|p_\vartheta| = (R + \varrho C) \cdot 1 \cdot \varrho$$

$\leadsto$ Volumenelement $\big(R(\varphi)\varrho + \cos\vartheta\varrho^2\big)\,\mathrm{d}\varphi\mathrm{d}\varrho\mathrm{d}\vartheta$

(ii) Torus T_R mit variablem Radius $R(\varphi) = R_0 + a\sin(n\varphi)$ und konstantem Radius $r = r_0$:

$$\mathrm{vol}\,T_R = \int_0^{2\pi} \int_0^{2\pi} \int_0^{r_0} (R_0 + a\sin(n\varphi))\varrho + \cos\vartheta\varrho^2\,\mathrm{d}\varrho\mathrm{d}\vartheta\mathrm{d}\varphi$$

$\int_0^{2\pi} \cos(\vartheta)\,\mathrm{d}\vartheta = 0$, $\int_0^{2\pi} \sin(n\varphi)\,\mathrm{d}\varphi = 0$ und Vertauschung der Integrationsreihenfolgen für den zweiten und dritten Summanden $\quad\Longrightarrow$

$$\mathrm{vol}\,T_R = \int_0^{2\pi} \int_0^{2\pi} \int_0^{r_0} R_0\varrho\,\mathrm{d}\varrho\mathrm{d}\vartheta\mathrm{d}\varphi = \int_0^{2\pi} \int_0^{2\pi} R_0 r_0^2/2\,\mathrm{d}\vartheta\mathrm{d}\varphi$$
$$= (2\pi)(2\pi)R_0 r_0^2/2 = 2\pi^2 R_0 r_0^2$$

Übereinstimmung mit dem Volumen des Torus mit konstanten Radien $R = R_0$ und $r = r_0$

(iii) Torus T_r mit konstantem Radius $R = R_0$ und variablem Radius $r(\varphi) = r_0 + a\sin(n\varphi)$:

$$\mathrm{vol}\,T_r = \int_0^{2\pi} \int_0^{2\pi} \int_0^{r_0 + a\sin(n\varphi)} R_0\varrho + \cos\vartheta\varrho^2\,\mathrm{d}\varrho\mathrm{d}\vartheta\mathrm{d}\varphi$$
$$= \int_0^{2\pi} \int_0^{2\pi} \frac{R_0}{2}(r_0 + a\sin(n\varphi))^2 + \frac{\cos\vartheta}{3}(r_0 + a\sin(n\varphi))^3\,\mathrm{d}\vartheta\mathrm{d}\varphi$$

$\int_0^{2\pi} \cos\vartheta\,\mathrm{d}\vartheta = 0$, $\int_0^{2\pi} \sin(n\varphi)\,\mathrm{d}\varphi = 0 \quad \leadsto$

$$\mathrm{vol}\,T_r = \int_0^{2\pi} \pi R_0(r_0 + a\sin(n\varphi))^2\,\mathrm{d}\varphi = \pi^2 R_0(2r_0^2 + a^2)$$

19 Kurven- und Flächenintegrale

Übersicht

© Springer-Verlag GmbH Deutschland, ein Teil von Springer Nature 2023
K. Höllig und J. Hörner, *Aufgaben und Lösungen zur Höheren Mathematik 2*,
https://doi.org/10.1007/978-3-662-67512-0_20

19.1 Länge einer spiralförmigen Kurve und Kurvenintegral

Bestimmen Sie die Länge der Kurve

$$C : e^t(\cos t, \sin t), \quad t \in [0, 2\pi],$$

und integrieren Sie die Funktion $f(x, y) = xy$ über C.

Verweise: Länge einer Kurve, Kurvenintegral

Lösungsskizze

(i) Kurvenelement:

Parametrisierung und Tangentenvektor

$$p(t) = e^t(\cos t, \sin t), \quad p'(t) = e^t (\cos t - \sin t, \sin t + \cos t)$$

⤳   Kurvenelement

$$dC = |p'(t)|\, dt = e^t \sqrt{(\cos t - \sin t)^2 + (\sin t + \cos t)^2}\, dt = e^t \sqrt{2}\, dt$$

$(\cos^2 t + \sin^2 t = 1)$

(ii) Länge:

$$
\begin{aligned}
L &= \int_C dC = \int_0^{2\pi} e^t \sqrt{2}\, dt \\
  &= \sqrt{2} \left[e^t \right]_0^{2\pi} = \sqrt{2}\left(e^{2\pi} - 1 \right) \approx 755.8853
\end{aligned}
$$

(iii) Integral:

$$I = \int_C f\, dC = \int f(x(t), y(t))\, |p'(t)|\, dt = \int_0^{2\pi} \underbrace{e^t \cos t\, e^t \sin t}_{f(x,y)}\, \sqrt{2} e^t\, dt$$

Additionstheorem, zweimalige partielle Integration   ⤳

$$
\begin{aligned}
I &= \frac{\sqrt{2}}{2} \int_0^{2\pi} e^{3t} \sin(2t)\, dt \\
  &= \frac{\sqrt{2}}{2} \left(\left[-e^{3t} \frac{1}{2} \cos(2t) \right]_0^{2\pi} + \frac{3}{2} \int_0^{2\pi} e^{3t} \cos(2t)\, dt \right) \\
  &= \frac{\sqrt{2}}{2} \left(\left\{ \frac{1}{2} - \frac{1}{2} e^{6\pi} \right\} - \frac{9}{4} \int_0^{2\pi} e^{3t} \sin(2t)\, dt \right)
\end{aligned}
$$

⤳

$$I = \frac{\sqrt{2}}{2}\{\ldots\} - \frac{9}{4} I \quad \Leftrightarrow \quad I = \frac{\sqrt{2}}{13}\left(1 - e^{6\pi}\right) \approx -1.6704 \cdot 10^7$$

19.2 Parametrisierung und Länge einer Hypozykloide

Geben Sie eine Parametrisierung für die abgebildete Hypozykloide an, die durch Abrollen eines Kreises (3 Umdrehungen) auf der Innenseite eines Kreises mit Radius 1 entsteht, und berechnen Sie die Länge der Kurve.

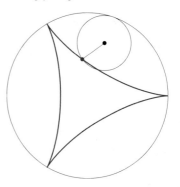

Verweise: Länge einer Kurve

Lösungsskizze

(i) Parametrisierung:

3 Umdrehungen $\rightsquigarrow$ $2\pi = 3 \cdot (2\pi r)$ $\Leftrightarrow$ $r = 1/3$

Position des Mittelpunktes des kleinen Kreises

$$(1-r)(\cos t, \sin t) = \frac{2}{3}(\cos t, \sin t), \quad 0 \le t \le 2\pi$$

Drehwinkel (rückwärts) des abrollenden Kreises $t/r = 3t$, korrigiert um die Drehung (vorwärts) der Konfiguration um t $\rightsquigarrow$ Parametrisierung

$$
\begin{aligned}
(x(t),\, y(t)) &= \frac{2}{3}\left(\cos t,\, \sin t\right) + \frac{1}{3}\left(\cos(t - 3t),\, \sin(t - 3t)\right) \\
&= \frac{1}{3}\left(2\cos t + \cos(2t),\, 2\sin t - \sin(2t)\right)
\end{aligned}
$$

(ii) Länge:

$$L = \int_0^{2\pi} \sqrt{(x'(t))^2 + (y'(t))^2}\, \mathrm{d}t$$

Tangentenvektor

$$(x'(t),\, y'(t)) = \frac{2}{3}\left(-\sin t - \sin(2t),\, \cos t - \cos(2t)\right)$$

$\sin^2 + \cos^2 = 1$ und Additionstheorem $\rightsquigarrow$ Integrand

$$\frac{2}{3}\sqrt{2 + 2\sin t \sin(2t) - 2\cos t \cos(2t)} = \frac{2}{3}\sqrt{2 - 2\cos(3t)}$$

$2 - 2\cos(3t) = 4\sin^2(3t/2)$, 3 gleichlange Kurvenstücke $\rightsquigarrow$

$$L = 3 \cdot \frac{2}{3} \int_0^{2\pi/3} 2\sin(3t/2)\, \mathrm{d}t = 4\left[-\frac{2}{3}\cos(3t/2)\right]_0^{2\pi/3} = \frac{16}{3}$$

19.3   Berechnung von Flächenelementen

Bestimmen Sie $\mathrm{d}S$ für die folgenden Parametrisierungen $(u, v) \mapsto p(u, v)$ einer Fläche S.

$$\text{a)} \quad p(u, v) = \begin{pmatrix} \cos u \\ \sin u \\ u + v \end{pmatrix} \qquad \text{b)} \quad p(u, v) = \begin{pmatrix} v \cos u \\ v \sin u \\ u \end{pmatrix}$$

Verweise: Flächenintegral

Lösungsskizze

alternative Berechnungsmöglichkeiten für das Flächenelement basierend auf einer Identität für das Vektorprodukt

$$\mathrm{d}S = |p_u \times p_v| \, \mathrm{d}u\mathrm{d}v = \sqrt{|p_u|^2 |p_v|^2 - |p_u \cdot p_v|^2} \, \mathrm{d}u\mathrm{d}v$$

a) $p(u, v) = (\cos u, \sin u, u + v)^{\mathrm{t}}$:

$$p_u = \begin{pmatrix} -\sin u \\ \cos u \\ 1 \end{pmatrix}, \quad p_v = \begin{pmatrix} 0 \\ 0 \\ 1 \end{pmatrix}$$

$\rightsquigarrow \quad p_u \times p_v = (\cos u, \sin u, 0)^{\mathrm{t}}$ und $|p_u \times p_v| = \sqrt{\cos^2 u + \sin^2 u} = 1$

Vergleich mit der alternativen Berechnungsmöglichkeit für den Betrag des Vektorprodukts

$$\begin{aligned} |p_u \times p_v|^2 &= |p_u|^2 |p_v|^2 - |p_u \cdot p_v|^2 \\ &= (\sin^2 u + \cos^2 u + 1)(0 + 0 + 1) - 1^2 = 1 \quad \checkmark \end{aligned}$$

b) $p(u, v) = (v \cos u, v \sin u, u)^{\mathrm{t}}$:

$$p_u = \begin{pmatrix} -v \sin u \\ v \cos u \\ 1 \end{pmatrix}, \quad p_v = \begin{pmatrix} \cos u \\ \sin u \\ 0 \end{pmatrix}$$

$p_u \perp p_v \quad \Longrightarrow$

$$\begin{aligned} |p_u \times p_v| &= |p_u| \, |p_v| \\ &= \sqrt{v^2 \sin^2 u + v^2 \cos^2 u + 1} \sqrt{\cos^2 u + \sin^2 u} \\ &= \sqrt{v^2 + 1} \end{aligned}$$

19.4 Integral über ein Parallelogramm

Integrieren Sie die Funktion $f(x,y,z) = xyz$ über das von den Vektoren $(2,1,0)^t$, $(0,1,2)^t$ aufgespannte Parallelogramm.

Verweise: Flächenintegral

Lösungsskizze

(i) Parametrisierung des Parallelogramms S und Flächenelement:

$$s : (u,v) \mapsto u \begin{pmatrix} 2 \\ 1 \\ 0 \end{pmatrix} + v \begin{pmatrix} 0 \\ 1 \\ 2 \end{pmatrix} = \begin{pmatrix} 2u \\ u+v \\ 2v \end{pmatrix}, \quad 0 \le u,v \le 1$$

Normale

$$s_u \times s_v = \begin{pmatrix} 2 \\ 1 \\ 0 \end{pmatrix} \times \begin{pmatrix} 0 \\ 1 \\ 2 \end{pmatrix} = \begin{pmatrix} 2 \\ -4 \\ 2 \end{pmatrix}$$

$\rightsquigarrow \quad dS = |s_u \times s_v|\,dudv = 2\sqrt{6}\,dudv$

(ii) Integral von $f = xyz$ über S:

$$\iint_P f\,dP = \int_0^1 \int_0^1 (2u)(u+v)(2v)\underbrace{2\sqrt{6}\,dudv}_{dS}$$

$$= 8\sqrt{6} \int_0^1 \int_0^1 u^2 v + uv^2\,dudv$$

Symmetrie $\rightsquigarrow$

$$16\sqrt{6} \int_0^1 \int_0^1 u^2 v\,dudv = 16\sqrt{6} \int_0^1 \frac{v}{3}\,dv = \frac{8\sqrt{6}}{3} \approx 6.5319$$

Alternative Lösung

Darstellung des Parallelogramms als Graph einer linearen Funktion p

$$S : 0 \le x \le 2,\, x/2 \le y \le 1 + x/2,\, z = p(x,y) = 2y - x$$

Formel für ein Integral über einen Funktionsgraph $\rightsquigarrow$

$$\iint_S f\,dS = \int_0^2 \int_{x/2}^{1+x/2} f(x,y,z)\sqrt{1 + p_x(x,y)^2 + p_y(x,y)^2}\,dydx$$

$$= \int_0^2 \int_{x/2}^{1+x/2} xy(2y-x)\sqrt{1+1+2^2}\,dydx = \cdots = \frac{8\sqrt{6}}{3} \quad \checkmark$$

19.5   Integral über eine Fläche mit polynomialer Parametrisierung

Integrieren Sie $f(x, y, z) = xy + yz$ über die durch

$$x(u,v) = u^2 - v^2, \; y(u,v) = 2uv, \; z(u,v) = u^2 + v^2, \; 0 \le u \le 2, \, 0 \le v \le 1,$$

parametrisierte Fläche.

Verweise: Flächenintegral

Lösungsskizze

Tangentenvektoren der Parametrisierung

$$\xi = \begin{pmatrix} x_u \\ y_u \\ z_u \end{pmatrix} = \begin{pmatrix} 2u \\ 2v \\ 2u \end{pmatrix}, \quad \eta = \begin{pmatrix} x_v \\ y_v \\ z_v \end{pmatrix} = \begin{pmatrix} -2v \\ 2u \\ 2v \end{pmatrix}$$

Flächennormale

$$\xi \times \eta = (4v^2 - 4u^2, \, -8uv, \, 4u^2 + 4v^2)^{\mathrm{t}}$$

Flächenelement

$$\begin{aligned} \mathrm{d}S &= |\xi \times \eta| = \sqrt{(4v^2 - 4u^2)^2 + (8uv)^2 + (4u^2 + 4v^2)^2} \\ &= \sqrt{32u^4 + 64u^2v^2 + 32v^4} = \sqrt{32} \, (u^2 + v^2) \end{aligned}$$

Einsetzen der Parametrisierung in die Funktion

$$f(x, y, z) = xy + yz = (x + z)y = (2u^2)(2uv) = 4u^3v$$

⤳   Flächenintegral

$$\begin{aligned} I &= \iint\limits_S f \, \mathrm{d}S = \int_0^2 \int_0^1 4u^3v \, \sqrt{32} \, (u^2 + v^2) \, \mathrm{d}v \mathrm{d}u \\ &= 4\sqrt{32} \int_0^2 \int_0^1 u^5v + u^3v^3 \, \mathrm{d}v \mathrm{d}u \end{aligned}$$

$\int_0^2 \int_0^1 u^m v^n \, \mathrm{d}v \mathrm{d}u = 2^{m+1}/((m+1)(n+1))$ ⤳

$$I = 4\sqrt{32} \left(\frac{64}{12} + \frac{16}{16} \right) = \frac{304}{3} \sqrt{2} \approx 143.3070$$

19.6 Flächeninhalt und Randlänge eines Funktionsgraphen

Bestimmen Sie den Flächeninhalt des Graphen der Funktion

$$f(x,y) = x + y^2, \quad 0 \le x \le 1, \, |y| \le 1,$$

sowie die Länge des Randes.

Verweise: Flächenintegral, Länge einer Kurve

Lösungsskizze

(i) Flächeninhalt:

Flächenelement für einen Funktionsgraph: $dS = \sqrt{1 + f_x^2 + f_y^2}\,dxdy$

Einsetzen von $f_x = 1$, $f_y = 2y$ $\rightsquigarrow$ Flächeninhalt

$$A = \int_0^1 \int_{-1}^1 \sqrt{1 + 1^2 + (2y)^2}\,dydx = \int_{-1}^1 \sqrt{2}\,\sqrt{1 + 2y^2}\,dy$$

Substitutionen

$$y = z/\sqrt{2},\, dy = dz/\sqrt{2}, \quad y = \pm 1 \leftrightarrow z = \pm\sqrt{2}$$

$$z = \sinh t,\, dz = \cosh t\,dt,\, z = \pm\sqrt{2} \leftrightarrow t = \pm a,\, a = \operatorname{arsinh}\sqrt{2}$$

und $1 + \sinh^2 t = \cosh^2 t$ $\rightsquigarrow$

$$A = \int_{-\sqrt{2}}^{\sqrt{2}} \sqrt{1 + z^2}\,dz = \int_{-a}^a \cosh t\,\underbrace{\cosh t\,dt}_{dz}$$

$\frac{d}{dt}\cosh t = \sinh t$, $\frac{d}{dt}\sinh t = \cosh t$ $\rightsquigarrow$ Stammfunktion F von $\cosh^2 t$ und

$$A = [F]_{-a}^a = \left[\frac{1}{2}\cosh t \sinh t + \frac{1}{2}t\right]_{-a}^a = \cosh a \sinh a + a\,,$$

da $\varphi(a) - \varphi(-a) = 2\varphi(a)$ für ungerade Funktionen φ

Einsetzen, $\sinh a = \sqrt{2}$, $\cosh a = \sqrt{1 + \sinh^2 a}$, $\operatorname{arsinh}\sqrt{2} = \ln(\sqrt{2} + \sqrt{1+2})$

$$\rightsquigarrow \quad A = \sqrt{1+2}\sqrt{2} + \underbrace{\ln(\sqrt{2} + \sqrt{1+2})}_{a} = \sqrt{6} + \ln(\sqrt{2} + \sqrt{3}) \approx 3.5957$$

(ii) Länge des Randes:

■ parallele gradlinige Randsegmente ($y = \mp 1$) von $(0,-1,1)$ nach $(1,-1,2)$ und von $(0,1,1)$ nach $(1,1,2)$ mit Länge

$$L_1 = |(1,-1,2) - (0,-1,1)| = |(1,0,1)| = \sqrt{2}$$

■ Parabelsegmente, $t \mapsto (x(t), y(t), z(t)) = (a, t, a + t^2)$, $a = 0, 1$, mit Länge

$$L_2 = \int_{-1}^1 \sqrt{x'(t)^2 + y'(t)^2 + z'(t)^2}\,dt = \int_{-1}^1 \sqrt{0 + 1 + (2t)^2}\,dt$$

$$= \frac{1}{2}\int_{-2}^2 \sqrt{1 + s^2}\,ds \underset{(i)}{=} \sqrt{5} + \frac{1}{2}\ln(2 + \sqrt{5})$$

Gesamtlänge: $L = 2L_1 + 2L_2 = 2\sqrt{2} + 2\sqrt{5} + \ln(2 + \sqrt{5}) \approx 8.7442$

20 Integration in Zylinder- und Kugelkoordinaten

Übersicht

© Springer-Verlag GmbH Deutschland, ein Teil von Springer Nature 2023
K. Höllig und J. Hörner, *Aufgaben und Lösungen zur Höheren Mathematik 2*,
https://doi.org/10.1007/978-3-662-67512-0_21

20.1 Flächeninhalt und Umfang eines in Polarkoordinaten beschriebenen Bereichs

Bestimmen Sie den Flächeninhalt und Umfang des durch die Kurve

$$C : r = \pi - |\varphi|, \quad |\varphi| \leq \pi,$$

berandeten Bereichs.

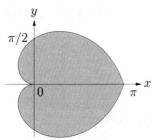

Verweise: Länge einer Kurve, Kurvenintegral, Flächenelement in Zylinderkoordinaten

Lösungsskizze

Polarkoordinaten: $x = r \cos \varphi$, $y = r \sin \varphi$

(i) Flächeninhalt F:

$$D : \; -\pi \leq \varphi \leq \pi, \, 0 \leq r \leq \pi - |\varphi|$$

Symmetrie ($\to \varphi \in [0, \pi]$), Flächenelement $\mathrm{d}x\mathrm{d}y = r\mathrm{d}r\mathrm{d}\varphi$ ⤳

$$
\begin{aligned}
F &= 2 \int_0^\pi \int_0^{\pi-\varphi} r\mathrm{d}r\mathrm{d}\varphi = 2 \int_0^\pi \left[r^2/2 \right]_0^{\pi-\varphi} \mathrm{d}\varphi \\
&= 2 \int_0^\pi (\pi - \varphi)^2/2 \, \mathrm{d}\varphi = 2 \left[-(\pi - \varphi)^3/6 \right]_0^\pi = \pi^3/3 \approx 10.3354
\end{aligned}
$$

(ii) Umfang L:

$$C : \; \varphi \mapsto (x(\varphi), y(\varphi)) = r(\varphi)(\cos \varphi, \sin \varphi)$$

Längenelement $\mathrm{d}C = \sqrt{x'(t)^2 + y'(t)^2} \, \mathrm{d}t$

Abkürzung $c = \cos \varphi$, $s = \sin \varphi$ ⤳   Längenelement in Polarkoordinaten

$$
\begin{aligned}
\mathrm{d}C &= \sqrt{(r'(\varphi)c - r(\varphi)s)^2 + (r'(\varphi)s + r(\varphi)c)^2} \\
&= \sqrt{r'(\varphi)^2(c^2 + s^2) + r(\varphi)^2(s^2 + c^2)} = \sqrt{r'(\varphi)^2 + r(\varphi)^2}
\end{aligned}
$$

Symmetrie, Einsetzen von $r(\varphi) = \pi - \varphi$, $r'(\varphi) = -1$ ⤳

$$L = 2 \int_0^\pi \sqrt{1 + (\pi - \varphi)^2} \, \mathrm{d}\varphi = 2 \int_0^\pi \sqrt{1 + \varphi^2} \, \mathrm{d}\varphi$$

Substitution

$$\varphi = \sinh t, \, \mathrm{d}\varphi = \cosh t \, \mathrm{d}t, \quad \varphi = 0 \leftrightarrow t = 0, \, \varphi = \pi \leftrightarrow t = a = \operatorname{arsinh} \pi$$

und $1 + \sinh^2 t = \cosh^2 t$, $\frac{\mathrm{d}}{\mathrm{d}t} \sinh t = \cosh t$, $\frac{\mathrm{d}}{\mathrm{d}t} \cosh t = \sinh t$, $\sinh 0 = 0$ ⤳

$$2 \int_0^a \cosh^2 t \, \mathrm{d}t = 2 \left[\frac{t}{2} + \frac{1}{2} \cosh t \sinh t \right]_0^a = a + \cosh a \sinh a$$

$a = \operatorname{arsinh} \pi = \ln(\pi + \sqrt{1 + \pi^2})$, $\cosh a = \sqrt{1 + \sinh^2 a}$, $\sinh a = \pi$ ⤳

$$L = \ln(\pi + \sqrt{1 + \pi^2}) + \pi \sqrt{1 + \pi^2} \approx 12.2198$$

20.2 Integration über einen elliptischen Kegel

Integrieren Sie das Quadrat des Abstands zur Spitze über einen symmetrischen Kegel mit Höhe 1 und einer Ellipse mit Halbachsenlängen 2 und 1 als Grundfläche.

Verweise: Volumenelement in Zylinderkoordinaten, Zylinderkoordinaten

Lösungsskizze

(i) Beschreibung in Zylinderkoordinaten:

$$x = \varrho \cos\varphi, \; y = \varrho \sin\varphi, \; z = z, \quad \mathrm{d}x\mathrm{d}y\mathrm{d}z = \varrho\,\mathrm{d}\varrho\,\mathrm{d}\varphi\,\mathrm{d}z$$

mit $\varrho = \sqrt{x^2 + y^2}$

Ellipse: Randkurve $x = 2\cos\varphi, \; y = \sin\varphi \quad \rightsquigarrow$

$$E : 0 \leq \varrho \leq \sqrt{(2\cos\varphi)^2 + (\sin\varphi)^2}$$

Kegel mit Spitze bei $(0,0,0)$
und Grundfläche bei $z = 1$

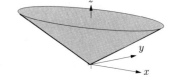

$$D : 0 \leq \varrho \leq z\sqrt{(2\cos\varphi)^2 + (\sin\varphi)^2}, \, 0 \leq z \leq 1$$

Quadrat des Abstandes

$$f(x,y,z) = x^2 + y^2 + z^2 = \varrho^2 + z^2$$

(ii) Integral:
Abkürzungen $C = \cos\varphi, \; S = \sin\varphi \quad \rightsquigarrow$

$$I = \int_0^1 \int_0^{2\pi} \int_0^{z\sqrt{4C^2+S^2}} (\varrho^2 + z^2)\, \varrho\,\mathrm{d}\varrho\,\mathrm{d}\varphi\,\mathrm{d}z$$

Integration über ϱ

$$I_\varrho = \left[\frac{\varrho^4}{4} + \frac{z^2\varrho^2}{2} \right]_{\varrho=0}^{z\sqrt{4C^2+S^2}} = \frac{z^4}{4}(4C^2 + S^2)^2 + \frac{z^4}{2}(4C^2 + S^2)$$

Integration über φ: $\int C^2 = \int S^2 = \pi, \; \int C^4 = \int S^4 = \frac{3\pi}{4}, \; \int C^2 S^2 = \frac{\pi}{4} \quad \rightsquigarrow$

$$I_\varphi = \int_0^{2\pi} I_\varrho \,\mathrm{d}\varphi = \int_0^{2\pi} \frac{z^4}{4}(16C^4 + 8C^2S^2 + S^4 + 8C^2 + 2S^2)\,\mathrm{d}\varphi = \frac{99\pi}{16}z^4$$

Integration über z

$$I = \int_0^1 I_\varphi \,\mathrm{d}z = \frac{99\pi}{16}\left[\frac{1}{5}z^5 \right]_0^1 = \frac{99\pi}{80} \approx 3.8877$$

20.3   Integrale über einen Zylinder und eine Kugel

Integrieren Sie die Funktion $f(x, y, z) = x^2 z^2$ über

a) $Z : x^2 + y^2 \leq 4, \quad 0 \leq z \leq 3$ b) $K : x^2 + y^2 + z^2 \leq 4$.

Verweise: Volumenelement in Zylinderkoordinaten, Volumenelement in Kugelkoordinaten

Lösungsskizze

a) Zylinder:

Zylinderkoordinaten

$$x = \varrho \cos \varphi, \; y = \varrho \sin \varphi, \quad \mathrm{d}x\mathrm{d}y\mathrm{d}z = \varrho \mathrm{d}\varrho \mathrm{d}\varphi \mathrm{d}z$$

mit $\varrho = \sqrt{x^2 + y^2}$

$Z : \varrho \leq 2, 0 \leq z \leq 3 \quad \rightsquigarrow$

$$\iiint_Z f \,\mathrm{d}Z = \int_0^3 \int_0^{2\pi} \int_0^2 (\varrho \cos \varphi)^2 \, z^2 \, \varrho \,\mathrm{d}\varrho \mathrm{d}\varphi \mathrm{d}z$$

Produktform des Integrals $\rightsquigarrow$

$$\left(\int_0^3 z^2 \,\mathrm{d}z \right) \left(\int_0^{2\pi} \cos^2 \varphi \,\mathrm{d}\varphi \right) \left(\int_0^2 \varrho^3 \,\mathrm{d}\varrho \right) = 9 \cdot \pi \cdot 4 = 36\pi$$

b) Kugel:

Kugelkoordinaten

$$x = r \sin \vartheta \cos \varphi, \; y = r \sin \vartheta \sin \varphi, \; z = r \cos \vartheta, \quad \mathrm{d}x\mathrm{d}y\mathrm{d}z = r^2 \sin \vartheta \, dr \mathrm{d}\vartheta \mathrm{d}\varphi$$

mit $r = \sqrt{x^2 + y^2 + z^2}$

$K : r \leq 2 \quad \rightsquigarrow$

$$\iiint_K f \,\mathrm{d}K = \int_0^{2\pi} \int_0^{\pi} \int_0^2 (r \sin \vartheta \cos \varphi)^2 (r \cos \vartheta)^2 \, r^2 \sin \vartheta \, dr \mathrm{d}\vartheta \mathrm{d}\varphi$$

Produktform des Integrals $\rightsquigarrow$

$$\left(\int_0^{2\pi} \cos^2 \varphi \,\mathrm{d}\varphi \right) \left(\int_0^{\pi} \sin^3 \vartheta \cos^2 \vartheta \,\mathrm{d}\vartheta \right) \left(\int_0^2 r^6 \,dr \right) = \pi \cdot \frac{4}{15} \cdot \frac{128}{7} = \frac{512}{105}\pi$$

benutzt: $\sin^3 \vartheta \cos^2 \vartheta = \sin \vartheta (\cos^2 \vartheta - \cos^4 \vartheta)$, $\int \sin \vartheta \cos^m \vartheta \,\mathrm{d}\vartheta = -\frac{\cos^{m+1} \vartheta}{m+1} + C$

20.4 Integral über eine Kugelkappe

Integrieren Sie die Funktion

$$f(x, y, z) = |xyz|$$

über die Kugelkappe $D : r \leq 1$, $z \geq 1/2$.

Verweise: Kugelkoordinaten, Volumenelement in Kugelkoordinaten

Lösungsskizze

(i) Kugelkappe:

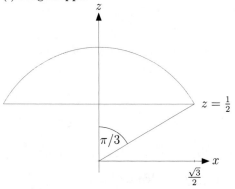

Kugelkoordinaten (r, ϑ, φ)

$$\begin{aligned} x &= r \sin \vartheta \cos \varphi, \\ y &= r \sin \vartheta \sin \varphi, \\ z &= r \cos \vartheta \end{aligned}$$

Integrationsbereich

$$D : \vartheta \leq \pi/3, \; r \cos \vartheta \geq 1/2$$

Symmetrie $\rightsquigarrow$ Einschränkung auf $x, y \geq 0$, d.h. auf $0 \leq \varphi \leq \pi/2$
$\rightsquigarrow$ ein Viertel des Integrals

(ii) Integral:
$c = \cos \vartheta$, $s = \sin \vartheta$, $C = \cos \varphi$, $S = \sin \varphi$ $\rightsquigarrow$

$$I = 4 \int_0^{\pi/2} \int_0^{\pi/3} \int_{1/(2c)}^1 \underbrace{rsC \, rsS \, rc}_{xyz} \underbrace{r^2 s \, dr d\vartheta d\varphi}_{dxdydz}$$

Integration über r

$$\int_{1/(2c)}^1 r^5 \, dr = \frac{1}{6} - \frac{1}{384c^6}$$

Integration über ϑ, $\int c^m s \, d\vartheta = -c^{m+1}/(m+1)$ $\rightsquigarrow$

$$\int_0^{\pi/3} \left[\frac{1}{6} - \frac{1}{384c^6} \right] s^3 c \, d\vartheta = \int_0^{\pi/3} [\dots] (c - c^3) s \, d\vartheta$$

$$= \left[-\frac{c^2}{12} + \frac{c^4}{24} - \frac{1}{1536c^4} + \frac{1}{768c^2} \right]_0^{\pi/3} = \frac{9}{512},$$

denn $\vartheta = 0 \to s = 0$, $c = 1$ und $\vartheta = \pi/3 \to s = \sqrt{3}/2$, $c = 1/2$

Integration über φ

$$\int_0^{\pi/2} CS \, d\varphi = \left[\frac{1}{2} S^2 \right]_0^{\pi/2} = \frac{1}{2}$$

Produkt der Integrale: $I = 4 \cdot \frac{9}{512} \cdot \frac{1}{2} = \frac{9}{256}$

20.5   Oberfläche eines Rohrs mit ausgestanztem Loch

Abgebildet ist die Vorder- und Seitenansicht eines Rohrs mit Radius R und Länge $2L$, aus dem ein Loch ausgestanzt wurde, um ein Rohr gleicher Dimension recht-
winklig anzuschließen. Berechnen Sie den
Flächeninhalt der gelochten Rohroberfläche.

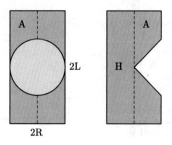

Verweise: Flächenelement in Zylinderkoordinaten

Lösungsskizze

Wahl der z- bzw. der x-Achse als Symmetrieachsen des Rohrs und des anzuschließenden Rohrs (abgebildet: Schnitte mit der yz- bzw. xz-Ebene)   ⤳   Beschreibung
der gelochten Rohroberfläche

$$S:\ x^2 + y^2 = R^2 \quad \wedge \quad -L \leq z \leq L \quad \wedge \quad y^2 + z^2 \geq R^2 \text{ für } x \geq 0$$

(letzte Bedingung: Punkte in S liegen außerhalb des anzuschließenden Rohrs)

Parametrisierung der Teilfläche A ($x, z \geq 0$, $y \leq 0$) mit den Eckpunkten $(0, -R, 0)$,
$(R, 0, R)$, $(R, 0, L)$, $(0, -R, L)$ in Zylinderkoordinaten   ⤳

$$A:\ (\varphi, z) \mapsto (x, y, z) = (R\cos\varphi,\, R\sin\varphi,\, z)$$

mit

$$-\pi/2 \leq \varphi \leq 0, \quad L \geq z \geq \sqrt{R^2 - y^2} = \sqrt{R^2 - R^2\sin^2\varphi} = R\cos\varphi = x$$

vgl. rechte Abbildung (Projektion der gekrümmten Stanzkurve ist geradlinig)
Flächenelement in Zylinderkoordinaten, $\mathrm{d}S = R\,\mathrm{d}\varphi\mathrm{d}z$ ⤳

$$\begin{aligned}
\text{area } A &= \int_{-\pi/2}^{0} \int_{R\cos\varphi}^{L} R\,\mathrm{d}\varphi\mathrm{d}z = \int_{-\pi/2}^{0} LR - R^2\cos\varphi\,\mathrm{d}\varphi \\
&= \frac{\pi}{2} LR - \left[R^2\sin\varphi\right]_{-\pi/2}^{0} = \frac{\pi}{2} LR - R^2
\end{aligned}$$

Symmetrie, Formel für die Mantelfläche eines Halbzylinders   ⤳

$$\begin{aligned}
\text{area } S &= 4\,\text{area } A + \text{area } H \\
&= 4\left(\frac{\pi}{2} LR - R^2\right) + \frac{1}{2}(2\pi R)(2L) = 4\pi LR - 4R^2
\end{aligned}$$

20.6 Integral über eine Zylinderoberfläche

Integrieren Sie die Funktion $f(x, y, z) = x^2 + z$ über die Oberfläche des Zylinders

$$Z: \sqrt{x^2 + y^2} \leq a, \quad 0 \leq z \leq b.$$

Verweise: Flächenelement in Zylinderkoordinaten, Zylinderkoordinaten

Lösungsskizze

Aufspaltung von

$$\iint_S x^2 + z \, dS, \quad S = \partial Z$$

in Integrale über Mantel, Boden und Deckel des Zylinders

(i) Mantel:

Parametrisierung in Zylinderkoordinaten

$$(\varphi, z) \mapsto (\underbrace{a \cos\varphi}_{x}, \underbrace{a \sin\varphi}_{y}, z), \quad 0 \leq \varphi \leq 2\pi, 0 \leq z \leq b$$

Flächenelement $dM = a \, d\varphi dz \quad \rightsquigarrow$

$$\iint_M f \, dM = \int_0^b \int_0^{2\pi} (a^2 \cos^2\varphi + z) \, a \, d\varphi dz$$

$$= ba^3 \int_0^{2\pi} \cos^2\varphi \, d\varphi + 2\pi a \int_0^b z \, dz = \pi ab(a^2 + b)$$

(ii) Boden:

Polarkoordinaten

$$B : (r, \varphi) \mapsto (x, y) = (r\cos\varphi, r\sin\varphi), \quad dxdy = rdrd\varphi$$

$\rightsquigarrow$

$$\iint_B f \, dB = \int_0^{2\pi} \int_0^a (r^2 \cos^2\varphi + 0) \, r \, drd\varphi$$

$$= \int_0^{2\pi} \cos^2\varphi \, d\varphi \cdot \int_0^a r^3 \, dv = \frac{\pi}{4} a^4$$

(iii) Deckel:

$\text{Integrand}_{\text{Deckel}} = \text{Integrand}_{\text{Boden}} + b \quad \Longrightarrow$

$$\iint_D f dD = \iint_B f dB + b \cdot \text{area}(B) = \frac{\pi}{4} a^4 + \pi a^2 b$$

(iv) Gesamtintegral $\iint_S f \, dS$:

$$\left[\pi ab(a^2 + b)\right] + \left[\frac{\pi}{4} a^4\right] + \left[\frac{\pi}{4} a^4 + \pi a^2 b\right] = \pi a(a^2 b + b^2 + a^3/2 + ab)$$

20.7   Integrale über eine Kugeloberfläche

Integrieren Sie die Funktionen

   a) $f(x,y,z)=|xyz|$ b) $g(x,y,z)=x^2+y^2+z^2$ c) $h(x,y,z)=e^x+e^y+e^z$

über die Oberfläche einer Kugel mit Radius R und Mittelpunkt $(0,0,0)$.

Verweise: Flächenelement in Kugelkoordinaten

Lösungsskizze
Kugelkoordinaten

$$x = R\sin\vartheta\cos\varphi, \quad y = R\sin\vartheta\sin\varphi, \quad z = R\cos\vartheta$$

Flächenelement der Kugeloberfläche: $\mathrm{d}S = R^2\sin\vartheta\,\mathrm{d}\vartheta\mathrm{d}\varphi$

a) $f=|xyz|$:
Symmetrie $\rightsquigarrow$ Einschränkung auf den positiven Oktanten: $0 \le \vartheta \le \pi/2$, $0 \le \varphi \le \pi/2$ (1/8 des Integrals)

$$\iint\limits_S f\,\mathrm{d}S = 8\int_0^{\pi/2}\int_0^{\pi/2} \left(R\sin\vartheta\cos\varphi\cdot R\sin\vartheta\sin\varphi\cdot R\cos\vartheta\right)R^2\sin\vartheta\,\mathrm{d}\vartheta\mathrm{d}\varphi$$

$$= 8R^5\int_0^{\pi/2}\sin^3\vartheta\cos\vartheta\,\mathrm{d}\vartheta\int_0^{\pi/2}\cos\varphi\sin\varphi\,\mathrm{d}\varphi$$

$$= 8R^5\left[\frac{1}{4}\sin^4\vartheta\right]_0^{\pi/2}\left[\frac{1}{2}\sin^2\varphi\right]_0^{\pi/2} = R^5$$

b) $g=x^2+y^2+z^2$:
radialsymmetrischer Integrand, konstant $(=R^2)$ auf der Kugeloberfläche $\rightsquigarrow$

$$\iint\limits_S g\,\mathrm{d}S = R^2\,\mathrm{area}S = 4\pi R^4$$

c) $h=e^x+e^y+e^z$:
Symmetrie $\rightsquigarrow$ $\iint h\,\mathrm{d}S = 3\iint e^z\,\mathrm{d}S$, d.h.

$$\iint\limits_S h\,\mathrm{d}S = 3\int_0^{2\pi}\int_0^{\pi} e^{R\cos\vartheta}R^2\sin\vartheta\,\mathrm{d}\vartheta\mathrm{d}\varphi = 6\pi R\int_0^{\pi} e^{R\cos\vartheta}R\sin\vartheta\,\mathrm{d}\vartheta$$

$$= 6\pi R\left[-e^{R\cos\vartheta}\right]_0^{\pi} = 6\pi R\left(-e^{-R}+e^R\right) = 12\pi R\sinh R$$

20.8 Mittelwert der Abstandsfunktion für eine Sphäre

Bestimmen Sie den Mittelwert des Abstands eines Punktes A von den Punkten auf einer Sphäre.

Verweise: Flächenelement in Kugelkoordinaten, Kosinussatz

Lösungsskizze

Parametrisierung der Sphäre S in Kugelkoordinaten und Flächenelement:

$$S : \begin{pmatrix} \vartheta \\ \varphi \end{pmatrix} \mapsto P(\vartheta, \varphi) = \begin{pmatrix} r \sin\vartheta \cos\varphi \\ r \sin\vartheta \sin\varphi \\ r \cos\vartheta \end{pmatrix}, \quad \mathrm{d}S = r^2 \sin\vartheta \mathrm{d}\vartheta \mathrm{d}\varphi$$

Symmetrie $\rightsquigarrow$ wähle o.B.d.A. $A = (0,0,a)$

$$\begin{aligned} d^2 &= |P - A|^2 \\ &= |(r\sin\vartheta\cos\varphi, r\sin\vartheta\sin\varphi, r\cos\vartheta)^{\mathrm{t}} - (0,0,a)^{\mathrm{t}}|^2 \\ &= r^2 \sin^2\vartheta \cos^2\varphi + r^2 \sin^2\vartheta \sin^2\varphi + (r\cos\vartheta - a)^2 \\ &\underset{(*)}{=} r^2 \sin^2\vartheta + r^2\cos^2\vartheta - 2ra\cos\vartheta + a^2 \underset{(*)}{=} r^2 - 2ra\cos\vartheta + a^2 \end{aligned}$$

((*): $\cos^2 t + \sin^2 t = 1$ für $t = \varphi$ und $t = \vartheta$)

alternative Berechnung des Abstands mit Hilfe des Kosinussatzes:

$$d^2 = r^2 - 2ra\cos\vartheta + a^2$$

d.h. $d = \sqrt{r^2 - 2ra\cos\vartheta + a^2}$ ✓

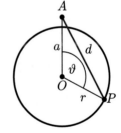

area $S = 4\pi r^2$ $\rightsquigarrow$ Mittelwert

$$\begin{aligned} \frac{1}{4\pi r^2} & \int_0^{2\pi} \int_0^{\pi} \sqrt{r^2 - 2ra\cos\vartheta + a^2}\, r^2 \sin\vartheta \mathrm{d}\vartheta \mathrm{d}\varphi \\ &= \frac{1}{2} \int_0^{\pi} (r^2 - 2ra\cos\vartheta + a^2)^{1/2} \sin\vartheta \mathrm{d}\vartheta \\ &= \frac{1}{2} \left[\frac{2}{3} \frac{1}{2ar} (r^2 - 2ra\cos\vartheta + a^2)^{3/2} \right]_{\vartheta=0}^{\vartheta=\pi} \\ &= \frac{1}{6ar} \left((r^2 + 2ar + a^2)^{3/2} - (r^2 - 2ar + a^2)^{3/2} \right) \\ &= \frac{1}{6ar} \left(|r+a|^3 - |r-a|^3 \right) = \frac{1}{6ar} \begin{cases} (a+r)^3 - (a-r)^3 & \text{für } a \geq r \\ (r+a)^3 - (r-a)^3 & \text{für } a \leq r \end{cases}, \end{aligned}$$

d.h. $= (6a^2 r + 2r^3)/(6ar) = a + r^2/(3a)$ für $a \geq r$ und $= r + a^2/(3r)$ für $a \leq r$

20.9   Vivianische Kurve ★

Bestimmen Sie die Länge der Schnittkurve C der
Sphäre $S: x^2 + y^2 + z^2 = 4$ mit dem Zylindermantel $M: (x-1)^2 + y^2 = 1$, den Inhalt der von C
berandeten Fläche F (Vivianisches Fenster) und
das Volumen des durch F und einen Teil von M
begrenzten Körpers K (Vivianischer Tempel).

Verweise: Länge einer Kurve, Flächenintegral

Lösungsskizze

(i) Länge der Vivianischen Kurve:
Parametrisierung der oberen Kurvenhälfte ($z = \sqrt{4 - x^2 - y^2} \geq 0$)

$$t \mapsto p(t) = (1 + \cos t, \sin t, z(t)), \quad 0 \leq t \leq 2\pi,$$

mit

$$z(t) = \sqrt{4 - (1 + 2\cos t + \cos^2 t) - \sin^2 t} = \sqrt{2 - 2\cos t} = 2\sin(t/2)$$

Tangentenvektor $p'(t) = (-\sin t, \cos t, \cos(t/2))^{\mathrm{t}}$ $\rightsquigarrow$ Kurvenlänge

$$L = 2\int_0^{2\pi} |p'(t)|\, dt = 2\int_0^{2\pi} \sqrt{\sin^2 t + \cos^2 t + \cos^2(t/2)}\, dt$$

$$= 2\int_0^{2\pi} \sqrt{1 + \cos^2(t/2)}\, dt = 4\int_0^{\pi} \sqrt{1 + \cos^2 t}\, dt$$

elliptisches Integral zweiter Art, näherungsweise Berechnung mit Maple™

```
> L := 4*int(sqrt(1+cos(t)^2),t=0..Pi); evalf(L)
      8 EllipticE(I), 15.28079116
```

(ii) Flächeninhalt des Vivianischen Fensters F:
Parametrisierung der oberen Hälfte F_+ von F ($z \geq 0$) mit Kugelkoordinaten

$$(\vartheta, \varphi) \mapsto (x, y, z) = (2\sin\vartheta\cos\varphi, 2\sin\vartheta\sin\varphi, 2\cos\vartheta)$$

mit $0 \leq \vartheta \leq \pi/2$, $|\varphi| \leq a(\vartheta)$
Bestimmung von a mit der Zylindergleichung:

$$1 \geq (x-1)^2 + y^2 = (2\sin\vartheta\cos\varphi - 1)^2 + (2\sin\vartheta\sin\varphi)^2$$

$$= 4\sin^2\vartheta - 4\sin\vartheta\cos\varphi + 1$$

$$\Longleftrightarrow \quad \cos\varphi \geq \sin\vartheta = \cos(\pi/2 - \vartheta) \quad \Longleftrightarrow \quad |\varphi| \leq \pi/2 - \vartheta = a(\vartheta)$$

Flächenelement von Kugelkoordinaten (Radius 2), partielle Integration $\rightsquigarrow$

$$\text{area}\, F \; = \; 2\int_0^{\pi/2}\int_{\vartheta-\pi/2}^{\pi/2-\vartheta}\underbrace{2^2\sin\vartheta}_{dS}\,d\varphi d\vartheta = 8\int_0^{\pi/2}(\pi-2\vartheta)\sin\vartheta\,d\vartheta$$

$$= \; 8\left[(\pi-2\vartheta)(-\cos\vartheta)\right]_0^{\pi/2} - 8\int_0^{\pi/2}2\cos\vartheta\,d\vartheta = 8\pi - 16 \approx 9.1327$$

(iii) Volumen des Durchschnitts K von Kugel und Zylinder:

Parametrisierung des Zylinderquerschnitts in Polarkoordinaten

$$(r,\varphi)\mapsto(x,y)=(r\cos\varphi, r\sin\varphi)$$

mit $-\pi/2 \le \varphi \le \pi/2,\; 0 \le r \le r_{\max} = 2\cos\varphi$

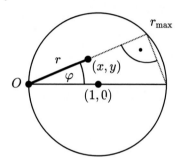

$\rightsquigarrow$ Parametrisierung von K in Zylinderkoordinaten

$$(r,\varphi,z)\mapsto(x,y,z)=p(r,\varphi,z)=(r\cos\varphi, r\sin\varphi, z)$$

mit

$$-\pi/2 \le \varphi \le \pi/2, \quad 0 \le r \le 2\cos\varphi, \quad -\sqrt{4-r^2} \le z \le \sqrt{4-r^2}$$

Volumenelement von Zylinderkoordinaten, $dV = r\,d\varphi dr dz$, und Symmetrie bzgl. der xy- und xz-Ebene ($\varphi \leftrightarrow -\varphi$, $z \leftrightarrow -z$) $\rightsquigarrow$

$$\text{vol}\,K \; = \; 4\int_0^{\pi/2}\int_0^{2\cos\varphi}\int_0^{\sqrt{4-r^2}} r\,dz dr d\varphi$$

$$= \; 4\int_0^{\pi/2}\int_0^{2\cos\varphi}\sqrt{4-r^2}r\,dr d\varphi$$

$$= \; 4\int_0^{\pi/2}\left[-\frac{1}{3}(4-r^2)^{3/2}\right]_{r=0}^{r=2\cos\varphi} d\varphi$$

$$= \; 4\int_0^{\pi/2} -\frac{8}{3}\underbrace{\sin^3\varphi}_{\sin\varphi-\sin\varphi\cos^2\varphi}+\frac{8}{3}\,d\varphi$$

$$= \; \left[\frac{32}{3}\cos\varphi - \frac{32}{9}\cos^3\varphi + \frac{32}{3}\varphi\right]_{\varphi=0}^{\varphi=\pi/2} = \frac{16}{3}\pi - \frac{64}{9} \approx 9.6440$$

21 Rotationskörper, Schwerpunkt und Trägheitsmoment

Übersicht

© Springer-Verlag GmbH Deutschland, ein Teil von Springer Nature 2023
K. Höllig und J. Hörner, *Aufgaben und Lösungen zur Höheren Mathematik 2*,
https://doi.org/10.1007/978-3-662-67512-0_22

21.1 Volumen von Rotationskörpern bezüglich unterschiedlicher Achsen

Bestimmen Sie das Volumen der Körper, die durch Rotation des Graphen der Funktion

$$y = e^x, \quad 0 \le x \le 1,$$

um die x- bzw. die y-Achse entstehen.

Verweise: Volumen von Rotationskörpern

Lösungsskizze

(i) Rotation um die x-Achse:

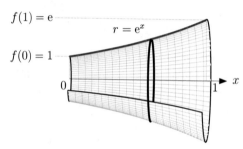

Summation von Kreisflächen   ⤳

$$V = \pi \int_0^1 (\underbrace{e^x}_{\text{Radius}})^2 \, dx$$

$$= \pi \left[\frac{1}{2} e^{2x} \right]_0^1 = \frac{\pi}{2} (e^2 - 1)$$

$$\approx 10.0359$$

(ii) Rotation um die y-Achse:

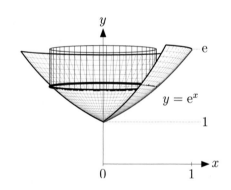

Summation von Zylindermantelflächen   ⤳

$$V = \int_0^1 \underbrace{(2\pi x)}_{\text{Umfang}} \underbrace{(e - e^x)}_{\text{Höhe}} \, dx$$

Berechung mit partieller Integration

$$V = \underbrace{[(2\pi x)\,(ex - e^x)]_0^1}_{=0} - \int_0^1 (2\pi)\,(ex - e^x)\,dx$$

$$= -2\pi \left[\frac{1}{2} e\, x^2 - e^x \right]_0^1 = -2\pi(e/2 - e + 1) = \pi(e - 2) \approx 2.2565$$

21.2   Profil und Volumen einer Vase

Beschreiben Sie das Profil der abgebildeten Vase durch den Graph eines kubischen Polynoms und berechnen Sie das Volumen.

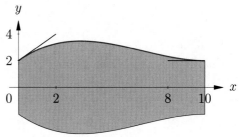

Verweise: Polynom, Volumen von Rotationskörpern

Lösungsskizze

(i) Profil:

Radius 2 bei $x = 0, 10$ ⤳

$$p(x) - 2 = (ax + b)x(x - 10)$$

⤳ $p'(x) = (2ax + b)(x - 10) + (ax^2 + bx)$

Steigungen   ⤳

$$\begin{aligned} 1 &= p'(0) &=& \quad -10b \\ 0 &= p'(10) &=& \quad 100a + 10b \end{aligned}$$

erste Gleichung   ⤳ $b = -1/10$

Einsetzen in die zweite Gleichung   ⤳ $a = 1/100$

(ii) Volumen:

Profil

$$p(x) = 2 + \left(\frac{x}{100} - \frac{1}{10} \right) x(x - 10) = 2 + \frac{1}{100} x(x - 10)^2$$

Rotationskörper

$$V = \pi \int_0^{10} p(x)^2 \, \mathrm{d}x = \pi \int_0^{10} 4 + \frac{4}{100} x(x - 10)^2 + \frac{1}{10000} x^2 (x - 10)^4 \, \mathrm{d}x$$

ein- bzw. zweimalige partielle Integration   ⤳

$$\begin{aligned} \int_0^{10} x(x - 10)^2 \, \mathrm{d}x &= -\int_0^{10} \frac{1}{3}(x - 10)^3 \, \mathrm{d}x = \frac{10000}{12} \\ \int_0^{10} x^2 (x - 10)^4 \, \mathrm{d}x &= \int_0^{10} \frac{2}{30}(x - 10)^6 \, \mathrm{d}x = \frac{2000000}{21} \end{aligned}$$

Einsetzen in den Ausdruck für das Volumen   ⤳

$$V = \pi \left(40 + \frac{100}{3} + \frac{200}{21} \right) = \pi \frac{580}{7} \approx 260.3$$

21.3   Volumen und Mantelfläche eines Rotationskörpers

Berechnen Sie das Volumen und die
Mantelfläche des abgebildeten Rotationskörpers mit Profilkurve C :
$\sqrt{x^2 + y^2} = z^3, \, 0 \leq z \leq 1$.

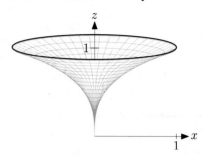

Verweise: Volumen von Rotationskörpern

Lösungsskizze

(i) Volumen:
Parametrisierung in Zylinderkoordinaten

$$D : (\varrho \cos\varphi, \, \varrho \sin\varphi, \, z), \quad 0 \leq z \leq 1, \, 0 \leq \varphi \leq 2\pi, \, 0 \leq \varrho = \sqrt{x^2 + y^2} \leq z^3$$

$dV = \varrho \, d\varrho d\varphi dz \quad \rightsquigarrow$

$$
\begin{aligned}
\text{vol}\, D &= \int_0^1 \int_0^{2\pi} \int_0^{z^3} \varrho \, d\varrho d\varphi dz = 2\pi \int_0^1 \left[\varrho^2/2\right]_0^{z^3} dz \\
&= 2\pi \int_0^1 z^6/2 \, dz = \pi \left[z^7/7\right]_0^1 = \pi/7 \approx 0.4488
\end{aligned}
$$

(ii) Mantelfläche:
Parametrisierung in Zylinderkoordinaten

$$S : s(\varphi, z) = (z^3 \cos\varphi, \, z^3 \sin\varphi, \, z)^{\mathrm{t}}, \quad 0 \leq z \leq 1, \, 0 \leq \varphi \leq 2\pi$$

Tangentenvektoren

$$s_\varphi = (-z^3 \sin\varphi, \, z^3 \cos\varphi, \, 0)^{\mathrm{t}}, \quad s_z = (3z^2 \cos\varphi, \, 3z^2 \sin\varphi, \, 1)^{\mathrm{t}}$$

$s_\varphi \perp s_z \quad \Longrightarrow \quad dS = |s_\varphi \times s_z| = |s_\varphi||s_z| = z^3 \sqrt{(3z^2)^2 + 1}$ und

$$
\begin{aligned}
\text{area}\, S &= \int_0^1 \int_0^{2\pi} z^3 \sqrt{9z^4 + 1} \, d\varphi dz = 2\pi \left[\frac{2}{3 \cdot 36}(9z^4 + 1)^{3/2}\right]_0^1 \\
&= \frac{\pi}{27} \left(10\sqrt{10} - 1\right) \approx 3.5631
\end{aligned}
$$

Alternative Lösung

direkte Anwendung der Formeln für eine Rotationsfläche mit Profilfunktion $\varrho(z)$,
$a \leq z \leq b$

$$\text{vol}\, D = \pi \int_a^b \varrho(z)^2 \, dz, \quad \text{area}\, S = 2\pi \int_a^b \varrho(z)\sqrt{1 + \varrho'(z)^2} \, dz$$

21.4 Oberfläche eines Reifens

Bestimmen Sie den Inhalt der Fläche, die durch
Rotation der abgebildeten, aus zwei Kreissegmen-
ten und einem Geradensegment bestehenden Kurve um die senkrechte Achse entsteht und einem
Autoreifen ähnelt.

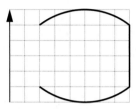

Die Gitterweite in der Abbildung entspricht einer Längeneinheit.

Verweise: Rotationskörper

Lösungsskizze

(i) Radius r und Winkel φ der Kreissegmente:
Satz des Pythagoras $\implies$

$$r^2 = d^2 + (r-h)^2 \iff 2rh = d^2 + h^2$$

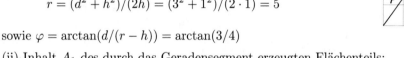

Einsetzen der konkreten Werte $\rightsquigarrow$

$$r = (d^2 + h^2)/(2h) = (3^2 + 1^2)/(2 \cdot 1) = 5$$

sowie $\varphi = \arctan(d/(r-h)) = \arctan(3/4)$

(ii) Inhalt A_1 des durch das Geradensegment erzeugten Flächenteils:
Mantel eines Zylinders mit Radius $R = 8$ und Höhe $H = 4$

$$A_1 = 2\pi R H = 64\pi$$

(iii) Inhalt A_2 des durch die Kreissegmente erzeugten Flächenteils:
Anwendung der ersten Guldinschen Regel:
„Der Inhalt einer durch Rotation einer Kurve um eine (diese nicht schneidende)
Achse erzeugten Fläche ist das Produkt aus der Länge der Kurve und dem Umfang
des Kreises, den der Schwerpunkt der Kurve bei der Rotation beschreibt."
Länge der beiden Kreissegmente (Winkel des Sektors $= 2\varphi$):

$$L = 2\varphi r = 2\arctan(3/4) \cdot 5 = 10\arctan(3/4)$$

Symmetrie $\implies$
Abstand der Kreissegmentschwerpunkte von der Rotationsachse: $d = 5$
Umfang der Rotationskreise: $U = 2\pi d = 10\pi$

$$\rightsquigarrow \quad A_2 = 2UL = 2 \cdot 10\pi \cdot 10\arctan(3/4) = 200\pi \arctan(3/4)$$

Inhalt der gesamten Fläche

$$64\pi + 200\pi \arctan(3/4) \approx 605.39$$

21.5   Guldinsche Regel für Volumina von Rotationskörpern

Bestimmen Sie den Schwerpunkt S der abgebildeten Fläche

$$A : 0 \leq x \leq 1/2,\ 0 \leq y \leq \cos(\pi x)$$

sowie die Volumina der Körper, die durch Rotation von A um die x- und y-Achse entstehen.

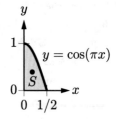

Verweise: Rotationskörper

Lösungsskizze

(i) Flächeninhalt und Schwerpunkt:

$$\text{area } A = \int_0^{1/2} \cos(\pi x)\,\mathrm{d}x = \left[\frac{1}{\pi}\sin(\pi x)\right]_{x=0}^{x=1/2} = \frac{1}{\pi} - 0 = \frac{1}{\pi}$$

x-Komponente des Schwerpunkts

$$S_x = \frac{1}{\text{area } A}\iint_A x\,\mathrm{d}A = \pi \int_0^{1/2}\int_0^{\cos(\pi x)} x\,\mathrm{d}y\mathrm{d}x = \pi \int_0^{1/2} x\cos(\pi x)\,\mathrm{d}x$$

$$\underset{\text{part. Int.}}{=} [x\sin(\pi x)]_{x=0}^{x=1/2} - \int_0^{1/2}\sin(\pi x)\,\mathrm{d}x = \frac{1}{2} - \frac{1}{\pi}$$

y-Komponente des Schwerpunkts

$$S_y = \frac{1}{\text{area } A}\iint_A y\,\mathrm{d}A = \pi \int_0^{1/2}\int_0^{\cos(\pi x)} y\,\mathrm{d}y\mathrm{d}x$$

$$= \pi \int_0^{1/2} [y^2/2]_{y=0}^{y=\cos(\pi x)}\,\mathrm{d}x = \pi \int_0^{1/2} \cos^2(\pi x)/2\,\mathrm{d}x = \frac{\pi}{8}$$

(ii) Volumina:

Anwendung der zweiten Guldinschen Regel:

„Das Volumen eines durch Rotation einer ebenen Fläche um eine (deren Inneres nicht schneidenden) Achse erzeugten Körpers ist das Produkt aus dem Flächeninhalt und dem Umfang des Kreises, den der Schwerpunkt der Fläche bei der Rotation beschreibt."

■ Rotation um die x-Achse:
Achsenabstand des Schwerpunkts $S_y = \pi/8$ ⤳   Umfang des Kreises $U = 2\pi S_y = \pi^2/4$ und

$$V_x = \text{area } A \cdot U = \frac{1}{\pi}\cdot\frac{\pi^2}{4} = \frac{\pi}{4} \approx 0.7854$$

■ Rotation um die y-Achse:

$$V_y = \text{area } A \cdot 2\pi S_x = (1/\pi)\cdot(2\pi(1/2 - 1/\pi)) = 1 - 2/\pi \approx 0.3634$$

21.6 Volumen und Mantelfläche eines Hyperboloids

Bestimmen Sie das Volumen und die Mantelfläche des Rotationskörpers mit dem abgebildeten Querschnitt, der der Silhouette eines Kühlturms ähnelt.

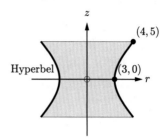

Verweise: Rotationskörper, Hyperbel

Lösungsskizze

(i) Radiusfunktion $r(z)$:

Hyperbelgleichung

$$H : \frac{r^2}{a^2} - \frac{z^2}{b^2} = 1$$

$(r,z) = (3,0) \in H \quad \Longrightarrow \quad a = 3$

$(r,z) = (5,4) \in H \quad \Longrightarrow \quad 5^2/3^2 - 4^2/b^2 = 1$, d.h. $b = 3$

Auflösen nach $r \quad \rightsquigarrow$

$$r(z) = \sqrt{9 + z^2}, \quad r'(z) = z/\sqrt{9 + z^2}$$

(ii) Volumen des Rotationskörpers:

Einsetzen in die Volumenformel, $V = \pi \int_{z_-}^{z_+} r(z)^2 \, \mathrm{d}z \quad \rightsquigarrow$

$$V = \pi \int_{-4}^{4} 9 + z^2 \, \mathrm{d}z = \pi \left[9z + \frac{1}{3} z^3 \right]_{z=-4}^{z=4} = \frac{344}{3} \pi \approx 360.2359$$

(iii) Mantelfläche des Rotationskörpers:

Einsetzen in die Mantelflächenformel, $A = 2\pi \int_{z_-}^{z_+} r(z) \sqrt{1 + r'(z)^2} \, \mathrm{d}z \quad \rightsquigarrow$

$$A = 2\pi \int_{-4}^{4} \sqrt{9 + z^2} \sqrt{1 + z^2/(9 + z^2)} \, \mathrm{d}z = 2\pi \int_{-4}^{4} \sqrt{9 + 2z^2} \, \mathrm{d}z$$

Substitution $\sqrt{2}z = 3 \sinh t$, $\mathrm{d}z = \frac{3}{\sqrt{2}} \cosh t \, \mathrm{d}t$, $1 + \sinh^2 = \cosh^2 \quad \rightsquigarrow$

$$A = 2\pi \int_{-c}^{c} 3 \cosh^2 t \, \frac{3}{\sqrt{2}} \, \mathrm{d}t, \quad c = \operatorname{arcsinh}(4\sqrt{2}/3)$$

$\cosh^2 t = (\mathrm{e}^t + \mathrm{e}^{-t})^2/2^2 = (\mathrm{e}^{2t} + 2 + \mathrm{e}^{-2t})/4$, $\sinh(-c) = -\sinh(c) \quad \rightsquigarrow$

$$A = \left(2\pi \frac{9}{\sqrt{2}} \frac{1}{4} \right) \left[\frac{1}{2} \mathrm{e}^{2t} + 2t - \frac{1}{2} \mathrm{e}^{-2t} \right]_{t=-c}^{t=c} = \frac{9\pi}{\sqrt{2}} \left(\sinh(2c) + 2c \right) \approx 216.5597$$

Kontrolle mit Maple™:

```
> r:=sqrt(9+z^2); dr:=diff(r,z);
> evalf(2*Pi*int(r*sqrt(1+dr^2),z=-4..4));
```

21.7   Geometrischer Schwerpunkt einer Eistüte

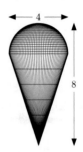

Bestimmen Sie den geometrischen Schwerpunkt der abgebildeten Eistüte, die aus einer Halbkugel und einem Kreiskegel gebildet wird.

Verweise: Schwerpunkt, Kugelkoordinaten, Zylinderkoordinaten

Lösungsskizze

(i) Volumen:

Halbkugel: $R = 2 \implies V_H = \frac{2\pi}{3} R^3 = \frac{16}{3}\pi$

Kegel: $R = 2$, $h = 6 \implies V_K = \frac{1}{3}(\pi R^2)h = 8\pi$

$\rightsquigarrow$ Volumen der Eistüte: $V_E = V_H + V_K = \frac{40}{3}\pi$

(ii) Schwerpunkt:

Beschreibung der Halbkugel und des Kegels in Kugel- bzw. Zylinderkoordinaten

$$H : \quad r^2 = x^2 + y^2 + z^2 \le R^2 = 4, \quad z \ge 0$$

$$K : \quad \varrho = \sqrt{x^2 + y^2} \le \frac{6+z}{3}, \quad -6 \le z \le 0$$

Symmetrie $\implies$ Schwerpunkt $S = (0, 0, s_z)$ und somit

$$V_E s_z = \iiint_{H \cup K} z \, \mathrm{d}x\mathrm{d}y\mathrm{d}z$$

Einsetzen der Integrationsgrenzen und Volumenelemente $\rightsquigarrow$

$$V_E s_z = I_H + I_K = \int_0^{2\pi} \int_0^{\pi/2} \int_0^2 \underbrace{r \cos\vartheta}_{z} \underbrace{r^2 \sin\vartheta \, \mathrm{d}r\mathrm{d}\vartheta\mathrm{d}\varphi}_{\mathrm{d}x\mathrm{d}y\mathrm{d}z}$$

$$+ \int_{-6}^0 \int_0^{2\pi} \int_0^{(6+z)/3} z \underbrace{\varrho \, \mathrm{d}\varrho\mathrm{d}\varphi\mathrm{d}z}_{\mathrm{d}x\mathrm{d}y\mathrm{d}z}$$

sukzessive Integration, Produktform der Integranden $\rightsquigarrow$

$$I_H = 2\pi \left[\frac{1}{2}\sin^2\vartheta\right]_0^{\pi/2} \left[\frac{1}{4}r^4\right]_0^2 = 4\pi$$

$$I_K = 2\pi \int_{-6}^0 z \left[\frac{1}{2}\varrho^2\right]_0^{(6+z)/3} \mathrm{d}z = \frac{1}{9}\pi \int_{-6}^0 z(6+z)^2 \, \mathrm{d}z$$

$$\underset{\text{part. Int.}}{=} -\frac{1}{27}\pi \int_{-6}^0 (6+z)^3 \, \mathrm{d}z = -12\pi$$

$\rightsquigarrow$ z-Koordinate des Schwerpunktes

$$s_z = \frac{I_H + I_K}{V_E} = \frac{(4 - 12)\pi}{40\pi/3} = -\frac{3}{5}$$

21.8 Flächenschwerpunkt eines Paraboloids

Bestimmen Sie den Flächeninhalt und den Schwerpunkt des Paraboloids

$$S: x^2 + y^2 = z \leq 2.$$

Verweise: Schwerpunkt, Flächenelement in Zylinderkoordinaten

Lösungsskizze

(i) Flächenelement:

Parametrisierung des Paraboloids

$$S: (\varphi, z) \mapsto p(\varphi, z) = (\sqrt{z} \cos \varphi, \sqrt{z} \sin \varphi, z)^{\mathrm{t}}, \quad 0 \leq \varphi \leq 2\pi, 0 \leq z \leq 2$$

Tangentenvektoren

$$p_\varphi = \begin{pmatrix} -\sqrt{z} \sin \varphi \\ \sqrt{z} \cos \varphi \\ 0 \end{pmatrix}, \quad p_z = \begin{pmatrix} \cos \varphi/(2\sqrt{z}) \\ \sin \varphi/(2\sqrt{z}) \\ 1 \end{pmatrix}$$

$$p_\varphi \perp p_z \quad \Longrightarrow$$

$$\mathrm{d}S = |p_\varphi||p_z| \, \mathrm{d}\varphi \mathrm{d}z = \sqrt{z} \, \sqrt{1/(4z) + 1} \, \mathrm{d}\varphi \mathrm{d}z = \sqrt{1/4 + z} \, \mathrm{d}\varphi \mathrm{d}z$$

(ii) Flächeninhalt:

$$\text{area } S = \iint\limits_S \mathrm{d}S = \int_0^2 \int_0^{2\pi} \sqrt{1/4 + z} \, \mathrm{d}\varphi \mathrm{d}z$$

$$= 2\pi \left[\frac{2}{3}(1/4 + z)^{3/2} \right]_0^2 = 2\pi \left(\frac{2}{3}\frac{27}{8} - \frac{2}{3}\frac{1}{8} \right) = \frac{13}{3}\pi \approx 13.6136$$

(iii) Schwerpunkt:

Symmetrie $\quad \Longrightarrow \quad S = (0, 0, s_z) \quad$ und

$$\text{area } S \, s_z = \iint\limits_S z \, \mathrm{d}S = 2\pi \int_0^2 z\sqrt{1/4 + z} \, \mathrm{d}z$$

$$\underset{\text{part. Int.}}{=} 2\pi \left(\left[z\frac{2}{3}(1/4 + z)^{3/2} \right]_0^2 - \int_0^2 \frac{2}{3}(1/4 + z)^{3/2} \, \mathrm{d}z \right)$$

$$\underset{\text{part. Int.}}{=} \frac{4}{3}\pi \left(\frac{27}{4} - \left[\frac{2}{5}(1/4 + z)^{5/2} \right]_0^2 \right) = \frac{149}{30}\pi$$

z-Koordinate des Schwerpunktes: $s_z = \int_S z \, \mathrm{d}S / \text{area } S = 149/130 \approx 1.1462$

21.9   Schwerpunkt und Trägheitsmoment eines Kegelstumpfes

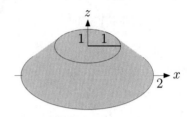

Berechnen Sie den Schwerpunkt und das Trägheitsmoment bzgl. der z-Achse des abgebildeten Kegelstumpfes für eine konstante Dichte 1.

Verweise: Schwerpunkt, Trägheitsmoment

Lösungsskizze

Zylinderkoordinaten

$$x = \varrho \cos \varphi, \; y = \varrho \sin \varphi, \quad \mathrm{d}x\mathrm{d}y\mathrm{d}z = \varrho\, d\varrho \mathrm{d}\varphi \mathrm{d}z$$

mit $\varrho = \sqrt{x^2 + y^2}$

Kegelstumpf

$$K : \varrho \leq 2 - z, \; 0 \leq z \leq 1$$

(i) Volumen/Masse:

Differenz zweier Kegel (Volumen $\frac{1}{3}\pi R^2 h$) mit Radien $R = 2$ und $R = 1$

$$V = \frac{1}{3}\pi 2^2 \cdot 2 - \frac{1}{3}\pi 1^2 \cdot 1 = \frac{7}{3}\pi \approx 7.3303$$

(ii) Schwerpunkt:

Symmetrie $\implies$ x, y-Komponenten Null und

$$s_z = \frac{1}{V} \underbrace{\iiint_K z\, \mathrm{d}x\mathrm{d}y\mathrm{d}z}_{I}$$

Integration in Zylinderkoordinaten $\rightsquigarrow$

$$I = \int_0^1 \int_0^{2\pi} \int_0^{2-z} z\, \varrho\, d\varrho\mathrm{d}\varphi\mathrm{d}z$$

$$= 2\pi \int_0^1 z(2-z)^2/2 \, \mathrm{d}z = \frac{11}{12}\pi$$

$\rightsquigarrow$ $s_z = I/V = 11/28 \approx 0.3929$

(iii) Trägheitsmoment:

Distanz zur z-Achse $= \varrho$ $\rightsquigarrow$

$$J_z = \iiint_K \varrho^2 = \int_0^1 \int_0^{2\pi} \int_0^{2-z} \varrho^2\, \varrho\, d\varrho\mathrm{d}\varphi\mathrm{d}z$$

$$= 2\pi \int_0^1 (2-z)^4/4 \, \mathrm{d}z = 2\pi \left[-\frac{(2-z)^5}{20} \right]_0^1 = \frac{31}{10}\pi \approx 9.7389$$

21.10 Masse, Schwerpunkt und Trägheitsmoment eines Paraboloids

Bestimmen Sie die Masse, den Schwerpunkt und das Trägheitsmoment bzgl. der Symmetrieachse für das Paraboloid

$$V : x^2 + y^2 \leq z \leq 3$$

mit konstanter Dichte 1.

Verweise: Schwerpunkt, Trägheitsmoment

Lösungsskizze

Zylinderkoordinaten

$$x = \varrho \cos \varphi, \, y = \varrho \sin \varphi, \, z = z, \quad \mathrm{d}x\mathrm{d}y\mathrm{d}z = \varrho \, \mathrm{d}\varrho\mathrm{d}\varphi\mathrm{d}z$$

Paraboloid

$$V : \varrho^2 \leq z \leq 3, \, 0 \leq \varphi \leq 2\pi$$

(i) Masse (konstante Dichte 1):

$$
\begin{aligned}
m &= \iiint\limits_V \mathrm{d}V = \int_0^3 \int_0^{2\pi} \int_0^{\sqrt{z}} \varrho \, \mathrm{d}\varrho\mathrm{d}\varphi\mathrm{d}z \\
&= \int_0^3 \int_0^{2\pi} \frac{z}{2} \, \mathrm{d}\varphi\mathrm{d}z = \int_0^3 \pi z \, \mathrm{d}z = \frac{9}{2}\pi
\end{aligned}
$$

(ii) Schwerpunkt:

Symmetrie $\implies$ $s = (0, 0, s_z)$

$$
\begin{aligned}
m s_z &= \iiint\limits_V z \, \mathrm{d}V = \int_0^3 \int_0^{2\pi} \int_0^{\sqrt{z}} z \, \varrho \, \mathrm{d}\varrho\mathrm{d}\varphi\mathrm{d}z \\
&= \int_0^3 \int_0^{2\pi} \frac{z^2}{2} \, \mathrm{d}\varphi\mathrm{d}z = \int_0^3 \pi z^2 \, \mathrm{d}z = 9\pi
\end{aligned}
$$

$\rightsquigarrow$ $s_z = (9\pi)/m = 2$

(iii) Trägheitsmoment:

Distanz $d = \sqrt{x^2 + y^2} = \varrho$ zur Symmetrieachse $\rightsquigarrow$

$$
\begin{aligned}
I_z &= \iiint\limits_V d^2 \, \mathrm{d}V = \int_0^3 \int_0^{2\pi} \int_0^{\sqrt{z}} \varrho^2 \, \varrho \, \mathrm{d}\varrho\mathrm{d}\varphi\mathrm{d}z \\
&= \int_0^3 \int_0^{2\pi} \frac{z^2}{4} \, \mathrm{d}\varphi\mathrm{d}z = \int_0^3 \frac{\pi}{2} z^2 \, \mathrm{d}z = \frac{9}{2}\pi
\end{aligned}
$$

22 Partielle Integration

Übersicht

© Springer-Verlag GmbH Deutschland, ein Teil von Springer Nature 2023
K. Höllig und J. Hörner, *Aufgaben und Lösungen zur Höheren Mathematik 2*,
https://doi.org/10.1007/978-3-662-67512-0_23

22.1 Hauptsatz bei Kugel und Sphäre

Berechnen Sie

$$\text{a)} \quad \iiint\limits_V \operatorname{grad} z^{2+r} \, \mathrm{d}V \qquad\qquad \text{b)} \quad \iint\limits_S (4x + y^3)\xi \, \mathrm{d}S$$

für die Einheitskugel V, deren Oberfläche S, ξ dem nach außen gerichteten Norma-lenvektor und $r^2 = x^2 + y^2 + z^2$.

Verweise: Hauptsatz für Mehrfachintegrale, Kugelkoordinaten

Lösungsskizze

Anwendung des Hauptsatzes

$$\iiint\limits_V \operatorname{grad} f \, \mathrm{d}V = \iint\limits_S f\xi \, \mathrm{d}S$$

Verwendung von Kugelkoordinaten

$$x = r \sin\vartheta \cos\varphi, \; y = r\sin\vartheta\sin\varphi, \; z = r\cos\vartheta$$

a) $f = z^{2+r}$:

Hauptsatz mit $\xi = (x, y, z)$, $r = 1$ auf S, $\mathrm{d}S = \sin\vartheta \, \mathrm{d}\vartheta\mathrm{d}\varphi \quad \rightsquigarrow$

$$\iint\limits_S f\xi \, \mathrm{d}S = \int_0^{2\pi} \int_0^\pi \cos^3\vartheta \underbrace{(\sin\vartheta\cos\varphi, \; \sin\vartheta\sin\varphi, \; \cos\vartheta)}_{\xi} \sin\vartheta \, \mathrm{d}\vartheta\mathrm{d}\varphi$$

$\int_0^{2\pi} \cos\varphi \, \mathrm{d}\varphi = \int_0^{2\pi} \sin\varphi \, \mathrm{d}\varphi = 0 \implies$ erste und zweite Komponente null

dritte Komponente

$$2\pi \int_0^\pi \cos^4\vartheta \sin\vartheta \, \mathrm{d}\vartheta = 2\pi \left[-\frac{1}{5}\cos^5\vartheta \right]_0^\pi = \frac{4\pi}{5} \approx 2.5133$$

b) $f = 4x + y^3$:

Hauptsatz $\rightsquigarrow$

$$\iiint\limits_V \operatorname{grad} f \, \mathrm{d}V = \iiint\limits_V (4, 3y^2, 0)^{\mathrm{t}} \, \mathrm{d}V$$

erste Komponente

$$4 \operatorname{vol} V = \frac{16}{3}\pi \approx 16.7552$$

zweite Komponente

$$\int_0^{2\pi} \int_0^\pi \int_0^1 3r^2 \sin^2\vartheta\cos^2\varphi \underbrace{r^2\sin\vartheta \, \mathrm{d}r\mathrm{d}\vartheta\mathrm{d}\varphi}_{\mathrm{d}V} =$$

$$3\left(\int_0^{2\pi} \cos^2\varphi \, \mathrm{d}\varphi \right) \left(\int_0^\pi \underbrace{\sin^3\vartheta}_{\sin\vartheta - \sin\vartheta\cos^2\vartheta} \mathrm{d}\vartheta \right) \left(\int_0^1 r^4 \, \mathrm{d}r \right) =$$

$$3\pi \left[-\cos\vartheta + \frac{1}{3}\cos^3\vartheta \right]_0^\pi \frac{1}{5} = \frac{3}{5}\pi(1 - 1/3 + 1 - 1/3) = \frac{4}{5}\pi \approx 2.5133$$

22.2 Vereinfachung eines uneigentlichen Integrals mit Hilfe partieller Integration

Berechnen Sie

$$\iint_{\mathbb{R}^2} (x + \cos y)\, \partial_x \exp(-\sqrt{x^2 + y^2})\, \mathrm{d}x\mathrm{d}y \,.$$

Verweise: Partielle Integration, Polarkoordinaten

Lösungsskizze

uneigentliches Integral $\quad\leadsto\quad$ berechne den Grenzwert des Integrals

$$S_R = \iint_{r \leq R} \underbrace{(x + \cos y)}_{f}\, \partial_x \underbrace{\mathrm{e}^{-r}}_{g}\, \mathrm{d}x\mathrm{d}y, \quad r = \sqrt{x^2 + y^2}\,,$$

für $R \to \infty$

partielle Integration $\quad\leadsto\quad$ wesentliche Vereinfachung des Integranden:

$$S_R = \iint_{r \leq R} f\, (\partial_x g) = \int_{r=R} f g\, \xi_x - \iint_{r \leq R} (\partial_x f)\, g$$

mit $\xi_x = x/R$ der x-Komponente der nach außen gerichteten Normale der Kreisscheibe mit Radius R

- Randintegral über den Kreis mit Radius R:

$$\left| \int_{r=R} \dots \right| \leq \text{Randlänge} \cdot \max_{r=R} |x + \cos y| |\mathrm{e}^{-r}| |\xi_x| \leq (2\pi R)(R + 1)\mathrm{e}^{-R}$$

$$\longrightarrow 0 \quad \text{für } R \to \infty$$

- Doppelintegral über die Kreisscheibe mit Radius R:
verwende Polarkoordinaten zur Integration der radialsymmetrischen Funktion
$(\partial_x f)\, g = 1 \cdot \mathrm{e}^{-r}$
$\mathrm{d}x\mathrm{d}y = 2\pi r\, \mathrm{d}r \quad \Longrightarrow$

$$\iint_{r \leq R} \dots \mathrm{d}x\mathrm{d}y \quad = \quad \int_0^R \mathrm{e}^{-r}\, (2\pi r)\mathrm{d}r$$

$$\underset{\text{part. Int.}}{=} \quad \left[2\pi r\, (-\mathrm{e}^{-r}) \right]_{r=0}^{r=R} - \int_0^R 2\pi(-\mathrm{e}^{-r})\, \mathrm{d}r$$

$$= \quad -2\pi R\mathrm{e}^{-R} - 2\pi\mathrm{e}^{-R} + 2\pi$$

$$\longrightarrow 2\pi \quad \text{für } R \to \infty$$

Addition der Grenzwerte der beiden Teilintegrale $\quad\leadsto$

$$\iint_{\mathbb{R}^2} f\, \partial_x g = \lim_{R \to \infty} S_R = 0 - 2\pi = -2\pi$$

22.3   Partielle Integration für einen Zylinder

Berechnen Sie

$$\iiint\limits_{V} x \sin(\pi z)\, \partial_x \exp(x^2 + y^2)\, dV$$

für den Zylinder $V : x^2 + y^2 \le 4,\, 0 \le z \le 1$.

Verweise: Partielle Integration, Flächenelement in Zylinderkoordinaten

Lösungsskizze

Partielle Integration

$$\iiint\limits_{V} f\, \partial_\nu g\, dV = \iint\limits_{S} f g \xi_\nu\, dS - \iiint\limits_{V} \partial_\nu f\, g\, dV$$

mit S der Oberfläche von V und ξ der nach außen gerichteten Einheitsnormalen
Einsetzen von f und g $\rightsquigarrow$

$$\iint\limits_{S} x \sin(\pi z) \exp(x^2 + y^2) \xi_1\, dS - \iiint\limits_{V} \sin(\pi z) \exp(x^2 + y^2)\, dV$$

Polarkoordinaten

$$x = \varrho \cos\varphi,\ y = \varrho \sin\varphi, \quad \varrho = \sqrt{x^2 + y^2}$$

- Flächenintegral:
  $\sin(\pi z) = 0$ auf dem Boden ($z = 0$) und Deckel ($z = 1$) des Zylinders V
  Mantel ($\varrho = 2$)

  $$M : (\varphi, z) \mapsto (\underbrace{2\cos\varphi}_{x}, \underbrace{2\sin\varphi}_{y}, z)^{t}, \quad dM = 2\, d\varphi dz$$

  Normale $\xi = (\cos\varphi, \sin\varphi, 0)^{t}$, $\int_0^{2\pi} \cos^2 \varphi\, d\varphi = \pi$ $\rightsquigarrow$

  $$\iint\limits_{S} \ldots = \int_0^1 \int_0^{2\pi} 2\cos\varphi \sin(\pi z) \exp(2^2) \underbrace{\cos\varphi}_{\xi_1} \underbrace{2\, d\varphi dz}_{dM} =$$

  $$4\mathrm{e}^4 \int_0^1 \sin(\pi z)\, dz \int_0^{2\pi} \cos^2 \varphi\, d\varphi = 4\mathrm{e}^4 \left[-\frac{\cos(\pi z)}{\pi}\right]_0^1 \pi = 8\mathrm{e}^4$$

- Volumenintegral:

  $$\iiint\limits_{V} \ldots = \int_0^1 \int_0^{2\pi} \int_0^2 \sin(\pi z) \exp(\varrho^2) \underbrace{\varrho\, d\varrho d\varphi dz}_{dV}$$

  $$= \left[-\frac{\cos(\pi z)}{\pi}\right]_0^1 (2\pi) \left[\frac{\mathrm{e}^{\varrho^2}}{2}\right]_0^2 = \frac{2}{\pi} (2\pi) \left(\frac{\mathrm{e}^4 - 1}{2}\right) = 2\mathrm{e}^4 - 2$$

Differenz der Integrale: $8\mathrm{e}^4 - (2\mathrm{e}^4 - 2) = 6\mathrm{e}^4 + 2 = 329.5889$

22.4 Erste Greensche Formel für ein Dreieck

Berechnen Sie für das Dreieck D mit den Eckpunkten $(0,0)$, $(3,0)$, $(0,1)$ und die Funktionen $f(x,y) = x - y$, $g(x,y) = (x+y)^2$ alle in der Formel

$$\iint\limits_D f\Delta g = \int\limits_{\partial D} f\partial_\perp g - \iint\limits_D \operatorname{grad} f^{\mathrm t} \operatorname{grad} g$$

auftretenden Integrale.

Verweise: Greensche Formeln

Lösungsskizze

(i) Dreieck $D : 0 \le x \le 3, 0 \le y \le 1 - x/3$,
Rand ∂D und Randnormalen

$$a = \begin{pmatrix} -1 \\ 0 \end{pmatrix}, \; b = \begin{pmatrix} 0 \\ -1 \end{pmatrix}, \; c = \frac{1}{\sqrt{10}} \begin{pmatrix} 1 \\ 3 \end{pmatrix}$$

(ii) $S_\Delta = \iint\limits_D f\Delta g$, $\Delta g(x,y) = (\partial_x^2 + \partial_y^2)(x^2 + 2xy + y^2) = 4$:

$$S_\Delta = \int_0^3 \int_0^{1-x/3} (x-y)\cdot 4\,\mathrm dy\mathrm dx = 4\int_0^3 (1-x/3)x - (1-x/3)^2/2\,\mathrm dx = 4$$

(iii) $\int\limits_{\partial D} f\partial_\perp g$, $\partial_\perp g = \xi^{\mathrm t} \operatorname{grad} g = (\xi_1, \xi_2)(2x+2y, 2x+2y)^{\mathrm t}$ mit $\xi = a, b, c$:

- Randsegment $x = 0$, $0 \le y \le 1$, $\xi = a = (-1,0)^{\mathrm t}$

$$S_a = \int_0^1 \underbrace{(x-y)}_{f(x,y)} (-1,0) \begin{pmatrix} 2x+2y \\ 2x+2y \end{pmatrix}\Bigg|_{x=0} \mathrm dy = \int_0^1 2y^2\,\mathrm dy = \frac{2}{3}$$

- analog: $0 \le x \le 3$, $y = 0$ $\rightsquigarrow$ $S_b = \int_0^3 (x-0)\,(0,-1)\begin{pmatrix} 2x+0 \\ 2x+0 \end{pmatrix}\mathrm dx = -18$

- Randsegment $C : t \mapsto p(t) = (t, 1-t/3)$, $0 \le t \le 3$, $\xi = c = (1,3)^{\mathrm t}/\sqrt{10}$:
  Berücksichtigung des Linienelements $\mathrm ds = |p'(t)|\,\mathrm dt = |(1,-1/3)^{\mathrm t}|\,\mathrm dt = \sqrt{10}/3\,\mathrm dt$
  ($\mathrm ds = \mathrm dt = 1$ in den ersten beiden Fällen, achsenparallele Randsegmente) $\rightsquigarrow$

$$S_c = \int_C f\partial_\perp g\,\mathrm ds$$
$$= \int_0^3 \underbrace{\left(t - \left(1 - \frac{t}{3}\right)\right)}_{x-y} \left(\frac{1}{\sqrt{10}}, \frac{3}{\sqrt{10}}\right) \begin{pmatrix} 2t + 2\left(1 - \frac{t}{3}\right) \\ 2t + 2\left(1 - \frac{t}{3}\right) \end{pmatrix} \frac{\sqrt{10}}{3}\,\mathrm dt$$
$$= \int_0^3 (4t/3 - 1)\,(3+1)\,(2+4t/3)\,(1/3)\,\mathrm dt = \frac{64}{3}$$

(iv) $S_{\mathrm{grad}} = \iint\limits_D \operatorname{grad} f^{\mathrm t} \operatorname{grad} g$:

$\operatorname{grad} f = (1,-1)^{\mathrm t} \perp (2x+2y, 2x+2y)^{\mathrm t} = \operatorname{grad} g$ $\Longrightarrow$ $S_{\mathrm{grad}} = 0$

$\rightsquigarrow$ Bestätigung der Greenschen Formel: $S_\Delta = (S_a + S_b + S_c) - S_{\mathrm{grad}}$ ✓

22.5   Greensche Formel für eine Kugel

Berechnen Sie

$$\iiint\limits_V (3-r)\,\Delta\frac{1}{2+r}\,\mathrm{d}V$$

für die Kugel $V:\ r^2 = x^2+y^2+z^2 \le 4$.

Verweise: Greensche Formeln, Flächenelement in Kugelkoordinaten

Lösungsskizze
Greensche Formel

$$\iiint\limits_V f\,\Delta g\,\mathrm{d}V = \iint\limits_S f\,\partial_\perp g\,\mathrm{d}S - \iiint\limits_V (\operatorname{grad} f)^{\mathrm t}\,\operatorname{grad} g\,\mathrm{d}V$$

mit S der Oberfläche von V und $\partial_\perp g = \xi^{\mathrm t}\operatorname{grad} g$ der Ableitung in Richtung der äußeren Einheitsnormalen ξ

$$\xi = (x,y,z)^{\mathrm t}/2, \quad \operatorname{grad} u(r) = u'(r)\frac{(x,y,z)^{\mathrm t}}{r}, \quad \partial_\perp u = u'$$

für die Kugel $V\!:r = \sqrt{x^2+y^2+z^2} \le 2$ und radialsymmetrisches u

Einsetzen von $f = 3-r$ und $g = 1/(2+r)$ $\rightsquigarrow$

$$\iint\limits_S (3-r)\left(-\frac{1}{(2+r)^2}\right)\mathrm{d}S - \iiint\limits_V -\frac{(x,y,z)}{r}\left(-\frac{1}{(2+r)^2}\right)\frac{(x,y,z)^{\mathrm t}}{r}\,\mathrm{d}V$$

- Flächenintegral:
  Integrand konstant auf S $(r=2)$ $\rightsquigarrow$

$$\operatorname{area} S\,(3-2)\left(-\frac{1}{(2+2)^2}\right) = (4\pi 2^2)(-1/16) = -\pi$$

- Volumenintegral:
  $\mathrm{d}V = 4\pi r^2\,\mathrm{d}r$ (Kugelkoordinaten), Partialbruchzerlegung $\rightsquigarrow$

$$4\pi\int_0^2 \frac{1}{(2+r)^2}\,r^2\mathrm{d}r = 4\pi\int_0^2 1 - \frac{4}{2+r} + \frac{4}{(2+r)^2}\,\mathrm{d}r$$
$$= 4\pi(2 - 4\ln(2) + 1) = 4\pi(3 - 4\ln 2)$$

Differenz der Integrale: $\iint\limits_S \ldots - \iiint\limits_V \ldots = 16\pi\ln 2 - 13\pi \approx -5.9993$

Alternative Lösung
direkte Berechnung mit $\Delta g = r^{-2}\partial_r(r^2\partial_r g)$

22.6 Fundamentallösung der bivariaten Poisson-Gleichung

Zeigen Sie, dass für eine glatte Funktion f mit kompaktem Träger[1] ($f(x) = 0$ für $|x| > c$)

$$\frac{1}{2\pi} \iint_{\mathbb{R}^2} \ln|y|\, \Delta_x f(x-y)\, dy_1 dy_2 = f(x_1, x_2), \quad \Delta_x = (\partial/\partial x_1)^2 + (\partial/\partial x_2)^2,$$

d.h. das Integral definiert eine Lösung $u(x)$ der Poisson-Gleichung $\Delta u = f$.

Verweise: Partielle Integration, Greensche Formeln

Lösungsskizze

o.B.d.A. $x = (0,0)$ durch Substitution von $g(y) = f(x-y)$ und wegen $\Delta_x f(x-y) = \Delta_y f(x-y) = \Delta_y g(y)$, d.h. zu zeigen

$$\lim_{R\to 0} \iint_{r\geq R} h(y)\Delta g(y)\, dy_1 dy_2 = 2\pi g(0,0), \quad h(y) = \ln \underbrace{\sqrt{y_1^2 + y_2^2}}_{=r}$$

(Bilden des Grenzwerts aufgrund der Singularität des Logarithmus bei $y = (0,0)$, uneigentliches Integral)

zweite Greensche Formel $\implies$

$$\iint_{r\geq R} h\,\Delta g = \iint_{r\geq R} g\,\Delta h + \int_{r=R} h\,\partial_\perp g - \int_{r=R} g\,\partial_\perp h =: S_1 + S_2 - S_3$$

$\partial_\perp$: Ableitung in Richtung der nach innen zeigenden Randnormalen $\xi = (-y_1/R, -y_2/R)^t = -y^t/R$ des Kreises mit Radius R, d.h. $\partial_\perp u = \xi^t \operatorname{grad} u$ für $u = g$ und $u = h$

Berechnung des Integrals S_1 über das Komplement der Kreisscheibe mit Radius R ($r \geq R$) und die Integrale S_2, S_3 über deren Rand ($r = R$)

- $\Delta h = \Delta \ln r = 0$! (bitte mit der Kettenregel nachprüfen) $\implies$ $S_1 = 0$
- $|S_2| \leq (2\pi R) \ln R \max_{|y|=R} |\partial_\perp g(y)| \to 0$ für $R \to 0$, da $\partial_\perp g$ für die glatte Funktion g beschränkt ist
- $\operatorname{grad} h(y) = \operatorname{grad} \ln \sqrt{y_1^2 + y_2^2} = (y_1, y_2)^t/(y_1^2 + y_2^2)$,
  $\partial_\perp h(y) = \xi^t \operatorname{grad} h(y) = (-y/R)(y^t/R^2) = -1/R$ für $|y| = R$ $\implies$

$$S_3 = \int_{r=R} g(y)(-1/R) = -(2\pi R)\,g(y_\star)/R$$

mit $|y_\star| = R$ nach dem Mittelwertsatz und somit $S_3 \to -2\pi g(0,0)$ für $R \to 0$

Addition der Grenzwerte der Integrale S_k $\implies$ $\lim_{R\to 0} \iint_{r\geq R} h\Delta g = 2\pi g(0,0)$

---

[1]Die Voraussetzung kann abgeschwächt werden.

23 Tests

Übersicht

Ergänzend zu den Tests in diesem Kapitel finden Sie unter dem Link unten auf der Seite eine interaktive Version dieser Tests als elektronisches Zusatzmaterial. Sie können dort Ihre Ergebnisse zu den Aufgaben in ein interaktives PDF-Dokument eintragen und erhalten unmittelbar eine Rückmeldung, ob die Resultate korrekt sind.

Ergänzende Information Die elektronische Version dieses Kapitels enthält Zusatzmaterial, auf das über folgenden Link zugegriffen werden kann https://doi.org/10.1007/978-3-662-67512-0_24.

23.1   Volumina und Integrale über Elementarbereiche

Aufgabe 1:

Integrieren Sie

$$\text{a)} \quad \sqrt{x} + \sqrt{y} \qquad \text{b)} \quad \sqrt{x}\sqrt{y} \qquad \text{c)} \quad \sqrt{x+y}$$

über das Rechteck $[0,1] \times [0,4]$.

Aufgabe 2:

Berechnen Sie $\int_0^1 \int_0^3 \int_1^3 yze^{xy}\,\mathrm{d}z\mathrm{d}y\mathrm{d}x$.

Aufgabe 3:

Berechnen Sie das Volumen des durch die Ungleichungen

$$1 \le x \le 2, \quad x \le y \le 2x, \quad xy \le z \le 2xy$$

beschriebenen Elementarbereichs D.

Aufgabe 4:

Integrieren Sie $f(x,y,z) = xyz$ über den durch die Ungleichungen

$$0 \le x \le 1,\ 0 \le y \le x,\ 0 \le z \le xy$$

definierten Elementarbereich.

Aufgabe 5:

Berechnen Sie $\int_0^1 \int_{2y}^2 y\sqrt{1+x^3}\,\mathrm{d}x\mathrm{d}y$.

Aufgabe 6:

Integrieren Sie $f(x,y) = \ln x/y$ über den durch Segmente des Polynoms $p: y = x^3$ und der Gerade $g: y = x$ begrenzten Bereich.

Aufgabe 7:

Integrieren Sie $f(x,y) = xy$ über das Parallelogramm mit den Eckpunkten $(2,1)$, $(4,2)$, $(4,4)$, $(2,3)$.

Aufgabe 8:

Berechnen Sie $\int_1^2 \int_x^{2x} \int_y^{2y} z\,\mathrm{d}z\mathrm{d}y\mathrm{d}x$.

Aufgabe 9:

Beschreiben Sie die Pyramide mit Grundfläche $[-1,1]^2$ und Spitze $(0,0,1)$ als Elementarbereich D und berechnen Sie $\iiint_D x^2 + y^2 + z^2\,\mathrm{d}x\mathrm{d}y\mathrm{d}z$.

Lösungshinweise

Aufgabe 1:

Benutzen Sie

$$\int f + g = \int f + \int g, \quad \int_a^b \int_c^d g(y)\,\mathrm{d}y\mathrm{d}x = (b-a)\int_c^d g(y)\,\mathrm{d}y,$$

$$\int_a^b \int_c^d f(x)g(y)\,\mathrm{d}y\mathrm{d}x = \left(\int_a^b f(x)\,\mathrm{d}x\right)\left(\int_c^d g(y)\,\mathrm{d}y\right).$$

Aufgabe 2:

Wählen Sie die für die Bildung von Stammfunktionen günstige Integrationsreihenfolge

$$\int_0^3 \left(\int_0^1 \left(\int_1^3 yze^{xy}\,\mathrm{d}z\right)\,\mathrm{d}x\right)\,\mathrm{d}y.$$

Aufgabe 3:

Das Volumen eines Elementarbereichs

$$D : a \leq x \leq b,\, c(x) \leq y \leq d(x),\, e(x,y) \leq z \leq f(x,y)$$

lässt sich durch sukzessive Integration über die Variablen z, y und x berechnen:

$$\operatorname{vol}D = \int_a^b \left(\int_{c(x)}^{d(x)} \underbrace{\left(\int_{e(x,y)}^{f(x,y)} 1\,\mathrm{d}z\right)}_{f(x,y)-e(x,y)}\,\mathrm{d}y\right)\mathrm{d}x.$$

Aufgabe 4:

Integrieren Sie sukzessive über z, y und x und benutzen Sie, dass $\int_0^b t^{n-1}\,\mathrm{d}t = b^n/n$.

Aufgabe 5:

Für $f(x) = \sqrt{1+x^3}$ lässt sich keine Stammfunktion explizit angeben. Jedoch ist nach Vertauschung der Integrationsreihenfolge die Bildung von Stammfunktionen möglich. Beachten Sie, dass sich dabei die Integrationsgrenzen ändern:

$$D : 0 \leq y \leq 1,\, 2y \leq x \leq 2 \quad \rightarrow \quad D : 0 \leq x \leq 2,\, a(x) \leq y \leq b(x).$$

Aufgabe 6:

Bestimmen Sie die Schnittpunkte von p und g und beschreiben Sie den Integrationsbereich als Elementarbereich

$$D : a \leq x \leq b,\, c(x) \leq y \leq d(x).$$

Verwenden Sie $\int 1/y\,\mathrm{d}y = \ln|y| + C$, partielle Integration und $\int \ln x\,\mathrm{d}x = x\ln|x| - x + C$.

Aufgabe 7:

Beschreiben Sie das Parallelogramm als Elementarbereich

$$D : a \leq x \leq b,\, c(x) \leq y \leq c(x) + d$$

und integrieren Sie sukzessive über y und x.

Aufgabe 8:

Bei jeder der drei Integrationen kann die Identität

$$\int_a^{2a} t^{k-1}\,\mathrm{d}t = \frac{2^k - 1}{k}\, a^k$$

verwendet werden.

Aufgabe 9:

Berücksichtigen Sie bei der Beschreibung der Pyramide als Elementarbereich, dass die horizontalen Querschnitte Quadrate sind, deren Breite von $z = 0$ nach $z = 1$ linear abnimmt. Integrieren Sie die drei Summanden des Integranden separat, und nutzen Sie die Symmetrie der Konfiguration.

23.2 Transformationssatz

Aufgabe 1:

Berechnen Sie den Flächeninhalt des durch

$$\begin{pmatrix} x \\ y \end{pmatrix} \mapsto \begin{pmatrix} x + 2xy \\ 2y + xy \end{pmatrix}, \quad 0 \le x, y \le 1,$$

parametrisierten Vierecks.

Aufgabe 2:

Integrieren Sie $f(x,y) = \mathrm{e}^{x-y}$ über das Dreieck mit den Eckpunkten $(1,0)$, $(0,1)$, $(-1,-1)$.

Aufgabe 3:

Bestimmen Sie die Gewichte der Quadraturformel

$$\iint\limits_{D} f(x,y)\,\mathrm{d}x\,\mathrm{d}y \approx \mathrm{area}\, D \sum_{j+k+\ell=3} w_{jk\ell} f(P_{jk\ell}),$$

die für Integrale von kubischen Polynomen über ein Dreieck D exakt ist.

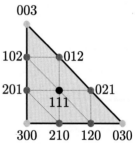

Aus Symmetriegründen ist $w_{300} = w_{030} = w_{003}$, $w_{210} = w_{120} = w_{021} = w_{012} = w_{201} = w_{102}$, und aufgrund des Transformationssatzes kann man sich bei der Bestimmung der Gewichte auf das Standarddreieck $D : 0 \le x \le 1, 0 \le y \le 1 - x$ beschränken.

Aufgabe 4:

Berechnen Sie den Flächeninhalt des abgebildeten, durch vier Bézier-Kurven begrenzten Bereichs. Dabei ist $(2t - t^2, 1 - t^2)$, $0 \le t \le 1$, eine Parametrisierung des Randsegments im ersten Quadranten.

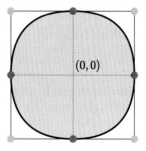

Aufgabe 5:

Integrieren Sie $(x + y)^{xy}$ mit MATLAB® über das Dreieck mit den Eckpunkten $(0,0)$, $(1,0)$, $(0,1)$.

Aufgabe 6:

Berechnen Sie das Volumen des durch

$$\begin{pmatrix} u + v^q \\ v + w^r \\ w + u^p \end{pmatrix}, \quad 0 \le u, v, w \le 1,$$

mit $p, q, r > 0$ parametrisierten Körpers.

Aufgabe 7:

Integrieren Sie $f(x) = 1 + 4x_2 + 3x_3^2$ über den von den Vektoren

$$(2, 1, 0)^{\mathrm{t}}, \quad (1, 0, 1)^{\mathrm{t}}, \quad (0, 1, 2)^{\mathrm{t}}$$

aufgespannten Spat.

Aufgabe 8:

Integrieren Sie $f(x) = x_1 x_2$ über das Bild des Würfels $Q = [0, \pi/2]^3$ unter der Abbildung $Q \ni u \mapsto x = (\sin u_1, \sin u_2, u_1 u_2 u_3)^{\mathrm{t}}$.

Lösungshinweise

Aufgabe 1:
Der Inhalt einer Fläche $S \subset \mathbb{R}^2$ mit einer Parametrisierung $(p_1(x,y), p_2(x,y))^t$, $0 \leq x, y \leq 1$, ist

$$\int_0^1 \int_0^1 |\det p'(x,y)| \, dxdy$$

mit p' der Jacobi-Matrix der Parametrisierung.

Aufgabe 2:
Ein Dreieck D mit den Eckpunkten a, b, c lässt sich durch

$$p(s,t) = sa + tb + (1 - s - t)c, \quad 0 \leq s \leq 1, 0 \leq t \leq 1 - s,$$

parametrisieren, und das Flächenelement $dD = \underbrace{|\det(a - c, b - c)|}_{d} \, dsdt$ ist konstant.

Nach dem Transformationssatz ist

$$\iint_D f = d \int_0^1 \int_0^{1-s} f(p_1(s,t), p_2(s,t)) \, dtds.$$

Aufgabe 3:
Die Gewichte lassen sich durch Integrieren der Lagrange-Polynome $L_{jk\ell}$, die an dem entsprechenden Auswertungspunkt $P_{jk\ell}$ gleich 1 sind und an allen anderen Punkten $P_{j'k'\ell'}$ verschwinden, berechnen:

$$\text{area}\, D \, w_{jk\ell} = \iint_D L_{jk\ell}(x,y) \, dxdy \, ;$$

die Hilfe von Maple^{TM} ist empfehlenswert. Konstruieren kann man die Lagrange-Polynome als Produkte von Linearfaktoren zu Geraden durch die Punkte $P_{j'k'\ell'}$.

Aufgabe 4:
Parametrisieren Sie das obere rechte Viertel der Fläche durch

$$\begin{pmatrix} t \\ s \end{pmatrix} \mapsto \begin{pmatrix} 2t - t^2 \\ s \end{pmatrix}, \quad 0 \leq t \leq 1, 0 \leq s \leq 1 - t^2$$

und wenden Sie den Transformationssatz an.

Aufgabe 5:
Bilden Sie $Q = [0,1]^2$ durch eine Parametrisierung p auf das Dreieck ab und bestimmen Sie die Jacobi-Matrix von p und deren Determinante d. Integrieren Sie dann $(p_1 + p_2)^{p_1 p_2} |d|$ mit der MATLAB$^\circledR$-Funktion quad2 über Q.

Aufgabe 6:

Bestimmen Sie die Jacobi-Matrix der Parametrisierung p sowie deren Determinante d. Wenden Sie dann den Transformationssatz an, und integrieren Sie $|d|$ über $[0,1]^3$.

Aufgabe 7:

Ein von den Spalten einer Matrix A aufgespannter Spat kann durch

$$S : u \mapsto x = Au, \quad u \in Q = [0,1]^3 ,$$

parametrisiert werden. Folglich gilt

$$\iiint\limits_S f(x)\,\mathrm{d}x = \iiint\limits_Q f(Au)|\det A|\,\mathrm{d}u .$$

Aufgabe 8:

Nach dem Transformationssatz für mehrdimensionale Integrale ist

$$\iiint\limits_{g(Q)} f(x)\,\mathrm{d}x = \iiint\limits_Q f(g(u))\,|\det \mathrm{J}\,g(u)|\,\mathrm{d}u$$

mit $Q = [0, \pi/2]^3$.

23.3 Kurven- und Flächenintegrale

Aufgabe 1:
Berechnen Sie die Länge der Kurve $C : t \mapsto (2t^2, t^3)^t$, $0 \le t \le 1$.

Aufgabe 2:
Integrieren Sie $f(x, y) = |xy|$ über die Ellipse $C : (x, y) = (\cos t, 2\sin t)^t$, $0 \le t \le 2\pi$.

Aufgabe 3:
Parametrisieren Sie die Kurve

$$C : t \mapsto e^t(\cos t, \sin t, 1), \quad t \ge 0,$$

nach Bogenlänge.

Aufgabe 4:
Berechnen Sie die Länge der in Polarkoordinaten durch

$$r(\varphi) = \cos^4(\varphi/4), \quad 0 \le \varphi \le 4\pi,$$

beschriebenen Kurve.

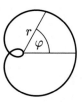

Aufgabe 5:
Berechnen Sie $\iint_D f$ für $f(x, y, z) = y^3$ und das Dreieck D mit den Eckpunkten $(1, 0, 0)$, $(0, 2, 0)$, $(0, 0, 3)$.

Aufgabe 6:
Stellen Sie mit Hilfe von Maple™ die durch

$$\begin{pmatrix} s \\ t \end{pmatrix} \mapsto \begin{pmatrix} \cos s \\ 2\sin s \\ t\sin s \end{pmatrix}, \quad 0 \le s \le \pi, 0 \le t \le 1,$$

parametrisierte Fläche grafisch dar und berechnen Sie deren Flächeninhalt.

Aufgabe 7:
Berechnen Sie numerisch den Inhalt der abgebildeten, durch

$$\begin{pmatrix} r \\ \varphi \end{pmatrix} \mapsto \begin{pmatrix} r\cos\varphi \\ r\sin\varphi \\ \cos(4\varphi) \end{pmatrix}, \quad \begin{aligned} 0 \le r \le 1, \\ 0 \le \varphi \le 2\pi \end{aligned}$$

parametrisierten Fläche (Spezialfall eines Plücker-
schen Konoids).

Aufgabe 8:
Integrieren Sie den Betrag des Normalenvektors $p_u \times p_v$ über die Fläche

$$S : \begin{pmatrix} u \\ v \end{pmatrix} \mapsto p(u,v) = \begin{pmatrix} u^2 \\ v^2 \\ uv \end{pmatrix}, \quad 0 \le u, v \le 1.$$

Lösungshinweise

Aufgabe 1:

Bestimmen Sie den Tangentenvektor $p'(t)$ und berechnen Sie dann $\int_0^1 |p'(t)|\,\mathrm{d}t = \int_0^1 \sqrt{p_1'(t)^2 + p_2'(t)^2}\,\mathrm{d}t$.

Aufgabe 2:

Bestimmen Sie den Tangentenvektor $(x'(t), y'(t))$ sowie das Kurvenelement $\mathrm{d}C = \sqrt{x'(t)^2 + y'(t)^2}\,\mathrm{d}t$. Nutzen Sie die Symmetrie und berechnen Sie $\int_C f = 4 \int_0^{\pi/2} f(x(t), y(t))\,\mathrm{d}C$.

Aufgabe 3:

Bestimmen Sie den Tangentenvektor $p'(t)$ der Parametrisierung p sowie das Kurvenelement $\mathrm{d}C = |p'(t)|\,\mathrm{d}t$. Berechnen Sie dann die Länge $s(t) = \int_0^t |p'(\tau)|\,\mathrm{d}\tau$. Invertieren Sie die Funktion s, und setzen Sie $t(s)$ in die Parametrisierung p ein.

Aufgabe 4:

Für eine Parametrisierung mit Hilfe von Polarkoordinaten,

$$\varphi \mapsto p(\varphi) = r(\varphi)e(\varphi),\ \varphi_- \leq \varphi \leq \varphi_+ \quad e(\varphi) = (\cos\varphi, \sin\varphi)\,,$$

folgt aus $e(\varphi) \perp e'(\varphi)$, dass $|p'|^2 = r^2 + |r'|^2$, und die Kurvenlänge ist

$$\int_{\varphi_-}^{\varphi_+} \sqrt{|r(\varphi)|^2 + |r'(\varphi)|^2}\,\mathrm{d}\varphi\,.$$

Aufgabe 5:

Geben Sie eine Parametrisierung $p : (s,t)^{\mathrm{t}} \mapsto (x, y, z)^{\mathrm{t}}$ an, die das Standarddreieck $D_* : 0 \leq s \leq 1,\ 0 \leq t \leq 1 - s$ auf D abbildet. Berechnen Sie das Flächenelement $\mathrm{d}D = |\partial_s p \times \partial_t p|\,\mathrm{d}s\mathrm{d}t$ und integrieren Sie $f \circ p\,\mathrm{d}D$ über D_*.

Aufgabe 6:

Verwenden Sie die Maple™ -Funktion `plot3d` zur grafischen Darstellung der Fläche. Bestimmen Sie das Flächenelement $\mathrm{d}S = |\partial_s p \times \partial_t p|\,\mathrm{d}s\mathrm{d}t$ der Parametrisierung $p(s,t)$ und berechnen Sie $\int_0^1 \int_0^\pi \mathrm{d}S$ mit der Maple™ -Funktion `int`.

Aufgabe 7:

Bestimmen Sie zunächst das Flächenelement

$$\mathrm{d}S = |p_r \times p_\varphi|\,\mathrm{d}r\mathrm{d}\varphi\,.$$

Bemerken Sie dazu, dass die Tangentenvektoren p_r und p_φ orthogonal sind, so dass $|p_r \times p_\varphi| = |p_r||p_\varphi|$ aufgrund der Definition des Vektorprodukts. Integrieren Sie schließlich den so gewonnenen Ausdruck mit dem MATLAB® -Befehl `integral2` über das Parameterrechteck $[0,1] \times [0, 2\pi]$.

Aufgabe 8:

Nach Definition des Flächenelements $\mathrm{d}S$ ist

$$\iint\limits_{S} |p_u \times p_v| \, \mathrm{d}S = \int_0^1 \int_0^1 |p_u(u,v) \times p_v(u,v)|^2 \, \mathrm{d}u\mathrm{d}v \, .$$

23.4 Integration in Zylinder- und Kugelkoordinaten

Aufgabe 1:

Berechnen Sie den Inhalt der abgebildeten Flächen, deren Rand durch $\varphi \mapsto (1 - \cos(n\varphi))(\cos\varphi, \sin\varphi)$, $n = 1, 2, \ldots$ parametrisiert ist.

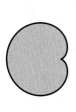 

Aufgabe 2:

Berechnen Sie den Inhalt der abgebildeten Fläche,
deren nicht-horizontale Randsegmente durch

$$\varphi \mapsto (\varphi \cos\varphi, \varphi \sin\varphi), \quad 0 \leq \varphi \leq 4\pi,$$

parametrisiert sind.

Aufgabe 3:

Integrieren Sie $x^2 y^2$ über die Kreisscheibe mit Mittelpunkt $(1,0)$ und Radius R.

Aufgabe 4:

Bestimmen Sie das Volumen des Durchschnitts des Zylinders

$$Z : x^2 + y^2 \leq 1, 0 \leq z \leq 1$$

und des Halbraums

$$H : z \leq x.$$

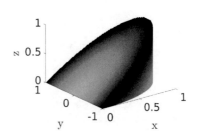

Aufgabe 5:

Integrieren Sie $(x + y + z)^2$ über den Zylinder $Z : x^2 + y^2 \leq 4$, $0 \leq z \leq 3$.

Aufgabe 6:

Bestimmen Sie numerisch das Volumen einer Kugel mit
Radius 1, durch die, wie mit der Seitenansicht illustriert
ist, ein Loch mit quadratischem Querschnitt der Breite 1
gebohrt wurde.

Aufgabe 7:

Berechnen Sie das Volumen des abgebildeten, in
Kugelkoordinaten durch $K : 0 \leq r \leq \sin\vartheta$ beschriebenen Körpers.

Aufgabe 8:
Integrieren Sie $\ln(x^2 + y^2 + z^2)$ über die Kugel $K : x^2 + y^2 + z^2 \leq 1$.

Aufgabe 9:
Berechnen Sie mit MATLAB® (oder auf analytischem Weg) den mittleren Abstand
von $(1,0,0)$ von den Punkten der Einheitssphäre $S : x^2 + y^2 + z^2 = 1$.

Lösungshinweise

Aufgabe 1:
Beschreiben Sie die Fläche in Polarkoordinaten,

$$D : 0 \leq \varphi \leq 2\pi, \ 0 \leq r \leq r_{\max}(\varphi),$$

und benutzen Sie $\mathrm{d}x\mathrm{d}y = r\,\mathrm{d}r\mathrm{d}\varphi$.

Aufgabe 2:
Mit der Beschreibung der Fläche in Polarkoordinaten,

$$D : \varphi \leq r \leq \varphi + 2\pi, \quad 0 \leq \varphi \leq 2\pi,$$

folgt area $D = \int_0^{2\pi} \int_\varphi^{\varphi+2\pi} r\,\mathrm{d}r\mathrm{d}\varphi$.

Aufgabe 3:
Verwenden Sie Polarkoordinaten, d.h. bilden Sie $(r,\varphi) \in [0,R] \times [0,2\pi]$ auf die verschobene Kreisscheibe ab. Bei der Berechnung des resultierenden Integrals sind die Identitäten

$$\int_0^{2\pi} \int_0^R f(\varphi)g(r)\,\mathrm{d}r\mathrm{d}\varphi = \left(\int_0^{2\pi} f\right)\left(\int_0^R g\right),$$

$$\int_0^{2\pi} \cos^2(m\varphi)\,\mathrm{d}\varphi = \int_0^{2\pi} \sin^2(m\varphi)\,\mathrm{d}\varphi = \pi$$

nützlich.

Aufgabe 4:
Beschreiben Sie den Schnittkörper in Zylinderkoordinaten (r,φ,z):

$$Z \cap H : \varphi_- \leq \varphi \leq \varphi_+, \ 0 \leq r \leq r_+, \ 0 \leq z \leq z_+(r,\varphi).$$

Berechnen Sie dann

$$\mathrm{vol}(Z \cap H) = \int_{\varphi_-}^{\varphi_+} \int_0^{r_+} \int_0^{z_+(r,\varphi)} 1 \underbrace{r\mathrm{d}z\mathrm{d}r\mathrm{d}\varphi}_{\mathrm{d}V}$$

mit $\mathrm{d}V$ dem Volumenelement in Zylinderkoordinaten.

Aufgabe 5:
Verwenden Sie Zylinderkoordinaten:

$$x = \varrho\cos\varphi, \ y = \varrho\sin\varphi, \quad \mathrm{d}x\mathrm{d}y\mathrm{d}z = \varrho\,\mathrm{d}\varrho\mathrm{d}\varphi\mathrm{d}z.$$

Berücksichtigen Sie die Symmetrie des Zylinders und des Integranden. Insbesondere ist ein Integral über einen Term, der auf kongruenten Bereichen ein verschiedenes Vorzeichen hat, null.

Aufgabe 6:

Nutzen Sie die Symmetrie und beschreiben Sie den Teil der durchbohrten Kugel (Bohrung in z-Richtung) mit $0 \leq x \leq y$, $z \geq 0$ in Zylinderkoordinaten (r, φ, z):

$$K : 0 \leq \varphi \leq \varphi_{\max}, \, r_{\min} \leq r \leq 1, \, 0 \leq z \leq z_{\max} \, .$$

Verwenden Sie dann die Maple^{TM}-Funktion `int` mit Integrationsgrenzen als Dezimalzahlen, so dass numerisch gerechnet wird.

Aufgabe 7:

Für einen durch eine Radiusfunktion $R(\varphi, \vartheta)$ in Kugelkoordinaten beschriebenen Körper K gilt

$$\text{vol}\, K = \int_0^{2\pi} \int_0^\pi \int_0^{R(\varphi,\vartheta)} \underbrace{r^2 \sin \vartheta \, \mathrm{d}r \mathrm{d}\vartheta \mathrm{d}\varphi}_{\text{Volumenelement}} \, .$$

Benutzen Sie für das konkrete Beispiel der Aufgabe, dass $\int_0^\pi \sin^{2n} t \, \mathrm{d}t = \pi \binom{2n}{n}/2^{2n}$, eine Identität, die sich mit Hilfe der Formel von Euler-Moivre, $\sin t = (\mathrm{e}^{\mathrm{i}t} - \mathrm{e}^{-\mathrm{i}t})/(2\mathrm{i})$, herleiten lässt.

Aufgabe 8:

Das Volumenelement in Kugelkoordianten für radialsymmetrische Integranden f auf einer Kugel $K : r \leq R$ ist

$$\mathrm{d}x\mathrm{d}y\mathrm{d}z = 4\pi r^2 \, \mathrm{d}r \, .$$

Berechnen Sie das Integral mit partieller Integration und berücksichtigen Sie, dass $\lim_{r \to 0} r \ln r = 0$, $\ln 1 = 0$.

Aufgabe 9:

Parametrisieren Sie die Einheitssphäre in Kugelkoordinaten:

$$S : \begin{pmatrix} \vartheta \\ \varphi \end{pmatrix} \mapsto \begin{pmatrix} x \\ y \\ z \end{pmatrix} = \begin{pmatrix} \sin \vartheta \cos \varphi \\ \sin \vartheta \sin \varphi \\ \cos \vartheta \end{pmatrix}, \quad \mathrm{d}S = \sin \vartheta \, \mathrm{d}\vartheta \mathrm{d}\varphi \, .$$

Integrieren Sie mit Hilfe der MATLAB$^{\circledR}$-Funktion `quad2d` über das Parameterrechteck $[0, \pi] \times [0, 2\pi]$.

23.5 Rotationskörper, Schwerpunkt und Trägheitsmoment

Aufgabe 1:

Bestimmen Sie das Volumen, das bei Rotation der grauen Fläche, deren oberer Rand durch eine Parabel beschrieben wird, um die vertikale Achse entsteht.

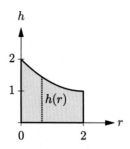

Aufgabe 2:
Bestimmen Sie das Volumen, das bei Rotation der grauen Fläche, deren Ränder durch die Graphen der Funktionen $x \mapsto \sqrt{x}$ und $x \mapsto 1 - \sqrt{x}$ gebildet werden, um die x-Achse entsteht.

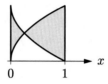

Aufgabe 3:
Bestimmen Sie den Flächeninhalt des Paraboloids $S : 0 \leq z = x^2 + y^2 \leq 1$.

Aufgabe 4:
Berechnen Sie das Volumen des Körpers, der durch Rotation des Dreiecks mit den Eckpunkten $(0,0)$, $(1,0)$, $(0,1)$ um die Gerade $g : y = x - 2$ entsteht.

Aufgabe 5:
Bestimmen Sie den Schwerpunkt der (gefüllten) hyperbolischen Schale

$$K : \sqrt{1 + x^2 + y^2} \leq z \leq 3.$$

Aufgabe 6:
Bestimmen Sie die z-Koordinate des geometrischen Flächenschwerpunktes für den Kegelmantel $M : 0 \leq \sqrt{x^2 + y^2} = cz \leq c$.

Aufgabe 7:
Berechnen Sie das Trägheitsmoment $\iiint_K \operatorname{dist}(x,g)^2 \, dx_1 dx_2 dx_3$ des Würfels $K = [0,1]^3$ bezüglich der Gerade $g : (t,t,t)$, $t \in \mathbb{R}$.

Aufgabe 8:
Bestimmen Sie das Trägheitsmoment eines Hohlzylinders mit Masse M, konstanter Dichte, Außenradius R und Wandstärke d bezüglich der Symmetrieachse.

Lösungshinweise

Aufgabe 1:
Bestimmen Sie die Parabel $h(r)$, die den oberen Rand beschreibt, aus den Bedingungen $h(0) = 2$, $h(2) = 1$, $h'(2) = 0$, und verwenden Sie für das Volumen des Rotationskörpers K die Formel

$$\operatorname{vol} K = \int_{r_{\min}}^{r_{\max}} \underbrace{2\pi r\, h(r)}_{\text{area } Z_r}\, \mathrm{d}r\,,$$

die auf der Darstellung von K als Vereinigung von Zylindermänteln Z_r beruht.

Aufgabe 2:
Verwenden Sie die Formel für das Volumen eines Körpers K, der durch Rotation der Fläche $S : a \leq x \leq b$, $f(x) \leq y \leq g(x)$ um die x-Achse entsteht:

$$\operatorname{vol} K = \pi \int_a^b f(x)^2 - g(x)^2\, \mathrm{d}x\,.$$

Beachten Sie dabei, dass sich die Ungleichung zwischen den Funktionen $\sqrt{x}$ und $1 - \sqrt{x}$ am Schnittpunkt ihrer Graphen umkehrt, also zwei Teilvolumina berechnet werden müssen.

Aufgabe 3:
Verwenden Sie die Formel für den Inhalt der Mantelfläche S eines Rotationskörpers mit Radiusfunktion $r(z)$, $a \leq z \leq b$:

$$\operatorname{area} S = 2\pi \int_a^b r(z)\sqrt{1 + r'(z)^2}\, \mathrm{d}z\,.$$

Aufgabe 4:
Das Volumen eines Körpers K, der durch Rotation einer Fläche D mit Schwerpunkt S um eine Achse g mit $D \cap g = \emptyset$ entsteht, lässt sich mit der zweiten Guldinschen Regel berechnen:
$$\operatorname{vol} K = 2\pi \operatorname{dist}(S, g)\, \operatorname{area} D\,.$$

Der Schwerpunkt eines Dreiecks $\Delta(A, B, C)$ ist $(s_x, s_y) = (A + B + C)/3$ und für eine Gerade $g : ax + by = c$ ist $\operatorname{dist}(S, g) = |as_x + bs_y - c|/\sqrt{a^2 + b^2}$.

Aufgabe 5:
Aufgrund der Symmetrie der Schale ist nur die z-Komponente

$$\iiint\limits_K z \,\mathrm{d}x\mathrm{d}y\mathrm{d}z \Big/ \operatorname{vol} K$$

des Schwerpunktes zu berechnen. Beschreiben Sie dazu die Schale in Zylinderkoordinaten (ϱ, φ, z) und berücksichtigen Sie, dass $\mathrm{d}x\mathrm{d}y\mathrm{d}z = 2\pi \varrho \,\mathrm{d}\varrho\mathrm{d}z$ aufgrund der fehlenden φ-Abhängigkeit.

Aufgabe 6:
Parametrisieren Sie den Kegelmantel in Zylinderkoordinaten

$$M : \begin{pmatrix} \varphi \\ z \end{pmatrix} \overset{p}{\mapsto} \begin{pmatrix} cz \cos\varphi \\ cz \sin\varphi \\ z \end{pmatrix}, \quad \mathrm{d}M = |p_\varphi \times p_z| \,\mathrm{d}z\mathrm{d}\varphi.$$

Berechnen Sie dann $I_k = \iint_M z^k$ und bilden Sie den Quotienten $s_z = I_1/I_0$.

Aufgabe 7:
Der Abstand eines Punktes x von einer Geraden $g : tu$, $t \in \mathbb{R}$, durch den Ursprung kann mit Hilfe des Vektorprodukts berechnet werden:

$$\operatorname{dist}(x, g) = |x \times u|/|u|.$$

Nutzen Sie die Symmetrie des Würfels $K = [0,1]^3$, um das resultierende Integral für das Trägheitsmoment zu vereinfachen. Beispielsweise ist $\iiint_K x_k^2 \,\mathrm{d}x = \iiint_K x_\ell^2 \,\mathrm{d}x$, etc..

Aufgabe 8:
Bestimmen Sie zunächst die Dichte ϱ (Quotient aus Masse und Volumen des Hohlzylinders). Beschreiben Sie dann den Hohlzylinder in Zylinderkoordinaten mit der z-Achse als Symmetrieachse und wenden Sie die resultierende Formel

$$I = \int_0^h \int_{R-d}^R r^2 \varrho \underbrace{2\pi r \,\mathrm{d}r\mathrm{d}z}_{\text{Volumenelement}}$$

für das Trägheitsmoment an, wobei h die (irrelevante) Höhe des Hohlzylinders bezeichnet.

23.6   Partielle Integration

Aufgabe 1:
Integrieren Sie $\partial_x \ln(x/2 + y/3)$ über das Dreieck mit Eckpunkten $(0,0)$, $(2,0)$, $(0,3)$ mit Hilfe des Hauptsatzes für Mehrfachintegrale.

Aufgabe 2:
Berechnen Sie $\iint_S (x + y^2 + z^3)\,\xi\,\mathrm{d}S$ für die Sphäre $S : x^2 + y^2 + y^2 = 1$ mit normiertem, nach außen gerichteten Normalenvektor ξ.

Aufgabe 3:
Integrieren Sie den Gradienten der Funktion $f(x,y) = x^3/(x^2 + y^2)$ über die Kreisscheibe $x^2 + y^2 \le R^2$.

Aufgabe 4:
Berechnen Sie $\displaystyle\int_0^\pi \int_0^\pi xy\cos(x+y)\,\mathrm{d}x\mathrm{d}y$ mit partieller Integration.

Aufgabe 5:
Berechnen Sie $\displaystyle\iiint_{x^2+y^2+z^2\le 1} 3z^2 \ln(x^2 + y^2 + z^2)\,\mathrm{d}x\mathrm{d}y\mathrm{d}z$ mit partieller Integration.

Aufgabe 6:
Berechnen Sie $\displaystyle\iint_{x^2+y^2\le 1} y^2\,\partial_x \left(x\mathrm{e}^{\sqrt{3+x^2+y^2}} \right)\,\mathrm{d}x\mathrm{d}y$.

Aufgabe 7:
Berechnen Sie $\displaystyle\iint_{x^2+y^2\le R^2} r\Delta r\,\mathrm{d}x\mathrm{d}y$, $r = \sqrt{x^2 + y^2}$.

Aufgabe 8:
Berechnen Sie $\displaystyle\iint_{y\ge 0} (x + y)\Delta \mathrm{e}^{-x^2-y^2}\,\mathrm{d}x\mathrm{d}y$.

Lösungshinweise

Aufgabe 1:

Für einen ebenen Integrationsbereich D mit Randkurve C gilt

$$\iint_D \partial_1 f = \int_C f\xi_1, \quad \partial_1 f = \frac{\partial f}{\partial x},$$

mit ξ_1 der ersten Komponente des nach außen gerichteten Normalenvektors. Berücksichtigen Sie, dass $x/2 + y/2 = 1$, $\ln 1 = 0$ auf dem schrägen Rand des Dreiecks und $\xi_1 = 0$ auf dem unteren horizontalen Rand. Es ist also nur das Integral über das vertikale Segment von C zu berechnen.

Aufgabe 2:

Transformieren Sie das Flächenintegral über die Sphäre mit dem Hauptsatz, $\iint_S f\xi\,\mathrm{d}S = \iiint_K \operatorname{grad} f\,\mathrm{d}K$, in ein Volumenintegral über die Kugel. Verwenden Sie Kugelkoordinaten zur Berechnung der nicht-trivialen Komponente des vektorwertigen Integrals.

Aufgabe 3:

Durch Anwendung des Hauptsatzes erhalten Sie ein Integral über den Kreis C : $x^2 + y^2 = R^2$:

$$\int_C f\xi = \int_0^{2\pi} f(R\cos\varphi, R\sin\varphi) \begin{pmatrix} \cos\varphi \\ \sin\varphi \end{pmatrix} \underbrace{R\mathrm{d}\varphi}_{\mathrm{d}C}$$

mit $f(x,y) = x^3/(x^2 + y^2)$, $x = R\cos\varphi$, $y = R\sin\varphi$ und ξ dem normierten, nach außen zeigenden Normalenvektor des Kreises.

Aufgabe 4:

Für ein achsenparalleles Rechteck $[a,b] \times [c,d]$ vereinfacht sich die Formel für partielle Integration:

$$\int_c^d \int_a^b f_x(x,y)g(x,y)\,\mathrm{d}x\mathrm{d}y =$$

$$\int_c^d [f(x,y)g(x,y)]_{x=a}^{x=b}\,\mathrm{d}y - \int_c^d \int_a^b f(x,y)g_x(x,y)\,\mathrm{d}x\mathrm{d}y\,;$$

analog für $\iint f_y g$. Damit lässt sich das Integral durch eindimensionale partielle Integrationen berechnen.

Aufgabe 5:

Schreiben Sie den Integranden in der Form $(\partial_z f)g$ mit $f(x,y,z) = z^3$ und $g(x,y,z) = \ln(x^2 + y^2 + z^2)$. Wegen $\ln 1 = 0$ verschwindet der Randterm bei der partiellen Integration und Sie erhalten $-\iiint_{x^2+y^2+z^2 \le 1} f(\partial_z g)$, ein Integral, das am geeignetsten mit Hilfe von Kugelkoordinaten berechnet werden kann.

Aufgabe 6:

Vereinfachen Sie das Integral durch partielle Integration. Da $\partial_x y^2 = 0$, erhalten Sie ein Integral über den Kreis $C : x^2 + y^2 = 1$, auf dem der Term $e^{\sqrt{3+x^2+y^2}}$ konstant ist.

Aufgabe 7:

Verwenden Sie die erste Greensche Formel

$$\iint_D f\Delta g = \int_C f\partial_\perp g - \iint_D \operatorname{grad} f \cdot \operatorname{grad} g, \quad C = \partial D.$$

Zeigen Sie für die Berechnung der rechten Seite, dass $\operatorname{grad} r = (x,y)^{\mathrm{t}}/r$ und $\partial_\perp r = 1$.

Aufgabe 8:

Verwenden Sie die zweite Greensche Formel

$$\iint_D f\Delta g - g\Delta f = \int_C f\partial_\perp g - g\partial_\perp f, \quad C = \partial D.$$

Begründen Sie, dass $\partial_\perp = -\partial_y$ und benutzen Sie $\int_\mathbb{R} e^{-x^2}\,\mathrm{d}x = \sqrt{\pi}$ bei der Berechnung des resultierenden Integrals.

Teil IV

Anwendungen mathematischer Software

24 MATLAB®

© Springer-Verlag GmbH Deutschland, ein Teil von Springer Nature 2023
K. Höllig und J. Hörner, *Aufgaben und Lösungen zur Höheren Mathematik 2*,
https://doi.org/10.1007/978-3-662-67512-0_25

24.1   Produkte von Matrizen und Vektoren mit MATLAB®

Berechnen Sie für

$$A = \begin{pmatrix} 0 & 3 \\ 2 & 1 \end{pmatrix} =: \begin{pmatrix} a & b \end{pmatrix}, \quad C = \begin{pmatrix} 0 & 1 & 2 \\ 2 & 1 & 0 \end{pmatrix} =: \begin{pmatrix} c \\ d \end{pmatrix}$$

die Produkte

a) Aa, $b^t A$, Cc^t, dC^t b) A^2, AC, CC^t, $C^t C$ c) $a^t b$, $c^t d$

Verweise: Matrix-Operationen in MATLAB® , Eingabe von Matrizen in MATLAB®

Lösungsskizze

Eingabe der Matrizen und Vektoren:

```
>> % 2x2-Matrix mit Spalten a und b
>> A = [0 3; 2 1], a = A(:,1), b = A(:,2)
   A =            a =           b =
      0    3          0             3
      2    1          2             1
```

```
>> % 2x3-Matrix mit Zeilen c und d
>> c = [0, 1, 2], d = [2, 1, 0], C = [c; d]
   c =            d =            C =
      0    1    2      2    1    0       0    1    2
                                        2    1    0
```

a) Matrix/Vektor-Produkte:

Matrix * Spalte → Spalte, Zeile * Matrix → Zeile

```
>> A*a              >> b'*A              >> C*c'              >> d*C'
   6                   2    10              5                   1    5
   2                                       1
```

b) Matrix/Matrix-Produkte:

$\ell \times m$-Matrix * $m \times n$-Matrix → $\ell \times n$-Matrix

```
>> A^2              >> A*C              >> C*C'              >> C'*C
   6    3              6    3    0         5    1              4    2    0
   2    7              2    3    4         1    5              2    2    2
                                                              0    2    4
```

c) Vektor/Vektor-Produkte:

```
>> a*b'    % Rang-1 Matrix                >> c*d'    % Skalarprodukt
   0    0                                    1
   6    2
```

24.2 Lineare Gleichungssysteme mit MATLAB®

Lösen Sie das lineare Gleichungssystem

$$
\underbrace{\begin{pmatrix} p & 1 & -1 \\ -1 & p & 1 \\ 1 & -1 & p \end{pmatrix}}_{A} \begin{pmatrix} x_1 \\ x_2 \\ x_3 \end{pmatrix} = \begin{pmatrix} 0 \\ 1 \\ -1 \end{pmatrix} =: b
$$

für $p = 1$ und $p = 0$.

Verweise: Matrix-Operationen in MATLAB®

Lösungsskizze

(i) $p = 1$:

```
>> % Matrix und rechte Seite, Determinante
>> A = [1 1 -1; -1 1 1; 1 -1 1]; b = [0; 1; -1];
>> det(A)
   4
```

$\Longrightarrow$ eindeutige Lösung für alle b, Berechnung mit dem \-Operator

```
>> x = A \ b
   x = -0.5000
        0.5000
        0
```

(ii) $p = 0$:

```
>> A = [0 1 -1; -1 0 1; 1 -1 0]; b = [0; 1; -1];
>> % Determinante und Rangvergleich
>> det(A), rank(A), rank([A, b])
   0        2        2
```

$\text{Rang}(A) = \text{Rang}((A,b)) = 2$ $\Longrightarrow$ eindimensionaler affiner Lösungsraum:

$$
x = u + tv, \quad t \in \mathbb{R}, \, v \in \text{Kern}\, A
$$

\-Operator nicht anwendbar, spezielle Lösung u mit der Pseudo-Inversen A^+

```
>> Ap = pinv(A)
   Ap =  0        -0.3333    0.3333
         0.3333   -0.0000   -0.3333
        -0.3333    0.3333    0.0000
>> u = Ap*b, v = null(A)
   u = -0.6667    v = -0.5774
        0.3333        -0.5774
        0.3333        -0.5774
```

24.3   Interpolation mit radialen Funktionen mit MATLAB®

Interpolieren Sie die angegebenen Daten $z_k = f(x_k, y_k)$
mit einer Linearkombination $\sum_k c_k f_k$, der mit den Daten-
punkten assoziierten radialen Funktionen

$$f_k(x, y) = \exp(-s((x - x_k)^2 + (y - y_k)^2)), \; s = 0.2 \, .$$

x_k	2	8	7	6
y_k	5	1	9	4
z_k	7	5	9	3

Stellen Sie das Ergebnis auf verschiedene Weise grafisch dar[1].

Verweise: Darstellung von Funktionen und Kurven mit MATLAB®

Lösungsskizze

```
>> x = [2 8 7 6]; y = [5 1 9 4]; z = [7 5 9 3];
>> s = 0.2; f = @(x,y) exp(-s*(x.^2+y.^2));
>> % Interpolationsmatrix a_{j,k} = f(x_j-x_k,y_j-y_k)
>> u = ones(size(x)); dx = x'*u-u'*x; dy = y'*u-u'*y;
>> A = f(dx,dy);
>> % alternativ: Berechnung von a_{j,k} mit einer Doppelschleife
>> % Loesung des LGS Ac = z
>> c = A\z';
>> % Auswertungsgitter fuer die Grafiken
>> dxy = 0.25; [X,Y] = meshgrid([0:d:10]);
>> % Berechnung der Linearkombination sum_k c_k f_k
>> Z = zeros(size(X));
>> for k=1:length(x), Z = Z+c(k)*f(X-x(k),Y-y(k)); end
>> % Funktionsgraph und Hoehenlinien
>> surf(X,Y,Z), contour(X,Y,Z,[0:10]);
```

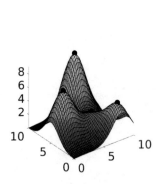
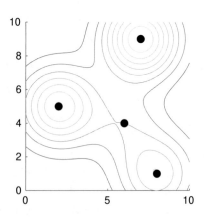

---

[1]Diese Interpolationsmethode ist besonders für unregelmäßig verteilte Daten, z.B. Höhen-
messungen, geeignet.

24.4 Polynomapproximation mit MATLAB®

Approximieren Sie die Exponentialfunktion $f(x) = e^x$ auf dem Intervall $[0,1]$ mit einem Polynom p vom Grad ≤ 4 durch Minimierung des Fehlers $e = \left(\int_0^1 (f(x) - p(x))^2 \, dx\right)^{1/2}$. Vergleichen Sie mit der Genauigkeit der Taylor-Approximation.

Verweise:

Orthogonale Projektion, Matrix-Operationen in MATLAB®

Lösungsskizze

(i) Charakterisierung der besten Approximation:

Ein Polynom $p = \sum_{k=1}^n c_k x^{k-1}$ ist die beste Approximation zu einer Funktion f bezüglich der durch das Skalarprodukt $\langle g, h \rangle = \int_0^1 g(x) h(x) \, dx$ induzierten Norm genau dann wenn $\langle p_j, f - p \rangle = 0$ mit den Monomen $p_j(x) = x^{j-1}$ für $j = 1, \ldots, n$ (Basis-Funktionen $p_j \perp$ Fehler $f - p$), d.h.

$$\sum_{k=1}^n \underbrace{\int_0^1 x^{j-1} x^{k-1} \, dx}_{a_{j,k}} \, c_k = \underbrace{\int_0^1 x^{j-1} f(x) \, dx}_{b_j}, \; j = 1, \ldots, n \quad \Longleftrightarrow \quad Ac = b.$$

(ii) Aufstellen des linearen Gleichungssystems:

■ Gramsche Matrix (Hilbert-Matrix für das spezielle Skalarprodukt):

$$a_{j,k} = \int_0^1 x^{j-1} x^{k-1} \, dx = \left[\frac{1}{j+k-1} x^{j+k-1} \right]_{x=0}^{x=1} = \frac{1}{j+k-1}$$

■ Rechte Seite: rekursive Berechnung mit partieller Integration ⤳

$$b_1 = \int_0^1 e^x \, dx = e - 1$$

$$b_{j+1} = \int_0^1 x^j e^x \, dx = \left[x^j e^x \right]_{x=0}^{x=1} - \int_0^1 j x^{j-1} e^x \, dx = e - j b_j$$

(iii) Berechnung des Fehlers $|f - p|$:

Einsetzen von $p = \sum_k c_k x^{k-1}$ ⤳

$$|f - p|^2 = \langle f - p, f - p \rangle = \langle f, f \rangle - 2 \langle p, f \rangle + \langle p, p \rangle =$$

$$= \int_0^1 e^{2x} \, dx - 2 \sum_{k=1}^n c_k \underbrace{\int_0^1 x^{k-1} e^x \, dx}_{b_k} + \sum_{j,k=1}^n c_j \underbrace{\int_0^1 x^{j-1} x^{k-1} \, dx}_{a_{j,k}} c_k$$

$$= \frac{e^2 - 1}{2} - 2 c^t b + c^t A c$$

(iv) MATLAB® -Skript:

```
>> % rekursive Berechnung der Skalarprodukte mit x^j
>> b = [exp(1)-1; 1];
>> for j=2:4;
>>      b(j+1) = exp(1)-j*b(j);
>> end


>> % Bestimmung der Polynomkoeffizienten
>> A = hilb(5);   % Gramsche Matrix A, a_j,k = 1/(j+k-1)
>> c = A\b   % Loesung des linearen Gleichungssystems


c =
   1.0001 0.9984 0.5106 0.1397 0.0695


>> % Berechnung des Fehlers sqrt<f-p,f-p>
>> error_p = sqrt((exp(2)-1)/2 - 2*c'*b + c'*A*c)


error_p =
   1.6612e-05


>> % Vergleich mit dem Taylor-Polynom
>> c_taylor = [1; 1; 1/2; 1/6; 1/24];   % Koeffizienten 1/j!


c_taylor =
   1.0000 1.0000 0.5000 0.1667 0.0417


>> error_taylor = sqrt((exp(2)-1)/2 - ...
>>    2*c_taylor'*b + c_taylor'*A*c_taylor)


error_taylor =
   0.0030
```

Der Grund für den wesentlich größeren Fehler der Taylor-Approximation ist die Abnahme der Genauigkeit mit zunehmender Entfernung vom Entwicklungspunkt. Dies führt dazu, dass der Fehler nicht annähernd gleichmäßig über das Intervall $[0, 1]$ verteilt ist.

24.5 Gauß-Parameter mit MATLAB®

Schreiben Sie eine MATLAB® -Funktion, die die Stützstellen x_k und Gewichte w_k der Gauß-Approximation $\int_0^1 f(x)\,\mathrm{d}x \approx \sum_{k=1}^n w_k f(x_k)$ der Ordnung n berechnet. Die Stützstellen sind die Nullstellen des n-ten Orthogonalpolynoms $p(x) = x^n + p_n x^{n-1} + \cdots + p_1$, und die Gewichte ergeben sich aus der Exaktheit der Approxmation[2] für Polynome vom Grad $< n$, d.h. es gilt

$$\int_0^1 p(x)x^{\ell-1}\,\mathrm{d}x = 0, \quad \sum_{k=1}^n w_k x_k^{\ell-1} = \int_0^1 x^{\ell-1}\,\mathrm{d}x, \quad \ell = 1,\ldots,n.$$

Verweise: Funktionen in MATLAB®

Lösungsskizze

(i) Lineare Gleichungssysteme für p und w:

$\int_0^1 (x^n + p_n x^{n-1} + \cdots + p_1)x^{\ell-1}\,\mathrm{d}x = 0 \iff$

$$\sum_{k=1}^n \underbrace{\left(\int_0^1 x^{k-1}x^{\ell-1}\,\mathrm{d}x\right)}_{\frac{1}{k+\ell-1}=:h_{\ell,k}} p_k = -\underbrace{\int_0^1 x^n x^{\ell-1}\,\mathrm{d}x}_{\frac{1}{n+\ell}=h_{\ell,n+1}}$$

mit der Hilbert-Matrix H

$$\sum_{k=1}^n w_k x_k^{\ell-1} = \int_0^1 x^{\ell-1}\,\mathrm{d}x \iff \sum_{k=1}^n \underbrace{x_k^{\ell-1}}_{=:v_{\ell,k}}\, w_k = \underbrace{\frac{1}{\ell}}_{h_{\ell,1}}$$

mit der Vandermonde-Matrix V

(ii) MATLAB® -Funktion:

```
function [x,w] = GaussPar(n)
H = hilb(n+1); p = -H(1:n,1:n)\H(1:n,n+1);
p = [1; p(end:-1:1)]; x = roots(p);
V = (ones(n,1)*x').^([0:n-1]'*ones(1,n)); w = V\H(1:n,1);
```

Stützstellen und Gewichte für $n = 5$ (Exaktheit bis Grad 9)

$$x_1, x_2, x_3 : \quad 0.95308992296 \quad 0.76923465505 \quad 0.50000000000$$

$$w_1, w_2, w_3 : \quad 0.11846344252 \quad 0.23931433524 \quad 0.28444444444$$

Symmetrie $\implies$ $x_{n+1-k} = 1 - x_k, \; w_{n+1-k} = w_k$

```
>> % Testbeispiel ($n=5$)
>> f = @(x) pi*cos(pi*x/2)/2; integral = w'*f(x)
   integral = 1.00000000003
```

---

[2]Aufgrund der speziellen Stützstellenwahl ist die Approximation für Monome bis zum Grad $2n - 1$ exakt; der Grund für die extrem hohe Genauigkeit der Gauß-Formel.

24.6 Gauß-Seidel-Verfahren mit MATLAB®

Schreiben Sie eine MATLAB®-Funktion x = gauss-seidel(A,b,x,tol), die das lineare Gleichungssystem $Ax = b$ mit der Gauß-Seidel-Iteration löst. Testen Sie Ihr Programm für die 4×4-Matrix $A: a_{j,k} = 1/(j + k - 1)$ und $b_j = 1$.

Verweise: Lineares Iterationsverfahren

Lösungsskizze

Iterationsschritt $x \to y$

$$y_j = (b_j - \sum_{k<j} a_{j,k} y_k - \sum_{k>j} a_{j,k} x_k)/a_{j,j}$$

$$= x_j + \underbrace{(b_j - \sum_{k<j} a_{j,k} y_k - \sum_{k\geq j} a_{j,k} x_k)/a_{j,j}}_{\text{update/Fehler } e_j}, \quad j = 1, 2, \dots$$

⇝ MATLAB®-Implementierung

```
function x = gauss_seidel(A,b,x,tol)
max_iterations = 1000;   % Vermeidung einer Endlos-Schleife
for n=1:max_iterations
  for j=1:length(b)
    e(j) = (b(j)-A(j,:)*x)/A(j,j);
    % keine Aufspaltung der Summe A(j,:)*x, da
    % x(1:j-1) bereits die aktualisierten Werte enthaelt
    x(j) = x(j)+e(j);
  end
  % Abbruch bei relativem Fehler kleiner als die Toleranz
  if norm(e,inf)/norm(x) < tol; return; end;
end
  display('no convergence after 1000 iterations')
end
```

Testbeispiel

```
>> A = hilb(4); b = ones(4,1); x = zeros(4,1);
>> x = gauss_seidel(A,b,x,1.0e-3)
        -3.9049
        58.9781
      -177.6030
       138.4677
>> norm(A*x-b,inf)  % Kontrolle des Residuums
       2.8435e-04
```

24.7 Jacobi-Iteration für die Poisson-Gleichung mit MATLAB®

Eine Differenzenapproximation der Poisson-Gleichung $-\Delta u = f$ mit Nullrandbedingungen auf dem Einheitsquadrat führt für die Gitterweite $1/n$ auf das lineare Gleichungssystem

$$4u_{j,k} - u_{j-1,k} - u_{j+1,k} - u_{j,k-1} - u_{j,k+1} = f_{j,k}/n^2, \quad j,k = 2,\ldots,n\,,$$

mit $u_{1,k} = u_{n+1,k} = u_{j,1} = u_{j,n+1} = 0$ und $u_{j,k}$ bzw. $f_{j,k}$ den Werten der Funktionen u bzw. f an den Gitterpunkten $(x,y) = ((j-1)/n, (k-1)/n)$.

Schreiben Sie eine MATLAB® -Funktion u = jacobi(f,tol), die das lineare Gleichungssystem mit der Jacobi-Iteration löst.

Verweise: Lineares Iterationsverfahren

Lösungsskizze

Auflösen nach dem Diagonalterm des linearen Gleichungssystems ⟿ Iterationsschritt $u \to v$ der Jacobi-Iteration:

$$v_{j,k} = (u_{j-1,k} + u_{j+1,k} + u_{j,k-1} + u_{j,k+1} + f_{j,k}/n^2)/4$$

simultane Aktualisierung aller Gitterwerte ⟿ sehr einfache MATLAB® - Implementierung

```
function u = jacobi(f,tol)

n = size(f,1)+1;   % (n-1)^2 innere Gitterpunkte
ind = [2:n];   % Indizes der inneren Gitterpunkte
u = zeros(n+1,n+1); v = u;   % Startwerte

error = inf;
while error > tol
    % garantierte Konvergenz der Jacobi-Iteration
    % -> keine Begrenzung der Iterationsanzahl notwendig
    %    fuer Toleranzen deutlich groesser als eps

    % Jacobi-Schritt
    v(ind,ind) = (u(ind-1,ind)+u(ind+1,ind)+ ...
        u(ind,ind-1)+u(ind,ind+1)+f/n^2)/4;

    % Maximum-Norm der Differenz u-v als Fehlerschaetzer
    error = norm(u(:)-v(:),inf);
    u = v;
end
```

24.8   Eigenwerte und Eigenvektoren mit MATLAB®

Bestimmen Sie jeweils die Eigenwerte λ_k und eine Matrix V aus Eigenvektoren für
die Matrizen

$$
\begin{pmatrix} 2 & -1 & 0 \\ 1 & 2 & -1 \\ 0 & 1 & 2 \end{pmatrix}, \quad
\begin{pmatrix} 2 & -1 & 1 \\ -1 & 2 & 1 \\ 1 & 1 & 0 \end{pmatrix}, \quad
\begin{pmatrix} 1/3 & 2/3 & 2/3 \\ -2/3 & -1/3 & 2/3 \\ 2/3 & -2/3 & 1/3 \end{pmatrix}, \quad
\begin{pmatrix} 0 & 2 & 1 \\ 1 & 0 & 2 \\ 2 & 1 & 0 \end{pmatrix}.
$$

Um welchen Matrix-Typ handelt es sich jeweils, und welches sind die charakterisie-
renden Eigenschaften?

Verweise: Elementare MATLAB® -Operatoren und -Funktionen

Lösungsskizze

(i) $A = [2 \ -1 \ 0; \ 1 \ 2 \ -1; \ 0 \ 1 \ 2]$:

```
>> [V,Lambda] = eig(A); V, diag(Lambda)
   -0.000+0.500i -0.000-0.500i 0.707+0.000i   2.000+1.414i
    0.707+0.000i  0.707+0.000i 0.000+0.000i   2.000-1.414i
    0.000-0.500i  0.000+0.500i 0.707+0.000i   2.000+0.000i
```

normale Matrix: $A^\star A = AA^\star$, V unitär

(ii) $A = [2 \ -1 \ 1; \ -1 \ 2 \ 1; \ 1 \ 1 \ 0]$:

```
>> [V,Lambda] = eig(A); V, diag(Lambda)
   0.408 0.577  0.707   -1.000
   0.408 0.577 -0.707    2.000
  -0.816 0.577  0.000    3.000
```

symmetrische Matrix: $\lambda_k \in \mathbb{R}$, V orthogonal

(iii) $A = [1 \ 2 \ 2; \ -2 \ -1 \ 2; \ 2 \ -2 \ 1]/3$:

```
>> [V,Lambda] = eig(A); V, diag(Lambda)
   -0.707+0.000i  0.000-0.500i  0.000+0.500i    1.000+0.000i
   -0.000+0.000i  0.707+0.000i  0.707+0.000i   -0.333+0.942i
   -0.707+0.000i -0.000+0.500i -0.000-0.500i    0.333-0.942i
```

Drehung: A orthogonal, $\det A = 1$, $|\lambda_k| = 1$, V unitär

(iv) $A = [0 \ 2 \ 1; \ 1 \ 0 \ 2; \ 2 \ 1 \ 0]$:

```
>> [V,Lambda] = eig(A); V, diag(Lambda)
   0.577+0.000i -0.577+0.000i -0.577+0.000i    3.000+0.000i
   0.577+0.000i  0.288-0.500i  0.288+0.500i   -1.500+0.866i
   0.577+0.000i  0.288+0.500i  0.288-0.500i   -1.500-0.866i
```

zyklische Matrix: $v_{j,k} = e^{2\pi i(j-1)(k-1)/3}/\sqrt{3}$ (Fourier-Matrix, unitär),
$\lambda_k = \sum_{\ell=0}^{2} a_{\ell,1} e^{-2\pi i(k-1)\ell/3}$ (diskrete Fourier-Transformation)

24.9 Ausgleichsprobleme mit MATLAB®

Interpolieren Sie die Punkte

x	1	2	4	5	5	3	1	0
y	6	6	4	2	0	0	2	5

durch Lösen eines geeigneten Ausgleichsproblems bestmöglich mit einer Ellipse

$$E: c_1 x^2 + c_2 xy + c_3 y^2 + c_4 x + c_5 y = 1.$$

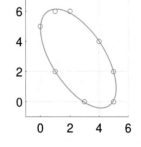

Verweise: Matrix-Operationen in MATLAB®

Lösungsskizze

Aufstellen des überbestimmten linearen Gleichungssystems $Ac \overset{!}{=} b$:

$$c_1 x_k^2 + c_2 x_k y_k + c_3 y_k^2 + c_4 x_k + c_5 y_k = 1, \quad k = 1, \ldots 8$$

```
>> A = [x.^2 x.*y y.^2 x y], b = ones(size(x))
   A =    1    6   36    1    6      b = 1
          4   12   36    2    6          1
         16   16   16    4    4          1
         25   10    4    5    2          1
         25    0    0    5    0          1
          9    0    0    3    0          1
          1    2    4    1    2          1
          0    0   25    0    5          1
```

Lösen von $|Ac - b| \to \min$ mit dem \\-Operator

```
>> c = A\b, error = norm(A*c-b)
   c = -0.0683    error = 0.0376
       -0.0640
       -0.0423
        0.5401
        0.4099
```

Alternative Lösung

Verwendung der Normalengleichungen ($A^t A c = A^t b$) oder der Pseudoinversen bzw. der Singulärwertzerlegung ($c = A^+ b$):

```
>> c_NG = (A'*A)\(A'*b); c_PI = pinv(A)*b;
```

24.10 Normalform einer Quadrik mit MATLAB®

Bestimmen Sie die euklidische Normalform der Quadrik

$$Q : -x_1^2 - 2x_2^2 + 3x_3^2 + 12x_1x_2 - 8x_1x_3 + 4x_2x_3 + 16x_1 - 28x_2 + 20x_3 = 33$$

und zeichnen Sie die durch Q beschriebene Fläche mit Hilfe einer geeigneten Parametrisierung.

Verweise: Matrix-Operationen in MATLAB® , Darstellung bivariater Funktionen und Flächen mit MATLAB®

Lösungsskizze
(i) Bestimmung der Normalform:
Matrixform von Q (Beachten Sie: $a_{j,k}x_jx_k = a_{k,j}x_kx_j \rightarrow$ Faktor 2)

$$\frac{1}{2}\sum_{j,k=1}^{3} a_{j,k}x_jx_k - \sum_{k=1}^{3} b_kx_k = c \quad \Leftrightarrow \quad \frac{1}{2}x^t Ax - b^t x = c$$

```
>> A = [-2 12 -8; 12 -4 4; -8 4 6], ...
     b = [-16; 28; -20], c = 33
   A = -2    12    -8    b = -16    c = 33
       12    -4     4         28
       -8     4     6        -20
```

Diagonalisierung mit einer orthogonalen Matrix V aus Eigenvektoren zu den Eigenwerten λ_k,

$$V^t AV = \Lambda, \quad \Lambda = \operatorname{diag}(\lambda_1, \lambda_2, \lambda_3),$$

und Substitution von $x = Vy \quad \rightsquigarrow$

$$Q : \frac{1}{2}y^t \Lambda y - d^t y = c, \quad d = V^t b$$

```
>> [V,Lambda] = eig(A)
   V = -0.6667 0.3333 -0.6667    Lambda = -18  0  0
        0.6667 0.6667 -0.3333               0  6  0
       -0.3333 0.6667  0.6667               0  0 12
>> d = V'*b
   d =  36.0000
         0.0000
       -12.0000
```

quadratische Ergänzung $y = z + e$ mit $e_k = d_k/\lambda_k \quad \rightsquigarrow$

$$Q : \frac{1}{2}\sum_{k=1}^{3} \lambda_k z_k^2 = \gamma, \quad \gamma = c + \frac{1}{2}\sum_{k=1}^{3} d_k^2/\lambda_k = c + d^t e/2$$

Mittelpunkt der Quadrik: $z = (0,0,0)^t \to y = e \to x = Ve =: m$

```
>> e = inv(Lambda)*d, gamma = c+d'*e/2, m = V*e
   e = -2.0000    gamma = 3.000    m =    2.0000
        0.0000                          -1.0000
       -1.0000                           0.0000
```

Normalisierung: $s_k = \sqrt{2\gamma/|\lambda_k|}$ (Halbachsenlängen) $\rightsquigarrow$

$$Q: \sigma_1 \frac{z_1^2}{s_1^2} + \sigma_2 \frac{z_2^2}{s_2^2} + \sigma_3 \frac{z_3^2}{s_3^2} = 1, \quad \sigma_k = \operatorname{sign} \lambda_k$$

```
>> s = sqrt(2*gamma./abs(diag(Lambda))), ...
      sigma = sign(diag(Lambda))
   s = 0.5774 % = 1/sqrt(3)  sigma = -1
       1.0000                          1
       0.7071 % = 1/sqrt(2)            1
```

$\rightsquigarrow$ euklidische Normalform: $-3z_1^2 + z_2^2 + 2z_3^2 = 1$

(ii) Zeichnen der Fläche:

Parametrisierung als Vereinigung von Ellipsen

$$Q: z_2^2 + 2z_3^2 = 1 + 3z_1^2 =: r^2$$

```
>> [z1,t] = meshgrid(-1:0.1:1,-pi:0.1:pi);
>> % Parametrisierung und Verschiebung um e
>> r = sqrt(1+3*z1.^2); C = cos(t); S = sin(t);
>> y1 = z1+e(1); y2 = r.*C+e(2); y3 = (r./sqrt(2)).*S+e(3);
>> % Transformation x = V*y, Zeichnen
>> x1 = V(1,1)*y1+V(1,2)*y2+V(1,3)*y3;
>> x2 = V(2,1)*y1+V(2,2)*y2+V(2,3)*y3;
>> x3 = V(3,1)*y1+V(3,2)*y2+V(3,3)*y3;
>> surf(x1,x2,x3)
```

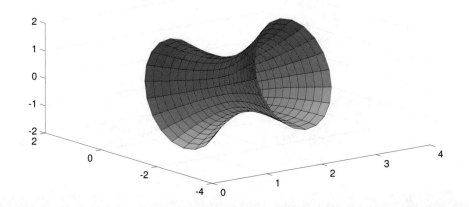

24.11   Darstellung von Quadriken in MATLAB®

Stellen Sie die Quadriken

$$Q_\pm : x^2 + (y/2)^2 = (z/3)^2 \pm 1$$

für $|z| \leq 10$ grafisch dar.

Verweise:

Darstellung bivariater Funktionen und Flächen in MATLAB®

Lösungsskizze

(i) Einschaliges Hyperboloid Q_+: $x^2 + (y/2)^2 = (z/3)^2 + 1$:

Darstellung als parametrisierte Fläche $Q_+ : (z,\varphi) \mapsto (x,y,z)$ mit Hilfe von Zylinderkoordinaten

```
>> [z,phi] = meshgrid([-10:1/2:10],[-pi:pi/20:pi]);
>> r = sqrt((z/3).^2+1);
>> x = r.*cos(phi); y = 2*r.*sin(phi);
>> surf(x,y,z)
```

(ii) Zweischaliges Hyperboloid Q_-: $x^2 + (y/2)^2 = (z/3)^2 - 1$:

Darstellung (alternativ) als implizite Fläche $Q_- : f(x,y,z) = 0$

```
>> interval = [-10 10 -10 10 -10 10];
>>  f = @(x,y,z) -x.^2-(y/2).^2+(z/3).^2-1;
>> fimplicit3(f,interval)
```

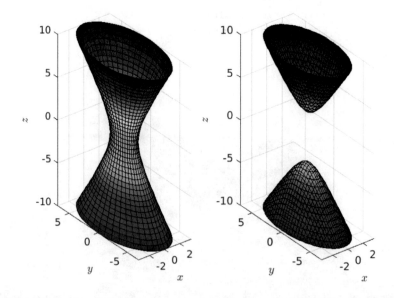

24.12 Mengenoperationen mit R-Funktionen in MATLAB®

Für in impliziter Form beschriebene Mengen $D_k : f_k(x) > 0$ können Mengenoperationen mit Hilfe der R-Funktionen[3]

$$R_\cup(f_1, f_2) = f_1 + f_2 + \sqrt{f_1^2 + f_2^2}, \quad R_\cap(f_1, f_2) = f_1 + f_2 - \sqrt{f_1^2 + f_2^2}$$

dargestellt werden: $D_1 \diamond D_2 : R_\diamond(f_1(x), f_2(x)) > 0, \diamond = \cup, \cap$.

Benutzen Sie diese Methode, um eine Hantel (Kugelradius 5, Griffradius 1, Kugelabstand 10) grafisch darzustellen.

Verweise: Matrix-Operationen in MATLAB®

Lösungsskizze

```
>> % Kugelradius, Griffradius, Kugelabstand
>> R = 5; r = 1; a = 10;
>> % R-Funktionen
>> Rcup = @(f,g) f+g+sqrt(f.^2+g.^2);
>> Rcap = @(f,g) f+g-sqrt(f.^2+g.^2);
>> % Kugeln
>> B1 = @(x,y,z) R^2-(x-a/2-R).^2-y.^2-z.^2;
>> B2 = @(x,y,z) R^2-(x+a/2-R).^2-y.^2-z.^2;
>> % (unendlicher) Zylinder und begrenzende Ebenen
>> Z = @(y,z) r^2-y.^2-z.^2;
>> H = @(x) (a/2+R)^2-x.^2;
>> % Vereinigung der Kugeln, Trimmen des Zylinders
>> BB = @(x,y,z) Rcup(B1(x,y,z),B2(x,y,z));
>> ZH = @(x,y,z) Rcap(Z(y,z),H(x));
>> % Hantel
>> F = @(x,y,z) Rcup(BB(x,y,z),ZH(x,y,z));
>> % Auswertung der Hantelfunktion mit Gitterweite h
>> h=0.2; [x,y,z]=meshgrid([-a-R:h:a+R],[-R:h:R],[-R:h:R]);
>> % Zeichnen der Hanteloberflaeche (F=0) in Schwarz
>> isosurface(x,y,z,F(x,y,z),0);
>> view(3), colormap([0 0 0])
>> axis equal, axis tight, axis off
```

[3]vgl. V.L. Rvachev, T.I. Sheiko: *R-functions in boundary value problems in mechanics*, Appl. Mech. Rev. 48 (1995), 151-188

24.13   Visualisierung bivariater Funktionen mit MATLAB®

Zeichnen Sie den Graphen der Funktion

$$f(x, y) = 3\cos x + 2\cos y + \cos(x + y)$$

auf dem Quadrat $D = [-4, 4] \times [-4, 4]$ sowie die Höhenlinien. Wie viele lokale Extrema besitzt f in D?

Verweise: Darstellung bivariater Funktionen und Flächen in MATLAB® , Niveaulinien in MATLAB®

Lösungsskizze

```
>> % Grafikfenster und Auswertungsgitter
>> axis([-4 4 -4 4])
>> dx = 0.2; dy = 0.2;
>> [x,y] = meshgrid(-4:dx:4,-4:dy:4);
>> % Funktionsauswertung und Zeichnen des Graphen
>> z = 3*cos(x)+2*cos(y)+cos(x+y);
>> subplot(1,2,1)    % linkes Bild
>> mesh(x,y,z)
>> % Zeichnen der Höhen- und Gitterlinien
>> subplot(1,2,2)    % rechtes Bild
>> [c,h] = contour(x,y,z);
>> clabel(c,h)
>> grid on
```

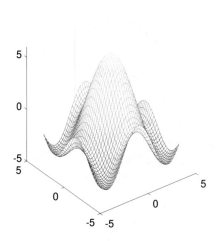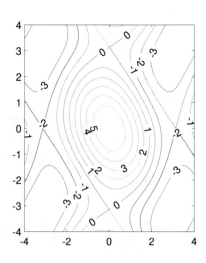

Höhenlinien umschließen lokale Extrema

$\Longrightarrow$ ein lokales Maximum (ebenfalls global) und vier lokale Minima

24.14 Kubische Splinekurven mit MATLAB®

Ausgehend von einem Kontrollpolygon $a, b, c, \ldots$ lässt sich eine kubische Spline-kurve zeichnen, indem man, wie in der Abbildung illustriert ist, das Polygon durch ein genaueres Polygon $a', b', \ldots$ ersetzt und diese Prozedur wiederholt, bis sich die Koordinaten benachbarter Punkte um weniger als eine vorgegebene Toleranz unterscheiden.

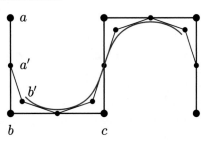

$$a' = \frac{a+b}{2}, \ b' = \frac{a+6b+c}{8}$$

Schreiben Sie ein MATLAB® -Skript, das mit Hilfe dieses Algorithmus die Spline-kurve für das abgebildete Kontrollpolygon ($a = (0,1)$, $b = (0,0)$, $c = (1,0)$, ...) zeichnet[4]. Geben Sie eine Reihe weiterer Beispiele.

Verweise: Indizierung von Matrixelementen in MATLAB®

Lösungsskizze

```
>> P = [0 1; 0 0; 1 0; 1 1; 2 1; 2 0]; tol = 0.02;
>> while max(max(abs(diff(P)))) > tol
>>    % alte und neue Polygonlaenge
>>    n = size(P,1); N = 2*n-3;
>>    % neue Punkte mit ungeraden und geraden Indizes
>>    Q(1:2:N,:) = (P(1:n-1,:)+P(2:n,:))/2;
>>    Q(2:2:N-1,:) = (P(1:n-2,:)+6*P(2:n-1,:)+P(3:n,:))/8;
>>    P = Q;
>> end
>> plot(P(:,1),P(:,2),'-b');
```

Weitere Beispiele:

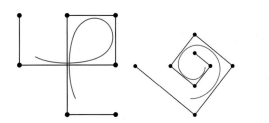 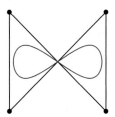

periodisches Kontrollpolygon

---

[4]Splinekurven beliebigen Grades lassen sich ebenso einfach zeichnen; vgl. K. Höllig, J. Hör-ner: *Approximation and Modeling with B-Splines*, SIAM, Other Titles in Applied Mathematics 132, 2013, Kapitel 6

24.15   Kubische Splineinterpolation mit MATLAB®

Interpolieren Sie einen Halbkreis an den Punkten
$(\cos(k\pi/4), \sin(k\pi/4))$, $k = 0, \ldots, 4$, auf drei verschiedene Arten mit einem kubischen Spline:

- als Funktion $y(x)$,
- als Kurve $(x(t), y(t))$,
- mit Vorgabe der Ableitungen an den Endpunk-
  ten.

Vergleichen Sie die Fehler.

Verweise: MATLAB® -Funktionen

Lösungsskizze

```
>> % Interpolationspunkte
>> t = [0:pi/4:pi]; x = cos(t); y = sin(t);
>> % 100 Abszissen und Parameter fuer die Auswertung
>> xx = linspace(-1,1,100); tt = linspace(0,pi,100);

>> % Werte p(xx) des Splines p mit y(k) = p(x(k))
>> p1 = spline(x,y,xx);
>> % Punkte p(tt) des Splines p mit p(t(k)) = [x(k); y(k)]
>> p2 = spline(t,[x; y],tt);
>> % Ergaenzung der Tangentenvektoren an den Endpunkten
>> % d/dt [cos(t); sin(t)] = [-sin(t); cos(t)]
>> % t=0 -> [0;1], t=pi -> [0;-1]
>> p3 = spline(t,[[0;1] [x;y] [0;-1]],tt);

>> % Fehlerberechnung
>> e1 = max(abs(p1-sqrt(1-xx.^2)))
>> e2 = max(max(abs(p2-[cos(tt); sin(tt)])))
>> e3 = max(max(abs(p3-[cos(tt); sin(tt)])))
```

$$\rightsquigarrow \quad e_1 = 0.1509, \quad e_2 = 0.0081, \quad e_3 = 0.0011$$

```
>> plot(xx,p1,'-r',p2(1,:),p2(2,:),'-g',p3(1,:),p3(2,:),'-b');
```

$\rightsquigarrow$ schwer zu unterscheidende, sehr genaue parametrische Interpolation (grün,
blau)

24.16   Minimierung mit MATLAB®

Bestimmen Sie den Abstand der durch

$$x = \cos t, \; y = 2\sin t, \quad 0 \le t \le 2\pi \,,$$

parametrisierten Ellipse von

    a)   dem Punkt $P = (3,1)$ b)   der Hyperbel $H : xy = 4$

Verweise: Demo: Steepest Descent Algorithm, Elementare MATLAB® -Operatoren und -Funktionen

Lösungsskizze

a) $\min\limits_{t\in[0,2\pi]} |(\cos t - 3, \, 2\sin t - 1)|$:

```
>> % Parametrisierung der Ellipse
>> x = @(t) cos(t); y = @(t) 2*sin(t);
>> % Abstandsfunktion
>> P = [3 1];
>> f = @(t) norm([x(t)-P(1), y(t)-P(2)]);
>> % eindimensionale Minimierung von f auf [0,2*pi]
>> [t, ft] = fminbnd(f,0,2*pi)
   t = 0.3300
   ft = 2.0839
>> % zum Punkt P nächstgelegener Punkt Q
>> Q = [x(t) y(t)]
   Q = 0.9460 0.6482
```

b) $\min\limits_{t,s} |(\cos t - s, \, 2\sin t - 4/s)|$:

```
>> % Parametrisierung der Hyperbel
>> H = @(s) 4/s;
>> % Abstandsfunktion mit Variablen u = (t,s)
>> g = @(u) norm([x(u(1))-u(2), y(u(1))-H(u(2))]);
>> % globale Minimierung von g mit Startwert [0 0]
>> [u, gu] = fminsearch(g,[0 0])
   u = 0.9504 1.6729
   gu = 1.3322
>> % zur Hyperbel H nächstgelegener Punkt Q
>> t = u(1); Q = [x(t) y(t)]
   Q = 0.5814 1.6273
```

24.17 Gauß-Newton-Verfahren mit MATLAB®

Bestimmen Sie die Amplitude c, die Frequenz ω und die Phasenverschiebung δ der harmonischen Schwingung
$$u(t) = c\cos(\omega t - \delta)\,,$$
die gemessene Werte (t_k, u_k), $k = 1, \ldots, m \gg 3$, durch Minimierung der Fehlerquadratsumme $\sum_k |u(t_k) - u_k|^2$ bestmöglich interpoliert.

Verweise: Demo: Newton's Method, Matrix-Operationen mit MATLAB®

Lösungsskizze

(i) Gauß-Newton-Verfahren:
Iterative Methode zur Minimierung von $|f(x_1, \ldots, x_n)|^2 = \sum_{k=1}^{m} f_k(x)^2$ für eine Funktion $f : \mathbb{R}^n \to \mathbb{R}^m$ mit $m > n$ (mehr Variable als Komponenten, i.A. keine Lösung für das überbestimmte System $f(x) = (0, \ldots, 0)^t \rightsquigarrow$ Minimierung des Fehlers)

Ein Iterationsschritt $x \to x + \Delta x$ basiert auf der linearen Approximation
$$f(x + \Delta x) \approx f(x) + f'(x)\Delta x\,,$$
d.h. die Minimierung von $|f(x + \Delta x)|^2$ führt auf das Ausgleichsproblem
$$|f(x) + f'(x)\Delta x|^2 \to \min$$
mit der Lösung $\Delta x = f'(x)^+ \Delta x = -f(x)$.

Unterschied zum Newton-Verfahren:
Verwendung der Pseudo-Inversen $f'(x)^+$ der $m \times n$-Jacobi-Matrix anstelle der Inversen $f'(x)^{-1}$ (im Fall $m = n$) für die Berechnung von Δx (Lösen eines Ausgleichsproblems statt eines linearen Gleichungssystems)

(ii) Anwendung auf die Parameterbestimmung für eine harmonische Schwingung:
Unbekannte $x = (c, \omega, \delta)^t$
Funktion und Jacobi-Matrix
$$
\begin{aligned}
f_k(x) &= x_1 \cos(x_2 t_k - x_3) - u_k \\
f_k'(x) &= ((\partial/\partial x_1)f_k(x), (\partial/\partial x_2)f_k(x), (\partial/\partial x_3)f_k(x)) \\
&= (\cos(x_2 t_k - x_3), -x_1 t_k \sin(x_2 t_k - x_3), x_1 \sin(x_2 t_k - x_3))
\end{aligned}
$$

Bestimmung geeigneter Startwerte

- $x_1 = c = u_{k\_\max} = \max_k u_k$
- halbe Periodenlänge: Abstand $T/2$ zwischen benachbarten Vorzeichenwechseln von u ($v_j v_{j+1} < 0$ mit v_k den von Null verschiedenen Werten von u) $\rightsquigarrow$ $x_2 = \omega = 2\pi/T$
- Maximum $u_{k\_\max}$ $\rightsquigarrow$ $\omega t_{k\_\max} - \delta \in 2\pi\mathbb{Z}$, d.h. $\delta = \omega t_{k\_\max} \bmod 2\pi$

(iii) MATLAB® -Implementierung:

```
>> % Testdaten (mit (-1)^k/4 gestoerte Schwingung)
>> t = [0:30]'; u = 3*cos(t/2-1)+(-1).^t/4;
>> plot(t,u,'ok')

>> % Bestimmung von Startwerten
>> [c,k_max] = max(u);
>> v = u(u~=0); j = find(v(1:end-1).*v(2:end)<0);
>> omega = pi/(t(j(2))-t(j(1)));
>> delta = mod(omega*t(k_max),2*pi);
>> x = [c;omega;delta];

>> % Gauss-Newton-Iteration
>> f = @(x) x(1)*cos(x(2)*t-x(3))-u;     % Funktion
>> df = @(x) [cos(x(2)*t-x(3)), ...
>>      -x(1)*t.*sin(x(2)*t-x(3)), ...
>>      x(1)*sin(x(2)*t-x(3))];    % Jacobi-Matrix
>> t_plot = linspace(0,20);
>> hold on
>> tol = 1.e-6; max_steps = 10;
>> for k=1:max_steps;
>>      plot(t_plot,x(1)*cos(x(2)*t_plot-x(3)),'-k')
>>      dx = -df(x)\f(x); x = x+dx;
>>      if norm(dx) <= tol; break; end;
>> end

>> % Ausgabe der Loesung
>> plot(t_plot,x(1)*cos(x(2)*t_plot-x(3)),'-b')
>> c = x(1), omega = x(2), delta = x(3), e = norm(f(x))^2
```

(iv) Generierte Folge harmonischer Schwingungen und berechnete Parameter:

$$c = 2.9988$$
$$\omega = 0.4989$$
$$\delta = 0.9836$$
$$e = 1.9251$$

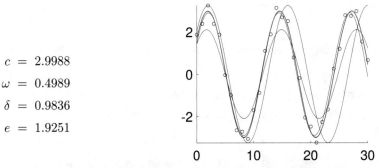

24.18   Doppel- und Dreifachintegrale mit MATLAB®

Berechnen Sie

a) $\displaystyle\iint\limits_{x^2+y^2\le 1} \ln(1+|x|+|y|)\,\mathrm{d}x\mathrm{d}y$ b) $\displaystyle\iiint\limits_{x^2+y^2+z^2\le 1} \frac{1}{1+|xyz|}\,\mathrm{d}x\mathrm{d}y\mathrm{d}z$

Verweise: Demo: Bivariate Gauß-Quadratur,   Elementare MATLAB® -Operatoren und -Funktionen

Lösungsskizze

a) $\iint_A \ln(1+|x|+|y|)\,\mathrm{d}A,\quad A:x^2+y^2\le 1$:

Polarkoordinaten ($x=r\cos\varphi,\ y=r\sin\varphi,\ \mathrm{d}A=r\,\mathrm{d}r\mathrm{d}\varphi$)   ↝   Integration über das Rechteck $[0,1]\times[0,2\pi]$

```
>> fdA = @(r,phi) log(1+abs(r.*cos(phi))+abs(r.*sin(phi))).*r;
>> integral2(fdA,0,1,0,2*pi)
   1.8819
```

Berechnung in kartesischen Koordinaten   ↝   variable Grenzen

```
>> f = @(x,y) log(1+abs(x)+abs(y));
>> ymax = @(x) sqrt(1-x.^2);   % oberer Kreisrand
>> % Symmetrie -> Einschränkung auf den ersten Quadranten
>> 4*integral2(f,0,1,0,ymax)   % vier Quadranten
   1.8819
```

b) $\iiint_K \frac{1}{1+|xyz|}\,\mathrm{d}K,\quad K:x^2+y^2+z^2\le 1$:

Integral mit festen Grenzen in Kugelkoordinaten

```
>> x = @(r,theta,phi) r.*sin(theta).*cos(phi);
>> y = @(r,theta,phi) r.*sin(theta).*sin(phi);
>> z = @(r,theta,phi) r.*cos(theta);
>> dK = @(r,theta,phi) r.^2.*sin(theta);
>> fdK = @(r,theta,phi) dK(r,theta,phi)./ ...
   (1+abs(x(r,theta,phi).*y(r,theta,phi).*z(r,theta,phi)));
>> integral3(fdK,0,1,0,pi,0,2*pi)
   4.0342
```

alternativ: Integral mit variablen Grenzen in kartesischen Koordinaten

```
>> f = @(x,y,z) 1./(1+x.*y.*z);
>> ymax = @(x) sqrt(1-x.^2); zmax = @(x,y) sqrt(1-x.^2-y.^2);
>> 8*integral3(f,0,1,0,ymax,0,zmax)   % acht Oktanten
   4.0342
```

24.19 Subdivision von Spline-Flächen mit MATLAB®

Implementieren Sie einen Algorithmus, der ein Netz von Kontrollpunkten $c_{j,k} \in \mathbb{R}^3$ einer Splinefläche mit Grad n für eine grafische Darstellung s-mal verfeinert. Dabei werden in jedem Subdivisionsschritt die Kontrollpunkte zunächst vervierfacht,

$$c_{2j-\nu,2k-\mu} \leftarrow c_{j,k}, \quad \nu, \mu \in \{0,1\}\,,$$

und dann in jeder Indexrichtung n-mal gemittelt[5],

$$c_{j,k} \leftarrow (c_{j,k} + c_{j+1,k})/2, \quad c_{j,k} \leftarrow (c_{j,k} + c_{j,k+1})/2\,.$$

Verweise: Indizierung von Matrizen in MATLAB® , MATLAB® -Funktionen

Lösungsskizze

```
function c = subdivision(c,n,steps)
for steps=1:s
   % Runden von [1/2 1 3/2 2 ...] -> Indizes [1 1 2 2 ...]
   % -> Vervierfachung der Kontrollpunkte
   c = c(round(1/2:1/2:end),round(1/2:1/2:end),:);
   for m=1:n;   % Mittelung benachbarter Kontrollpunkte
      c = (c(2:end,:,:)+c(1:end-1,:,:))/2;
      c = (c(:,2:end,:)+c(:,1:end-1,:))/2;
   end
end
end
```

Beispiel (Zeichnen eines „Spline-Sattels")

```
>> % Koordinaten der Kontrollpunkte, resultierende Matrix
>> x = [0 1 2 3; 1 1 2 2; 1 1 2 2; 0 1 2 3];
>> y = [0 1 1 0; 1 1 1 1; 2 2 2 2; 3 2 2 3];
>> z = [1 0 0 1; 2 1 1 2; 2 1 1 2; 1 0 0 1];
>> c = reshape([x,y,z],4,4,3);
>> % 3 Subdivisionen fuer Grad 2, Zeichnen des Netzes
>> c = subdivsion(c,2,3);
>> surf(c(:,:,1),c(:,:,2),c(:,:,3));
```

---

[5]**Nur** Dividieren durch **zwei**: Ideal für Computer-Arithmetik und „Surface Rendering Hardware".

24.20   Monte-Carlo-Integration mit MATLAB®

Bestimmen Sie näherungsweise das Volumen des abgebildeten Körpers, für den das Produkt der Quadrate der Abstände zu den Kreisen um den Ursprung mit Radius 2 in der xy-, yz- und zx-Ebene ≤ 1 ist.

Verweise: Monte-Carlo-Integration, MATLAB® -Funktionen

Lösungsskizze

(i) Beschreibung des Körpers:

Quadrat des Abstands zum Kreis $C_{xy} : x^2 + y^2 = 4$ (Radius 2)

$$\text{dist}((x,y,z), C_{xy})^2 = \left(\sqrt{x^2 + y^2} - 2 \right)^2 + z^2$$

analoge Formeln für die Kreise C_{yz}, C_{zx} ⤳   MATLAB® -Funktion für eine implizite Darstellung, $K : f(x,y,z) \leq 0$, des Körpers

```
function fxyz = f(x,y,z)
sx = x.^2; sy = y.^2; sz = z.^2;
fxy = (sqrt(sx+sy)-2).^2+sz;
fyz = (sqrt(sy+sz)-2).^2+sx;
fzx = (sqrt(sz+sx)-2).^2+sy;
fxyz = fxy.*fyz.*fzx-1;
```

(ii) Monte-Carlo-Schätzung für vol D:

```
% Schranke s fuer die Koordinaten -> Bounding Box B
s = 3; volB = (2*s)^3;
% zufaellig generierte Punkte in B, adhoc Wahl der Anzahl
% moegliche Verdopplung der Anzahl -> Fehlerschaetzung
nB = 10^6; xyz = 2*s*rand(nB,3)-s;
x = xyz(:,1); y = xyz(:,2); z = xyz(:,3);

nK = sum(f(x,y,z)<=0);   % Anzahl der Punkte in K
volK = (nK/nB)*volB      % Schaetzung des Teilvolumens
    volK = 26.5103
```

Bemerkung   MATLAB® -Befehle für die Generierung der Grafik

```
[x,y,z] = meshgrid([-3:0.05:3]);
isosurface(x,y,z,f(x,y,z),0,x+y+z);
colormap(hsv); view([10, 2, 1]); axis tight; axis equal;
```

25 Maple™

Übersicht

© Springer-Verlag GmbH Deutschland, ein Teil von Springer Nature 2023
K. Höllig und J. Hörner, *Aufgaben und Lösungen zur Höheren Mathematik 2*,
https://doi.org/10.1007/978-3-662-67512-0_26

25.1 Eingabe und Multiplikation von Matrizen und Vektoren mit Maple™

Berechnen Sie für

$$p:\ 3 \times 1,\ p_j = j, \qquad q:\ 1 \times 2,\ q_k = v_k$$
$$A:\ 2 \times 2,\ a_{j,k} = j^k, \qquad B:\ 2 \times 3,\ b_{j,k} = j - k$$

die Produkte qA, Bp, AB sowie die erste Zeile von A^2 und die letzten zwei Spalten von $B^t B$.

Verweise: Vektoren und Matrizen in Maple™ , Rechnen mit Matrizen in Maple™

Lösungsskizze

(i) Eingabe der Vektoren und Matrizen:

```
> with(LinearAlgebra):    # Einbinden relevanter Progamme
> p := Vector([1,2,3]); q := Vector[row](2,symbol=v);
```

$$p := \begin{bmatrix} 1 \\ 2 \\ 3 \end{bmatrix}, \quad q := \begin{bmatrix} v_1 & v_2 \end{bmatrix}$$

```
> A := Matrix([[1,1],[1,4]]); B := Matrix(2,3,(j,k)->j-k);
```

$$A := \begin{bmatrix} 1 & 1 \\ 1 & 4 \end{bmatrix}, \quad B := \begin{bmatrix} 0 & -1 & -2 \\ 1 & 0 & -1 \end{bmatrix}$$

(ii) Matrix/Vektor-Produkte:

```
> qA := VectorMatrixMultiply(q,A);
  Bp := MatrixVectorMultiply(B,p);
```

$$qA := \begin{bmatrix} v_1 + v_2 & v_1 + 4v_2 \end{bmatrix}, \quad Bp := \begin{bmatrix} -8 \\ -2 \end{bmatrix}$$

(iii) Matrix/Matrix-Produkte:

```
>> AB := MatrixMatrixMultiply(A,B);
```

$$\begin{bmatrix} 1 & -1 & -3 \\ 4 & -1 & -6 \end{bmatrix}$$

```
>> r := MatrixMatrixMultiply(A[1,1..2],A);
   C := MatrixMatrixMultiply(Transpose(B),B[1..2,2..3]);
```

$$r := \begin{bmatrix} 2 & 5 \end{bmatrix}, \quad C := \begin{bmatrix} 0 & -1 \\ 1 & 2 \\ 2 & 5 \end{bmatrix}$$

```
>> # alternativ
>> AA := MatrixMatrixMultiply(A,A): r := AA[1,1..2];
>> BtB := MatrixMatrixMultiply(Transpose(B),B):
   C := BtB[1..3,2..3];
```

25.2 Gram-Schmidt-Orthogonalisierung mit Maple™

Konstruieren Sie für den durch die Vektoren

$$u_j : u_{j,k} = k^{j-1},\ j = 1, 2, 3,\ k = 1, \dots, 4,$$

aufgespannten Unterraum V eine orthogonale Basis und bestimmen Sie die Matrizen der Projektionen auf V und auf das orthogonale Komplement $V^\perp$.

Verweise: Rechnen mit Matrizen in Maple™

Lösungsskizze

```
> with(LinearAlgebra):    # Einbinden relevanter Funktionen
> U := Matrix(3,4,(j,k)->k^(j-1)):    # Matrix der (Zeilen-) Vektoren
```

(i) Orthogonalisierung mit dem Verfahren von Gram-Schmidt:

```
> Orthogonalsierung mit Normierung
> V := GramSchmidt([U[1,1..4],U[2,1..4],U[3,1..4]],normalized);
```

$$V := \left[\left[\frac{1}{2}, \frac{1}{2}, \frac{1}{2}, \frac{1}{2} \right],\ \left[-\frac{3\sqrt{5}}{10}, -\frac{\sqrt{5}}{10}, \frac{\sqrt{5}}{10}, \frac{3\sqrt{5}}{10} \right],\ \left[\frac{1}{2}, -\frac{1}{2}, -\frac{1}{2}, \frac{1}{2} \right] \right]$$

(ii) Projektionsmatrix P für V:

$v_j\ (= \mathtt{V[j]})$ orthonormal (Zeilenvektoren) $\implies$ $P = \sum_j v_j^{\mathrm{t}} v_j$

```
> for j from 1 to 3 do
      p[j] := MatrixMatrixMultiply(Transpose(V[j]),V[j]):
   end do
> P := add(p[j],j=1..3):
```

$$P := \frac{1}{20} \begin{bmatrix} 19 & 3 & -3 & 1 \\ 3 & 11 & 9 & -3 \\ -3 & 9 & 11 & 3 \\ 1 & -3 & 3 & 19 \end{bmatrix}$$

(iii) Projektionsmatrix Q für das orthogonale Komplement W:

```
> W := NullSpace(P):    # Dimension 1, aufgespannt durch W[1]
> w := ScalarMultiply(W[1],1/Norm(W[1],2)):    # Spaltenvektor
> Q := MatrixMatrixMultiply(w,Transpose(w));
```

$$Q := \frac{1}{20} \begin{bmatrix} 1 & -3 & 3 & -1 \\ -3 & 9 & -9 & 3 \\ 3 & -9 & 9 & -3 \\ -1 & 3 & -3 & 1 \end{bmatrix}$$

```
> # Kontrolle
> E := P+Q:    # -> Einheitsmatrix E
```

25.3   Lösen linearer Gleichungssysteme mit Maple™

Lösen Sie das parameterabhängige lineare Gleichungssystem

$$\begin{pmatrix} 0 & 1 & 2 \\ 2 & 3 & 1 \\ 1 & 2 & 0 \end{pmatrix} \begin{pmatrix} x_1 \\ x_2 \\ x_3 \end{pmatrix} = \begin{pmatrix} 0 \\ p \\ 3 \end{pmatrix}$$

auf verschiedene Arten.

Verweise: Lineare Gleichungssysteme mit Maple™

Lösungsskizze

```
> with(LinearAlgebra):    # Einbinden relevanter Funktionen
> A := Matrix([[0,1,2],[2,3,1],[1,2,0]]):
> b := Vector([0,p,3]):
```

(i) Gauß-Elimination:

```
> # Transformation auf Dreiecksform und Rückwärtseinsetzen
> Ab := Matrix([A,b]):    # Koeffizienten und rechte Seite
> R := GaussianElimination(Ab); x := BackwardSubstitute(R);
```

$$R := \begin{bmatrix} 2 & 3 & 1 & p \\ 0 & 1 & 2 & 0 \\ 0 & 0 & -3/2 & 3 - p/2 \end{bmatrix}, \quad x := \begin{bmatrix} -5 + 4p/3 \\ 4 - 2p/3 \\ -2 + p/3 \end{bmatrix},$$

```
> # Zusammenfassen von Elimination und Lösen -> Alternative
> x := LinearSolve(A,b);    # -> gleiches Resultat
```

(ii) Cramersche Regel:

```
> d := Determinant(A);
```

$$d := 3$$

```
> x[1] := Determinant(Matrix([b,A[1..3,2..3]]))/d;
```

$$x_1 := -5 + 4p/3$$

analog: $x_2 = \det(A(:,1), b, A(:,3))/ \det A$, $x_3 = \det(A(:,1:2), b)/ \det A$

(iii) Multiplikation mit der inversen Matrix:

```
> C := MatrixInverse(A);
```

$$C := \begin{bmatrix} -2/3 & 4/3 & -5/3 \\ 1/3 & -2/3 & 4/3 \\ 1/3 & 1/3 & -2/3 \end{bmatrix}$$

```
> x := MatrixVectorMultiply(C,b);
```

⤳   gleiches Resultat

25.4 Eigenwerte und Jordanform mit Maple™

Bestimmen Sie die Eigenwerte, Eigenvektoren und die Jordanform der stochastischen[1] Matrix

$$A = \frac{1}{10} \begin{pmatrix} 8 & 1 & 5 \\ 1 & 7 & 0 \\ 1 & 2 & 5 \end{pmatrix}$$

sowie $\lim_{n\to\infty} A^n$.

Verweise: Rechnen mit Matrizen in Maple™

Lösungsskizze

```
> with(LinearAlgebra):    # Einbinden relevanter Funktionen
> A := ScalarMultiply(Matrix([[8,1,5],[1,7,0],[1,2,5]]),1/10):
```

(i) Eigenwerte und Eigenvektoren $(AV = V\Lambda)$:

```
> LambdaV := Eigenvectors(A);
```

$$LambdaV := \begin{bmatrix} 1 \\ 1/2 \\ 1/2 \end{bmatrix}, \quad \begin{bmatrix} 3 & -2 & 0 \\ 1 & 0 & 1 \\ 1 & 0 & 1 \end{bmatrix}$$

Nullspalte $\rightsquigarrow$ Eigenraum zu $1/2$ eindimensional $\rightsquigarrow$ A nicht diagonalisierbar

(ii) Jordanform $(AQ = QJ)$:

```
> JQ := JordanForm(A,output=['J','Q']):
> J := JQ[1]; Q := JQ[2];    # Jordanform und Transformationsmatrix
```

$$J := \begin{bmatrix} 1 & 0 & 0 \\ 0 & 1/2 & 1 \\ 0 & 0 & 1/2 \end{bmatrix}, \quad Q := \begin{bmatrix} 3/5 & 1/5 & -3/5 \\ 1/5 & -1/10 & -1/5 \\ 1/5 & -1/10 & 4/5 \end{bmatrix}$$

(iii) Grenzwert $A_\infty = \lim_{n\to\infty} A^n$:

$A^n = (QJQ^{-1})^n = QJ^nQ^{-1}, \quad \lim_{n\to\infty} J^n = \operatorname{diag}(1,0,0) =: J_\infty$

```
> Jinf := DiagonalMatrix(Vector([1,0,0])):
> Qi := MatrixInverse(Q):
> Ainf := MatrixMatrixMultiply(Q,MatrixMatrixMultiply(Jinf,Qi));
```

$$Ainf := \begin{bmatrix} 3/5 & 3/5 & 3/5 \\ 1/5 & 1/5 & 1/5 \\ 1/5 & 1/5 & 1/5 \end{bmatrix}$$

$\implies$ $\lim_{n\to\infty} A^n x = (3/5, 1/5, 1/5)^t$ für jeden Vektor x mit $\sum_k x_k = 1$

---

[1]stochastisch $\Leftrightarrow$ $a_{j,k} \geq 0, \sum_j a_{j,k} = 1$

25.5   Lösen nichtlinearer Gleichungssysteme mit Maple™

Bestimmen Sie die Lösungen der Gleichungen
$$x^2 + y^2 = 2, \quad 2\,xy = x + y$$
(Schnittpunkte eines Kreises mit einer Hyperbel) sowie numerisch die positive Lösung des Gleichungssystems, bei dem jede Zahl 2 durch 2.1 ersetzt wurde.

Verweise: Lösen von Gleichungen mit Maple™

Lösungsskizze

(i) Algebraische Lösung:

```
> # polynomiales Gleichungssystem
> e1 := x^2+y^2 = 2; e2 := 2*x*y = x+y;
```

$$e1 := x^2 + y^2 = 2, \quad e2 := 2\,xy = x + y$$

```
> # Lösungen als Nullstellenmengen von Polynomen
> lsg := solve({e1,e2},{x,y});
```

$$lsg := \{x = 1,\, y = 1\},\ \{x = -\mathrm{RootOf}(2\_Z^2 + 2\_Z - 1) - 1,$$
$$y = \mathrm{RootOf}(2\_Z^2 + 2\_Z - 1)\}$$

```
> # Konvertierung der RootOf-Ausdrücke
> allvalues(lsg[2]);
```

$$\left\{x = -\frac{1+\sqrt{3}}{2},\, y = \frac{\sqrt{3}-1}{2}\right\},\quad \left\{x = \frac{\sqrt{3}-1}{2},\, y = -\frac{1+\sqrt{3}}{2}\right\}$$

Symmetrie   ⤳   Vertauschung von x und y möglich

(ii) Numerische Lösung:

```
> e1 := x^2.1+y^2.1 = 2.1; e2 := 2.1*x*y = x+y;
```

$$e1 := x^{2.1} + y^{2.1} = 2.1, \quad e2 := 2.1\,xy = x + y$$

```
> lsg := fsolve({e1,e2},{x=0..infinity,y=0..infinity});
```

$$lsg := \{x = 1.213078177,\, y = 0.7839135787\}$$

```
> # Probe durch Einsetzen des x- und y-Wertes
> subs(lsg[1],lsg[2],{e1,e2});
```

$$\{1.996991756 = 1.996991756,\, 2.099999999 = 2.1\}$$

25.6 Gleichung eines rational parametrisierten Kegelschnitts mit Maple™

Jede rationale Parametrisierung $t \mapsto \left(\frac{p(t)}{r(t)}, \frac{q(t)}{r(t)}\right)$ mit quadratischen Polynomen beschreibt einen Kegelschnitt

$$K : ax^2 + bxy + cy^2 + dx + ey + f = 0.$$

Bestimmen Sie $a, b, \ldots, f$ für die abgebildete Ellipse mit $p(t) = (1 - t)^2$, $q(t) = t^2$, $r(t) = 1 - t + t^2$.

Verweise: Funktionen in Maple™ , Lösen von Gleichungen mit Maple™

Lösungsskizze

```
> p := t->(1-t)^2: q := t->t^2: r := t->1-t+t^2:
```

Einsetzen von $x = p/r$, $y = q/r$ in die Ellipsengleichung und Multiplikation mit r^2
$\rightsquigarrow$ $K(t) = 0$ mit einem Polynom K vom Grad ≤ 4,

$$K(t) = ap(t)^2 + bp(t)q(t) + \cdots + eq(t)r(t) + fr(t)^2$$

Nullsetzen der Koeffizienten bzw. aller Ableitungen für $t = 0$ $\rightsquigarrow$ lineare Gleichungen G_k für $a, b, \ldots, f$

```
> K := t->a*p(t)^2+b*p(t)*q(t)+c*q(t)^2
            +d*p(t)*r(t)+e*q(t)*r(t)+f*r(t)^2:
> G[1] := K(0)=0;
> for k from 1 to 4 do
      # Nullsetzen der k-ten Ableitung bei 0
      G[k+1] := D[1$k](K)(0)=0
  od
```

$$
\begin{aligned}
G_1 &:= a + d + f = 0 \\
G_2 &:= -4a - 3d - 2f = 0 \\
G_3 &:= 12a + 2b + 8d + 2e + 6f = 0 \\
G_4 &:= -24a - 12b - 18d - 6e - 12f = 0 \\
G_5 &:= 24a + 24b + 24c + 24d + 24e + 24f = 0
\end{aligned}
$$

```
> # Loesen des unterbestimmten linearen Gleichungssystems
> solve([G[1],G[2],G[3],G[4],G[5]],[a,b,d,c,d,e,f]);
```

$$\rightsquigarrow \quad [[a = c, b = c, c = c, f = c, d = -2c, e = -2c]]$$

eindimensionaler Lösungsraum, parametrisiert durch c
Wahl von $c = 1$ $\rightsquigarrow$ $K : x^2 + xy + y^2 - 2x - 2y + 1 = 0$

25.7 Partielle Ableitungen mit Maple™

Bestimmen Sie die partiellen Ableitungen von

$$\text{a)} \quad f(x,y) = \sqrt{x - \sqrt{y}}, \qquad \text{b)} \quad g(x,y,z) = \frac{1}{x - y/z}$$

sowie den Gradienten von f im Punkt $(2,1)$, grad $f(2,1)$, die Hesse-Matrix $\mathrm{H}\,f(2,1)$ und die partielle Ableitung sechster Ordnung $g^{(1,2,3)}(3,2,1)$.

Verweise: Differentiation mit Maple™

Lösungsskizze

a) $f(x,y) = \sqrt{x - \sqrt{y}}$:

```
> f := (x,y)->sqrt(x-sqrt(y)):
> # partielle Ableitung nach x ([1]) und y ([2])
> f_x := D[1](f); f_y := D[2](f);
```

$$f_x := (x,y) \mapsto \frac{1}{2\sqrt{x - \sqrt{y}}}, \quad f_y := (x,y) \mapsto -\frac{1}{4\sqrt{y}\sqrt{x - \sqrt{y}}}$$

```
> # zweite partielle Ableitungen im Punkt (2,1)
> f_xx := D[1,1](f)(2,1): f_yy := D[2,2](f)(2,1):
> f_xy := D[2](fx)(2,1):   # oder D[1,2](f)(2,1), D[2,1](f)(2,1)
> # Gradient und Hesse-Matrix
> Gf := Vector([f_x(2,1), f_y(2,1)]);
    Hf := Matrix([[f_xx, f_xy],[f_xy, fyy]]);
```

$$Gf := \begin{bmatrix} 1/2 \\ -1/4 \end{bmatrix}, \quad Hf := \begin{bmatrix} -1/4 & 1/8 \\ 1/8 & 1/16 \end{bmatrix}$$

b) $g(x,y,z) = 1/(x - y/z)$:

```
> g := 1/(x-y/z):   # Ausdruck, alternativ zur Funktionsdefinition
> # erste partielle Ableitungen
> g_x := diff(g,x); g_y := diff(g,y); g_z := diff(g,z);
```

$$g_x := -\frac{1}{(x - y/z)^2}, \quad g_y := \frac{1}{(x - y/z)^2 z}, \quad g_z := -\frac{y}{(x - y/z)^2 z^2}$$

```
> # nach x, zweimal nach y (y$2$) und dreimal nach z (z$3$) ableiten
> # simplify(diff(g,x,y$2,z$3));
```

$$\frac{144x(x^2 z^2 + 3xyz + y^2)}{(xz - y)^7}$$

```
> # Auswerten des zuletzt berechneten Ausdrucks
> subs(x=3,y=2,z=1,%);
```

25.8 Multivariate Taylor-Entwicklung mit Maple™

Bestimmen Sie das quadratische Taylor-Polynom der Funktion

$$f(x,y) = \frac{1}{\exp(x) + \ln(y)}$$

im Punkt $(x_0, y_0) = (0,1)$ sowohl auf direktem Weg als auch mit Hilfe der univariaten Entwicklungen von Exponentialfunktion und Logarithmus. Geben Sie ebenfalls den Fehler für $(x,y) = (0.1, 1.1)$ an.

Verweise: Taylor-Entwicklung mit Maple™

Lösungsskizze

a) Direkte multivariate Entwicklung:

```
> f(x,y) := (x,y)->1/(exp(x)+ln(y)):
> # Entwicklung bei (0,1) bis zur Ordnung 3
> p := mtaylor(f(x,y),[x=0,y=1],3):
```

$$p := 1 - x - (y-1) + \frac{x^2}{2} + 2x(y-1) + \frac{3(y-1)^2}{2}$$

```
> # Fehler bei (x,y) = (0.1,1.1)
> f(0.1,1.1) - subs(x=0.1,y=1.1,p);
```

$$-0.0070006286$$

b) Verwendung univariater Entwicklungen:

```
> qx := taylor(exp(x),x=0,3); qy := taylor(ln(y),y=1,3);
```

$$qx := 1 + x + \frac{x^2}{2} + O(x^3), \quad qy := (y-1) + \frac{(y-1)^2}{2} + O((y-1)^3)$$

```
> # Summe und Elimination der O(...)-Terme
> q := convert(qx+qy,polynom);
```

$$q := x + \frac{x^2}{2} + y - \frac{(y-1)^2}{2}$$

Bilden des Kehrwerts $f = 1/q$ mit Hilfe der geometrischen Reihe:

$$f = \frac{1}{1-e} = 1 + \sum_{k=1}^{\infty} e^k, \quad e = 1 - q = O(x + (y-1))$$

```
> e := 1-q: p := 1+e+e^2;    # f = p + O(e^3)
```

$$p := 1 - x - (y-1) + \frac{x^2}{2} + 2x(y-1) + \frac{3(y-1)^2}{2} + \dots$$

Übereinstimmung mit dem Resultat aus a) bei Vernachlässigung der Terme dritter und höherer Ordnung

25.9   Epizykloiden mit Maple™

Parametrisieren Sie die Kurve C, die der
blaue Punkt beim Abrollen des blauen Kreises auf dem Einheitskreis beschreibt. Zeichnen Sie C für

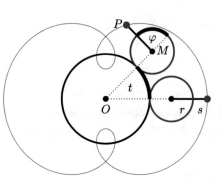

$$
\begin{array}{c|ccc}
r & 2/3 & 1/4 & 3/2 \\
\hline
s & 0 & 2 & -1/4
\end{array}.
$$

Die Abbildung illustriert den Fall $r = 1/2$,
$s = 1/3$ (blaue Kurve C).

Verweise: Grafik mit Maple™ , Funktionen in Maple™

Lösungsskizze

(i) Parametrisierung:

Länge L (Winkel $\cdot$ Radius) der fett gezeichneten Kreissegmente

$$\text{Einheitskreis}: L = t \cdot 1, \quad \text{blauer Kreis}: L = \varphi \cdot r$$

$\implies \quad \varphi = t/r$ und

$$\vec{p} = \begin{pmatrix} x \\ y \end{pmatrix} = \overrightarrow{OM} + \overrightarrow{MP} = (1+r)\begin{pmatrix} \cos t \\ \sin t \end{pmatrix} + (r+s)\begin{pmatrix} \cos(t + t/r) \\ \sin(t + t/r) \end{pmatrix}$$

(ii) Grafische Darstellung:

```
> with(LinearAlgebra):
> # Parametrisierung als vektorwertige Funktion t -> <x,y>
> p:=t->(1+r)*<cos(t),sin(t)>+(r+s)*<cos(t+t/r),sin(t+t/r)>:
> # Radien, Offsets und Perioden (Zaehler(r) * 2*Pi)
> R:={2/3,1/4,3/2}; S:={0,2,-1/4}; T:={4*Pi,2*Pi,6*Pi};
> # Zeichnen der Epizykloiden
> for k from 1 to 3 do
       p_k:=subs(r=R[k],s=S[k],p(t)); x:=p_k[1]; y:=p_k[2];
       plot([x,y,t=0..T[k]],color=blue);
  od;
```

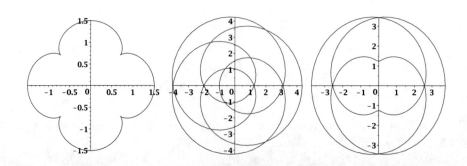

25.10   Algorithmus von De Casteljau mit Maple™

Schreiben Sie eine Maple™ -Prozedur, die eine Bézier-Kurve

$$t \mapsto p(C|t) = \sum_{k=0}^{n} \binom{n}{k} (1-t)^{n-k} t^k \, c_k, \quad C = \begin{pmatrix} c_0 \\ \vdots \\ c_n \end{pmatrix}$$

mit der Rekursion

$$p(c_0, \ldots, c_n|t) = (1-t)p(c_0, \ldots, c_{n-1}|t) + tp(c_1, \ldots, c_n|t)$$

auswertet. Illustrieren Sie den Algorithmus, indem Sie den Buchstaben „B" mit drei Bézier-Kurven modellieren.

Verweise: Prozeduren in Maple™ , Grafik mit Maple™

Lösungsskizze
(i) Rekursive Maple™ -Prozedur:

```
> with(LinearAlgebra):
> p := proc(C,t)
      local n:
      # C: Matrix mit den Kontrollpunkten c_k als Zeilen
      # t: Kurvenparameter
      # n: Polynomgrad = Kontrollpunktzahl-1, lokale Variable
      # Rueckgabe (return value): Kurvenpunkt p(C|t)

      n := RowDimension(C)-1:
      if n=0 then
          return C
          # p(C|t) = C bei nur einem Kontrollpunkt
      else
          # Polynomgrad > 0 -> rekursiver Aufruf der Prozedur
          # ohne den ersten bzw. den letzten Kontrollpunkt
          # jeweils Loeschen einer Zeile der Matrix C
          return (1-t)*bezier(DeleteRow(C,1),t)
              + t*bezier(DeleteRow(C,n+1),t):
      end if
  end proc
```

(ii) Zeichnen von Bézier-Kurven[2]:

```
> with(LinearAlgebra): with(plots):
> # Matrizen von Kontrollpunkten fuer Polynomgrad n=1,2,3
> C1:=<0,1|8,0>: C2:=<0,8,1|8,8,5>: C3:=<1,8,8,1|5,6,1,0>
> # Zeichnen der Kontrollpunkte und der Kontrollpolygone
> Cpoints := plot({C1,C2,C3},color=black,symbol=solidcircle)
> Cpolygons := plot({C1,C2,C3},color=black)
> # Zeichnen der Bezier-Kurven (Parameterintervall [0,1])
> curves := plot({
    [p(C1,t)[1,1],p(C1,t)[1,2],t=0..1],
    [p(C2,t)[1,1],p(C2,t)[1,2],t=0..1],
    [p(C3,t)[1,1],p(C3,t)[1,2],t=0..1]
    },color=blue)
> # Verbinden der drei Plots
> display(Cpoints,Cpolygons,curves)
```

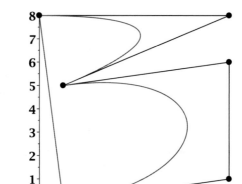

Bermerkung   Der Maple™ -Funktion plot wird jeweils eine Liste $\{d1, d2, \ldots\}$ von Plot-Daten d gleichen Typs übergeben:

■ Matrizen, die in den Zeilen die Polygoneckpunkte enthalten, bei den ersten beiden Aufrufen.

■ zwei Funktionen, die die beiden Koordinaten der Kurvenpunkte berechnen, sowie das Parameterintervall im dritten Aufruf. Da p den Kurvenpunkt $p(t|C)$ als 1×2-Matrix zurückgibt, muss die Maple™ -Prozedur in ihre zwei Komponenten, p(C,t)[1,1] und p(C,t)[1,2], aufgespalten werden.

---

[2]Bézier- und B-Spline-Kurven haben sich aufgrund ihrer sehr intuitiven geometrischen Eigenschaften als Standard in der industriellen Geometriebeschreibung etabliert.

25.11 Maple™ -Animation von Regelflächen

Eine Regelfläche ist eine Vereinigung von Geradensegmenten $C_t = [c_-(t), c_+(t)]$ und kann durch

$$(t, s) \mapsto (1 - s)c_-(t) + sc_+(t), \; 0 \le s \le 1, \quad c_\pm \in \mathbb{R}^3 ,$$

parametrisiert werden. Illustrieren Sie diese Darstellung durch sukzessives Zeichnen von C_t, $t = t_0, t_1, \ldots$, für das Beispiel $c_\pm = (\cos(t \pm \varphi), \sin(t \pm \varphi), \pm 1)$ mit $\varphi = 0$ (Zylinder), $\varphi = \pi/4$ (Hyperboloid) und $\varphi = \pi/2$ (Kegel).

Verweise: Grafik mit Maple™

Lösungsskizze

```
> with(plots); with(plottools);
> # Zeichnen der Kreise der Segmentendpunkte
> cm := spacecurve([cos(t), sin(t), -1], t=0..2*Pi, color=black);
> cp := spacecurve([cos(t), sin(t), 1], t=0..2*Pi, color=black);

> phi:=Pi/2;   # Kegel
> # alternativ phi:=0 (Zylinder), phi:=Pi/4 (Hyperboloid)
> # Funktion zum Zeichnen eines Geradensegments
> oneline := proc(t)
       display(line([cos(t-phi), sin(t-phi), -1],
       [cos(t+phi), sin(t+phi), 1]), color=blue);
> end proc;

> # Video: sukzessives Zeichnen von 30 Geradensegmenten
> plots[animate](oneline, [t], t=0..2*Pi, frames=30,
       trace=30, background=display([cm, cp]), axes=none);
```

Zeichnen des Bildes des Videos für jeweils einen Parameterwert t für jeden der drei Fälle

$t = 2\pi/3$ $t = 4\pi/3$ $t = 2\pi$

25.12   Gebietstransformation für ein Doppelintegral mit Maple™

Integrieren Sie $f(x,y) = x^3 y^4$ über das Bild des Einheitsquadrats $[0,1]^2$ unter der Abbildung

$$(s,t) \mapsto (x,y), \quad x = 4s + t^2, \; y = 3t - s^2 \, .$$

Verweise: Integration mit Maple™

Lösungsskizze

Anwendung des Transformationssatzes für mehrdimensionale Integrale:

$$\iint\limits_{(x,y) \in A} f(x,y)\,\mathrm{d}x\mathrm{d}y = \iint\limits_{(s,t) \in D} f(x(s,t), y(s,t)) \left| \det \frac{\partial(x,y)}{\partial(s,t)} \right| \mathrm{d}s\mathrm{d}t$$

mit $D \ni (s,t) \mapsto (x,y) \in A$ einer bijektiven Abbildung

```
> # zu integrierendes Monom
> f := x^3*y^4;
```

$$f := x^3 y^4$$

```
> # Abbildung des Einheitsquadrats
> x := 4*s+t^2; y := 3*t-s^2;
```

$$x := 4s + t^2, \quad y := 3t - s^2$$

```
> # partielle Ableitungen und Jacobi-Matrix
> x_s := diff(x,s): x_t := diff(x,t):
> y_s := diff(y,s): y_t := diff(y,t):
> J := Matrix([[x_s, x_t],[y_s,y_t]]);
```

$$J := \begin{bmatrix} 4 & 2t \\ -2s & 3 \end{bmatrix}$$

```
> # Flächenelement und Integrand
> dA := abs(Determinante(J)); fdA := f*dA;
```

$$dA := 4|3 + st|, \quad fdA := 4(4s + t^2)^3 (3t - s^2)^4 |3 + st|$$

```
> # Integral
> int_f := int(int(fdA,t=0..1),s=0..1); evalf(int_f);
```

$$int\_f := \frac{158931581}{60060}, \quad 2646.213470$$

25.13 Flächenberechnung mit Maple™

Zeichnen Sie das durch

$$
\begin{pmatrix} u \\ v \end{pmatrix} \mapsto \begin{pmatrix} x \\ y \\ z \end{pmatrix} = \begin{pmatrix} \cos u + v\cos u\sin(u/2) \\ \sin u + v\sin u\sin(u/2) \\ v\cos(u/2) \end{pmatrix}, \quad 0 \le u \le 2\pi,\ -1 \le v \le 1,
$$

parametrisierte Möbius-Band und berechnen Sie den Flächeninhalt.

Verweise: Grafik mit Maple™ , Integration mit Maple™

Lösungsskizze

(i) Zeichnen der Fläche:

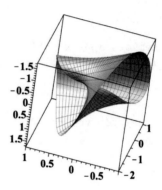

```
> # Parametrisierung
> x := cos(u)+v*cos(u)*sin(u/2);
> y := sin(u)+v*sin(u)*sin(u/2);
> z := v*cos(u/2);


> # grafische Darstellung
> plot3d([x,y,z],u=0..2*Pi,v=-1..1);
```

(ii) Berechnung des Flächeninhalts:

```
> with(LinearAlgebra):

> # Tangentenvektoren
> p := Vector([x,y,z]);
> pu := diff(p,u); pv := diff(p,v);

> # Flaechenelement: 2-Norm des Kreuzprodukts pu x pv
> dS := VectorNorm(CrossProduct(pu,pv),2);

> # Integrationsgrenzen als Dezimalzahlen
> # (1.0 statt 1, etc.) -> numerische Flaechenberechnung
> areaS := int(int(dS,v=-1.0..1.0),u=0..2.0*Pi);
        13.2543
```

Bemerkung   Die gewählte Parametrisierung beschreibt **nicht** die Verdrehung eines Bandes mit Mittellinie $u \mapsto (\cos u, \sin u, 0)$ und Breite 2, die in einen Flächeninhalt von $2\pi \cdot 2 \approx 12.5654$ resultieren würde.

25.14   Konstruktion eines 1000-Liter Fasses mit Maple™

Bestimmen Sie mit Hilfe der Keplerschen Fassregel[3],

$$V \approx \pi H \left(\frac{2}{3} R^2 + \frac{1}{3} r^2 \right) ,$$

den mittleren (maximalen) Radius R, so dass das Fass bei einer Höhe H von 1.25 m und einer Radiusdifferenz $R - r$ von 5 cm ein Volumen V von 1000 Litern fasst. Welchen Wert hat das exakte Volumen bei einer Parabel als Profilkurve? Berechnen Sie ebenfalls die Mantelfläche.

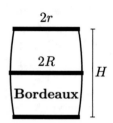

Verweise: Integration mit Maple™ , Lösen von Gleichungen mit Maple™ , Funktionen mit Maple™

Lösungsskizze

(i) Bestimmung des Radius':

```
> # Keplers Approximation
> V_Kepler := (H,R,r)->Pi*H*(2*R^2/3+r^2/3);
```

$$V\_Kepler := (H, R, r) \longrightarrow \frac{\pi \cdot H \cdot (2 \cdot R^2 + r^2)}{3}$$

```
> # Einsetzen von H=1.25, r=R-1/20 (5 cm = 1/20 m)
> # Loesen der Gleichung V_Kepler = 1 (1000 Liter = 1 m^3)
> H:=1.25: r:=R-1/20: R:=solve(V_Kepler(H,R,r)=1,R);
```

$$R := 0.5207, -0.4874$$

$R[1]$ enthält die relevante positive Lösung der quadratischen Gleichung.

(ii) Exaktes Volumen und Mantelfläche:

Profilkurve: Parabel p mit Maximum bei $h = H/2$ mit Wert R sowie dem Wert $r = R - 1/20$ bei $h = 0$ und $h = H$

```
> p:=h->R[1]-(2*h/H-1)^2/20;
```

$$p := h \longrightarrow R[1] - \frac{(2 \cdot h/H - 1)^2}{20}$$

Formel für das Volumen eines Rotationskörpers, $V_{\text{exakt}} = \pi \int_0^H p(h)^2 \, dh$ ⤳

```
> V_exakt = Pi*int(p(h)^2,h=0..H);
```

$$V\_exakt = 0.9987$$

Fehler $V_{\text{Kepler}} - V_{\text{exakt}} = 0.0013 \; (\hat{=} \; 1.3 \text{ Liter})$, kleiner als 1%

Formel für die Mantelfläche, $M = 2\pi \int_0^H p(h) \sqrt{1 + p'(h)^2} \, dh$ ⤳

```
> M:=2*Pi*int(p(h)*sqrt(1+diff(p(h),h)^2),h=0..H)
```

$$M := 3.9754$$

---

[3]identisch zur Simpson-Regel für numerische Integration

Teil V

Formelsammlung

26 Lineare Algebra

Übersicht

© Springer-Verlag GmbH Deutschland, ein Teil von Springer Nature 2023
K. Höllig und J. Hörner, *Aufgaben und Lösungen zur Höheren Mathematik 2*,
https://doi.org/10.1007/978-3-662-67512-0_27

26.1   Gruppen und Körper

Gruppe
$(G, \diamond)$, neutrales Element e

$$(a \diamond b) \diamond c = a \diamond (b \diamond c), \quad a \diamond e = e \diamond a = a, \quad a \diamond a^{-1} = e$$

kommutativ, falls $a \diamond b = b \diamond a$
Gruppentafel: Matrix A mit $a_{j,k} = g_j \diamond g_k$

Untergruppe
$U \subseteq G$: $u_1 \diamond u_2 \in U \ \wedge \ u^{-1} \in U, \quad |U|$ teilt $|G|$

Permutation
Bijektive Abbildung $\{1, \ldots, n\} \to \{1, \ldots, n\}$, z.B.

$$p : \begin{pmatrix} 1 & 2 & 3 & 4 & 5 \\ 3 & 5 & 4 & 1 & 2 \end{pmatrix}, \quad 1 \mapsto 3, \, 2 \mapsto 5, \, \ldots$$

Darstellung als Komposition von Transpositionen oder Zyklen

$$p = \underbrace{(1\,3) \circ (3\,4) \circ (2\,5)}_{m=3 \text{ Transpositionen}} = \underbrace{(1\,3\,4)}_{3-\text{Zyklus}} \underbrace{(2\,5)}_{2-\text{Zyklus}}$$

Signum: $\sigma(p) = (-1)^m$ bzw. alternativ $m = $ Summe der jeweils um 1 verminderten
Zyklenlängen

Körper

- $(K, +)$: (additive) kommutative Gruppe mit Nullelement 0
- $(K \backslash \{0\}, \cdot)$: (multiplikative) kommutative Gruppe mit Einselement 1
- Distributivgesetz: $a \cdot (b + c) = a \cdot b + a \cdot c$

Primkörper: $\mathbb{Z}_p = \{0, 1, \ldots, p-1\}$ mit Addition und Multiplikation modulo einer
Primzahl p
$|K| < \infty \implies |K| = p^m$, **Galois-Körper**

Euklidischer Algorithmus
$\gcd(n_1, n_2) = n_K$ $(n_1 > n_2)$ mit n_K generiert durch sukzessive Division:

$$n_{k-1} = q_k n_k + \underbrace{n_{k+1}}_{<n_k}, \ k = 2, \ldots, K \quad (\text{Abbruch}: n_{K+1} = 0),$$

d.h. n_{k+1} ist der Rest bei Division von n_{k-1} durch n_k

Chinesischer Restsatz
Lösung x der Kongruenzen $x = a_k \bmod p_k$ für teilerfremde natürliche Zahlen p_k:

$$\{0, \ldots, P-1\} \ni x = \sum_k a_k Q_k P_k \bmod P$$

mit $P = \prod p_k$, $P_k = P/p_k$ und $Q_k P_k = 1 \bmod p_k$

26.2 Vektorräume, Skalarprodukte und Basen

Vektorraum
Kommutative Gruppe $(V, +)$ aus Vektoren v, auf der eine Multiplikation mit Skalaren s aus einem Körper K definiert ist, mit den Eigenschaften

$$(s_1 + s_2)v = s_1v + s_2v, \quad s(v_1 + v_2) = sv_1 + sv_2$$
$$(s_1s_2)v = s_1(s_2v), \qquad 1v = v$$

$\mathbb{R}^n$ ($\mathbb{C}^n$): Vektorraum reeller (komplexer) n-Tupel $v = (v_1, \dots, v_n)^{\mathrm{t}}$

Unterraum
Teilmenge U eines K-Vektorraums mit

$$u, v \in U \implies u + v \in U, \quad s \in K, u \in U \implies su \in U$$

Linearkombination
Summe skalarer Vielfache von Vektoren:

$$v = s_1v_1 + \cdots + s_mv_m$$

lineare Hülle $\operatorname{span} U$: Unterraum aller Linearkombinationen von Elementen aus U

Konvexkombination
Linearkombination mit nicht-negativen Skalaren, die zu 1 summieren:

$$v = s_1v_1 + \cdots + s_mv_m, \quad s_k \geq 0, \sum_k s_k = 1$$

konvexe Hülle $\operatorname{conv}(U)$: kleinste U enthaltende konvexe Menge
$m = 3$: baryzentrische Koordinaten s_k eines Vektors v in dem Dreieck $\Delta(v_1, v_2, v_3)$

Lineare Unabhängigkeit
Vektoren $v_1, \dots, v_m$ eines Vektorraums V sind

- **linear unabhängig**, wenn

$$s_1v_1 + \cdots + s_mv_m = 0_V \implies s_1 = \cdots = s_m = 0$$

- **linear abhängig**, wenn eine nicht-triviale Darstellung des Nullelements 0_V als Linearkombination der v_k existiert.

Basis

$\{b_1,\dots,b_n\}$ ist eine Basis eines Vektorraums V $\iff$
eindeutige Darstellbarkeit jedes Vektors $v \in V$ als Linearkombination der b_k
$n = \dim V$: **Dimension** von V

Skalarprodukt

Abbildung $(u,v) \mapsto \langle u,v\rangle \in K$ mit $K = \mathbb{R}$ ($\mathbb{C}$) für einen reellen (komplexen) Vektorraum und den Eigenschaften

$$\langle v,v\rangle > 0 \quad \text{für } v \neq 0_V, \quad \langle u, sv+tw\rangle = s\langle u,v\rangle + t\langle u,w\rangle$$

- reell: $\langle u,v\rangle = \langle v,u\rangle$, symmetrisch
  ($\implies$ Linearität auch bezüglich des ersten Arguments)
- komplex: $\langle u,v\rangle = \overline{\langle v,u\rangle}$, schiefsymmetrisch
  ($\implies$ $\langle su+tv,w\rangle = \bar{s}\langle u,w\rangle + \bar{t}\langle v,w\rangle$)

Euklidisches Skalarprodukt auf den Vektorräumen $\mathbb{R}^n$ und $\mathbb{C}^n$

$$\langle x,y\rangle = x^*y = \bar{x}^t y = \bar{x}_1 y_1 + \cdots + \bar{x}_n y_n$$

keine komplexe Konjugation im reellen Fall ($x^* = x^t$, $\bar{x}_k = x_k$)

Norm

$V \ni v \mapsto \|v\| \in \mathbb{R}$

$$\|v\| > 0 \quad \text{für } v \neq 0_V, \quad \|sv\| = |s|\|v\|, \quad \|u+v\| \leq \|u\| + \|v\|$$

Skalarprodukt-Norm: $|v| = \sqrt{\langle v,v\rangle}$
spezielle Normen für $\mathbb{R}^n$ und $\mathbb{C}^n$:

$$|z| = \|z\|_2 = \sqrt{|z_1|^2 + \cdots + |z_n|^2}, \quad \|z\|_\infty = \max_k |z_k|, \quad \|z\|_1 = \sum_k |z_k|$$

Cauchy-Schwarz-Ungleichung
$|\langle u,v\rangle| \leq |u||v|$ mit Gleichheit, falls $u \parallel v$

Orthogonale Basis
$\langle u_j, u_k\rangle = 0$, $j \neq k$

$$v = \sum_k \frac{\langle u_k,v\rangle}{|u_k|^2} u_k, \quad |v|^2 = \sum_k |c_k|^2 |u_k|^2$$

$|u_k| = 1$ (**orthonormale Basis**) $\rightsquigarrow$ vereinfachte Formeln

Orthogonale Projektion

$V \ni v \mapsto P_U(v) \in U$

$$P_U(v) = \sum_{k=1}^{m} \frac{\langle u_k, v \rangle}{\langle u_k, u_k \rangle} u_k, \quad v \in V,$$

für eine orthogonale Basis $\{u_1, \ldots, u_m\}$ eines Unterraums U von V

Verfahren von Gram-Schmidt

Basis $\{b_1, \ldots, b_n\} \to$ orthogonale Basis $\{u_1, \ldots, u_n\}$

$$u_j = b_j - \sum_{k<j} \frac{\langle u_k, b_j \rangle}{\langle u_k, u_k \rangle} u_k, \quad j = 1, \ldots, n$$

26.3   Lineare Abbildungen und Matrizen

Lineare Abbildung
$L : V \to W$

$$L(u + v) = L(u) + L(v), \quad L(sv) = sL(v)$$

eindeutig durch die Bilder $L(b_k) \in W$ einer Basis von V bestimmt

Matrix einer linearen Abbildung

$$V \ni v \mapsto Lv = w \in W \quad \Longleftrightarrow \quad w_j = \sum_k a_{j,k} v_k \quad \text{bzw.} \quad w = Av$$

mit $v_1, \ldots, v_n$ und $w_1, \ldots, w_m$ den Koordinaten von v und w bezüglich Basen
$\{e_1, \ldots, e_n\}$ und $\{f_1, \ldots, f_m\}$ von V und W
k-te Spalte von A: Koordinaten von $L(e_k)$, d.h. $L(e_k) = a_{1,k} f_1 + \cdots + a_{m,k} f_m$

Affine Abbildung
Lineare Abbildung mit Verschiebung: $v \mapsto L(v) + w$ bzw. $x \mapsto Ax + b$ bei Verwendung
der Matrix-Darstellung von L

Koordinatentransformation bei Basiswechsel
$v = \sum_{k=1}^{n} x_k e_k \to v = \sum_{j=1}^{n} y_j f_j \quad \Longleftrightarrow$

$$y = Ax \quad \text{bzw.} \quad y_j = \sum_{k=1}^{n} a_{j,k} x_k \quad \text{mit} \quad e_k = \sum_{j=1}^{n} a_{j,k} f_j \,,$$

d.h. $a_{1,k}, \ldots, a_{n,k}$ sind die Koordinaten der Basisvektoren e_k bezüglich, der Basis
$\{f_1, \ldots, f_n\}$
$e_k, f_j \in K^n \quad \rightsquigarrow \quad$ Bestimmung der Transformationsmatrix A mit Hilfe der Matrizen, die als Spalten die n-Tupel der Basisvektoren enthalten:

$$A = (f_1, \ldots, f_n)^{-1} (e_1, \ldots, e_n)$$

Bild und Kern
$L : V \to W$ linear

$$v \in \operatorname{Kern} L \subseteq V \Longleftrightarrow Lv = 0_W, \quad w \in \operatorname{Bild} L \subseteq W \Longleftrightarrow \exists v : Lv = w$$

$\dim V < \infty$: $\dim V = \dim \operatorname{Kern} L + \dim \operatorname{Bild} L$

Inverse Abbildung
Injektivität von $L : V \to W$ bzw. Existenz von $L^{-1} : \operatorname{Bild} L \to V \Longleftrightarrow$

$$Lv = 0_W \implies v = 0_V, \quad \text{d.h. } \operatorname{Kern} L = 0_V$$

Matrix-Multiplikation

$$\underbrace{C}_{\ell \times n} = \underbrace{A}_{\ell \times m} \underbrace{B}_{m \times n}, \quad c_{i,k} = \sum_{j=1}^{m} a_{i,j} b_{j,k} \quad \text{„Zeile } i \cdot \text{Spalte } k\text{“}$$

Spaltenzahl von A und Zeilenzahl von B müssen übereinstimmen.

Inverse Matrix

$$\det A \neq 0 \quad \Longrightarrow \quad \exists A^{-1} : AA^{-1} = A^{-1}A = E \quad \text{(Einheitsmatrix)}$$

$(AB)^{-1} = B^{-1}A^{-1}$, $(A^{\mathrm{t}})^{-1} = (A^{-1})^{\mathrm{t}}$, $(A^*)^{-1} = (A^{-1})^*$

Transponierte und adjungierte Matrix

$$B = A^{\mathrm{t}}, \, b_{j,k} = a_{k,j}, \quad C = A^* = \bar{A}^{\mathrm{t}}, \, c_{j,k} = \bar{a}_{k,j}$$

$(PQ)^{\diamond} = Q^{\diamond}P^{\diamond}$, $(A^{\diamond})^{-1} = (A^{-1})^{\diamond}$ mit $\diamond = \mathrm{t}, *$

symmetrisch: $A = A^{\mathrm{t}}$, **hermitesch**: $A = A^*$

Spur

A: $n \times n$-Matrix mit Eigenwerten λ_k

$$\operatorname{Spur} A = \sum_{k=1}^{n} a_{k,k} = \sum_{k=1}^{n} \lambda_k$$

$\operatorname{Spur}(AB) = \operatorname{Spur}(BA)$, $\quad \operatorname{Spur}(Q^{-1}AQ) = \operatorname{Spur} A$

Rang einer Matrix

Pivot-Anzahl der Zeilenstufenform

$$\operatorname{Rang} A = \dim \underbrace{\operatorname{span}(u_1, \ldots, u_m)}_{U} = \dim \underbrace{\operatorname{span}(v_1, \ldots, v_n)}_{V}$$

mit u_j^{t} den Zeilen und v_k den Spalten der $m \times n$-Matrix A

$U = (\operatorname{Kern} A)^{\perp}$, $V = \operatorname{Bild} A$, $n = \dim U^{\perp} + \dim V$

Norm einer Matrix

$$\|A\| = \sup_{\|x\| \neq 0} \frac{\|Ax\|}{\|x\|} = \max_{\|x\| = 1} \|Ax\|$$

submultiplikativ, d.h. $\|AB\| \leq \|A\| \|B\|$

Zeilensummennorm: $\|A\|_{\infty} = \max_j \sum_k |a_{j,k}|$

Euklidische Matrixnorm: $\|A\|_2 = \max\{\sqrt{\lambda} : \lambda \text{ ist Eigenwert von } A^*A\}$ (größter Singulärwert)

Frobeniusnorm: $\|A\|_F = \left(\sum_{j,k} |a_{j,k}|^2\right)^{1/2}$ (nicht submultiplikativ)

Unitäre Matrizen

$$A^{-1} = \overline{A}^{\mathrm{t}} = A^* \quad \Longleftrightarrow \quad |Av| = |v| \quad \forall v \in \mathbb{C}^n$$

$A^{-1} = A^{\mathrm{t}}$ für reelle Matrizen ($\to$ **Orthogonale Matrix**)

Normale Matrizen

$$AA^* = A^*A \,(\text{komplex}), \quad AA^{\mathrm{t}} = A^{\mathrm{t}}A \,(\text{reell})$$

z.B. unitäre (reell: orthogonale) und hermitesche (reell: symmetrische) Matrizen

Zyklische Matrizen
$C : c_{j,k} = a_{j-k \bmod n}$ (sukzessive Verschiebung der ersten Spalte $(a_0, a_1, \ldots, a_{n-1})^{\mathrm{t}}$)
kompatibel mit Transposition, Multiplikation und Invertierung

Positiv definite Matrizen

$$v^*Av > 0 \quad \forall v \neq 0_n, \quad v^* = v^{\mathrm{t}} \text{ für reelle Vektoren}$$

A: positive Diagonalelemente und Eigenwerte

26.4 Determinanten

Determinante als antisymmetrische Multilinearform

$$|A| = \det A = \det(a_1, \ldots, a_n) = \sum_{\text{Permutationen } p} \sigma(p)\, a_{p(1),1} \cdots a_{p(n),n}$$

$|\det A|$: Volumen des von den Spalten $a_1, \ldots, a_n$ von A aufgespannten Parallelepipeds $A[0,1]^n$ (Parallelogramm für $n = 2$, Spat für $n = 3$)

- $\det(\ldots, sa_k + tb_k, \ldots) = s \det(\ldots, a_k, \ldots) + t \det(\ldots, b_k, \ldots)$
- $\det(\ldots, u, \ldots, v, \ldots) = -\det(\ldots, v, \ldots, u, \ldots)$ $(= 0$ für $u = sv)$
- $\det E = \det(e_1, \ldots, e_n) = 1$

$\det A = a_{1,1}a_{2,2} - a_{1,2}a_{2,1}$ für eine 2×2-Matrix

Sarrus-Schema für eine 3×3-Determinante:
„Produkte der blauen minus Produkte der grünen Diagonalen", d.h.

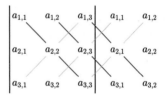

$$\det A = a_{1,1}a_{2,2}a_{3,3} + a_{1,2}a_{2,3}a_{3,1} + a_{1,3}a_{2,1}a_{3,2}$$
$$-a_{1,3}a_{2,2}a_{3,1} - a_{1,1}a_{2,3}a_{3,2} - a_{1,2}a_{2,1}a_{3,3}$$

Berechnung von Determinanten

Addition von Zeilen- oder Spaltenvielfachen von A sowie Permutationen $\rightsquigarrow$ Dreiecksform D und

$$\det(a_1, \ldots, a_n) = (-1)^\ell \det D = (-1)^\ell d_{1,1} d_{2,2} \cdots$$

mit ℓ der Anzahl der Permutationen

- $\{\overbrace{a_1, \ldots, a_n}^{\text{Spalten}}\}$ Basis $\iff \det A \neq 0$
- $\det(AB) = (\det A)(\det B)$
- $\det A = \det A^{\mathrm{t}}$, $\det(A^{-1}) = (\det A)^{-1}$, $\det(sA) = s^n \det A$

Entwicklung von Determinanten

$$\begin{aligned}\det A &= \sum_{k=1}^{n} (-1)^{j+k} a_{j,k} \det \tilde{A}_{j,k} \quad \text{(Entwicklung nach Zeile } j\text{)} \\ &= \sum_{j=1}^{n} (-1)^{j+k} a_{j,k} \det \tilde{A}_{j,k} \quad \text{(Entwicklung nach Spalte } k\text{)}\end{aligned}$$

mit $\tilde{A}_{j,k}$ der Matrix nach Streichen der j-ten Zeile und k-ten Spalte von A

26.5   Lineare Gleichungssysteme

Lineares Gleichungssystem

$$
\begin{aligned}
a_{1,1}x_1 \;+\; \cdots \;+\; a_{1,n}x_n \;&=\; b_1 \\
&\;\;\cdots \qquad\qquad \Longleftrightarrow \quad Ax = b\\
a_{m,1}x_1 \;+\; \cdots \;+\; a_{m,n}x_n \;&=\; b_m
\end{aligned}
$$

$U = \operatorname{Kern} A$: Lösungsraum des homogenen Systems $Ax = 0_m = (0,\ldots,0)^{\mathrm{t}}$, $\dim U = n - \operatorname{Rang} A$

- Eindeutige Lösung: $b \in \operatorname{Bild} A$ und $U = 0_n$
- Eindeutige Lösung für alle b: A quadratisch $(m = n)$ und $\det A \neq 0$
  $$\Longrightarrow \quad x = A^{-1}b$$
- Keine Lösung: $b \notin \operatorname{Bild} A$
- Unendlich viele Lösungen: $b \in \operatorname{Bild} A$, $\dim U \geq 1$
  $$\Longrightarrow \quad x \in v + U \text{ mit } v \text{ einer partikulären Lösung}$$

Cramersche Regel

- Lösung von $Ax = b$, $A = (a_1, \ldots, a_n)$

$$
x_j = \det \underbrace{(a_1, \ldots, a_{j-1}, b, a_{j+1}, \ldots, a_n)}_{\text{Spalte } a_j \text{ von } A \text{ ersetzt durch } b} \, / \det A
$$

2 × 2-Matrix

$$
x_1 = \frac{b_1 a_{2,2} - b_2 a_{1,2}}{a_{1,1} a_{2,2} - a_{1,2} a_{2,1}}, \quad x_2 = \frac{b_2 a_{1,1} - b_1 a_{2,1}}{a_{1,1} a_{2,2} - a_{1,2} a_{2,1}}
$$

- Inverse Matrix $B = A^{-1}$

$$
b_{j,k} = \underbrace{(-1)^{j+k} \det \tilde{A}_{k,j}}_{\text{Kofaktor } c_{k,j}} \, / \det A
$$

mit $\tilde{A}_{k,j}$ der Matrix nach Streichen der k-ten Zeile und j-ten Spalte von A

2 × 2-Matrix

$$
\begin{pmatrix} a & b \\ c & d \end{pmatrix}^{-1} = \frac{1}{ad - bc} \begin{pmatrix} d & -b \\ -c & a \end{pmatrix}
$$

Gauß-Elimination
Algorithmus zur Lösung von $Ax = b$

- Zeilenvertauschungen und Addition von Zeilenvielfachen im Tableau $A|b$ $\rightsquigarrow$ Dreiecksform $D|c$ $(d_{j,k} = 0, k < j)$
  typischer Eliminationsschritt:
  Subtraktion einer Pivot-Zeile $(0, \ldots, 0, a_{k,k}, \ldots, a_{k,n}|b_k)$ multipliziert mit $(a_{j,k}/a_{k,k})$ von einer Zeile $(0, \ldots, 0, a_{j,k}, \ldots, a_{j,n}|b_j)$ $\rightsquigarrow$ 0 in Position (j, k)
  Gauß-Jordan-Algorithmus Erzeugung von Nullen im Eliminationsschritt auch oberhalb der Diagonalen $(j < k)$ $\rightsquigarrow$ Diagonalmatrix D
- Rückwärtseinsetzen $\rightsquigarrow$ $x_n, x_{n-1}, \ldots$
  typischer Schritt:
  Auflösen der Gleichung $d_{k,k}x_k + \cdots + d_{k,n}x_n = c_k$ nach x_k und Einsetzen der bereits bestimmten Werte $x_{k+1}, \ldots, x_n$

Zeilenstufenform
verallgemeinerte Dreiecksform

$$Ax = b \quad \xrightarrow{\text{Gauß-Operationen}} \quad Dx = c$$

$d_{j,k} = 0$ für $j > r = \text{Rang}\,A$, strikt zunehmende Zahl führender Nullen bei den nicht-trivialen Zeilen, d.h.

$$D(k,:) = (0, \ldots, 0, \underbrace{d_{k,i_k}}_{\text{Pivots} \neq 0}, \ldots), \quad i_1 < i_2 < \cdots < i_r$$

lösbar $\iff$ $0 = c_{r+1} = c_{r+2} = \cdots$, Unbekannte x_ℓ, $\ell \neq i_k$, frei wählbar

Lineares Iterationsverfahren
iterative Lösung eines linearen Gleichungssystems $Ax = b$:

$$x_{\ell+1} = \underbrace{(E - CA)}_{Q}x_\ell + Cb$$

mit E der Einheitsmatrix und C einer einfach zu realisierenden Approximation von A^{-1}
Konvergenz $\iff$ Spektralradius (maximaler Betrag der Eigenwerte) von Q kleiner als 1

Jacobi-Verfahren
iterative Lösung eines linearen Gleichungssystems $Ax = b$ mit dem Iterationsschritt

$$x \to y: \quad y_j = (b_j - \sum_{k \neq j} a_{j,k}x_k)/a_{j,j}$$

konvergiert für diagonal-dominante Matrizen, d.h. $|a_{j,j}| > \sum_{k \neq j} |a_{j,k}|$

Gauß-Seidel-Verfahren

iterative Lösung eines linearen Gleichungssystems $Ax = b$ mit dem Iterationsschritt

$$x \to y: \quad y_j = (b_j - \sum_{k<j} a_{j,k} y_k - \sum_{k>j} a_{j,k} x_k)/a_{j,j}$$

konvergiert für symmetrische, positiv definite Matrizen ($\to$ Anwendung auf Ausgleichsprobleme)

Relaxation (SOR: successive-over-relaxation): $x \to y \to z = x + \omega(y - x)$ mit zur Konvergenzbeschleunigung geeignet gewähltem $\omega > 1$

26.6 Eigenwerte und Normalformen

Eigenwert und Eigenvektor

$$Av = \lambda v, \quad v \in \text{Eigenraum } V_\lambda \quad \Longleftrightarrow \quad (A - \lambda E)v = (0, \ldots, 0)^{\mathrm{t}}$$

Spektralradius $\varrho(A)$: größter Betrag der Eigenwerte

Ähnlichkeitstransformation

$$A \to B = Q^{-1}AQ$$

invariant: Eigenwerte, Determinante, Spur
v Eigenvektor von A $\quad \Longleftrightarrow \quad Q^{-1}v$ Eigenvektor von B

Charakteristisches Polynom
Nullstellen $\rightsquigarrow$ Eigenwerte

$$p_A(\lambda) = \det(A - \lambda E) = \begin{vmatrix} a_{1,1} - \lambda & \cdots & a_{1,n} \\ \vdots & \ddots & \vdots \\ a_{n,1} & \cdots & a_{n,n} - \lambda \end{vmatrix}$$

Algebraische und geometrische Vielfachheit
m_λ: Vielfachheit von λ als Nullstelle von $p_A(\lambda) = \det(A - \lambda E)$
d_λ: Dimension des Eigenraums V_λ

$$d_\lambda = n - \text{Rang}(\underbrace{A}_{n \times n} - \lambda E) \leq m_\lambda, \quad \sum_\lambda m_\lambda = n$$

Summe und Produkt von Eigenwerten

$$\sum_{k=1}^{n} \lambda_k = \text{Spur } A, \quad \prod_{k=1}^{n} \lambda_k = \det A$$

$n = 2$: $\lambda_1 + \lambda_2 = a_{1,1} + a_{2,2}$, $\lambda_1 \lambda_2 = a_{1,1}a_{2,2} - a_{1,2}a_{2,1}$

Basis aus Eigenvektoren
$\rightsquigarrow$ Transformation auf Diagonalform

$$V^{-1}AV = \text{diag}(\lambda_1, \ldots, \lambda_n), \quad V = (v_1, \ldots, v_n),$$

mit $\{v_1, \ldots, v_n\}$ einer Basis aus Eigenvektoren von A und λ_k, $k = 1, \ldots, n$, den entsprechenden Eigenwerten

Diagonalisierung zyklischer Matrizen

$A = (a_{j-k \bmod n})_{j,k=0,\ldots,n-1}$

Eigenwerte: $\lambda_\ell = \sum_{k=0}^{n-1} a_k w^{-k\ell}$, $\ell = 0,\ldots,n-1$, $\quad w = \exp(2\pi i/n)$

Eigenvektoren: $(1, w^\ell, w^{2\ell}, \ldots, w^{(n-1)\ell})^t$ (Spalten der Fourier-Matrix)

Unitäre Diagonalisierung

$A^*A = AA^*$ (Normalität) $\iff$

$$U^*AU = \operatorname{diag}(\lambda_1,\ldots,\lambda_n), \quad U = (u_1,\ldots,u_n), U^* = U^{-1}$$

mit $\{u_1,\ldots,u_n\}$ einer orthonormalen Basis aus Eigenvektoren von A zu den Eigenwerten λ_k

Diagonalform hermitescher Matrizen

$A = A^* = \overline{A}^t$ bzw. $A = A^t$ für reelle Matrizen $\implies$

$$A = U \operatorname{diag}(\lambda_1,\ldots,\lambda_n)U^*, \quad U = (u_1,\ldots,u_n)$$

mit reellen Eigenwerten λ_k und orthonormalen Eigenvektoren u_k

Rayleigh-Quotient

$S^* = S$, $x^*Sx \geq 0$ (positiv semidefinit) $\implies$ Der maximale und minimale Eigenwert sind die Extremwerte von

$$r_S(x) = \frac{x^*Sx}{x^*x}, \quad x \neq (0,\ldots,0)^t.$$

Dreiecksform

$\longleftarrow$ unitäre Ähnlichkeitstransformation

$$U^*AU = \begin{pmatrix} \lambda_1 & \cdots & r_{1,n} \\ & \ddots & \vdots \\ 0 & & \lambda_n \end{pmatrix}, \quad U^* = \overline{U}^t = U^{-1}$$

$U^{-1} = U^t$ (orthogonal) für eine reelle $n \times n$-Matrix A

Jordan-Form

$\longleftarrow$ Ähnlichkeitstransformation mit Eigen- und Hauptvektoren als Spalten der Transformationsmatrix Q

$$J = \begin{pmatrix} J_1 & & 0 \\ & \ddots & \\ 0 & & J_k \end{pmatrix} = Q^{-1}AQ, \quad J_\ell = \begin{pmatrix} \lambda_\ell & 1 & & 0 \\ & \ddots & \ddots & \\ & & \lambda_\ell & 1 \\ 0 & & & \lambda_\ell \end{pmatrix}$$

Dominanz des größten Eigenwerts , Konvergenz von Matrix-Potenzen

Basis $\{v_1, v_2, \ldots\}$ aus Eigenvektoren zu Eigenwerten λ_k von A mit $|\lambda_1| > |\lambda_2| > \cdots$

$\Longrightarrow$

$$A^n(\underbrace{c_1}_{\neq 0} v_1 + c_2 v_2 + \cdots) = \lambda_1^n(v_1 + o(1)) \quad \text{für } n \to \infty$$

$|\lambda_k| < 1 \, \forall k \quad \Longrightarrow \quad A^n \to \text{Nullmatrix}$

26.7   Ausgleichsprobleme und Singulärwertzerlegung

Ausgleichsgerade

$$\sum_{k=1}^{n}(\underbrace{u + vt_k}_{\text{Gerade}} - f_k)^2 \to \min$$

$$u = \frac{(\sum t_k^2)(\sum f_k) - (\sum t_k)(\sum t_k f_k)}{n(\sum t_k^2) - (\sum t_k)^2}, \quad v = \frac{n(\sum t_k f_k) - (\sum t_k)(\sum f_k)}{n(\sum t_k^2) - (\sum t_k)^2}$$

Normalengleichungen

$$\underbrace{A^t A}_{n\times n}\, x = A^t b \quad \Longleftrightarrow \quad |\underbrace{A}_{m\times n} x - b|^2 \to \min$$

eindeutige Lösung, falls Rang $A = n$

Singulärwertzerlegung

$$\underbrace{A}_{m\times n} = \underbrace{U}_{m\times m}\underbrace{S}_{m\times n}\underbrace{V^*}_{n\times n}, \quad S = \operatorname{diag}(s_1,\ldots,s_r,0,\ldots,0)$$

mit unitären Matrizen U,V, $r = \operatorname{Rang} A$ und $s_1 \geq \cdots \geq s_r > 0$ den Singulärwerten von A (Eigenwerte von A^*A und AA^*)

$$Ax = \sum_{k=1}^{r} u_k s_k v_k^* x$$

mit u_k (v_k) den Spalten von U (V)
$\|A\|_2 = s_1$, $\|A\|_F^2 = \sum_{j,k} |a_{j,k}|^2 = s_1^2 + \cdots + s_r^2$

Pseudo-Inverse
beste euklidische Approximation A^+ einer Inversen für beliebige Matrizen

$$\overbrace{\underbrace{A}_{m\times n} = U \underbrace{S}_{m\times n} V^*}^{\text{Singulärwertzerlegung}} \quad \Longrightarrow \quad A^+ = V \underbrace{S^+}_{n\times m} U^*$$

mit $S^+ = \operatorname{diag}(1/s_1,\ldots,1/s_r,0,\ldots,0)$ der Diagonalmatrix mit den Kehrwerten der Singulärwerte ($r = \operatorname{Rang} A$)
$A^+ = (A^*A)^{-1}A^*$ falls $r = n$
Minimum-Norm-Lösung des Ausgleichsproblems $|Ax - b| \to \min$:

$$x = A^+ b = \sum_{k=1}^{r} v_k s_k^{-1} u_k^* x$$

26.8 Spiegelungen, Drehungen, Kegelschnitte und Quadriken

Ellipse
konstante Abstandssumme zu zwei Brennpunkten $F_\pm = (\pm f, 0)$

$$|\overrightarrow{PF_-}| + |\overrightarrow{PF_+}| = 2a \iff \frac{x^2}{a^2} + \frac{y^2}{b^2} = 1 \text{ mit } b^2 = a^2 - f^2$$

Polarkoordinaten $\rightsquigarrow$ $r^2 = b^2/(1 - (f/a)^2 \cos^2 \varphi)$
Parametrisierung: $x = a \cos t$, $y = b \sin t$

Parabel
gleicher Abstand zu einem Brennpunkt $F = (0, f)$ und einer Leitgeraden $g : y = -f$

$$4f\, y = x^2$$

Polarkoordinaten $\rightsquigarrow$ $r = 4f \sin \varphi / \cos^2 \varphi$

Hyperbel
konstante Abstandsdifferenz zu zwei Brennpunkten $F_\pm = (\pm f, 0)$:

$$\left| |\overrightarrow{PF_-}| - |\overrightarrow{PF_+}| \right| = 2a \iff \frac{x^2}{a^2} - \frac{y^2}{b^2} = 1 \text{ mit } b^2 = f^2 - a^2$$

Polarkoordinaten $\rightsquigarrow$ $r^2 = b^2/((f/a)^2 \cos^2 \varphi - 1)$
Parametrisierung: $x = \pm a \cosh t$, $y = b \sinh t$

Spiegelung
$x \mapsto Qx$, $Q = Q^t = Q^{-1}$, $\det Q = -1$

$$Q = E - 2dd^t, \quad |d| = 1$$

mit d einem normierten Normalenvektor der Spiegelungsebene

Drehung
$x \mapsto Qx$, $Q^{-1} = Q^t$, $\det Q = 1$

■ $x \in \mathbb{R}^2$, Drehwinkel φ:

$$Q = \begin{pmatrix} \cos \varphi & -\sin \varphi \\ \sin \varphi & \cos \varphi \end{pmatrix}$$

■ $x \in \mathbb{R}^3$, Drehwinkel φ, Drehachse u, $|u| = 1$:

$$q_{j,\ell} = \cos \varphi\, \delta_{j,\ell} + (1 - \cos \varphi)\, u_j u_\ell + \sin \varphi \sum_\ell \varepsilon_{j,k,\ell} u_k,$$

$\cos \varphi = \frac{1}{2}(\operatorname{Spur} Q - 1)$

Quadrik

$$Q : x^{\mathrm{t}}Ax + 2b^{\mathrm{t}}x + c = \sum_{j,k} a_{j,k}x_j x_k + 2\sum_k b_k x_k + c = 0, \quad A = A^{\mathrm{t}}$$

Hauptachsentransformation

Drehung und Verschiebung, $x = U\xi + v$, und Skalierung der Gleichung einer Quadrik im $\mathbb{R}^n$ $\rightsquigarrow$ Normalform:

$$x^{\mathrm{t}}Ax + 2b^{\mathrm{t}}x + c = 0 \quad \underset{\text{Alternativen}}{\rightarrow} \quad \begin{cases} \displaystyle\sum_{k=1}^{r} \sigma_k \frac{\xi_k^2}{a_k^2} = \gamma \\ \displaystyle\sum_{k=1}^{r} \sigma_k \frac{\xi_k^2}{a_k^2} = 2\xi_{r+1} \end{cases}$$

mit $r = \operatorname{Rang} A$, $\sigma_k \in \{-1, 1\}$ und $\gamma \in \{0, 1\}$

Spalten der Drehmatrix U: normierte Eigenvektoren u_k von $A = A^{\mathrm{t}}$
Verschiebungsvektor v: Mittelpunkt der Quadrik
Hauptachsen: $x = v + tu_k$ mit Längen a_k

Kegelschnitt

Doppelkegel mit Spitze p ($p_3 \neq 0$), Richtung v und Öffnungswinkel α

$$K : (x - p)^{\mathrm{t}}v = \pm \cos(\alpha/2)\,|x - p||v|$$

Schnitt mit der Ebene $E : x_3 = 0$ $\rightsquigarrow$ Quadrik in der x_1x_2-Ebene
Typ bestimmt durch $\beta = \sphericalangle(E, v)$:
Ellipse für $\beta > \alpha/2$, Parabel für $\beta = \alpha/2$, Hyperbel für $\beta < \alpha/2$

Euklidische Normalformen der zweidimensionalen Quadriken

- Ellipse: $\dfrac{x_1^2}{a_1^2} + \dfrac{x_2^2}{a_2^2} = 1$
- Parabel: $\dfrac{x_1^2}{a_1^2} = 2x_2$
- Hyperbel: $-\dfrac{x_1^2}{a_1^2} + \dfrac{x_2^2}{a_2^2} = 1$

sowie degenerierte Fälle (Gerade(n), Punkt, leere Menge)

Euklidische Normalformen der dreidimensionalen Quadriken

- (Doppel-)Kegel: $\dfrac{x_1^2}{a_1^2} + \dfrac{x_2^2}{a_2^2} - \dfrac{x_3^2}{a_3^2} = 0$
- elliptisches Paraboloid: $\dfrac{x_1^2}{a_1^2} + \dfrac{x_2^2}{a_2^2} = 2x_3$
- hyperbolisches Paraboloid: $-\dfrac{x_1^2}{a_1^2} + \dfrac{x_2^2}{a_2^2} = 2x_3$

- parabolischer Zylinder: $\dfrac{x_1^2}{a_1^2} = 2x_2$

- zweischaliges Hyperboloid $-\dfrac{x_1^2}{a_1^2} - \dfrac{x_2^2}{a_2^2} + \dfrac{x_3^2}{a_3^2} = 1$

- einschaliges Hyperboloid: $-\dfrac{x_1^2}{a_1^2} + \dfrac{x_2^2}{a_2^2} + \dfrac{x_3^2}{a_3^2} = 1$

- Ellipsoid: $\dfrac{x_1^2}{a_1^2} + \dfrac{x_2^2}{a_2^2} + \dfrac{x_3^2}{a_3^2} = 1$

- hyperbolischer Zylinder: $-\dfrac{x_1^2}{a_1^2} + \dfrac{x_2^2}{a_2^2} = 1$

- elliptischer Zylinder: $\dfrac{x_1^2}{a_1^2} + \dfrac{x_2^2}{a_2^2} = 1$

sowie degenerierte Fälle (Ebene(n), Gerade(n), Punkt, leere Menge)

27 Differentialrechnung in mehreren Veränderlichen

© Springer-Verlag GmbH Deutschland, ein Teil von Springer Nature 2023
K. Höllig und J. Hörner, *Aufgaben und Lösungen zur Höheren Mathematik 2*,
https://doi.org/10.1007/978-3-662-67512-0_28

27.1   Stetigkeit, partielle Ableitungen und Jacobi-Matrix

Umgebung
eines Punktes x: Menge, die x in ihrem Inneren enthält

Offene Menge
enthält für jeden Punkt auch eine Umgebung und damit keinen Randpunkt.
D° (Inneres einer Menge D): maximale offene Teilmenge von D

Abgeschlossene Menge
enthält für jede konvergente Folge auch deren Grenzwert und damit alle Randpunkte.
$\overline{D}$ (Abschluss einer Menge D): enthält alle Grenzwerte von Folgen in D

Rand einer Menge
$\partial D = \overline{D} \setminus D^\circ$: Punkte, für die jede Umgebung sowohl die Menge als auch deren Komplement schneidet

Kompakte Menge
beschränkt und abgeschlossen, enthält für jede Folge eine konvergente Teilfolge und deren Grenzwert

Multivariate Funktion
$f : D \ni (x_1, \dots, x_n) \mapsto f(x) \in \mathbb{R}$

- Graph: $\{(x, f(x)) : x \in D\}$
- Niveaumengen: $\{x \in D : f(x) = c\}$

Multivariate Polynome
$p(x) = \sum_\alpha a_\alpha x^\alpha,\ x^\alpha = x_1^{\alpha_1} \cdots x_n^{\alpha_n}$

- totaler Grad $\leq m$: $\sum_k \alpha_k \leq m$, Dimension $\binom{m+n}{n}$
- maximaler Grad $\leq m$: $\max_k \alpha_k \leq m$, Dimension $(m+1)^n$
- homogen vom Grad m: $p(sx) = s^m p(x)$, Dimension $\binom{m+n-1}{n-1}$

Stetigkeit multivariater Funktionen

$$\forall \varepsilon > 0\ \exists \delta > 0 : |x - a| < \delta \implies |f(x) - f(a)| < \varepsilon$$

- gleichmäßig stetig: δ hängt nur von ε und nicht von a ab
- Lipschitz-stetig: $|f(x) - f(y)| \leq c|x - y|$

Extremwerte stetiger Funktionen

D kompakt $\implies$ $f : D \to \mathbb{R}$ besitzt Minimum und Maximum

Konvergenz von Vektoren

$x_1, x_2, \ldots \to x_*$ $\iff$

$$\forall \varepsilon > 0 \; \exists k_\varepsilon : |x_k - x_*| < \varepsilon \quad \text{für } k > k_\varepsilon$$

äquivalent: Konvergenz aller Komponenten der Folge

Cauchy-Kriterium für Vektoren

Konvergenz einer Folge $x_1, x_2, \ldots$

$$\iff \quad \forall \varepsilon > 0 \; \exists k_\varepsilon : |x_\ell - x_k| < \varepsilon \quad \text{für } \ell, k > k_\varepsilon$$

geometrische Konvergenz: $|x_{k+1} - x_k| \leq c|x_k - x_{k-1}|$ mit $c < 1$

Kontrahierende Abbildung

$$\|g(x) - g(y)\| \leq c \, \|x - y\|, \quad c < 1$$

Banachscher Fixpunktsatz

Existenz eines eindeutigen Fixpunkts für eine kontrahierende Abbildung auf einer abgeschlossenen Menge:

$$g : D \to D = \overline{D}, \quad \|g(x) - g(y)\| \leq c\|x - y\| \quad \text{mit } c < 1$$

$\implies \exists! \, x_* = g(x_*) \in D$

Fehlerabschätzung: $x_{k+1} = g(x_k) \implies \|x_\ell - x_*\| \leq \dfrac{c^\ell}{1 - c}\|x_1 - x_0\|$

$c \leq \sup_{x \in D} \|g'(x)\|$ für konvexe Mengen D

Partielle Ableitungen

Ableitung nach der k-ten Variablen:

$$\partial_k f = f_{x_k} = \frac{\partial f}{\partial x_k}, \quad \text{z.B. } f_x(x, y) = \lim_{h \to 0} \frac{f(x + h, y) - f(x, y)}{h}$$

mehrfache partielle Ableitungen: $\partial^\alpha f = \partial_1^{\alpha_1} \cdots \partial_n^{\alpha_n} f$, Reihenfolge für glatte Funktionen irrelevant

Partielle Ableitungen von multivariaten Polynomen

$$\partial^\alpha x^\beta = \partial_1^{\alpha_1} \ldots \partial_n^{\alpha_n} \left(x_1^{\beta_1} \cdots x_n^{\beta_n} \right) = \begin{cases} 0, & \alpha \not\leq \beta \\ (\beta!/\alpha!)\, x^{\beta - \alpha}, & \alpha \leq \beta \end{cases}$$

mit $(j, k, \ldots)! = j!\, k! \cdots$

Totale Ableitung
einer n-variaten Funktion $D \ni (x_1, \ldots, x_n)^{\mathrm{t}} \xrightarrow{f} \mathbb{R}^m$

$$f(x + h) = f(x) + f'(x)h + o(|h|), \quad f' = \begin{pmatrix} \partial_1 f_1 & \cdots & \partial_n f_1 \\ \vdots & & \vdots \\ \partial_1 f_m & \cdots & \partial_n f_m \end{pmatrix}$$

ebenfalls gebräuchliche Schreibweisen: Jacobi-Matrix $f' = \mathrm{J}f = \frac{\partial(f_1, \ldots, f_m)}{\partial(x_1, \ldots, x_n)}$
Spezialfall ($m = 1, n = 2$) in anderer Notation:

$$f(x, y) = f(x_0, y_0) + \underbrace{\left(f_x(x_0, y_0) \quad f_y(x_0, y_0) \right)}_{\text{Gradient}} \begin{pmatrix} x - x_0 \\ y - y_0 \end{pmatrix} + \text{Restglied}$$

27.2   Kettenregel und Richtungsableitung

Multivariate Kettenregel
$h(x_1, \ldots, x_n) = g(f(x))$

$$h'(x) = g'(\underbrace{f(x)}_{y})f'(x), \quad \frac{\partial h_i}{\partial x_k} = \sum_j \frac{\partial g_i}{\partial y_j}\frac{\partial f_j}{\partial x_k}$$

bzw. $\mathrm{J}\,h(x) = \mathrm{J}\,g(y)\,\mathrm{J}\,f(x)$ (Matrix-Produkt der Jacobi-Matrizen)
Spezialfälle:

- $\frac{\mathrm{d}}{\mathrm{d}t}f(u(t), v(t)) = f_u(\ldots)u'(t) + f_v(\ldots)v'(t)$
- $\partial_x f(u(x,y), v(x,y)) = f_u(\ldots)u_x(x,y) + f_v(\ldots)v_x(x,y), \quad f_y(\ldots) = \ldots$
- Koordinatentransformation

$$\begin{pmatrix} r \\ \varphi \end{pmatrix} \mapsto \begin{pmatrix} x \\ y \end{pmatrix} \mapsto \begin{pmatrix} f \\ g \end{pmatrix}, \quad \frac{\partial(f,g)}{\partial(r,\varphi)} = \begin{pmatrix} f_x & f_y \\ g_x & g_y \end{pmatrix} \begin{pmatrix} x_r & x_\varphi \\ y_r & y_\varphi \end{pmatrix}$$

Richtungsableitung

$$\partial_v f(x_1, \ldots, x_n) = \lim_{t \to 0} \frac{f(x + tv) - f(x)}{t} = \frac{\mathrm{d}}{\mathrm{d}t}f(x + tv)\Big|_{t=0} = f'(x)\,v$$

27.3   Inverse und implizite Funktionen

Umkehrfunktion
$\det f'(x_*) \neq 0 \quad \Longrightarrow \quad$ lokale Existenz der Umkehrfunktion $g = f^{-1}$ und
$g'(f(x)) = f'(x)^{-1}$, $x \approx x_*$

Implizite Funktionen
$\det f_y(x_*, y_*) \neq 0 \quad \Longrightarrow \quad$ lokale Auflösbarkeit des Gleichungssystems

$$f_k(x_1, \ldots, x_m, y_1, \ldots, y_n) = 0, \quad k = 1, \ldots, n \,,$$

nach y, d.h. $\exists g : y = g(x)$, $x \approx x_*$, und $g' = -(f_y)^{-1} f_x$
Spezialfälle:

- $f(x, y, z) = 0$, $f_z(x_*, y_*, z_*) \neq 0 \implies z = g(x, y)$ (Fläche)
- $f(x, y, z) = g(x, y, z) = 0$, $\det \left. \dfrac{\partial(f, g)}{\partial(y, z)} \right|_{(x_*, y_*, z_*)} \neq 0 \implies (y, z) = (u(x), v(x))$

  (Kurve)

27.4 Anwendungen partieller Ableitungen

Tangente
einer Kurve $C : t \mapsto (f_1(t), \ldots, f_n(t))^{\mathrm{t}}$ im Punkt $f(t_0)$:

$$g : f(t_0) + f'(t_0)(t - t_0)$$

Krümmung
einer Kurve

$$\kappa(s) = |q''(s)| = \frac{|p'(t) \times p''(t)|}{|p'(t)|^3}$$

mit q der Parametrisierung nach Bogenlänge s ($|q'(s)| = 1$) und p einer beliebigen regulären Parametrisierung ($|p'(t)| \neq 0$)

ebene Kurven $C : t \mapsto (x(t), y(t))$ bzw. $C : f(x, y) = 0$

$$\kappa(t) = \frac{|x'(t)y''(t) - y'(t)x''(t)|}{(x'(t)^2 + y'(t)^2)^{3/2}} = \frac{f_y^2 f_{xx} - 2f_x f_y f_{xy} + f_x^2 f_{yy}}{(f_x^2 + f_y^2)^{3/2}}$$

$= |y''(x)|/(1 + y'(x)^2)^{3/2}$ bei Auflösbarkeit nach y

Tangentialebene
E einer $(n-1)$-dimensionalen Fläche $S \subset \mathbb{R}^n$ im Punkt p

- Implizite Fläche: $S : f(x_1, \ldots, x_n) = c$

$$E : 0 = (\operatorname{grad} f(p))^{\mathrm{t}} (x - p) = \sum_{k=1}^{n} \partial_k f(p)(x_k - p_k)$$

implizite Ebenendarstellung mit Normale $\operatorname{grad} f(p)$
- Parametrisierte Fläche: $S : (t_1, \ldots, t_{n-1})^{\mathrm{t}} \mapsto x = (g_1(t), \ldots, g_n(t))^{\mathrm{t}}$, $p = g(s)$

$$E : p + \sum_{k=1}^{n-1} \partial_k g(s)(t_k - s_k), \quad t_k \in \mathbb{R}$$

parametrische Ebenendarstellung mit aufspannenden Vektoren $\partial_k g(s)$
- Funktionsgraph: $S : x_n = h(x_1, \ldots, x_{n-1})$, $p_n = h(p_1, \ldots, p_{n-1})$

$$E : x_n = p_n + \sum_{k=1}^{n-1} \partial_k h(p_1, \ldots, p_{n-1})(x_k - p_k)$$

Ebene, dargestellt durch eine lineare Funktion

Fehlerfortpflanzung bei multivariaten Funktionen

$$\Delta y = f(x + \Delta x) - f(x) \approx f_{x_1}(x)\Delta x_1 + \cdots + f_{x_n}(x)\Delta x_n$$

$$\frac{\Delta y}{|y|} \approx c_1 \frac{\Delta x_1}{|x_1|} + \cdots + c_n \frac{\Delta x_n}{|x_n|}, \quad c_k = \underbrace{\frac{\partial y}{\partial x_k} \frac{|x_k|}{|y|}}_{\text{Konditionszahl}}$$

Steilster Abstieg
minimiert $f(x_1, \ldots, x_n)$
Iterationsschritt: $x \to y = x + td$ mit

$$d = -\operatorname{grad} f(x), \quad f(y) = \min_{t \geq 0} f(x + td)$$

Newton-Verfahren
löst $f_k(x_1, \ldots, x_n) = 0, \, k = 1, \ldots, n$
Iterationsschritt:

$$x \to y = x - \Delta \quad \text{mit} \quad f'(x)\Delta = f(x)$$

affin invariante Dämpfung: $y = x - \lambda \Delta x$ mit $\lambda > 0$ so klein gewählt, dass

$$\|f'(x)^{-1}f(y)\| \leq (1 - \lambda/2)\| \underbrace{f'(x)^{-1}f(x)}_{\Delta} \|$$

Gauß-Newton-Verfahren minimiert $\sum_{k=1}^{m} f_k(x_1, \ldots, x_n)^2$, $m > n$ $\rightsquigarrow$ Δ
löst das Ausgleichsproblem $|f(x) - f'(x)\Delta| \to \min$, d.h. $\Delta = f'(x)^+ f(x)$ mit $f'(x)^+$
der Pseudo-Inversen von $f'(x)$

27.5 Taylor-Entwicklung

Multivariate Taylor-Approximation

$$f(x_1,\ldots,x_n) = \sum_{\alpha_1+\cdots+\alpha_n \le m} \frac{1}{\alpha_1! \cdots \alpha_n!} \partial^\alpha f(a_1,\ldots,a_n)(x-a)^\alpha + R$$

mit $R = \displaystyle\sum_{\alpha_1+\cdots+\alpha_n=m+1} \frac{1}{\alpha_1! \cdots \alpha_n!} \partial^\alpha f(\underbrace{u}_{\in [a,x]})(x-a)^\alpha = O(|x-a|^{m+1})$

Spezialfall $(m = n = 2)$:

$$f(x+h) = f_{0,0} + f_{1,0}h_1 + f_{0,1}h_2 + \frac{1}{2}f_{2,0}h_1^2 + f_{1,1}h_1 h_2 + \frac{1}{2}f_{0,2}h_2^2 + \cdots$$

mit $f_{j,k} = \partial_1^j \partial_2^k f(x_1, x_2)$

Hesse-Matrix
$$f(x+\Delta x) \approx f(x) + \operatorname{grad} f(x)^{\mathrm{t}} \Delta x + \frac{1}{2} \underbrace{\Delta x^{\mathrm{t}} \operatorname{H} f(x)}_{\sum_{j,k} \Delta x_j h_{j,k} \Delta x_k} \Delta x \text{ mit}$$

$$\operatorname{grad} f = \begin{pmatrix} \partial_1 f \\ \vdots \\ \partial_n f \end{pmatrix}, \quad \operatorname{H} f = \begin{pmatrix} \partial_1 \partial_1 f & \cdots & \partial_1 \partial_n f \\ \vdots & & \vdots \\ \partial_n \partial_1 f & \cdots & \partial_n \partial_n f \end{pmatrix}$$

Spezialfall $n = 2$:

$$f(x+u, y+v) \approx f(x,y) + f_x(x,y)u + f_y(x,y)v$$
$$+ \frac{1}{2}\begin{pmatrix} u & v \end{pmatrix} \begin{pmatrix} f_{xx}(x,y) & f_{xy}(x,y) \\ f_{yx}(x,y) & f_{yy}(x,y) \end{pmatrix} \begin{pmatrix} u \\ v \end{pmatrix}$$

27.6 Extremwerte

Kritischer Punkt

$\operatorname{grad} f(x_1, \ldots, x_n) = (0, \ldots, 0)^t$, Typbestimmung mit Hilfe der Eigenwerte λ_k der Hesse-Matrix

- lokales Minimum (Maximum): $\lambda_k > 0 \; (< 0)$;
  $\det H f(x) > 0$ und $\operatorname{Spur} H f(x) > 0 \; (< 0)$ für bivariate Funktionen
- Sattelpunkt: $\exists k, \ell$ mit $\lambda_k \lambda_\ell < 0$
  $\det H f(x) < 0$ für bivariate Funktionen

Extrema multivariater Funktionen

$\longleftarrow$ in Frage kommende Punkte x_* im Definitionsbereich D:

- Unstetigkeitsstellen der partiellen Ableitungen,
- kritische Punkte, d.h. Punkte mit $\operatorname{grad} f(x_*) = (0, \ldots, 0)^t$,
- Randpunkte von D

hinreichend für ein lokales Minimum (Maximum) bei x_*: ausschließlich positive (negative) Eigenwerte der Hesse-Matrix $\mathrm{H} f(x_*)$

Lagrange-Multiplikatoren

$f(x_*)$ lokal extremal unter den Nebenbedingungen $g_k(x_1, \ldots, x_n) = 0 \quad \Longrightarrow$

$$\operatorname{grad} f(x_*) = \sum_k \lambda_k \operatorname{grad} g_k(x_*),$$

falls die Gradienten $\operatorname{grad} g_k(x_*)$ linear unabhängig sind
Spezialfall einer Nebenbedingung: $\operatorname{grad} f(x_*) \parallel \operatorname{grad} g(x_*)$

Kuhn-Tucker-Bedingungen

$f(x_*)$ lokal minimal (maximal) auf einer durch die Ungleichungen $g_k(x_1, \ldots, x_n) \geq 0$ definierten Menge $\quad \Longrightarrow$

$$\operatorname{grad} f(x_*) = \sum_k \lambda_k \operatorname{grad} g_k(x_*), \qquad \underbrace{\lambda_k}_{\geq 0 \, (\leq 0)} \; g_k(x_*) \underset{(*)}{=} 0,$$

falls die Gradienten der aktiven Nebenbedingungen ($g_k(x_*) = 0$) linear unabhängig sind

Alternative $(*)$: entweder $g_k(x_*) > 0$ und $\lambda_k = 0$ oder $g_k(x_*) = 0$ und $\lambda_k \geq 0 \; (\leq 0$ für ein lokales Maximum)

Spezialfall eines lokalen Minimums $f(x_*, y_*)$ auf einem durch $g(x, y) \geq 0, h(x, y) \geq 0$ definierten Bereich $D \subset \mathbb{R}^2 \quad \rightsquigarrow \quad$ Alternativen

- (x_*, y_*) im Innern von D: $\operatorname{grad} f(x_*, y_*) = (0, 0)^t$

- (x_*, y_*) auf der durch $g = 0$ definierten Randkurve: $\operatorname{grad} f(x_*, y_*) = \lambda \operatorname{grad} g(x_*, y_*)$ mit $\lambda \geq 0$ (analog für $h(x_*, y_*) = 0$)
- (x_*, y_*) ein Schnittpunkt der Randkurven: $\operatorname{grad} f(x_*, y_*) = \lambda \operatorname{grad} g(x_*, y_*) + \varrho \operatorname{grad} h(x_*, y_*)$ mit $\lambda, \varrho \geq 0$

28 Mehrdimensionale Integration

© Springer-Verlag GmbH Deutschland, ein Teil von Springer Nature 2023
K. Höllig und J. Hörner, *Aufgaben und Lösungen zur Höheren Mathematik 2*,
https://doi.org/10.1007/978-3-662-67512-0_29

28.1 Volumina und Integrale über Elementarbereiche

Simplex
konvexe Hülle von $n + 1$ Punkten

$$S = \{x = \sum_{k=0}^{n} s_k p_k : \sum_k s_k = 1, \ s_k \geq 0\}, \quad \text{vol}\, S = \frac{1}{n!} \begin{vmatrix} p_0 & \cdots & p_n \\ 1 & \cdots & 1 \end{vmatrix}$$

Dreieck (Tetraeder) für $n = 2$ $(n = 3)$

Parallelepiped
aufgespannt von n linear unabhängigen Vektoren

$$P = \{x = \sum_{k=1}^{n} s_k v_k : \ 0 \leq s_k \leq 1\}, \quad \text{vol}\, P = |\det(v_1, \ldots, v_n)|$$

Parallelogramm (Spat) für $n = 2$ $(n = 3)$

Regulärer Bereich
endliche Vereinigung von Elementarbereichen D, die, gegebenenfalls nach geeigneter Koordinatentransformation, durch Funktionsgraphen begrenzt werden

- $D \subseteq \mathbb{R}^2$: $a_1 \leq x \leq b_1$, $a_2(x) \leq y \leq b_2(x)$
- $D \subseteq \mathbb{R}^3$: $a_1 \leq x \leq b_1$, $a_2(x) \leq y \leq b_2(x)$, $a_3(x,y) \leq z \leq b_3(x,y)$

allgemein: x_n begrenzt durch Graphen von Funktionen der Variablen $x_1, \ldots, x_{n-1}$

Mehrdimensionales Integral
Grenzwert von Riemann-Summen, basierend auf einer Approximation des Integrationsgebiets V durch eine Vereinigung von Elementarbereichen V_k (meist Quader oder Simplizes)

$$\int_V f \, dV = \int_V f(x_1, \ldots, x_n) \, dx_1 \cdots dx_n = \lim_{\max \text{diam}\, V_k \to 0} \sum_{\substack{k \\ \in V_k}} f(P_k) \, \text{vol}\, V_k$$

$f = 1 \quad \rightsquigarrow \quad$ Volumen von V

Satz von Fubini
Integration über einen Elementarbereich $V : a_k(x_1, \ldots, x_{k-1}) \leq x_k \leq b_k(x_1, \ldots, x_{k-1})$
durch Hintereinanderausführung eindimensionaler Integrationen

$$\int_V f \, dV = \int_{a_1}^{b_1} \int_{a_2(x_1)}^{b_2(x_1)} \cdots \int_{a_n(x_1,\ldots,x_{n-1})}^{b_n(x_1,\ldots,x_{n-1})} f(x_1, \ldots, x_n) \, dx_n \cdots dx_2 dx_1 \,.$$

Vertauschung der Integrationsreihenfolge möglich, z.B. $\int_a^b \int_c^d f(x,y)\,\mathrm{d}y\mathrm{d}x = \int_c^d \int_a^b f(x,y)\,\mathrm{d}x\mathrm{d}y$

Monte-Carlo-Integration

einer Funktion f über eine in einer Bounding Box Q enthaltenen Menge $D : g \geq 0$:

$$\int_D f \approx \frac{\mathrm{vol}\, Q}{n} \sum_{\substack{k=1 \\ g(x_k) \geq 0}}^{n} f(x_k)$$

mit einer Folge zufällig gewählter Punkte $x_k \in Q$

Konvergenz ($n \to \infty$) für Riemann-integrierbare Funktionen f und gleichverteilte Folgen $x_1, x_2, \ldots$

28.2   Transformationssatz

Transformationssatz

$$D \ni x \underset{\text{bijektiv}}{\mapsto} y = g(x) \in g(D)$$

$$\int_D f(g(x)) \, |\det g'(x)| \, \mathrm{d}x = \int_{g(D)} f(y) \, \mathrm{d}y$$

z.B. für $D \subset \mathbb{R}^2$ und $g = (u, v)^{\mathrm{t}}$

$$\int_{g(D)} f(u, v) \, \mathrm{d}u \mathrm{d}v =$$

$$\int_D f(u(x, y), v(x, y)) \, |u_x(x, y) v_y(x, y) - u_y(x, y) v_x(x, y)| \, \mathrm{d}x \mathrm{d}y$$

Spezialfälle:

- $|\det g'| = \prod_{k=1}^{n} \left| \frac{\partial g}{\partial x_k} \right|$ für eine lokal orthogonale Transformation g ($\partial_i g \perp \partial_j g$)
- $\mathrm{d}y = |\det A| \, \mathrm{d}x$ für eine affine Transformation $x \mapsto y = Ax + b$
- $\mathrm{d}y_k = \lambda_k \, \mathrm{d}x_k$ bei Skalierung der Variablen, $y_k = \lambda_k x_k$

28.3   Kurven- und Flächenintegrale

Länge einer Kurve
$t \mapsto p(t) \in \mathbb{R}^n$

$$\int_a^b |p'(t)|\,\mathrm{d}t, \quad \int_a^b \sqrt{x'(t)^2 + y'(t)^2}\,\mathrm{d}t \quad \text{für } p = (x,y) \in \mathbb{R}^2$$

Bogenlänge $s(t) = \int_a^t |p'(\tau)|\,\mathrm{d}\tau \quad \leadsto \quad$ Parametrisierung $s \mapsto q(s)$ mit normiertem Tangentenvektor

$$q(s) = p(t), \quad |q'| = 1$$

Kurvenintegral
für eine regulär parametrisierte Kurve $C : t \to p(t)$, $a \le t \le b$ $(|p'(t)| \ne 0)$

$$\int_C f = \int_a^b f(p(t))\,|p'(t)|\,\mathrm{d}t$$

unabhängig von der Parametrisierung, insbesondere auch von der Orientierung der Kurve

Flächenintegral

$$\int_S f\,\mathrm{d}S = \int_R (f \circ s)\,|\det(\partial_1 s, \dots, \partial_{n-1}s, \xi)|\,\mathrm{d}R$$

mit $R \ni (x_1, \dots, x_{n-1})^{\mathrm{t}} \mapsto (s_1(x), \dots, s_n(x))^{\mathrm{t}}$ einer Parametrisierung von S und ξ einem normierten Normalenvektor $(\perp \partial_k s)$
$f = 1 \quad \leadsto \quad$ Flächeninhalt von S
$n = 3$: $|\det(\partial_1 s, \partial_2 s, \xi)| = |\partial_1 s \times \partial_2 s| \quad \leadsto$

$$\int_S f\,\mathrm{d}S = \int_R f(s(x))\,|\partial_1 s(x) \times \partial_2 s(x)|\,\mathrm{d}x, \quad x = (x_1, x_2),\ s = (s_1, s_2, s_2)^{\mathrm{t}}$$

28.4 Integration in Zylinder- und Kugelkoordinaten

Volumenelement in Zylinderkoordinaten

$$x = \varrho \cos \varphi, \; y = \varrho \sin \varphi, \; z = z \quad \leadsto \quad \mathrm{d}x\,\mathrm{d}y\,\mathrm{d}z = \varrho\,\mathrm{d}\varrho\,\mathrm{d}\varphi\,\mathrm{d}z$$

Integration über einen Zylinder Z mit Radius ϱ_0 und Höhe z_0

$$\int_Z f\,\mathrm{d}Z = \int_0^{z_0} \int_0^{2\pi} \int_0^{\varrho_0} f(\varrho,\varphi,z)\,\varrho\,\mathrm{d}\varrho\,\mathrm{d}\varphi\,\mathrm{d}z$$

bei axialer Symmetrie: $\int_Z f\,\mathrm{d}Z = 2\pi \int_0^{z_0} \int_0^{\varrho_0} f(\varrho,z)\,\varrho\,\mathrm{d}\varrho\mathrm{d}z$

Volumenelement in Kugelkoordinaten

$$x = r \sin \vartheta \cos \varphi, \; y = r \sin \vartheta \sin \varphi, \; z = r \cos \vartheta \quad \leadsto \quad \mathrm{d}x\,\mathrm{d}y\,\mathrm{d}z = r^2 \sin \vartheta\,\mathrm{d}r\,\mathrm{d}\vartheta\,\mathrm{d}\varphi$$

Integration über eine Kugel K mit Radius R

$$\int_K f\,\mathrm{d}K = \int_0^{2\pi} \int_0^{\pi} \int_0^{R} f(r,\vartheta,\varphi)\,r^2 \sin \vartheta\,\mathrm{d}r\,\mathrm{d}\vartheta\,\mathrm{d}\varphi$$

$\int_K f\,\mathrm{d}K = 4\pi \int\limits_0^R f(r)r^2\,\mathrm{d}r$ für eine radialsymmetrische Funktion

Flächenelement in Zylinderkoordinaten
Parametrisierung der Mantelfläche $S : (\varphi,z)^{\mathrm{t}} \mapsto (\varrho \cos \varphi, \varrho \sin \varphi, z)^{\mathrm{t}} \quad \leadsto$

$$\mathrm{d}S = \varrho\,\mathrm{d}\varphi\mathrm{d}z, \quad \int_S f\,\mathrm{d}S = \varrho \int_{z_{\min}}^{z_{\max}} \int_0^{2\pi} f(\varrho,\varphi,z)\,\mathrm{d}\varphi\mathrm{d}z$$

bei axialer Symmetrie: $\int_S f\,\mathrm{d}S = 2\pi\varrho \int_{z_{\min}}^{z_{\max}} f(\varrho,z)\,\mathrm{d}z$

Flächenelement in Kugelkoordinaten
Parametrisierung der Sphäre S: $(\vartheta,\varphi)^{\mathrm{t}} \mapsto (R \sin \vartheta \cos \varphi, R \sin \vartheta \sin \varphi, R \cos \vartheta)^{\mathrm{t}} \quad \leadsto$

$$\mathrm{d}S = R^2 \sin \vartheta\,\mathrm{d}\vartheta\mathrm{d}\varphi, \quad \int_S f\,\mathrm{d}S = R^2 \int_0^{2\pi} \int_0^{\pi} f(R,\vartheta,\varphi)\,\sin \vartheta\,\mathrm{d}\vartheta\mathrm{d}\varphi$$

bei radialer Symmetrie: $\int_S f\,\mathrm{d}S = 4\pi R^2 f(R)$

28.5   Rotationskörper, Schwerpunkt und Trägheitsmoment

Schwerpunkt
(s_1, s_2, s_3) eines Körpers K mit Dichte $\varrho(x_1, x_2, x_3)$

$$s_\ell = \int_K x_\ell \varrho(x)\, dx \Big/ \underbrace{\int_K \varrho(x)\, dx}_{\text{Masse}}$$

$\varrho(x) = 1$ ⤳ geometrischer Schwerpunkt (Masse → Volumen)

Trägheitsmoment
eines Körpers K mit Dichte $\varrho(x_1, x_2, x_3)$ um eine Achse g

$$I = \int_K \operatorname{dist}(x, g)^2 \varrho(x)\, dx$$

Rotationskörper
Rotation um die x-Achse mit Radiusfunktion $r(x)$, $a \le x \le b$

- Volumen: $\pi \int_a^b r(x)^2\, dx$
- Mantelfläche: $2\pi \int_a^b r(x)\sqrt{1 + r'(x)^2}\, dx$

Volumen bei Begrenzung durch eine innere und eine äußere Radiusfunktion r_- bzw. r_+:

$$V = \pi \int_a^b r_+(x)^2 - r_-(x)^2\, dx$$

alternative Volumenberechnung bei monotoner Radiusfunktion:

$$V = 2\pi \int_0^{r_{\max}} r h(r)\, dr = \pi r_{\min}^2 (b - a) + 2\pi \int_{r_{\min}}^{r_{\max}} r h(r)\, dr$$

mit $h(r)$ der Höhe des in dem Rotationskörper enthaltenen Zylinders mit Radius r

28.6 Partielle Integration

Hauptsatz für Mehrfachintegrale

$$\int_V \operatorname{grad} f = \int_{\partial V} f\,\xi \quad \Longleftrightarrow \quad \int_V \partial_k f = \int_{\partial V} f\,\xi_k, \quad k = 1, \ldots, n$$

mit ξ der nach außen gerichteten Normalen des Randes ∂V eines regulären Bereichs $V \subset \mathbb{R}^n$

Partielle Integration
Hauptsatz mit $f = uv \quad \Longrightarrow$

$$\int_V u\,(\partial_\nu v) = \int_{\partial V} u\,v\,\xi_\nu - \int_V (\partial_\nu u)\,v$$

$$u(x) = v(x) = 0 \text{ für } |x| > R \quad \Longrightarrow \quad \int_{\mathbb{R}^n} v\,\partial^\alpha u = (-1)^{|\alpha|} \int_{\mathbb{R}^n} u\,\partial^\alpha v$$

Greensche Formeln

- $\int_{\partial V} f\,\partial_\perp g = \int_V (\operatorname{grad} f)^{\mathrm{t}}\,\operatorname{grad} g + f\,\Delta g$
- $\int_{\partial V} f\partial_\perp g - g\partial_\perp f = \int_V f\Delta g - g\Delta f$

$\partial_\perp f = \xi^{\mathrm{t}} \operatorname{grad} f$: Ableitung von f in Richtung der nach außen zeigenden Normalen ξ von ∂V
$\Delta = \sum_k \partial_k^2$: Laplace-Operator

Literaturverzeichnis

R. Ansorge, H. J. Oberle, K. Rothe, T. Sonar: *Mathematik für Ingenieure 1*, Wiley-VCH, 4. Auflage, 2010.

R. Ansorge, H.J. Oberle, K. Rothe, T. Sonar: *Mathematik für Ingenieure 2*, Wiley-VCH, 4. Auflage, 2011.

T. Arens, F. Hettlich, C. Karpfinger, U. Kockelkorn, K. Lichtenegger, H. Stachel: *Mathematik*, Springer Spektrum, 4. Auflage, 2018.

V. Arnold: *Gewöhnliche Differentialgleichungen*, Springer, 2. Auflage, 2001.

M. Barner, F. Flohr: *Analysis I*, Walter de Gruyter, 5. Auflage, 2000.

M. Barner, F. Flohr: *Analysis II*, Walter de Gruyter, 3. Auflage, 1995.

H.-J. Bartsch: *Taschenbuch mathematischer Formeln für Ingenieure und Naturwissenschaftler*, Hanser, 23. Auflage, 2014.

G. Bärwolff: *Höhere Mathematik*, Springer-Spektrum, 2. Auflage, 2006.

A. Beutelspacher: *Lineare Algebra*, Springer-Spektrum, 8. Auflage, 2014.

S. Bosch: *Lineare Algebra*, Springer-Spektrum, 5. Auflage, 2014.

W.E. Boyce, R. DiPrima: *Gewöhnliche Differentialgleichungen*, Spektrum Akademischer Verlag, 1995.

W. Brauch, H.-J. Dreyer, W. Haacke: *Mathematik für Ingenieure*, Vieweg und Teubner, 11. Auflage, 2006.

I. Bronstein, K. A. Semendjajew, G. Musiol, H. Mühlig: *Taschenbuch der Mathematik*, Europa-Lehrmittel, 9. Auflage, 2013.

K. Burg, H. Haf, A. Meister, F. Wille: *Höhere Mathematik für Ingenieure Bd. I*, Springer-Vieweg, 10. Auflage, 2013.

K. Burg, H. Haf, A. Meister, F. Wille: *Höhere Mathematik für Ingenieure Bd. II*, Springer-Vieweg, 7. Auflage, 2012.

K. Burg, H. Haf, A. Meister, F. Wille: *Höhere Mathematik für Ingenieure Bd. III*, Springer-Vieweg, 6. Auflage, 2013.

K. Burg, H. Haf, A. Meister, F. Wille: *Vektoranalysis* , Springer-Vieweg, 2. Auflage, 2012.

R. Courant, D. Hilbert: *Methoden der mathematischen Physik*, Springer, 4. Auflage, 1993.

A. Fetzer, H. Fränkel: *Mathematik 2*, Springer, 7. Auflage, 2012.

A. Fetzer, H. Fränkel: *Mathematik 1*, Springer, 11. Auflage, 2012.

K. Graf Finck von Finckenstein, J. Lehn, H. Schellhaas, H. Wegmann: *Arbeitsbuch Mathematik für Ingenieure Band I*, Vieweg und Teubner, 4. Auflage, 2006.

K. Graf Finck von Finckenstein, J. Lehn, H. Schellhaas, H. Wegmann: *Arbeitsbuch Mathematik für Ingenieure Band II*, Vieweg und Teubner, 3. Auflage, 2006.

G. Fischer: *Lineare Algebra*, Springer-Spektrum, 18. Auflage, 2014.

G. Fischer: *Analytische Geometrie*, Vieweg und Teubner, 7. Auflage, 2001.

H. Fischer, H. Kaul: *Mathematik für Physiker, Band 1*, Vieweg und Teubner, 7. Auflage, 2011.

© Springer-Verlag GmbH Deutschland, ein Teil von Springer Nature 2023
K. Höllig und J. Hörner, *Aufgaben und Lösungen zur Höheren Mathematik 2*,
https://doi.org/10.1007/978-3-662-67512-0

H. Fischer, H. Kaul: *Mathematik für Physiker, Band 2*, Springer-Spektrum, 4. Auflage, 2014.

H. Fischer, H. Kaul: *Mathematik für Physiker, Band 3*, Springer-Spektrum, 3. Auflage, 2013.

O. Forster: *Analysis 1*, Vieweg und Teubner, 10. Auflage, 2011.

O. Forster: *Analysis 2*, Vieweg und Teubner, 9. Auflage, 2011.

O. Forster: *Analysis 3*, Vieweg und Teubner, 7. Auflage, 2012.

W. Göhler, B. Ralle: *Formelsammlung Höhere Mathematik*, Harri Deutsch, 17. Auflage, 2011.

N.M. Günter, R.O. Kusmin: *Aufgabensammlung zur Höheren Mathematik 1*, Harri Deutsch, 13. Auflage, 1993.

N.M. Günter, R.O. Kusmin: *Aufgabensammlung zur Höheren Mathematik 2*, Harri Deutsch, 9. Auflage, 1993.

N. Henze, G. Last: *Mathematik für Wirtschaftsingenieure und für naturwissenschaftlich-technische Studiengänge Band 1*, Vieweg und Teubner, 2. Auflage, 2005.

N. Henze, G. Last: *Mathematik für Wirtschaftsingenieure und für naturwissenschaftlich-technische Studiengänge Band 2*, Vieweg und Teubner, 2. Auflage, 2010.

H. Heuser: *Lehrbuch der Analysis Teil 1*, Vieweg und Teubner, 17. Auflage, 2009.

H. Heuser: *Lehrbuch der Analysis Teil 2*, Vieweg und Teubner, 14. Auflage, 2008.

G. Hoever: *Höhere Mathematik Kompakt*, Springer-Spektrum, 2. Auflage, 2014.

D. J. Higham, N. J. Higham: *Matlab Guide*, SIAM, OT 150, 2017.

G. Hoever: *Arbeitsbuch Höhere Mathematik*, Springer-Spektrum, 2. Auflage, 2015.

K. Höllig, J. Hörner: *Approximation and Modeling with B-Splines*, SIAM, Other Titles in Applied Mathematics 132, 2013.

K. Jänich: *Analysis für Physiker und Ingenieure*, Springer, 1995.

K. Jänich: *Funktionentheorie - Eine Einführung*, Springer, 6. Auflage, 2004.

K. Jänich: *Vektoranalysis*, Springer, 5. Auflage, 2005.

K. Königsberger: *Analysis 1*, Springer, 6. Auflage, 2004.

K. Königsberger: *Analysis 2*, Springer, 5. Auflage, 2004.

H. von Mangoldt, K. Knopp: *Einführung in die Höhere Mathematik 1*, S. Hirzel, 17. Auflage, 1990.

H. von Mangoldt, K. Knopp: *Einführung in die Höhere Mathematik 2*, S. Hirzel, 16. Auflage, 1990.

H. von Mangoldt, K. Knopp: *Einführung in die Höhere Mathematik 3*, S. Hirzel, 15. Auflage, 1990.

H. von Mangoldt, K. Knopp: *Einführung in die Höhere Mathematik 4*, S. Hirzel, 4. Auflage, 1990.

Maplesoft: Maple^{TM} *Documentation*,
https://maplesoft.com/documentation_center/maple18/usermanual.pdf, 2014.

MathWorks: MATLAB® *Documentation*, https://www.mathworks.com/help/matlab/, 2018.

G. Merziger, G. Mühlbach, D. Wille: *Formeln und Hilfen zur Höheren Mathematik*, Binomi, 7. Auflage, 2013.

G. Merziger, T. Wirth: *Repetitorium der Höheren Mathematik*, Binomi, 6. Auflage, 2010.

K. Meyberg, P. Vachenauer: *Höhere Mathematik 1*, Springer, 6. Auflage, 2001.

K. Meyberg, P. Vachenauer: *Höhere Mathematik 2*, Springer, 4. Auflage, 2001.

C. Moler: *Numerical Computing with Matlab*, SIAM, OT87, 2004.

L. Papula: *Mathematik für Ingenieure und Naturwissenschaftler Band 1*, Springer-Vieweg, 14. Auflage, 2014.

L. Papula: *Mathematik für Ingenieure und Naturwissenschaftler Band 2*, Springer-Vieweg, 14. Auflage, 2015.

L. Papula: *Mathematik für Ingenieure und Naturwissenschaftler Band 3*, Vieweg und Teubner, 6. Auflage, 2011.

L. Papula: *Mathematik für Ingenieure und Naturwissenschaftler - Klausur und Übungsaufgaben*, Vieweg und Teubner, 4. Auflage, 2010.

L. Papula: *Mathematische Formelsammlung*, Springer-Vieweg, 11. Auflage, 2014.

L. Rade, B. Westergren: *Springers Mathematische Formeln*, Springer, 3. Auflage, 2000.

W.I. Smirnow: *Lehrbuch der Höheren Mathematik - 5 Bände in 7 Teilbänden*, Europa-Lehrmittel, 1994.

G. Strang: *Lineare Algebra*, Springer, 2003.

H. Trinkaus: *Probleme? Höhere Mathematik!*, Springer, 2. Auflage, 1993.

W. Walter: *Analysis 1*, Springer, 7. Auflage, 2004.

W. Walter: *Analysis 2*, Springer, 3. Auflage, 1991.

Waterloo Maple Incorporated: *Maple V Learning Guide*, Springer, 1998.

Waterloo Maple Incorporated: *Maple V Programming Guide*, Springer, 1998.

Printed in the United States
by Baker & Taylor Publisher Services